软件测试工程师成长之路

软件测试全程项目

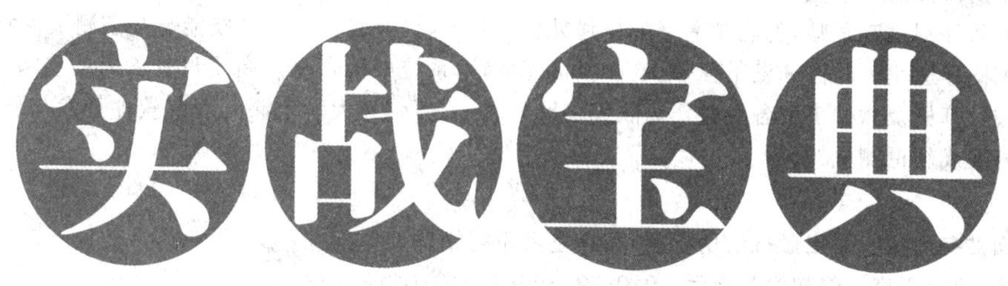

王　顺　主编

清华大学出版社
北京

内容简介

本书是众多资深工程师多年经验与智慧的结晶，有总结，有点评，有提高，能实践，可以迅速指导项目实战，提升个人与团队技能，提高正在研发的软件产品质量！

本书根据软件测试工程师核心工作与技能要求分成三篇进行讲解。

第一篇：寻找软件缺陷(Find Bug)技术篇

第二篇：测试用例设计(Test Case Design)技术篇

第三篇：测试工具使用(Test Tool Usage)技术篇

本书适合想从事软件测试行业或已经进入软件测试行业，但不懂如何实践，不知道软件测试工程师日常工作及所需要的技术或技巧的人，书中展示的各种技术，能满足软件测试日常工作所需。纵使有多年工作经验的软件测试工程师，也能在本书中找到灵感与共鸣，提高自身的测试技能与开拓测试视野。

本书同样适用于软件开发工程师，软件项目管理师，系统架构师研发高质量软件时的参考。同时也适用于高校计算机及软件工程各专业作为软件实践教材，方便引导大学生深入理解软件开发与软件测试，进入软件开发或软件测试领域。

图书在版编目(CIP)数据

软件测试工程师成长之路：软件测试全程项目实战宝典/王顺主编.--北京：清华大学出版社，2016(2020.4重印)

ISBN 978-7-302-41616-6

Ⅰ.①软…　Ⅱ.①王…　Ⅲ.①软件－测试－高等学校－教材　Ⅳ.①TP311.5

中国版本图书馆CIP数据核字(2015)第228216号

责任编辑：刘向威　李　晔
封面设计：文　静
责任校对：徐俊伟
责任印制：刘祎淼

出版发行：清华大学出版社
网　　址：http://www.tup.com.cn，http://www.wqbook.com
地　　址：北京清华大学学研大厦A座　　**邮　　编**：100084
社 总 机：010-62770175　　**邮　　购**：010-62786544
投稿与读者服务：010-62776969，c-service@tup.tsinghua.edu.cn
质量反馈：010-62772015，zhiliang@tup.tsinghua.edu.cn
印 装 者：北京密云胶印厂
经　　销：全国新华书店
开　　本：185mm×260mm　　**印　　张**：21　　**字　　数**：525千字
版　　次：2016年2月第1版　　**印　　次**：2020年4月第6次印刷
印　　数：3601～4200
定　　价：59.00元

产品编号：065772-02

作者与贡献者简介

王顺（Roy Wang）

个人简介：十年以上计算机软件从业经验，资深软件开发工程师，系统架构师。软件工程、软件测试、Web安全领域专家，国内软件实践教育领军人物。创建学习型组织一言若金叶软件研究中心：一个以网络形式组织的软件研究团队，致力于网络软件研究与开发、计算机专著编写，为加快祖国信息化发展进程而努力！

个人语录：有网络的地方，就有我的存在！

个人新浪微博：http://weibo.com/roywang123

个人腾讯微博：http://t.qq.com/roywang123

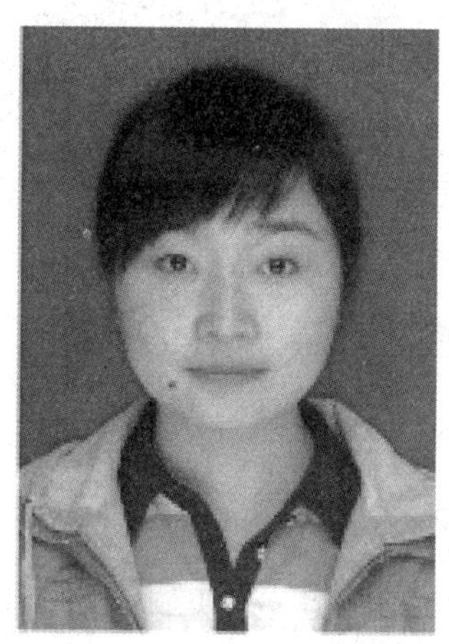

严兴莉（Cathy Yan）

个人简介：毕业于西南科技大学，性格活泼开朗，喜欢跑步、羽毛球、唱歌等。近几年，一直从事软件测试工程师职位，在软件测试方面有很多实战经验。除了工作与测试相关，闲暇时间也一直忙于各个测试平台，参与不同类型的测试项目，不仅是满足自己对软件测试的兴趣需求，同时也在测试各领域技术方面不断获得提升！

个人语录：不缺不失，怎能叫青春！

个人腾讯微博：http://t.qq.com/loyan1314

王璐（Jenny Wang）

个人简介：毕业于四川理工学院，目前从事金融行业，从未改变过对软件测试的热情。非常有兴趣了解测试相关知识，最喜欢逻辑分析。推理能力，管理能力和团队意识都非常强。性格开朗活泼，积极向上，幽默大方。

个人语录：经历过最痛，才能达到最好，困难不是阻碍，而是机会。

刘倩斓

个人简介：言若金叶软件研究中心 2014 年学员，西南科技大学软件工程专业学生，接受全方位的大学基础教育，受到良好的专业训练以及能力的培养，致力于计算机软件测试方向，在 GUI 测试、安全测试方面有丰富的项目实践经验。

个人语录：每一个不曾努力的日子，都是对生命的辜负。
个人腾讯微博：http://t.qq.com/headphones002

INTRODUCTION

出版说明

随着信息时代的来临，软件已被广泛应用到工业、农业、商业、金融、科教卫生、国防、航空等各个领域，成为国民经济和社会信息化的一个基础性、战略性产业。因此，与之相关联的软件工程专业也越来越受到社会的关注。

从国际范围来看，1996年，美国Rochester技术大学(RIT)率先设立软件工程专业，其后美国、加拿大、英国和澳大利亚的许多大学相继跟进。1998年，ACM和IEEE-CS两大计算机学会联合设立软件工程教育项目(SWEEP)，研究软件工程课程设置。2001年，IEEE和ACM发布CC2001教程，将计算(computing)学科划分为计算机科学、计算机工程、软件工程、信息系统和信息技术五个二级学科。2003年6月，《计算机课程——软件工程》(CCSE)大纲第一稿发表，后正式更名为《软件工程2004教程》(SE2004)。

在我国，教育部十分重视软件工程专业的发展。2001年，教育部和原国家计委联合下文，成立了35所示范性软件学院(全部下设于重点大学)；2005年5月，教育部和清华大学出版社联合立项支持的研究课题组发布《中国软件工程学科教程》；同年，教育部组织编写了《软件工程专业规范》；2006年3月，在教育部高等学校教学指导委员会成立大会上，宣布成立软件工程专业教学指导分委员会。截至2007年初，全国有139所高等院校设立了软件工程专业。显然，软件工程已经成为一门迅速兴起的独立学科。

从我国的国民经济和社会发展来看，软件人才的需求非常迫切。随着国家信息化步伐的加快和我国高等教育规模的扩大，软件人才的培养不仅在数量的增加上也在质量的提高上对目前的软件工程专业教育提出更为迫切的要求，社会需要软件工程专业的教学内容的更新周期越来越短，相应地，我国的软件工程专业教育在不断地发展和改革，而改革的目标和重点在于培养适应社会经济发展需要的、兼具研究能力和工程能力的高质量专业软件人才。

截至2007年，我国共有72个国家一级重点学科，绝大部分设置在教育部直属重点大学。重点大学的软件工程学科水平与科研氛围是培养一流软件人才的基础，而一流的学科专业教材的建设已成为目前重点大学学科建设的重要组成部分，一批具有学科方向特色优势的软件工程教材作为院校的重点建设项目成果得到肯定。清华大学出版社一向秉承清华的“中西兼容、古今贯通的治学主张，自强不息、厚德载物的人文精神，严谨勤奋、求实创新的优良学风”。在教育部相关教学指导委员会专家的指导和建议下，在国内许多重点大学的院系领导的大力支持下，清华大学出版社规划并出版本系列教材，以满足软件工程学科专业课程教学的需要，配合全国重点大学的软件工程学科建设，旨在将这些专业教育的优势得以充分的发扬，强调知识、能力与素质的系统体现，通过这套教材达到“汇聚学科精英、引领学科建设、培育专业英才”的目的。

本系列教材是在软件工程专业学科课程体系建设基本成熟的基础上总结、完善而成，力求充分体现科学性、先进性、工程性。根据几年来软件工程学科的发展与专业教育水平的稳步提高，经过认真的市场调研并参考教育部立项课题组的研究报告《中国软件工程学科教程》，我们初步确定了系列教材的总体框架，原则是突出专业核心课程的教材，兼顾具有专业教学特点的相关基础课程教材，探索具有发展潜力的新的专业课程教材。

本系列教材在规划过程中体现了如下一些基本组织原则和特点。

一、体现软件工程学科的发展和专业教育的改革，适应社会对现代软件工程人才的培养需求，教材内容坚持基本理论的扎实和清晰，反映基本理论和原理的综合应用，在其基础上强调工程实践环节，并及时反映教学体系的调整和教学内容的更新。

二、反映教学需要，促进教学发展。教材规划以新的专业目录为依据。教材要适应多样化的教学需要，正确把握教学内容和课程体系的改革方向，在选择教材内容和编写体系时注意体现素质教育、创新能力与实践能力的培养，为学生知识、能力、素质协调发展创造条件。

三、实施精品战略，突出重点。规划教材建设仍然把重点放在专业核心（基础）课程的教材建设；特别注意选择并安排了一部分原来基础较好的优秀教材或讲义修订再版，逐步形成精品教材；提倡并鼓励编写体现工程型和应用型的专业教学内容和课程体系改革成果的教材。

四、支持一纲多本，合理配套。专业核心课和相关基础课的教材要配套，同一门课程可以有多本具有不同内容特点的教材。处理好教材统一性与多样化，基本教材与辅助教材、教学参考书，文字教材与软件教材的关系，实现教材系列资源的配套。

五、依靠专家，择优落实。在制订教材规划时依靠各课程专家在调查研究本课程教材建设现状的基础上提出规划选题。在落实主编人选时，要引入竞争机制，通过申报、评审确定主编。

六、严格把关，质量为重。实行主编责任制，参与编写人员在编写工作实施前经过认真研讨确定大纲和编写体例，以保证本系列教材在整体上的技术领先与科学、规范。书稿完成后认真实行审稿程序，确保出书质量。

繁荣教材出版事业、提高教材质量的关键是教师。建立一支高水平的、以老带新的教材编写队伍才能保证教材的编写质量，希望有志于教材编写的教师能够加入到我们的编写队伍中来。

“重点大学软件工程规划系列教材”丛书编委会

联系人：付弘宇　fuhy@tup.tsinghua.edu.cn

FOREWORD

前　言

2014年10月，我应南京大学计算机科学与技术系聂长海教授的邀请给计算机系做一次Web安全领域的讲座。在整个讲座过程中大家的热情都非常高，在后面的座谈中，大家一致认为如果有各种攻击成功的实例就更容易理解了；随后我展示了部分网站被攻击成功的样式。通过这次的研讨，让我深深体会到高校教师与同学在研究软件应用时，特别需要经典案例的指引。这样所学的知识就更容易理解，能够通过不同层次的应用施展开来，找到用武之地。

时光回转到2012年12月，我应西南科技大学计算机科学与技术学院范勇教授的邀请，给全院师生做“软件测试行业发展与国际化测试”专题讲座。会后与范教授团队就软件测试实训基地建设、人才培养模式、课程教学方法改革等内容进行了深入的交流。众多高校的需要与肯定，进一步坚定了我在中国软件实践领域不断创新与探索的勇气与决心。

目光回到12年前的2003年，在《软件测试方法和技术》理论书籍章节编写完成过后，朱少民先生(现任同济大学软件学院教授)就和我谈到，想和我合作写一部软件测试实践教程，指导全国各大高校师生与软件公司软件测试实践。十多年过去了，这部《软件测试工程师成长之路——软件测试方法与实践指南》已经出版到第3版，并且有Java EE与ASP. NET两个版本。全国许多高校师生已经使用此书作为教材，用于日常教学与软件测试实践中。

通过十多年在软件业的历练，我不时地总结与回顾软件测试工程师到底在做什么，需要哪些技术。结合言若金叶软件研究中心十多年在国际与国内软件市场上丰富的行业经验，我认为软件测试工程师最核心也是最基本的就是做好三件事：

(1) Find Bug，就是寻找软件缺陷的本领。测试人员需要对软件缺陷要非常敏感，能够快速找到软件缺陷并能准确地汇报缺陷。

(2) Test Case Design，设计优秀的测试用例。这需要测试人员对一个软件或一个模块能够准确把握，严密地设计出优秀的测试用例。

(3) Test Tool Usage，测试工具的使用。如何选择适合项目的测试工具，取决于测试人员对测试工具的敏感程度。在实践项目中，如有需要，可以对工具进行二次开发与扩展，帮助项目提高质量，快速找到软件缺陷。虽然现在各种各样的测试工具非常多,但是只要多使用,多尝试,就能找到适合当前项目或应用场景的好工具。

既然软件测试工程师核心技能在这三个方面,那么我们应该将这三项技能,最大限度地展示给即将进入或已经进入软件测试行列的工程师们。但是,我可以清晰地看到,目前无论是国内还是国际,都没有一本类似这样的全程实战指导教程出版出来。因为这本书涉及面很广,经典的案例都需要能重现,需要设计出许多站点或应用供读者演练。如果没有十多年领域知识的积累和团队的支持,这本书可能还需数年才能与读者见面。

至此,本书的主体结构、读者定位与主要内容在我胸中快速成型。

本书可以作为:

(1) 全国各大高校软件测试与质量保证实训教程

(2) 全国各大软件公司——软件测试工程师入职教程

(3) 全国各大软件培训机构——软件测试工程师培训实战教程

(4) 想参加国际软件测试外包或众包的人员——测试技能提高指导书籍

(5) 想从事软件测试工作或已经成为软件测试工程师成员的工作指导书

(6) 软件开发工程师、软件项目管理师、系统架构师——研发高质量软件参考书

(7) 言若金叶软件研究中心——软件工程师认证——测试工程师方向认证指导书籍

(8) 言若金叶软件研究中心——全国大学生软件实践与创新能力大赛——参赛指导书籍

书籍篇章安排:

本书根据软件测试工程师核心工作与技能要求分成三篇进行讲解。

第一篇:寻找软件缺陷(Find Bug)技术篇,本篇分为5章。分别是第1章:软件缺陷综述,告诉读者找Bug的技巧与报Bug的技巧;第2章:界面Bug分析;第3章:功能Bug分析;第4章:技术Bug分析;第5章:Web安全Bug分析。通过众多资深工程师对Bug技术的经验分享以及数百个经典软件缺陷的展示与分析,力图让读者做到:“熟读唐诗三百首,不会作诗也会吟”。

第二篇:测试用例设计(Test Case Design)技术篇,本篇分为2章。分别是第6章:测试用例综述,告诉读者设计测试用例的技巧;第7章:测试用例分析。通过对电子商务网站,手机应用,在线游戏,在线会议,搜索引擎,在线协作等系统的测试用例设计与分析,给读者对测试用例有一个全面的认识。引导读者从模仿到实践,再到创新。

第三篇:测试工具使用(Test Tool Usage)技术篇,本篇分为3章。分别是第8章:测试工具综述,告诉读者常见的测试工具及应用场景;第9章:Xenu Link Slenuth链接测试工具的使用;第10章:Web安全测试工具ZAP的使用。引导读者对软件测试工具的兴趣,用对工具可以事半功倍;相反,用错工具则会裹足不前,拖累项目进程。

作者与贡献者:

本书由王顺策划与主编,为保持书籍章节的连贯性,所有章节核心内容均由王顺编写与提供。为了使本书能尽快的面市,言若金叶测试国际团队成员严兴莉、王璐、刘倩斓对书籍中展示的所有经典Bug,进行整理、核对与复现;方便读者能轻易的重现Bug,增加对软件缺陷的理解。同时,王璐完成对Xenu Link链接测试工具的实验,严兴莉完成对Web安全测试工具ZAP的实验。三位成员从不同的角度阅读、重现、实验,保证书籍的可操作性。

同时感谢南京大学、合肥工业大学、南京电子技术研究所、西南科技大学、安徽师范大学、内蒙古农业大学、四川理工学院、乐山师范学院、广州番禺职业技术学院、南海东软信息技术学院、广东环境保护工程职业学院、大连东软信息学院等高校师生积极参加言若金叶软件研究中心举办的全国大学生软件实践与创新能力大赛。书籍中不少经典BUG与设计优良的测试用例取材来源于学生的参赛作品。

书籍中使用的各大系统：

为了使读者容易复现书中列举丰富的Bug实例与测试技巧，所举例子主要从中心创建的各大网站中提取(避免其他网站因修改或删除不能访问)。

主要网站如下：

◎言若金叶软件研究中心官网 http://www.leaf520.com。

◎言若金叶软件研究中心官网备份 http://leaf520.roqisoft.com。

◎诺颀软件论坛 http://www.leaf520.com/bbs。

◎诺颀软件论坛备份 http://leaf520.roqisoft.com/bbs。

◎诺颀软件测试团队 http://qa.roqisoft.com。

◎大学生软件实践能力大赛 http://collegecontest.roqisoft.com。

◎中心精品图书展示网 http://books.roqisoft.com。

◎中心软件工程师培训网 http://training.roqisoft.com。

◎中心软件工程师认证网 http://certificate.roqisoft.com。

◎言若金叶——诺颀软件 http://www.roqisoft.com。

◎诺颀软件——电子杂志 http://jsebook.roqisoft.com。

◎城市空间网 http://www.oricity.com。

◎跨地域合作项目在线跟踪系统 http://www.worksnaps.net。

◎在线免费公开课 http://openclass.roqisoft.com。

还有部分国外Web安全测试网站如下：

◎国外网站 http://demo.testfire.net。

◎国外网站 http://testphp.vulnweb.com。

◎国外网站 http://testasp.vulnweb.com。

◎国外网站 http://testaspnet.vulnweb.com。

◎国外网站 http://zero.webappsecurity.com。

◎国外网站 http://crackme.cenzic.com。

◎国外网站 http://www.webscantest.com。

为给读者Client测试、跨平台测试体验，中心编写的跨地域合作项目在线跟踪系统 http://www.worksnaps.net 支持三个平台(Windows、Linux和Mac)的下载安装与测试。

本书使用常见问题解答：

1. 本书适合高校哪些专业师生学习？读者群体有多广？

本书虽然是软件测试工程师成长实践类教程，但因为软件质量是软件产品的生命线，所以全国各大高校计算机学院、信息管理学院、软件学院各专业都可以将其选用为软件实践类教材。教师和学生通过学习本书，能知道软件生产各环节如何避免引入软件缺陷，各种类型软件常出现的软件缺陷在哪里，在软件开发、软件测试及软件项目管理时，如何减少这些缺陷存在的可能性，如何保证开发的软件足够安全，怎样验证所使用的软件是安全的等，对各大软件专业都有帮助。

2. 某重点高校计算机学院反映：学院规定的计算机理论课程每学期都上不完，怎么有时间来学习这个实践教程？

中心认为，对学生的教育不是让他们知道所有的既定理论、定理，更主要的是让学生应用这些知识。

本书从多个角度出发将目前软件测试工程师所涉及的技术进行串讲，方便师生了解前沿技术、分享众多资深工程师的经验，引领读者进入软件工程师行列并很快向高级工程师方向成长，体现每一个学习者的主动性与创造性。

3. 经常有大学毕业生刚进入软件公司，从事软件测试工作，但苦于没有经验也找不到人带，如何解决？

本书能解决刚进入软件测试行业，没有实战经验，也找不到合适的人带的情况，书籍中展示的各种技术，完全能满足日常软件测试工作。纵使有多年工作经验的软件测试工程师，也能在本书中找到灵感与共鸣，提高自身的测试技能与开拓测试视野。

4. 本书是否适合自学？如果自学过程中有什么不理解，怎么办？

中心编写的软件实践类专著，满足自学的要求，完全适合自学。各大高校教师，如果因为只是担心自己经验不够，而没有选用本教程，那就太可惜了，因为您教本书的时间越长，教的班级越多，您的领悟与发现就会越多，技术也会越来越强；您会惊奇地发现几年之后，自己也变成了这方面的专家。

如果您在自学本书时感到吃力，想要参加中心举办的相应级别的工程师培训，请访问言若金叶研究中心全国软件工程师培训官网：http://training.roqisoft.com。

5. 学完本教程后，想展示一下本书中学到的各种技术，有没有什么地方可供展示自己的能力呢？

中心从2012年就开始组织全国大学生软件实践能力比赛，大学生软件实践能力比赛官方网址 http://collegecontest.roqisoft.com。

中心也有相应的软件工程师认证，官网 http://certificate.roqisoft.com。

同时，每年都有许多全国优秀在校大学生通过中心平台参与到国际软件外包项目和自主研发项目，锻炼自己软件实践能力与实战经验的同时，获得相应的报酬。

随着软件行业的发展，要求软件测试工程师越来越专业，很多学生想从事软件测试的职业，但对这个职业很迷茫，不知道从事这个职业需要具备哪些专业知识，积累哪些经验，从事这个职业后，如何提高自己等。深入学习本书，希望您能找到满意的答案。

致谢

感谢清华大学出版社提供的这次合作机会，使该实践教程能够早日与大家见面。

感谢团队成员的共同努力，因为大家都为一个共同的信念“为加快祖国的信息化发展步伐而努力！”而紧密团结在一起。感谢团队成员的家人，是家人和朋友的无私关怀和照顾，最大限度的宽容和付出成就了今天这一教程。

由于作者水平与时间的限制，本书难免会存在一些问题，如果在使用本书过程中有什么疑问，请发送 E-mail 到 tsinghua.group@gmail.com 或 roy.wang123@gmail.com，作者及其团队将会及时给予回复。

后记

您也可以到中心的官网 http://www.leaf520.com 进行更深层次的学习与讨论。本书的官网是：http://books.roqisoft.com/utest，欢迎大家进入官网查看最新的书籍动态，下载配套资源，和我们进行更深层次的交流与共享。

王顺

2015年于中国合肥留学人员创业园

CONTENTS

目　录

第一篇　寻找软件缺陷(Find Bug)技术篇

第二篇 设计测试用例(Test Case Design)技术篇

第三篇　使用测试工具(Test Tool Usage)技术篇

第一篇

寻找软件缺陷（Find Bug）技术篇

CHAPTER 1

第 1 章

软件缺陷综述

［**学习目标**］：通过本章学习，读者要能清楚的知道软件测试及软件缺陷相关的基本知识，认真体会前人对软件缺陷经验的分享，以及国内、国际对软件缺陷相关实践技术的总结。

1.1 软件测试

软件测试(Software Testing)是对软件产品进行验证和确认的活动过程，其目的就是尽快、尽早地发现软件产品在整个开发生命周期中存在的各种缺陷，以评估软件的质量是否达到可发布的水平。

软件测试是软件质量保证过程中的重要一环，同时也是软件质量控制的重要手段之一，测试工程师与整个项目团队共同努力，确保按时向客户提交满足客户要求的高质量软件产品。软件测试的目的就是尽快尽早地将被测软件中所存在的缺陷找出来，并促进系统分析工程师、设计工程师和程序员等尽快地解决这些缺陷，并评估被测软件的质量水平。

软件测试是为软件开发过程服务的，在整个软件开发过程中，要强调测试服务的理念。虽然软件测试的重要任务之一是发现软件中存在的缺陷，但其根本目的是为了提高软件质量，降低软件开发过程中的风险。

1.2 软件缺陷

软件缺陷(Software Defect)，常常被叫做 Bug。软件缺陷是对软件产品预期属性的偏离现象。缺陷的存在会导致软件产品在某种程度上不能满足用户的需求。IEEE729-1983 对缺陷的定义是：从产品内部看，缺陷是软件产品在开发和维护过程中存在的错误、缺点等问题。从产品外部来看，缺陷是系统所需要实现的某种功能的失效或违背。

缺陷的表现形式有很多，不仅体现在功能上的失效，还体现在性能、安全性、兼容性、易用性、可靠性等方面不能满足用户需求。

软件缺陷是影响软件质量的重要因素之一，发现并排除缺陷是软件生命周期中的一项重要工作。

1.3 软件缺陷严重级别划分

软件缺陷一旦被发现，就应该设法找出引起这个缺陷的原因，并分析对软件产品质量的影响程度，然后确定处理这个缺陷的优先顺序。一般来说，问题越严重，其处理的优先级越高，越需要得到及时的修复。

缺陷严重级别是指因缺陷引起的故障对被测试软件的影响程度。在软件测试中，缺陷的严重级别的判断应该从软件最终用户的观点出发，考虑缺陷对用户使用所造成的恶劣后果的严重性。由于软件产品应用的领域不同，软件企业对缺陷严重级别的定义也不尽相同，但一般包括五个级别，如表 1-1 所示。

表 1-1 缺陷严重级别示例

缺陷级别	描述
严重缺陷(Critical)	不能执行正常工作功能或重要功能。使系统崩溃或资源严重不足。 1. 由于程序所引起的死机，非法退出 2. 死循环 3. 数据库发生死锁 4. 错误操作导致的程序中断 5. 严重的计算错误 6. 与数据库连接错误 7. 数据通信错误
较严重缺陷(Major)	严重地影响系统要求或基本功能的实现，且没有办法更正。(重新安装或重新启动该软件不属于更正办法) 1. 功能不符 2. 程序接口错误 3. 数据流错误 4. 轻微数据计算错误
一般缺陷(Average Severity)	严重地影响系统要求或基本功能的实现，但存在合理的更正办法。(重新安装或重新启动该软件不属于更正办法) 1. 界面错误(附详细说明) 2. 打印内容、格式错误 3. 简单的输入限制未放在前台进行控制 4. 删除操作未给出提示 5. 数据输入没有边界值限定或不合理
次要缺陷(Minor)	使操作者不方便或遇到麻烦，但它不影响执行工作或功能实现。 1. 辅助说明描述不清楚 2. 显示格式不规范 3. 系统处理未优化 4. 长时间操作未给用户进度提示 5. 提示窗口文字未采用行业术语

续表

缺陷级别	描 述
改进型缺陷(Enhancement)	1. 对系统使用的友好性有影响,例如,名词拼写错误、界面布局或色彩问题、文档的可读性、一致性等 2. 建议

缺陷的严重级别可根据项目的实际情况制定,一般在系统需求评审通过后,由开发人员、测试人员等组成相关人员共同讨论,达成一致,为后续系统测试的 Bug 级别判断提供依据。

1.4 软件缺陷状态

缺陷状态是指缺陷通过一个跟踪修复过程的进展情况。缺陷管理过程中的主要状态如表 1-2 所示。

表 1-2 缺陷状态示例

缺陷状态	描 述
新缺陷(New)	已提交到系统中的缺陷
接受(Accepted)	经缺陷评审委员会的确认,认为缺陷确实存在
已分配(Assigned)	缺陷已分配给相关的开发人员进行修改
已打开(Open)	开发人员开始修改缺陷,缺陷处于打开状态
已拒绝(Rejected)	拒绝已经提交的缺陷,不需修复或不是缺陷或需重新提交
推迟(Postpone)	推迟修改
已修复(Fixed)	开发人员已修改缺陷
已解决(Resolved)	缺陷被修改,测试人员确认缺陷已修复
重新打开(Reopen)	回归测试不通过,再次打开状态
已关闭(Closed)	已经被测试,将其关闭

1.5 软件缺陷管理

1.5.1 缺陷管理流程

为正确跟踪软件中缺陷的处理过程,通常将软件测试中发现的缺陷作为记录,输入到缺陷跟踪管理系统中。在缺陷管理系统中,缺陷的状态主要有提交、确认、拒绝、修正和已关闭等,其生命周期一般要经历从被发现和报告,到被打开和修复,再到被验证和关闭等过程。缺陷的跟踪和管理一般借助于工具来实施,Bugzilla 缺陷跟踪系统中的缺陷管理流程如图 1-1 所示。

缺陷管理的流程说明:

(1) 测试人员发现软件缺陷,提交新缺陷入库,缺陷状态设置为 New。

(2) 软件测试经理或高级测试经理,若确认是缺陷,则分配给相应的开发人员,将缺陷状态设置为 Open 状态;若不是缺陷(或缺陷描述不清楚),则拒绝,设置为 Declined 状态。

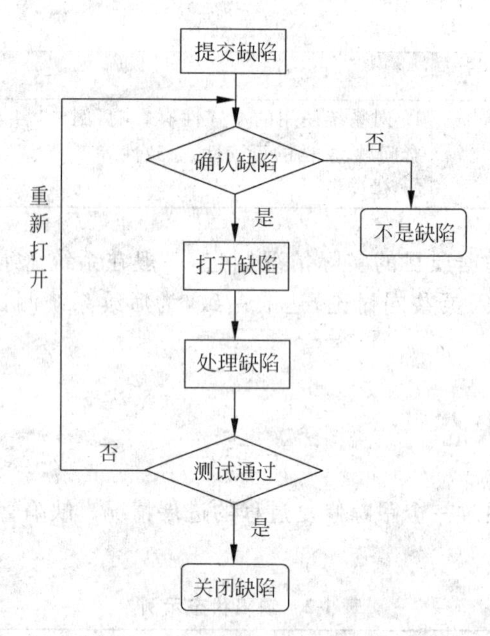

图 1-1　缺陷管理一般流程图

(3) 开发人员对标记为 Open 状态的缺陷进行确认，若不是缺陷，则状态修改为 Declined；若是缺陷，则进行修复，修复后将缺陷状态改为 Fixed。对于不能解决的缺陷，提交到项目组会议评审，以做出延期或进行修改等决策。

(4) 测试人员查询状态为 Fixed 的缺陷，然后验证缺陷是否已解决。如果缺陷已经解决，则置缺陷状态为 Closed；如果缺陷依然存在或者还引入了新的缺陷，则置缺陷状态为 Reopen。

异常过程：对于已被验证后关闭的缺陷，由于种种原因被重新打开，测试人员将此类缺陷标记为 Reopen，重新经历修正、关闭等阶段。

在缺陷管理过程中，应加强测试人员与开发工程人员之间的交流，对于那些不能重现的缺陷或很难重现的缺陷，可以请测试人员补充必要的测试用例，给出详细的测试步骤和方法。同时，还需要注意一些细节：

(1) 软件缺陷跟踪过程的不同阶段是测试人员、开发人员、配置管理人员和项目经理等协调工作的过程，要保持良好的沟通，尽量与相关的各方人员达成一致。

(2) 测试人员在评估软件缺陷的严重性和优先级上，要根据事先制定的相关标准或规范来判断，应具有独立性、权威性，若不能与开发人员达成一致，则由产品经理来裁决。

(3) 当发现一个缺陷时，测试人员应分给相应的开发人员。若无法判断相应的开发人员，应先分配给开发经理，由开发经理进行二次分配。

(4) 一旦缺陷处于修正状态，就需要测试人员的验证，而且应围绕该缺陷进行相关的回归测试。并且，包含该缺陷的测试版本是从配置管理系统中下载的，而不是由开发人员私下给的测试版本。

(5) 只有测试人员有关闭缺陷的权限，开发人员没有这个权限。

1.5.2 缺陷描述

对缺陷的描述一般包含以下内容。

缺陷 ID：唯一的缺陷标示符，可以根据该 ID 追踪缺陷。

缺陷标题：描述缺陷的名称。

缺陷状态：标明缺陷所处的状态，如"新建"、"打开"、"已解决"、"关闭"等。

缺陷的详细说明：对缺陷的详细描述，缺陷如何复现的步骤等。缺陷描述非常重要，因为对缺陷描述的详细程度直接影响开发人员对缺陷的修改，描述应该尽可能详细。

缺陷的严重程度：指因缺陷引起的故障对软件产品的影响程度。

缺陷的紧急程度：指缺陷必须被修复的紧急程度(优先级)。

缺陷提交人：缺陷提交人的名字。

缺陷提交时间：缺陷提交的时间。

缺陷所属项目/模块：缺陷所属的项目和模块，最好能较精确的定位至模块。

缺陷解决人：最终解决缺陷的人。

缺陷处理结果描述：对处理结果的描述，如果对代码进行了修改，要求在此处体现出修改。

缺陷处理时间：缺陷被处理的时间。

缺陷复核人：对被处理缺陷复核的验证人。

缺陷复核结果描述：对复核结果的描述(通过、不通过)。

缺陷复核时间：对缺陷复核的时间。

测试环境说明：对测试环境的描述。

必要的附件：对于某些文字很难表达清楚的缺陷，使用图片等附件是必要的。

除上述描述项外，配合不同的统计的角度，还可以添加上"缺陷引入阶段"、"缺陷修正工作量"等属性。

1.5.3 缺陷提交原则

缺陷报告是测试过程中提交的最重要的东西，它的重要性丝毫不亚于测试计划，并且比其他的在测试过程中产出的文档对产品的质量影响更大。对缺陷的描述要求准确、简洁、步骤清楚、有实例、易再现、复杂问题有据可查(截图或其他形式的附件)。

有效的缺陷报告需要做到以下几点。

(1) 单一：每个报告只针对一个软件缺陷。

(2) 再现：不要忽视或省略任何一项操作步骤，特别是关键性的操作一定要描述清楚，确保开发人员照所述的步骤可以再现缺陷。

(3) 完整：提供完整的缺陷描述信息。

(4) 简洁：使用专业语言，清晰而简短的描述缺陷，不要添加无关的信息。确保所包含信息是最重要的，而且是有用的，不要写无关信息。

(5) 客观：用中性的语句客观描述事实，不带偏见，不用幽默或者情绪化的语句。

(6) 特定条件：必须注明缺陷发生的特定条件。

1.6 软件缺陷技术经验分享一

1.6.1 做国际软件测试项目提交 Bug 技巧

当我们拿到一个测试项目的时候，应该有计划地进行测试，而不是一上来就开始盲目测试。在接受测试项目前，要看清楚是什么类型的测试项目：Web 应用程序、桌面应用程序或者手机应用程序项目等。

现在，大多数的项目还是 Web Application 类型的项目。接受项目后，第一步应该先阅读清楚项目的测试需求，包括项目说明、测试范围内、测试范围外（范围外的 Bug 会被 Reject）、特殊要求、需要的测试环境，还有提交 Bug 需要的注意事项，然后是测试网址和项目版本号等等。前期需要花一定的时间来理解项目需求说明，这样不仅为后期的测试节省了大部分时间，也会减少 Bug 的拒绝量。

项目需求说明阅读并且理解之后，就可以按要求进行测试了，如果一访问待测试的网站，就无规则地胡乱点击，这样的做法是不好的。没有计划的测试只会让你到最后连自己都不知道自己测试了些什么，也不知道哪些功能完成了测试。所以在访问网址后，就可以根据网站的类型计划一下如何进行测试。如果这个网站类型是以前做过的，那就直接套用以前的计划，例如一个购物网站，先从账号注册登录开始，到商品详情，到购物流程等。这样大体计划了之后，又对每个大体进行细分，注册登录需要测试表单验证、SQL 注入、安全性测试、细节功能等。那么，进行了这样计划后，就可以保证你测试过的功能不会轻易遗漏 Bug 了。

大致计划好就要开始边测试边提交 Bug 了，提交 Bug 的时候也有需要注意的事项。首先为了保证 Bug 没有被其他人提交过，需要在已提交的 Bug 列表中大致浏览一遍所有的 Bug，如果这个 Bug 已经被提交，那么是不能再重复提交的，否则 Bug 会被 Reject；其次，当提交 Bug 的时候需要注意项目需求中描述的 Bug 提交模板，按照项目负责人（TTL）要求的格式提交 Bug，例如，[win7/Chrome]Home>Search button does not work；然后，描写 Bug 详情的时候需要按照步骤来描写，清晰、简洁，使得修复者容易复现；最后，需要提交 Bug 的截图或者录制一个可以复现的视频。这样提交的 Bug 就非常好了。当然，报 Bug 前，提前查阅已报的 Bug，只能保证你报的 Bug 没有和别人的重复。要想 Bug 不被拒绝，还要根据项目实际情况来定，如果你提交的 Bug 不在范围内，或者不是测试功能点等，也会被拒绝，这就是为什么说需要花一定时间来理解项目测试需求说明。

1.6.2 提交 Bug 的基本要素

1. Bug 标识（Bug ID）

每一个 Bug 必须有一个唯一的 Bug ID，可以根据该 ID 追踪 Bug。Bug ID 是测试人员在提交 Bug 时，系统自动生成的。

2. Bug 标题（Title）

Bug 标题记录 Bug 位置，Bug 结果（在什么位置、什么条件下、发生什么结果），一句精简但是却说中 Bug 要点的描述，最好少于 50 字。

3. Bug 类型(Type)

Bug 类型包括功能问题、界面问题、易用性问题、兼容性问题、性能问题、安全性问题等。

4. Bug 状态(Status)

Bug 状态是指缺陷通过一个跟踪修复过程的进展情况,包括 New、Open、Reopen、Fixed、Closed 及 Reject 等。

New:为测试人员新问题提交所标记的状态。

Open:为任务分配人(开发组长/经理)对该问题进行修改并对该问题分配修改人员所标记的状态。Bug 解决中的状态,由任务分配人改变。对没有进入该状态的 Bug,程序员不用处理。

Reopen:为测试人员对修改问题进行验证后没有通过所标记的状态;或者已经修改正确的问题,又重新出现错误。由测试人员改变。

Fixed:为开发人员修改问题后所标记的状态,修改后还未进行验证测试。

Closed:为测试人员对修改问题进行验证后通过所标记的状态。由测试人员改变。

Reject:开发人员认为不是 Bug、描述不清、重复、不能复现、不采纳所提意见建议、或虽然是个错误但还没有到非改不可的地步,故可忽略不计,或者测试人员提错,从而拒绝的问题。由 Bug 分配人或开发人员来设置。

5. Bug 严重级别(Severity,Bug 级别)

Bug Severity 是指因缺陷引起的故障对软件产品的影响程度。由测试人员指定。

A-Crash:错误导致了死机、产品失败("崩溃")、系统悬挂无法操作;

B-Major:功能未实现或导致一个特性不能运行并且不可能有替代方案;

C-Minor:错误导致了一个特性不能运行但有一个替代方案;

D-Trivial:错误是表面化的或微小的(提示信息不太准确友好、错别字、UI 布局或者罕见故障等),对功能几乎没有影响,产品及属性仍可使用;

E-Nice to Have(建议):建设性的意见或建议。

6. Bug 详细描述(Description,Step)

Bug 详情描述也就是复现 Bug 的步骤描述,简洁、准确、完整、可重现,揭示问题实质。

7. Bug 优先级(Priority)

Bug Priority 是指缺陷必须被修复的紧急程度。由 Bug 分配者(开发组长/经理)指定。

5-Urgent:阻止相关开发人员的进一步开发活动,立即进行修复工作;阻止与此密切相关功能的进一步测试;

4-Very High:必须修改,发版前必须修正;

3-High:必须修改,不一定马上修改,但需确定在某个特定里程碑结束前修正;

2-Medium:如果时间允许应该修改;

1-Low:允许不修改。

8. Bug 所属项目/模块(Modules)

Bug 属于哪个项目、模块,最好能较精确的定位至模块。

9. Bug 提交人(Reporter)

Bug 提交人一般是测试人员或其他人员。

10. Bug 提交时间(Report Time)

Bug 的提交时间。

11. 测试版本(Build)

测试软件的版本号。

1.6.3 优秀的 Bug 界定与展示

Bug 提交后,审核人会根据你提交的 Bug 来判断该 Bug 是一般(Somewhat Valuable)、很有价值(Very Valuable)、非常有价值(Exceptional Valuable),如果是 Very 或者 Exceptional 说明你的 Bug 是比较优秀的。

那么什么样的 Bug 才是优秀的 Bug 呢?优秀的 Bug 往往除了在描写方面需要注意规范和要求,在 Bug 的技术含量上也要相对有更高的要求。例如,下面这个 Bug:

缺陷标题:testfire 网站用户登录页面能够被 SQL 注入。

测试平台与浏览器:Windows 7+IE 9 或 Firefox 32 浏览器。

测试步骤:

(1) 用 IE 浏览器打开网站 http://demo.testfire.net。

(2) 进入登录页面。

(3) 在用户名处输入(' or 0 = 0 --),密码输入(123456)。

(4) 单击 Login 按钮。

(5) 查看结果页面。

期望结果:页面提示拒绝登录的信息。

实际结果:成功并以管理员身份登录。

缺陷附图:如图 1-2 和图 1-3。

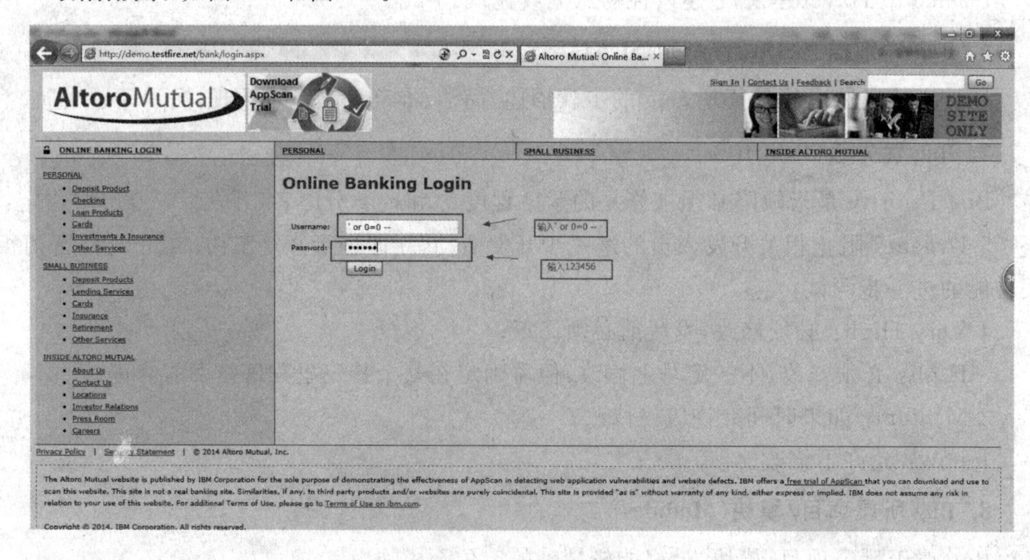

图 1-2 单击登录

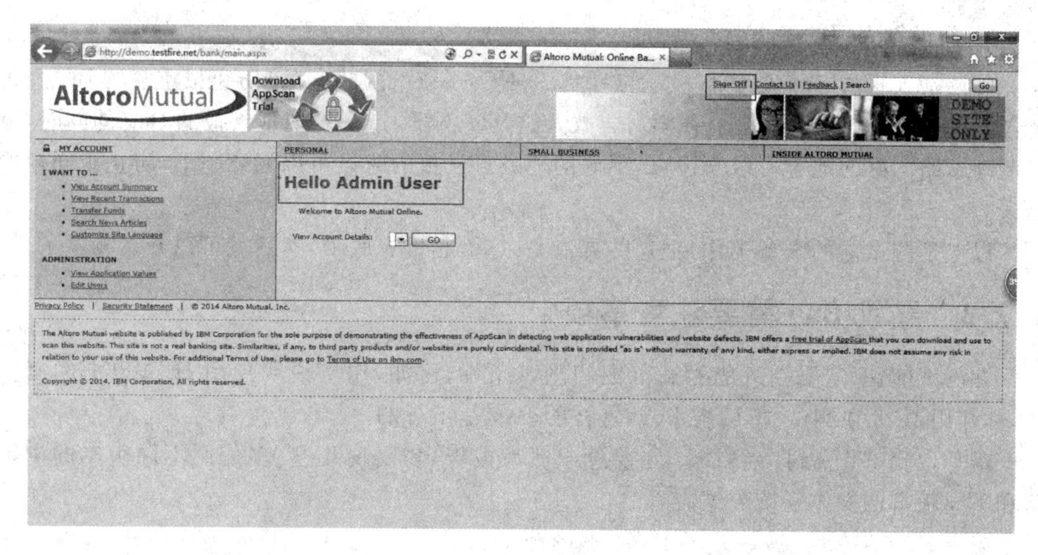

图 1-3 成功登录

上面这个 Bug，在 Bug 描述上是符合项目要求的，根据测试步骤也可以很容易复现，并且确实是个 Bug，那么这样的 Bug 可以通过审核。这是一个安全性的 Bug，如果网站要求进行安全性测试，并且发现了这个缺陷，那么对这个网站来说这是一个比较严重的问题，这样的 Bug，优先级别一般都是 Very 以上，是比较优秀的 Bug。但是如果这个网站规定了不能进行安全性测试，那么这个 Bug 描述得再好也会被拒绝。

当然 Bug 的价值不仅仅与 Bug 的技术含量有关。有的网站如果侧重于网站界面、UI 体验，那么你提交一些严重的界面问题，用户体验度问题，也可以是优秀的有价值的 Bug。

1.7 软件缺陷技术经验分享二

软件测试在产品的生命周期中占据多么重要的位置，我相信只要了解软件测试的人都知道。这里不谈软件测试的重要性，主要来学习一下怎么找 Bug。

找 Bug 的方法从技术方面谈有很多，各大测试教材讲的都大同小异，这里就以一个从事软件测试工作人员的角度来分享一些经验，相信大家结合实例来学习会更容易理解。

1.7.1 阅读测试用例与别人报的 Bug

1. 阅读测试用例

阅读测试用例时，如果仅仅是看测试用例操作步骤，那就大错特错了，这样你只能做个测试用例执行者，做不了测试工程师。

阅读测试用例首先要明白测试范围是什么。一个网站的测试存在很多需要测试的地方，为了提高效率，通常把产品分为很多模块，分模块开发，分模块测试，最后再集成。所以必须弄清楚所需要测试的模块是什么，为什么测试用例是这样，然后再理解用例执行步骤，每一条用例使用了什么方法，怎么设计，这些问题都弄懂熟悉了以后，自己也就可以设计测试用例了。

2. 阅读别人报的 Bug

阅读别人报的 Bug 是个非常好的习惯，一是为了统一风格，二是防止报重复的 Bug。再者，阅读别人报的 Bug，也是一种学习方式。这是实例学习，在复现别人报的 Bug 的同时，可以清晰思路。好的地方可以学过来，不好的地方自己报的时候可以注意一下，防止犯同样的错误。

以上是测试前的准备工作，把这些弄清楚以后，心里有底了，然后就可以开始测试了。

1.7.2 寻找 Bug 需要注意事项

在测试前，一定要弄清楚测试范围和测试条件，比如，用例说明使用 IE 9 以上的浏览器，你却用 IE 8 在测试，然后报 Bug，这样的 Bug 是不行的。

跨平台测试：找到一个 Bug，不要急于填写报告，多复现几遍，多使用不同版本的浏览器和不同版本的操作系统测试看看。

确定 Bug 存在后，做好截图工作：截图截浏览器全屏，标注出 Bug 出现的地方，并使用文字简单描述，如图 1-4 所示。

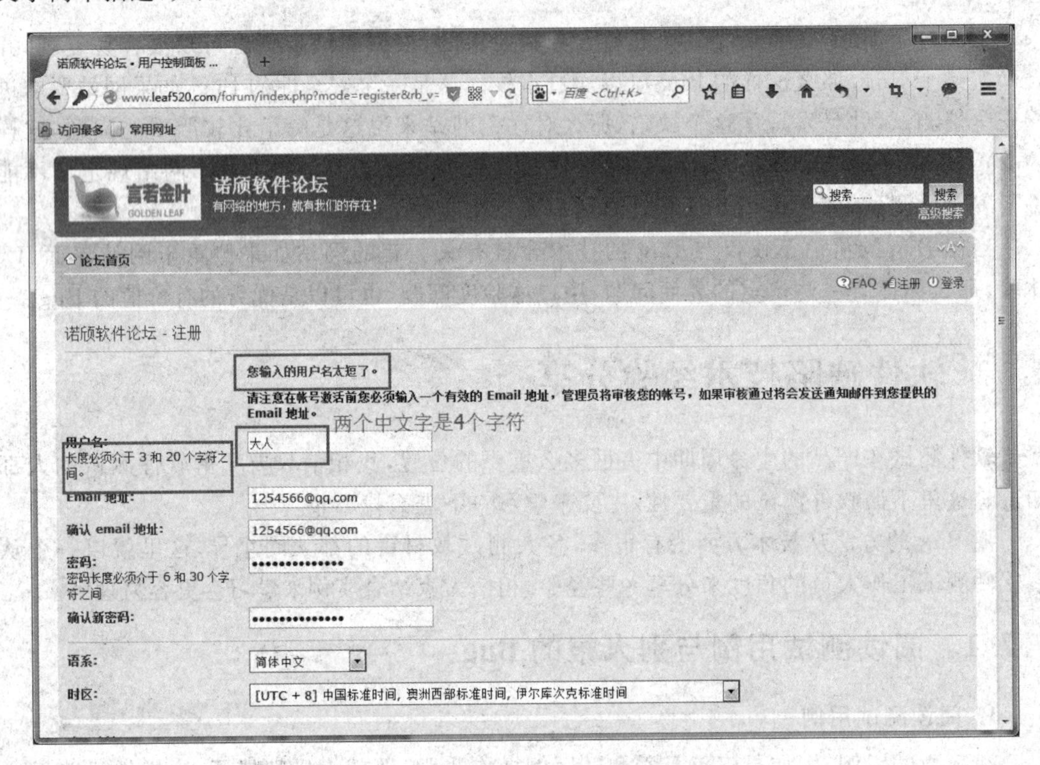

图 1-4　注册页面用户名提示错误

此用户名长度限制为 3～20 个字符，“大人”两个中文字占 4 个字符，在图片中红色框出说明，把错误提示标出来，别人如果没有看懂 Bug 描述，看配图也很清晰明了。

1.7.3　准确清晰汇报 Bug 要点

1. Bug 标题

Bug 标题需要注明 Bug 出现的地方，Bug 内容，Bug 标题不能太长，用一句简单的话概括总结，让人一看就知道是什么 Bug。

2. 测试平台

如果是测试的网站，需要标明测试的操作系统版本，以及浏览器版本，比如某个 Bug 在 Windows 7 系统下的 IE 9 和 Fire fox 都测了，那么测试平台就要写清楚是 Windows 7＋Firefox 或 IE 9 浏览器。如果是手机测试，也要写清楚手机的型号版本等信息。

3. 测试步骤

测试步骤一定要简单清晰，让开发者在确认 Bug 前能快速准确地复现，三步完成的步骤，千万不要分五步来写。就比如说一个网站注册页面出现 Bug，链接直接给出注册页面的链接就行了，不要写第一步打开这个网站的主页，第二步又进入到注册页面，所以测试步骤一定要简单明了，以便复现者能快速准确地找到 Bug 并修复。

4. 期望结果和实际结果

期望结果就是执行这步操作本该出现的结果，实际结果就是执行完这步操作实际出现的结果。比如注册页面用户名的测试，用户名长度为 3～20 个字符，测试时输入 4 个字符，其他信息都正确填写，期望结果就应该是注册成功，如果 Bug 出现在这里，就会有错误提示，那么实际结果就是错误提示的内容。

5. 截图或录制视频

为了更清楚地说明 Bug 内容，对于步骤简短的 Bug，可配上发现 Bug 时的截图；如果步骤复杂，一个截图说不清楚，可以录制一段视频，方便阅读 Bug 的人理解 Bug 内容。

以上是测试报告的写法，养成这几个习惯，Bug 描述就会越来越简单清晰，越容易让人理解。

1.7.4　不断总结与提高

这是测试工作的最后一步，也是最关键的一步。总结的东西很多，也因人而异，说到底，总结就是测试者在测试工作中的感觉，必须要学会总结，才能越做越好。

刚报完 Bug 的时候，是总结经验最好的时机。总结发现 Bug 的步骤、Bug 出现的原因，还可以猜测 Bug 出现的原因。还是拿用户名长度的这个 Bug 为例，用户名长度达到限制要求，但出现错误提示，原因是什么？可能是开发者将长度最小值规定错误，修改此 Bug 的方法就是修改字符长度限制边界值。

同样的，在发现最小值限制错误的同时，必须测试最大值是否满足要求，限制在 20 个字符以内，那测试时输入 21 个字符会出现错误提示吗？这就是边界测试，将此方法总结起来，下次在看到同类型的测试点，便可使用同样的方法。

其实测试的方法不多，重要的是善于总结。这样在遇上同类型的测试点时，便可以快速准确地找出 Bug。

技术型工作就是要多动手，多总结，这样经验才越丰富，有时候总结与提高比寻找更重要。

1.8 言若金叶国际软件测试团队实践经验总结

言若金叶国际软件测试团队经过十多年在国际软件测试市场的项目实践，总结出了许多行之有效的方法、经验与技巧，非常方便用于国际软件测试实战。包括准确汇报 Bug 的几条基本准则、描述 Bug 中需要注意事项、在汇报英文 Bug 时专业英文描述、与国外人进行项目交流常见英文信件含义等。

1.8.1 准确汇报 Bug 的几条基本准则

(1) Clear title：Bug 标题一定要准确清晰，比较好的格式是{在什么网页}-{什么区域}-{出现什么问题}，比直接写有什么问题要清晰得多。

(2) One Bug per report：一个 Bug 只报一个问题，不要将多个不同的问题报在一个 Bug 上。

(3) Minimum，quantifiable steps to reproduce the problem：通过最简捷和准确的步骤去复现问题，去除不必要的复现步骤，同时不能丢失关键步骤。

(4) Expected and Actual results：期望结果与实际结果要描述准确，正是因为期望结果与实际结果不一致，才会报这个 Bug。

(5) The build that the problem occurs：出现 Bug 的软件版本。

(6) Bug attachment：Bug 附件，可以是出错页面的图片，也可以是录制的出错步骤的视频，也可以是出错的 Error Log 等，越详细，越准确，越好。

(7) OS & BS Version：复现 Bug 所在的操作系统与浏览器版本号或其他需要的环境配置。

1.8.2 描述 Bug 中需要注意事项

(1) 标题中尽量少使用标点符号，特别是末尾不要使用句号、分号等；

(2) Bug 内容要描写清楚，详细；

(3) 在写 Bug 复现步骤时，每步要有数字编号；

(4) 每个 Bug 都必须至少有一个附件，可以是图片或者视频，方便审阅者准确理解 Bug；

(5) 附件图片要用红色的框，圈出错误地方，如果有必要，使用文本加以说明有什么错；

(6) 如果截图有要求包含浏览器的 URL，则必须包含，方便复现；

(7) 在汇报英文 Bug 时英文描述要专业。

1.8.3 在汇报英文 Bug 时专业英文描述

(1) 问题，也就是我们平常所说的出现什么问题：issue。

例如，report the issues when you found(请汇报你发现的问题)

(2) 登录一个站点：sign in a site(类似于 login in a site)，注册一个站点，可以说：

register a site。登录一个站点是已经有该站点的账户，用用户名与密码进行登录；而注册一个账户，是没有账户或另注册一个新的账户进行登录。

(3) 链接不工作或空链接：link broken 或 link does not work。

(4) 鼠标指向某图片时出现提示信息：show tooltip when mouse move on the picture。

(5) 弹出警告信息：pop up a warning message。

(6) 单击浏览器上面的前进或后退按键：click back or forward button on the top of browser。

(7) 文字或图片重叠：text or picture overlap。

(8) 操作系统：OS = operation system。

(9) 浏览器：BS = browser。

(10) 产品包号：SP = service package(如，Windows XP SP2)。

(11) 版本号：Version。

(12) 代理设置：Proxy setting。

(13) 导航条：Navigation bar。

(14) 排序：sort by。

(15) 排版中左对齐，右对齐，居中：align left，align right，align center。

(16) 没有输入校验：no input validation。

(17) 跨站点脚本攻击问题：has XSS attack issue。

(18) 夏令时：Daylight Saving Time。

(19) 翻译中有乱码/垃圾字符：garbage character。

(20) 输入框中的最大长度：max length。

(21) 长度限制：limitation。

(22) 区分字母大小写：case sensitive(如，密码是区分字母大小写的，大写的 A 与小写的 a，不是同一个字母)。

(23) 网络购物测试中用到的信用卡：credit card。

(24) 网络购物测试中用到的优惠券：coupon code。

(25) 网页上有 JavaScript 错：show JS error。

1.8.4 与国外人进行项目交流常见英文信件含义

1. 邮件中的缩写或英文含义

(1) From：发件人 email 地址。

(2) To：收件人 email 地址。

(3) CC：邮件抄送给某(些)人。

(4) BCC：邮件密件抄送给某(些)人。

(5) Title：邮件标题。

(6) Subject：邮件内容。

(7) Reply：回复某人邮件。

(8) Forward：转发某邮件。

2. 邮件内容中的一些简写

(1) ASAP：尽快(as soon as possible 的缩写)。

如，please reply me ASAP，请尽快回复我。

(2) btw：顺便说一下(by the way 的缩写)。

如，btw，do u like me? 是 By the way，do you like me? 的缩写。

(3) w/o：没有(without 的缩写)。

(4) w/：具有(with 的缩写)。

如，come w/us! 是 come with us 的缩写。

(5) FYI：供你参考(for your information 的缩写)。

如，FYI，the mailing address will be announced later. 邮寄地址将很快公布。

3. 数字含义

2 = to/too

2B or not 2B = To be or not to be

4 = for

4ever = forever

4. 邮件里常用的四个英文缩写的英文解释：CC，FYI，ASAP，RESEND

1) CC 抄送

Literal meaning：Carbon Copy. When used in an e-mail，it means to send a copy of the e-mail to someone else.

Hidden meaning：If you are on the CC list，you may simply read the e-mail. You're not always obligated to reply. But if an e-mail sent to you has your boss' e-mail on the CC list，watch out. When the boss is involved，you'd better take the e-mail more seriously.

2) FYI 供你参考

Literal meaning：For your information.

Hidden meaning：By adding "FYI"，the sender indicates that the e-mail contains information that may be valuable to your company or job responsibilities.

3) ASAP / urgent 紧急文件

Literal meaning：As soon as possible.

Hidden meaning：When you see "ASAP" or "urgent" in an e-mail or document，you should quickly carry out the e-mail's orders.

4) RESEND! 重传

Literal meaning：Please resend your reply to me.

Hidden meaning："I haven't received your reply. I don't have much time. Please hurry." You might get such a message from someone who sent you an e-mail，to which you've yet to reply.

5. 邮件内容中对 Bug 的说明

(1) 如何复现一个 Bug：how to reproduce a Bug 或 how to duplicate a Bug。

(2) Bug 汇报的超出了测试范围：out of test scope。

(3) 报的 Bug,别人不能再次做出来：cannot duplicate。

(4) 报的 Bug 不是真正的 Bug：Not a Bug。

(5) Bug 获得批准：Approved。

(6) Bug 被拒绝：rejected。

(7) 已经是众所周知的 Bug：known Bug list,在这个 List 中的 Bug 不允许再报,报出来也会被拒绝。

(8) 用户指导文件：User Guide,测试者可以依据这个指导文件中的说明进行有针对性的测试。

1.9 国际 Bug 经验与技术总结

1.9.1 Guidelines for reporting Bugs

The most important part of a Bug report is to provide the steps necessary to reproduce the issue. If you include all the steps and the details associated with reproducing the Bug, then all of the important information should be captured. Screenshots and URL's are also important so that the developer can quickly locate and try to reproduce the problem. When writing a Bug report, try to put yourself in the developers shoes and ask "What would I want to know to be able to investigate and fix this problem?". Here are some key items to think about and include with your Bug report:

Title: The title should be concise, clear, and informative

Do not use vague language such as "crashed" or "failed" instead include an error message, or exactly what happened

Separate issues as best you can into individual Bug reports. It is often tempting to clump several Bugs into one Bug report. This can be confusing as they all will have different test cases and some parts of the Bug may get resolved before others.

Include details steps on how to reproduce the Bug including the URL. If you are logged into a system include the username and/or role that you are logged in as.

Include browser version and operating system

Be specific and verbose in documenting your Bug entry. The more detail that is included in the report will expedite the process of solving the Bug.

Annotated screen shots are extremely helpful. If possible, include the location bar that shows the URL in the screenshot

Questions to ask?

There are a number of questions you should answer in your Bug report.

Can you reproduce this Bug?

Can you reproduce this Bug in another environment or on another machine?

Does the Bug occur in only one browser or in multiple browsers?

Has this ever worked before?

Does the Bug report contain enough information for someone to reproduce the Bug?

Summary

Writing a detailed Bug report will expedite the Bug solving process. Having a clear and concise title will insure that Bug reviewers can have an idea at a glance on the issue. Separating out issues into individual Bug reports will allow each issue to maintain its own status and be resolved independently of each issue. Once you have written your Bug report, you should review it one last time to insure that you have included all the necessary information. It may take a little longer to file the Bug report initially, but I guarantee you it will reduce the amount of back and forth communication required to solve the Bug.

1.9.2 Bug Template

For the title of your forum post (or email to tech support) please start with Bug: followed by a brief description of the problem i. e.

Bug Title: descriptive title

Within your post include:-{**which page**}-{**which place**}-{**have** *** **issue**}

Bug Description: Steps to reproduce

describe your problem

1. Load logos 4
2. click this
3. do that

Expected Result

Instead of crashing I expected Logos 4 to make my coffee

Actual Result

what happened when you did those steps

System Env.

Desktop | Windows Experience Index: 4.2 | AMD 64 X2 3800+ (2.0Ghz) dual core

| 4GB RAM | Dual 22” widescreen monitors at 1680x1050 | Nvidia 7300 GS 256MB video RAM |500 GB Raid Mirror. | Windows 7 Professional 64bit - all patches. |Kaspersky Internet Security 2010 - up to date

Attachment

Anything else you need to add, like picture, video and etc

1.9.3 What are the qualities of a good software Bug report?

1. Good Bug titles

We have lots of Bugs in the database. Lots. It is important for the Bug title to include words that someone else might use to look up the Bug. A good rule of thumb that I use is before I even start to write up the Bug report, I search for the Bug. Well, we all should first search for the Bug before filing, but what I do a little differently is record what words I used to try to query the Bug with. I make sure I use those words somewhere in the Bug title.

2. Reproducible

If your Bug is not reproducible it will never get fixed. You should clearly mention the steps to reproduce the Bug. Do not assume or skip any reproducing step. Step by step described Bug problem is easy to reproduce and fix.

3. Be Specific

Do not write a essay about the problem. Be Specific and to the point. Try to summarize the problem in minimum words yet in effective way. Do not combine multiple problems even they seem to be similar. Write different reports for each problem.

4. Reproduce the Bug three times before writing Bug report

Your Bug should be reproducible. Make sure your steps are robust enough to reproduce the Bug without any ambiguity. If your Bug is not reproducible every time you can still file a Bug mentioning the periodic nature of the Bug.

5. Write a good Bug summary

Bug summary will help developers to quickly analyze the Bug nature. Poor quality report will unnecessarily increase the development and testing time. Communicate well through your Bug report summary.

6. Read Bug report before hitting Submit button

Read all sentences, wording, steps used in Bug report. See if any sentence is creating ambiguity that can lead to misinterpretation. Misleading words or sentences should be avoided in order to have a clear Bug report.

7. Elaborate on your error logs

Sometimes more information is needed than a simple error log from Bugswatter or other similar addons. Explain what you were doing to trigger the error, and any side effects it caused. Also if you do provide an error log (And you always should if one occurs) please provide the full text, it really does mean something to us. A list of the addons you're running can also sometimes be useful, but we don't need 10 copies of it.

8. Keep an eye on your reported Bugs

Nothing is more frustrating to an author than being unable to reproduce a Bug, and being unable to contact the reporter. The dev team will often ask for more information, or suggest other courses of action to try, so check back regularly, or have the forum notify you about replies to your topics.

1.9.4 Tips to Write a Good Bug Report

1. Clear title

Good title is a must, as the developer should be able to grasp the essence of the Bug report from the title alone. If you have a large database, having a clear title will help the system admin to assign Bug reports to the correct developers without even reading the whole reports.

2. One Bug per report

Report one Bug in a single report, no more, no less. If you put in too many Bugs, some of the them may be overlooked. To avoid confusion and duplication, please, one Bug per report, no more, no less.

3. Minimum, quantifiable steps to reproduce the problem

This is important. Developers need to be able to get to the problem in the shortest time. So the testers' job is to help them to do just that. Testers need to do a few round of testing to clarify the steps, and to be able to reproduce the problems using minimum steps. We the developers will appreciate the extra efforts, really. If the testers can't specify the steps to reproduce the problem, then the developers have to conclude that the Bug doesn't exist.

4. Expected and Actual results

A Bug report should always contain the expected and Actual results. A generic description like "This is a Bug" is not helpful, because the Bug in question is not immediately obvious to the developers. Another reason for spelling out explicitly the expected and Actual results is that sometimes the developers don't think that the Bug is a real Bug. So it is the testers' duty to explain to the developers what went wrong.

5. The build that the problem occurs

Daily builds are common nowadays. So if the testers don't specify the exact problematic build, developers might have a hard time trying to solve an already-solved problem. That will be a waste of resources.

6. Include background references, if possible

If a Bug is related to other Bugs, then please include those information in the Bug reports. This will help the everyone who reads the report understand the issues at hand better.

7. Pictures

A picture is worth a thousand words! Sometimes words just don't flow; in that case why don't just capture a clear picture that illustrates the problem?

8. Proofread the Bug report!

This is very, very important. Now the Bug report is readied, but why not just trial run what is written to make sure other people can follow and reproduce the problem exactly? A proofread Bug report has a much higher chance of being understood properly by the developers and fixed by them.

1.9.5 What if there isn't enough time for thorough testing?

Use risk analysis, along with discussion with project stakeholders, to determine where testing should be focused.

Since it's rarely possible to test every possible aspect of an application, every possible combination of events, every dependency, or everything that could go wrong, risk analysis is appropriate to most software development projects. This requires judgment skills, common sense, and experience. (If warranted, formal methods are also available.) Considerations can include:

Which functionality is most important to the project's intended purpose?

Which functionality is most visible to the user?

Which functionality has the largest safety impact?

Which functionality has the largest financial impact on users?

Which aspects of the application are most important to the customer?

Which aspects of the application can be tested early in the development cycle?

Which parts of the code are most complex, and thus most subject to errors?

Which parts of the application were developed in rush or panic mode?

Which aspects of similar/related previous projects caused problems?

Which aspects of similar/related previous projects had large maintenance expenses?

Which parts of the requirements and design are unclear or poorly thought out?

What do the developers think are the highest-risk aspects of the application?

What kinds of problems would cause the worst publicity?

What kinds of problems would cause the most customer service complaints?

What kinds of tests could easily cover multiple functionalities?

Which tests will have the best high-risk-coverage to time-required ratio?

1.10 读书笔记

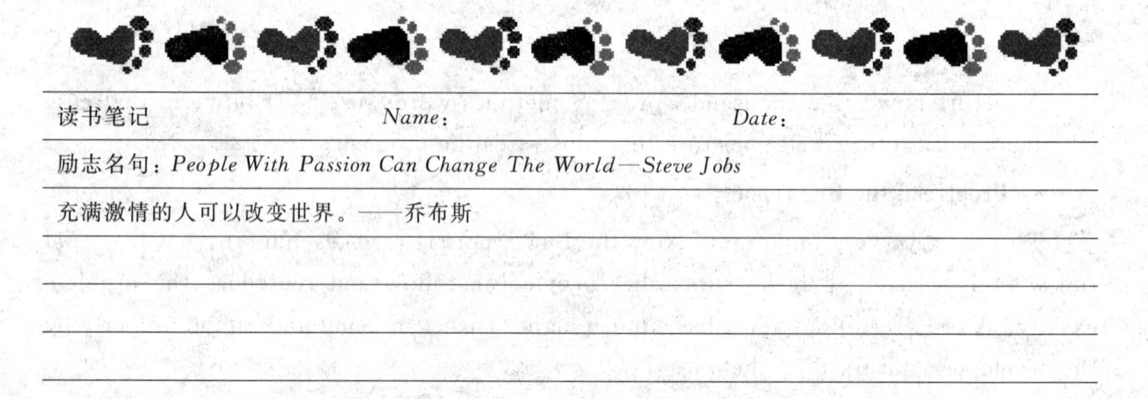

读书笔记　　　　　　　　　　*Name*：　　　　　　　　　　*Date*：

励志名句：*People With Passion Can Change The World—Steve Jobs*

充满激情的人可以改变世界。——乔布斯

CHAPTER 2

第 2 章

经典界面缺陷UI Bug

[**学习目标**]：在国际软件项目中通常将各种软件缺陷分为三类，分别是界面的缺陷、功能缺陷与技术缺陷。通过本章的学习，读者要能对常见的软件界面缺陷了然于胸，迅速能找到待测项目的界面缺陷。

2.1 Bug＃1：leaf520论坛长字符搜索界面溢出问题

缺陷标题：诺颀软件论坛网站＞高级搜索：输入长文本搜索，导致界面溢出问题。

测试平台与浏览器：Windows 7＋Google Chrome 浏览器。

测试步骤：

(1) 打开诺颀软件论坛网站 http://leaf520.roqisoft.com/bbs/。

(2) 单击页面右上角的“高级搜索”链接。

(3) 在“关键词搜索”输入框中，输入超长数据(大于 200 字符)，单击“搜索”按钮。

(4) 观察搜索结果。

期望结果：各页面元素显示正确。

实际结果：搜索关键字过长没有提示，字符超出页面边界造成界面不友好，如图 2-1 和图 2-2 所示。

[**专家点评**]：

对界面进行测试，通常在输入框中输入超长数据，观察界面的友好度，大部分网站对于这样的超长字符的处理表现：

(1) 出现字符超出溢出错误，就像本例中一样。

(2) 出现 SQL 错，或者无法正常运行。

有时候，开发人员会拒绝这个 Bug，说客户不会输入这么长的字符，但这种解释是站不住脚的。因为程序员如果不从代码的角度做限制，就不能保证用户会输入什么，不会输入什么。

界面测试主要考察测试人员的认真、细心、耐心和速度，这是对测试人员基本功的检阅。

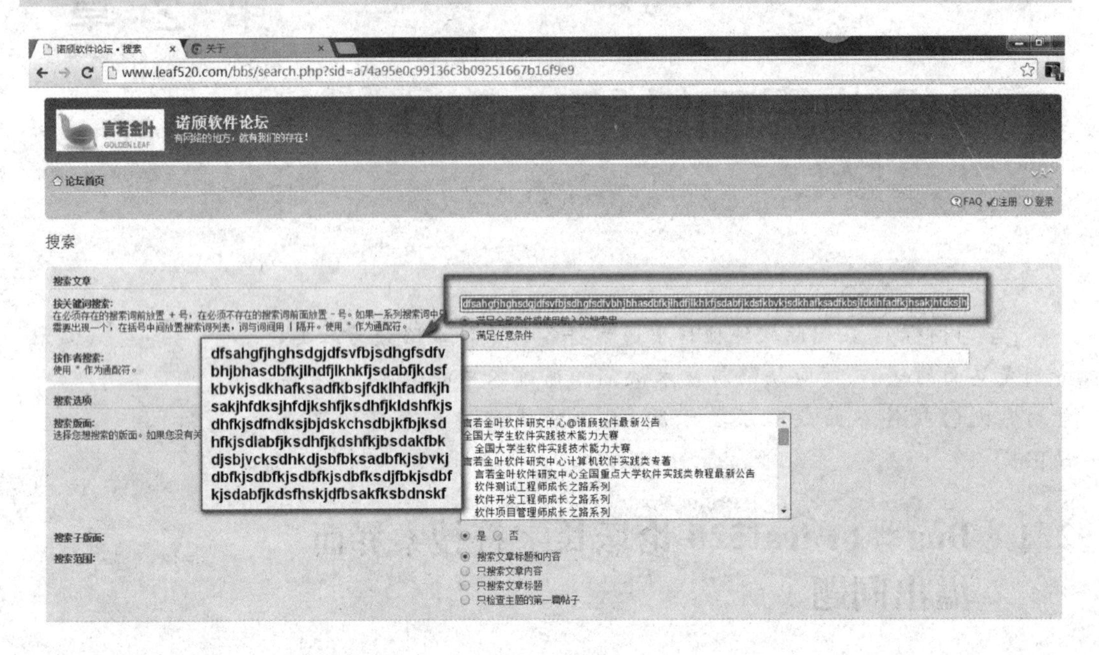

图 2-1　输入超长字符进行搜索

图 2-2　字符超出页面，界面不友好

2.2　Bug＃2：leaf520 网站主页 IE 访问出现图片未对齐

缺陷标题：言若金叶软件研究中心官网>IE 访问有图片显示不对齐问题。

测试平台与浏览器：Windows 7＋IE 11 浏览器。

测试步骤：

(1) 打开言若金叶软件研究中心官网 www.leaf520.com。

(2) 分别在 IE 与 Firefox 浏览器上观察主页信息。

期望结果：各页面元素显示正确。

实际结果：在 IE 上有界面排版的问题(各大搜索引擎图片没有对齐)，如图 2-3 所示。

注：Firefox 和 Chrome 浏览器上基本能对齐，如图 2-4 所示。

中心搜索编号	搜索关键字	各大搜索引擎收录情况
2009-SEG-001	言若金叶软件研究中心	Google Bai百度 Sogou SOSO YAHOO! 必应bing 有道youdao
2010-SES-002	言若金叶	Google Bai百度 Sogou SOSO YAHOO! 必应bing 有道youdao
2010-SEF-003	freeoutsourcing	Google Bai百度 Sogou SOSO YAHOO! 必应bing 有道youdao
2011-SEI-004	重点大学软件工程规划教材王顺	Google Bai百度 Sogou SOSO YAHOO! 必应bing 有道youdao
2011-SES-005	软件实践指南王顺	Google Bai百度 Sogou SOSO YAHOO! 必应bing 有道youdao
2011-SET-006	言若金叶软件工程师培训	Google Bai百度 Sogou SOSO YAHOO! 必应bing 有道youdao
2011-SEA-007	言若金叶软件工程师认证	Google Bai百度 Sogou SOSO YAHOO! 必应bing 有道youdao
2011-SEO-008	言若金叶国际软件外包	Google Bai百度 Sogou SOSO YAHOO! 必应bing 有道youdao
2011-SER-009	言若金叶人才招聘	Google Bai百度 Sogou SOSO YAHOO! 必应bing 有道youdao
2012-SED-010	言若金叶自主软件研发	Google Bai百度 Sogou SOSO YAHOO! 必应bing 有道youdao
2012-SEH-011	清华大学王顺	Google Bai百度 Sogou SOSO YAHOO! 必应bing 有道youdao
2012-SEC-012	思科王顺	Google Bai百度 Sogou SOSO YAHOO! 必应bing 有道youdao

图 2-3 IE 上各大搜索引擎图片没完全对齐

中心搜索编号	搜索关键字	各大搜索引擎收录情况
2009-SEG-001	言若金叶软件研究中心	Google Bai百度 Sogou SOSO YAHOO! 必应bing 有道youdao
2010-SES-002	言若金叶	Google Bai百度 Sogou SOSO YAHOO! 必应bing 有道youdao
2010-SEF-003	freeoutsourcing	Google Bai百度 Sogou SOSO YAHOO! 必应bing 有道youdao
2011-SEI-004	重点大学软件工程规划教材王顺	Google Bai百度 Sogou SOSO YAHOO! 必应bing 有道youdao
2011-SES-005	软件实践指南王顺	Google Bai百度 Sogou SOSO YAHOO! 必应bing 有道youdao
2011-SET-006	言若金叶软件工程师培训	Google Bai百度 Sogou SOSO YAHOO! 必应bing 有道youdao
2011-SEA-007	言若金叶软件工程师认证	Google Bai百度 Sogou SOSO YAHOO! 必应bing 有道youdao
2011-SEO-008	言若金叶国际软件外包	Google Bai百度 Sogou SOSO YAHOO! 必应bing 有道youdao
2011-SER-009	言若金叶人才招聘	Google Bai百度 Sogou SOSO YAHOO! 必应bing 有道youdao
2012-SED-010	言若金叶自主软件研发	Google Bai百度 Sogou SOSO YAHOO! 必应bing 有道youdao
2012-SEH-011	清华大学王顺	Google Bai百度 Sogou SOSO YAHOO! 必应bing 有道youdao
2012-SEC-012	思科王顺	Google Bai百度 Sogou SOSO YAHOO! 必应bing 有道youdao

图 2-4 Firefox 上各大搜索引擎图片基本能对齐

[专家点评]：

界面 UI 测试中，经常会出现页面在 IE 上显示正常，但在 Firefox 或 Chrome 浏览器上显示不正常。或在 Firefox 与 Chrome 上显示正常，但在 IE 上显示不正常的问题。这类问题和测试环境的兼容性有关，每个项目进行兼容性测试也是必需的，特别是 Web 类型的项目，对环境的兼容性要求比较高，在测试的时候，不仅仅有浏览器的兼容，还应该注意操作系统等的兼容性。

在做国际软件测试时，所有待测试的网站，至少在三种浏览器上能正常工作或显示，如 IE、Firefox 与 Chrome。

2.3 Bug＃3：leaf520 网站出现文字与文字重叠

缺陷标题：言若金叶软件研究中心官网主页>“会员制度”页面的文字排版有问题。

测试平台与浏览器：Windows 7＋IE 11 或 Google Chrome 浏览器。

测试步骤：

(1) 打开言若金叶软件研究中心官网 http://leaf520.roqisoft.com/。

(2) 单击“智力储备”链接，出现下拉列表项，单击“会员制度”选项。

(3) 观察页面信息。

期望结果：页面返回正常的信息。

实际结果：页面信息显示不正常，出现文字排版问题，如图 2-5 所示。

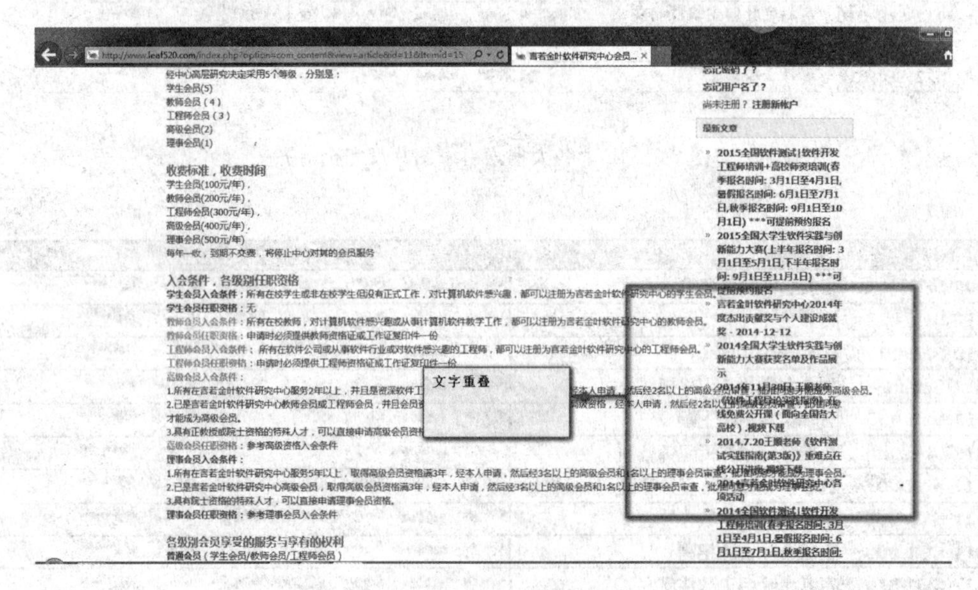

图 2-5　IE 上页面信息显示不正常，出现文字排版问题

[专家点评]：

界面 UI 测试中，经常出现图片与图片重叠、图片与文字重叠、文字与文字重叠的问题。有的虽然在 IE 不重叠，但到 Firefox 或 Chrome 就会重叠在一起，这主要是由于网页的排版主要用 CSS 技术，而三个浏览器的研发分属三家公司，他们的技术实现和对一些功能的支持不一样，所以就导致经常一个浏览器显示正常，另一个浏览器不能正常工作的现象。

我们要求，做国际软件测试的工程师，至少要安装三个浏览器：IE、Firefox 与 Chrome，对网页的验证也是在三个浏览器环境中都要验证。

2.4 Bug＃4：oricity 网站个人空间存在乱码

缺陷标题：城市空间>个人空间>好友列表页面存在乱码。

测试平台与浏览器：Windows 7 ＋ IE 浏览器。

测试步骤：

（1）打开城市空间网站 http://www.oricity.com/。

（2）登录已注册的账号，进入个人的城市空间，单击“好友列表”选项，进行观察。

期望结果：各页面信息显示正常。

实际结果：有个别文字显示乱码，如图 2-6 所示。

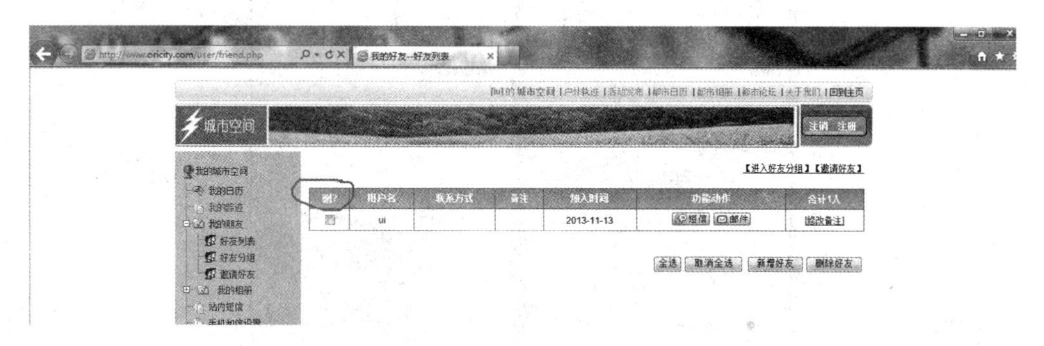

图 2-6　IE 上有个别文字显示乱码

［专家点评］：

在界面 UI 测试中，经常出现页面信息文字乱码的问题。特别是简体中文、繁体中文、日语、韩语这几个国家或地区的文字，因为这些文字不在标准 ASCII 码 128 位之内，编码占的字节数又大于 1 位，所以经常在超长截取字符时，导致最后一位字符被截了一半，而显示最后一个字符为乱码。

也有一种可能是程序员在设计网页编码或存数据库时没有很好地考虑国际化，只是用本地字符集，导致如果系统没装本地字符集，或浏览器没指定特定字符集，就会出现网页乱码。

2.5　Bug＃5：qa.roqisoft 网站页面出现文字重叠

缺陷标题：诺颀软件测试团队主页>在不同浏览器窗口伸缩出现页面文字重叠。

测试平台与浏览器：Windows 7＋IE 或 Firefox 浏览器。

测试步骤：

（1）打开“诺颀软件测试团队”页面 http://qa.roqisoft.com。

（2）分别在 IE 与 Firefox 浏览器窗口缩小观察主页信息。

期望结果：各页面元素显示正确。

实际结果：在 Firefox 中有文字界面排版重叠的问题，在 IE 中没有该现象，如图 2-7 所示。

［专家点评］：

这也是常见的某浏览器可以正确显示，不会出现被剪裁现象，而另一种浏览器可能就会有问题。

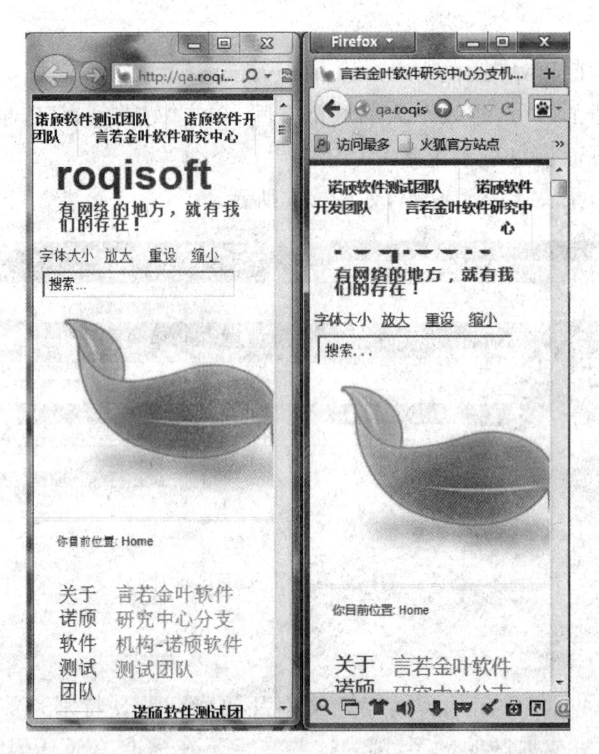

图 2-7　在 Firefox 中有文字界面排版重叠的问题，在 IE 中没有该现象

2.6　Bug＃6：leaf520 网站某合作院校图片不显示

缺陷标题：言若金叶软件研究中心备份网>Chrome 或 IE 访问有图片不显示。

测试平台与浏览器：Windows 7＋IE 9 或 Google Chrome 浏览器。

测试步骤：

(1) 打开言若金叶软件研究中心备份网 http://leaf520.roqisoft.com/。

(2) 单击导航条上的“智力储备”中的“合作院校”链接。

(3) 观察链接网页上的信息。

期望结果：各页面元素显示正确。

实际结果：在 IE 和 Chrome 浏览器上合作院校最后一张图片均未显示出来，如图 2-8 和图 2-9 所示。

[**专家点评**]：

界面上图片不显示问题也是常见的，主要原因可能是：

(1) 网站的图片被移除，没有即时更新新图片；或新图片更新了，但代码没有及时更新，导致找不到图片。

(2) 图片指向的是外站的图片链接，外站的图片已经删除，导致本站的图片不能显示。

这里程序员要注意，网站中的图片尽量不要用外站的，因为你不能保证外站的图片何时会被删除。

图 2-8 IE 浏览器上合作院校最后一张图片不显示

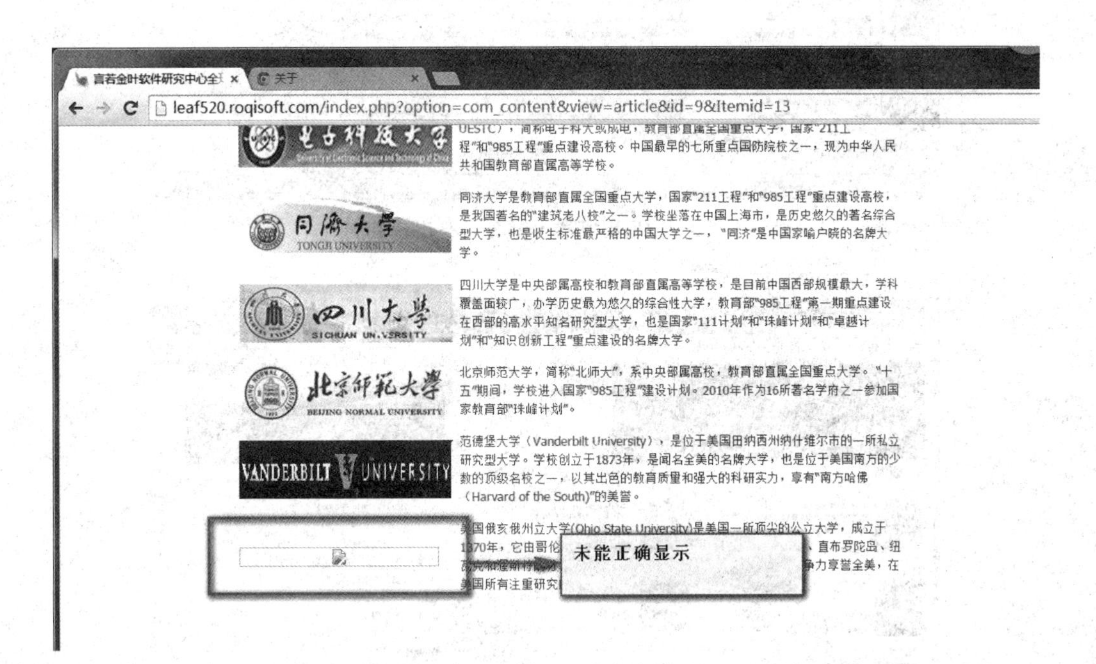

图 2-9 Chrome 浏览器上合作院校最后一张图片不显示

2.7 Bug＃7:oricity 主页网站字符显示乱码

缺陷标题：城市空间主页＞论坛热帖中部分字符显示乱码。

测试平台与浏览器：Windows 7 ＋ IE 或 Google Chrome 浏览器。

测试步骤：

(1) 打开城市空间网站 http://www.oricity.com/。

(2) 观察主页的信息，主要是论坛热帖部分。

期望结果：主页各元素显示正确。

实际结果：在 IE 和 Chrome 浏览器上部分字符出现乱码，如图 2-10 和图 2-11 所示。

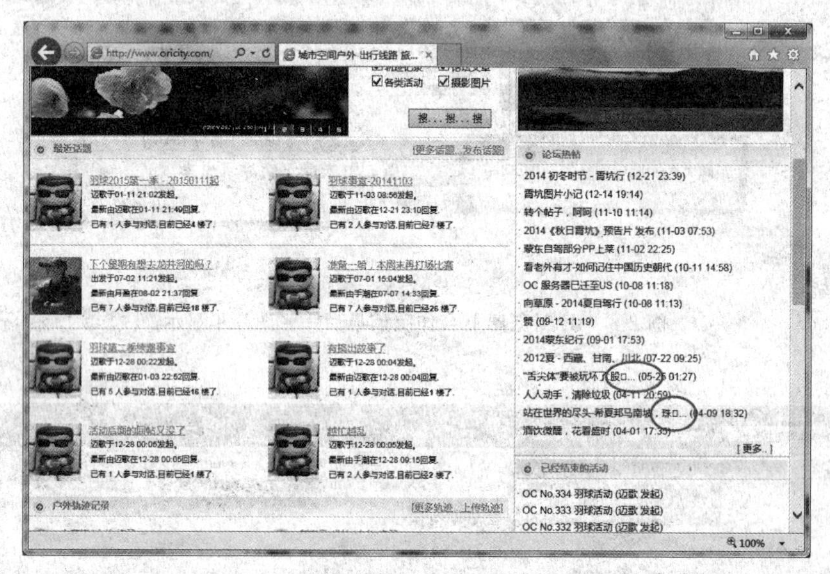

图 2-10　IE 浏览器上部分字符出现乱码

图 2-11　Chrome 浏览器上部分字符出现乱码

[专家点评]：

在界面UI测试中，经常出现页面信息文字乱码的问题。特别是简体中文、繁体中文、日语、韩语这几个国家或地区的文字，因为这些文字不在标准ASCII码128位之内，编码占的字节数又大于1位，所以经常在超长截取字符时，导致最后一位字符被截了一半，而显示最后一个字符为乱码。

也有一种可能是程序员在设计网页编码或存数据库时没有很好地考虑国际化，只是用的本地字符集，导致如果系统没装本地字符集，或浏览器没指定特定字符集，就会出现网页乱码。

2.8 Bug#8：qa. roqisoft网站注册框与名称未对齐

缺陷标题：诺欣软件测试团队网页>注册>注册框与注册框名称未水平对齐。

测试平台与浏览器：Windows 7 + IE 10或Google Chrome浏览器。

操作步骤：

(1) 打开“诺颀软件测试团队”页面http://qa. roqisoft. com。

(2) 单击页面左部“中心站点”链接中的“登录”按钮。

(3) 在登录页面单击“注册会员账号”。

预期结果：注册框与注册框的名称对齐。

实际结果：注册框名称与注册框未对齐，如图2-12所示。

图2-12 注册框名称与注册框未对齐

[专家点评]:

文字说明与对应的文本框对不上,这是网页排版问题,也是常见的界面问题。

2.9 Bug#9:book.roqisoft 网站页面放大文字越界

缺陷标题:言若金叶软件研究中心精品书籍网>《生命的足迹》页面放大时文字超出界面。

测试平台与浏览器:Windows 7 + IE 11 浏览器。

测试步骤:

(1) 访问言若金叶软件研究中心精品书籍首页 http://books.roqisoft.com/。

(2) 单击《生命的足迹》书名,跳到下一个页面。

(3) 将滚动条滑到最下面,在 IE 上将页面放大至 150%。

(4) 观察最下面的文字和黑色背景的位置。

期望结果:文字和图片与未放大时显示的情况相同(放大前如图 2-13 所示)。

实际结果:文字超出黑色背景的范围,如图 2-14 所示。

图 2-13 放大前的页面

[专家点评]:

网页放大与缩小必须整体保持原样,不能因放大与缩小而导致部分内容显示不正确。因为有的网页浏览者视力不好,特别是老年人,他们需要对网页进行放大,如果放大后不能正常显示,显然是设计不合理。

图 2-14　放大后文字超出黑色背景

2.10　Bug＃10：qa. roqisoft 网站出现内容重复显示

缺陷标题：言若金叶软件研究中心网站＞存在内容重复显示的问题。

测试平台与浏览器：Windows 7＋IE 11 或 Chrome 浏览器。

测试步骤：

(1) 打开言若金叶软件研究中心官网 http://leaf520. roqisoft. com。

(2) 将鼠标移动到“诺颀软件系列”菜单。

(3) 单击进入“诺颀软件测试团队”http://qa. roqisoft. com/。

(4) 滚动到页面底部，观察页面元素。

期望结果：页面上相同的内容显示一遍。

实际结果：同一页面上相同的内容重复显示，如图 2-15 所示。

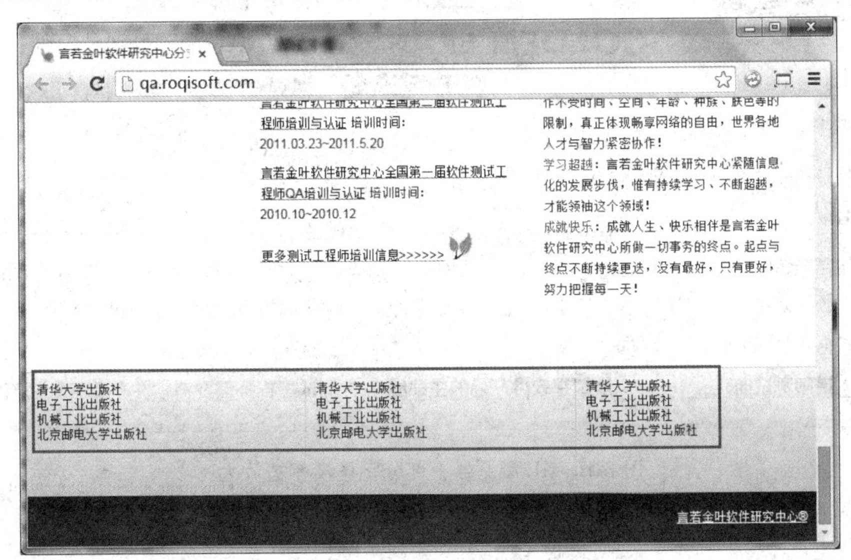

图 2-15　同一页面相同的内容重复显示

［专家点评］：

界面上经常会出现同一文字或内容重复显示的问题，也有同一链接重复显示。这经常是由于开发人员多按了一次 Ctrl+V 键，导致界面多了一份同一内容。

也有可能是程序开发人员，先复制过去，看一下分三栏的效果，但最终发布后，应该改为正常的内容，而不是出现这么多重复信息。

这些问题大多数是因为开发时不够细心，开发完成后也没有认真检查所致。这样的 Bug 虽然不需要什么技术含量，但是这样的 Bug 需要细心、耐心才能发现，并且这样的问题对于客户体验来说，影响也是挺大的。

2.11 Bug＃11：qa.roqisoft 网站部分字体无法放大

缺陷标题：诺颀软件测试团队网站＞单击放大字体时部分字体无法放大。

测试平台与浏览器：Windows 7＋IE 10 浏览器。

测试步骤：

(1) 打开“诺颀软件测试团队”页面 http://qa.roqisoft.com/。

(2) 在字体大小中单击“放大”按钮。

期望结果：全部字体统一放大。

实际结果：部分字体没有被放大，如图 2-16 所示。

图 2-16 IE 浏览器上部分字体没有被放大

[专家点评]：

网页文字放大缩小，主要是为满足不同喜好的客户群体的需要，如果部分文字不能放大或缩小，这也是功能实现错误。

2.12　Bug#12：oricity 网站登录界面布局不合理

缺陷标题：城市空间主页>登录>找回密码>我的日历：登录页面布局不合理。

测试平台与浏览器：Windows 7+Chrome ＋ IE 浏览器。

测试步骤：

(1) 用 Chrome/IE 打开城市空间网站 http://www.oricity.com/。

(2) 单击"登录"按钮。

(3) 输入不存在的用户名与密码。

(4) 在"用户不存在"出错提示页单击"我的日历"选项。

(5) 查看页面。

期望结果：登录页面板块边框正常显示，页面布局合理。

实际结果：页面布局不合理，大块空白的地方；IE 浏览器上登录模块右边框不能正常显示，如图 2-17 和图 2-18 所示。

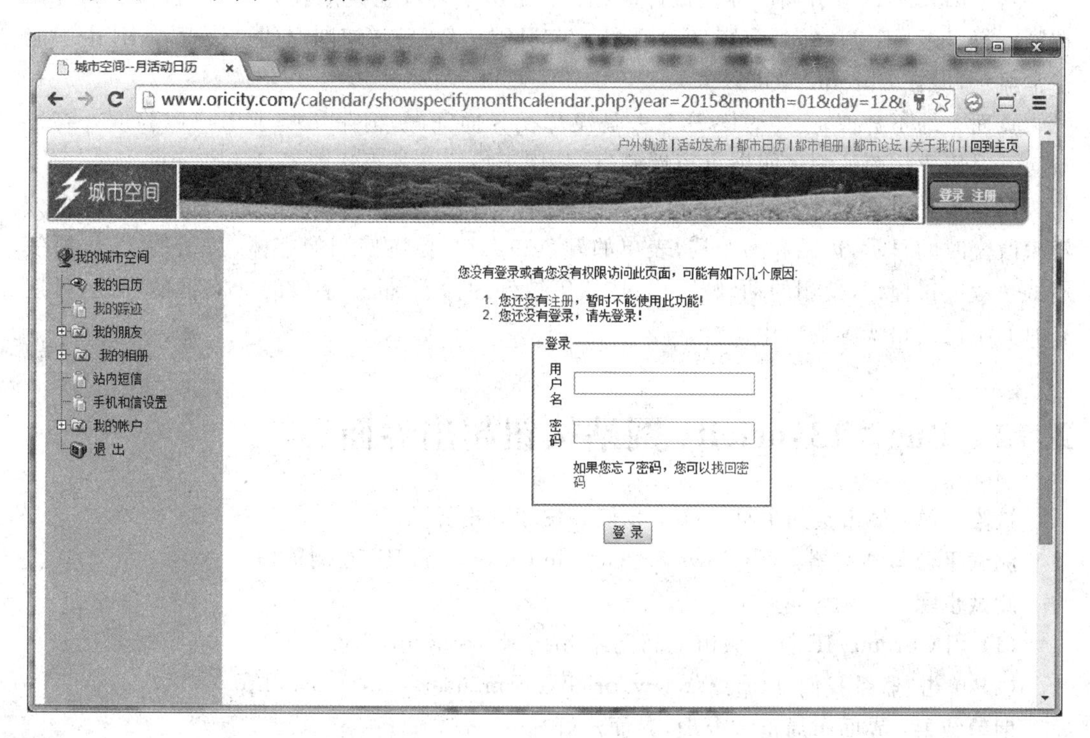

图 2-17　Chrome 浏览器下边框正常显示

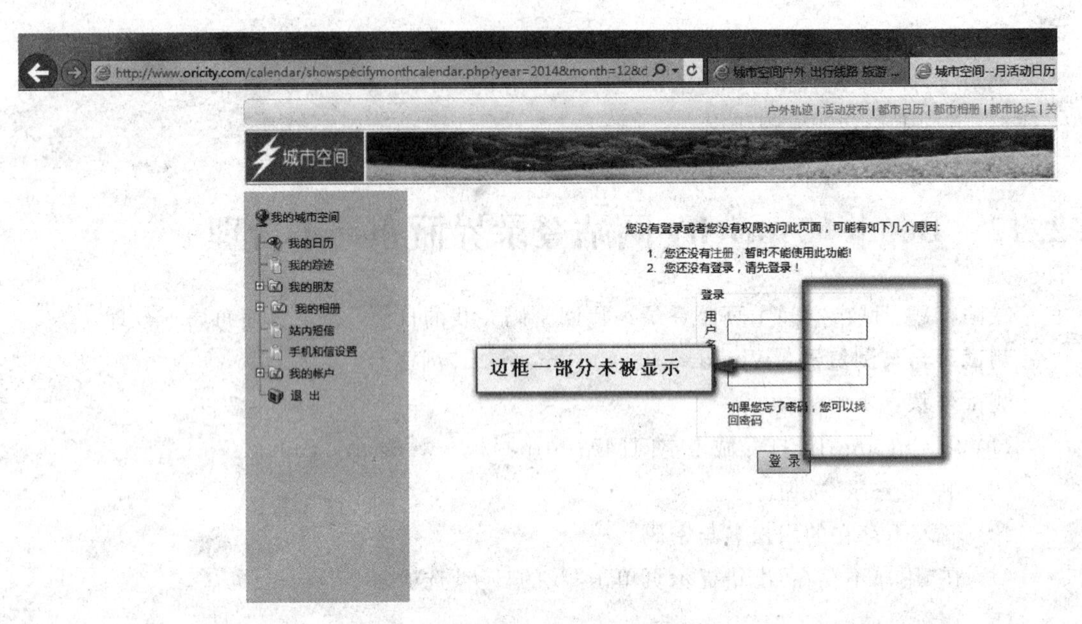

图 2-18 IE 浏览器右边框未能正常显示

[专家点评]:

这个 Bug 有两个方面的界面设计问题：一是这个区域空白比较大，用户名与密码应该在同一行显示，不应该转为多行显示；另一个问题是“登录”按钮四周的边线框在 IE 中不能正常显示，但在 Chrome 中可以。

页面布局不合理，往往一眼看上去是没什么界面问题，但是影响了用户体验度。有种专门针对用户体验的测试叫做可用性测试，是用于检验其是否达到了可用性标准。

网站可用性测试是为了实现跨形式的视觉一致性，包括测试页面布局合理性，屏幕分辨率改变时的显示，边距和列布局，表单的颜色和大小，标签使用的字体，按钮的大小，所使用的热键或快捷键，使用的动画/图形、按钮等控件的标签，同一字段的文本框的长度，日期和时间字段的格式等的可用性。

2.13 Bug#13:oricity 网站按钮超出界面

缺陷标题：城市空间主页>联系我们>按钮超出界面。

测试平台与浏览器：Windows 8+Google Chrome 或 IE 10 浏览器。

测试步骤：

(1) 用 Chrome/IE 打开城市空间网站 http://www.oricity.com/。

(2) 单击“联系我们”http://www.oricity.com/user/contactus.php。

期望结果：界面布局正常合理，界面友好。

实际结果：界面按钮超出页面，界面不友好，如图 2-19 和图 2-20 所示。

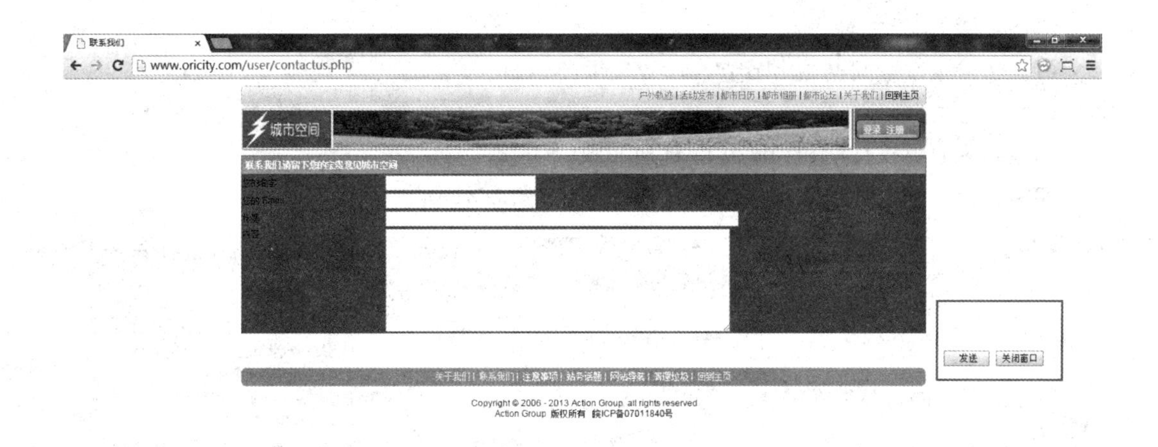

图 2-19　Chrome 浏览器下的布局不合理

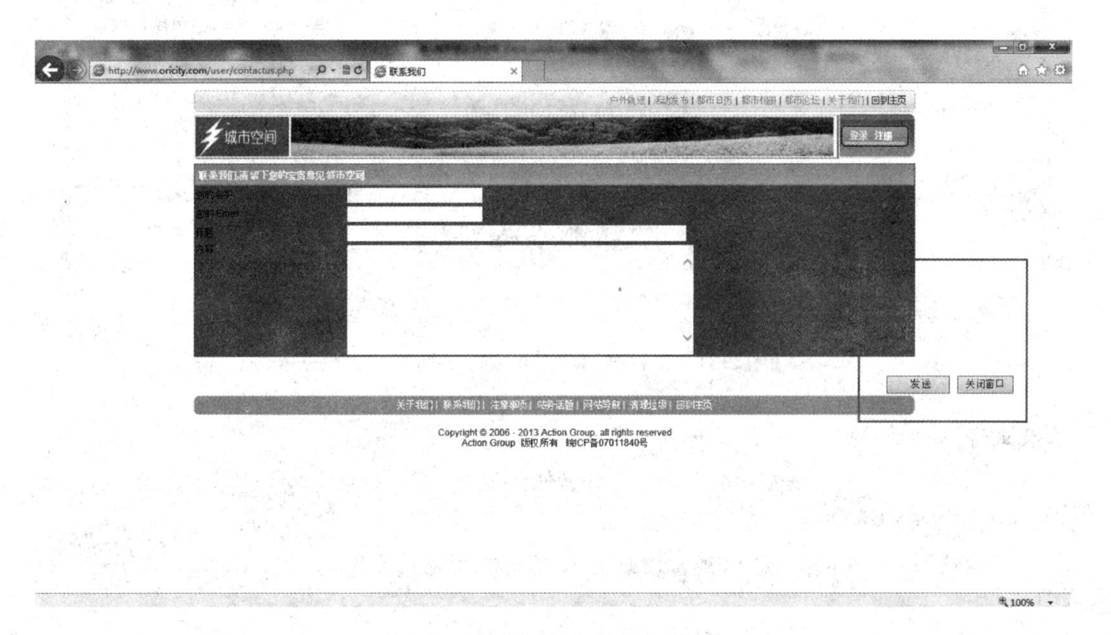

图 2-20　IE 浏览器下的布局不合理

[专家点评]:

这个 Bug 是典型的按钮设计界面问题,是在浏览器最大化后出现的问题,按钮超出了正常的范围,显得比较突兀,不好看。

2.14　Bug＃14:oricity 网站版权信息过期

缺陷标题:城市空间网站＞网页版权日期过期。

测试平台与浏览器:Windows 7 ＋Chrome 浏览器。

测试步骤：

(1) 打开城市空间网站 http://www.oricity.com/。

(2) 浏览主页底部。

期望结果： 版权日期和当年实际日期一致。

实际结果： 版权日期和当年实际日期不同，如图 2-21 所示。

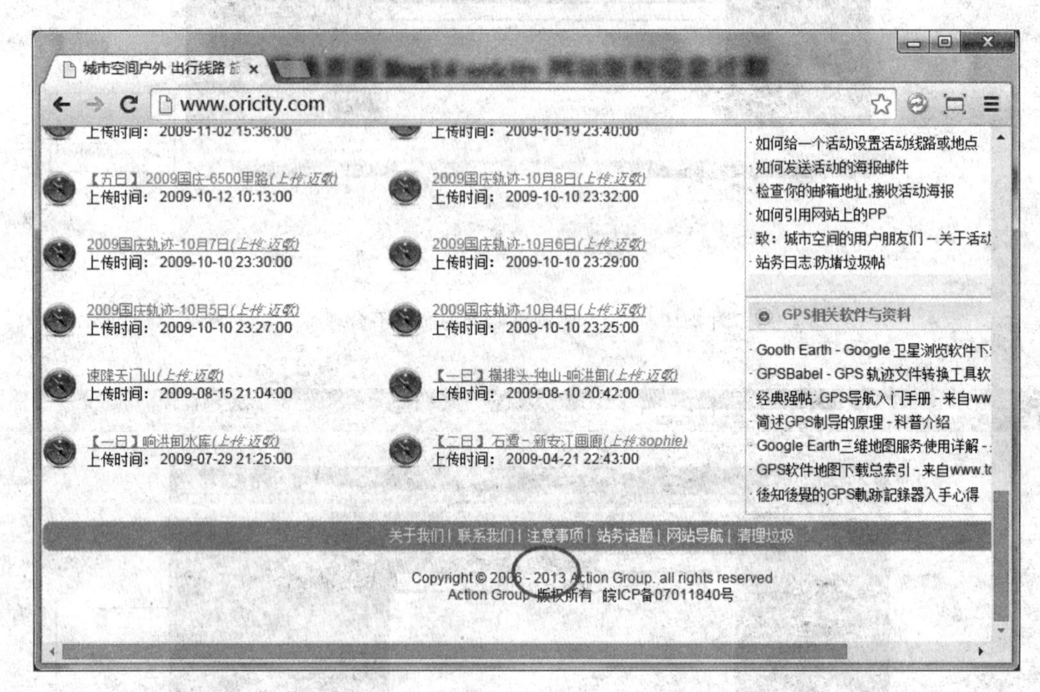

图 2-21 版权日期和当年实际日期不一致

[专家点评]：

网页版权的信息应该能随时间不断变化，如果写成固定的某一年，过了这一年，版权信息就不对了。

我们在做国际软件测试时，经常发现有些网站的版权信息不对。

2.15 Bug＃15：qa.roqisoft 网站缺少搜索图标

缺陷标题： 诺颀软件测试团队网站＞页面搜索缺少搜索按钮或图标。

操作系统与浏览器： Windows 7＋Google Chrome 浏览器。

测试步骤：

(1) 打开"诺颀软件测试团队"页面 http://qa.roqisoft.com/。

(2) 检查相应的页面。

期望结果： 搜索栏旁边有一个搜索按钮或图标。

实际结果： 搜索栏旁边没有搜索按钮或图标，如图 2-22 所示。

图 2-22　页面的搜索栏旁边缺少一个搜索按钮

[专家点评]：

这个界面设计得不太合理，如果搜索框后面有一个搜索图标或有一个搜索按钮，就会更容易让用户理解。

2.16　Bug＃16：oricity 网站信息显示不完整

缺陷标题：城市空间＞我的账号＞个人资料＞修改个人资料＞资料不能完全显示。

测试平台与浏览器：Windows 8＋IE 11 浏览器。

测试步骤：

(1) 打开城市空间网站 http://www.oricity.com/。

(2) 单击页面导航中的“登录”按钮。

(3) 进入用户的城市空间。

(4) 单击“我的账号”中的“个人资料”选项。

(5) 单击“编辑个人资料”选项。

(6) 在 Yahoo 文本框中填入 100 个“1”。

(7) 单击“确认修改”按钮。

(8) 观察页面中的 Yahoo 选项。

期望结果：Yahoo 选项中应该显示完全 100 个“1”。

实际结果：Yahoo 选项中没有显示完全，如图 2-23 和图 2-24 所示。

[专家点评]：

在输入比较长的内容保存后，经常不能正常显示，所以程序员在代码设计时，应该对用户能输入的数据长度做些限制，否则会导致许多问题。

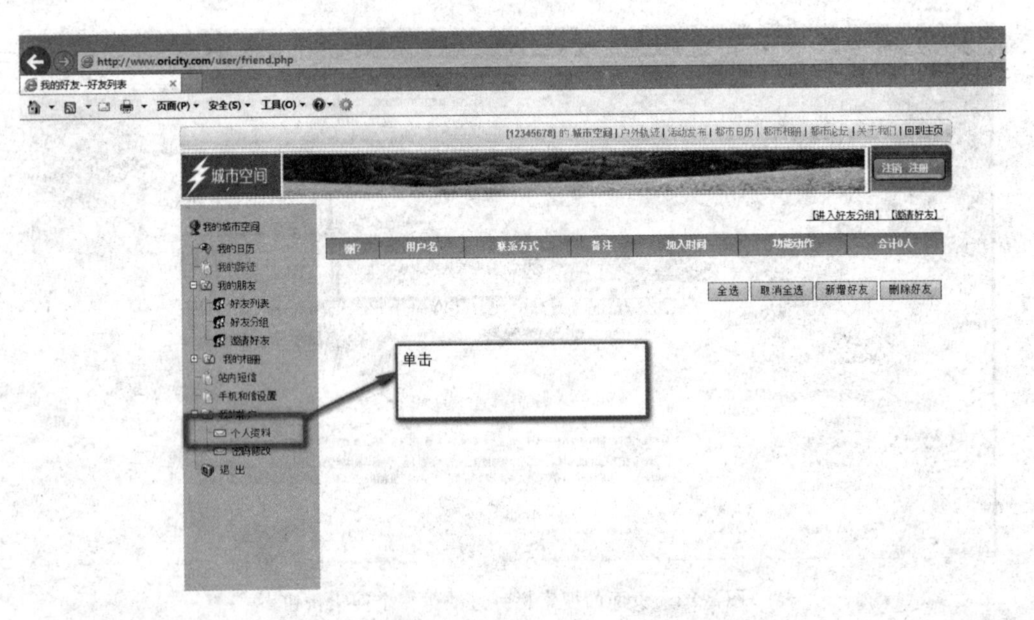

图 2-23　单击左侧窗格中的“个人资料”选项

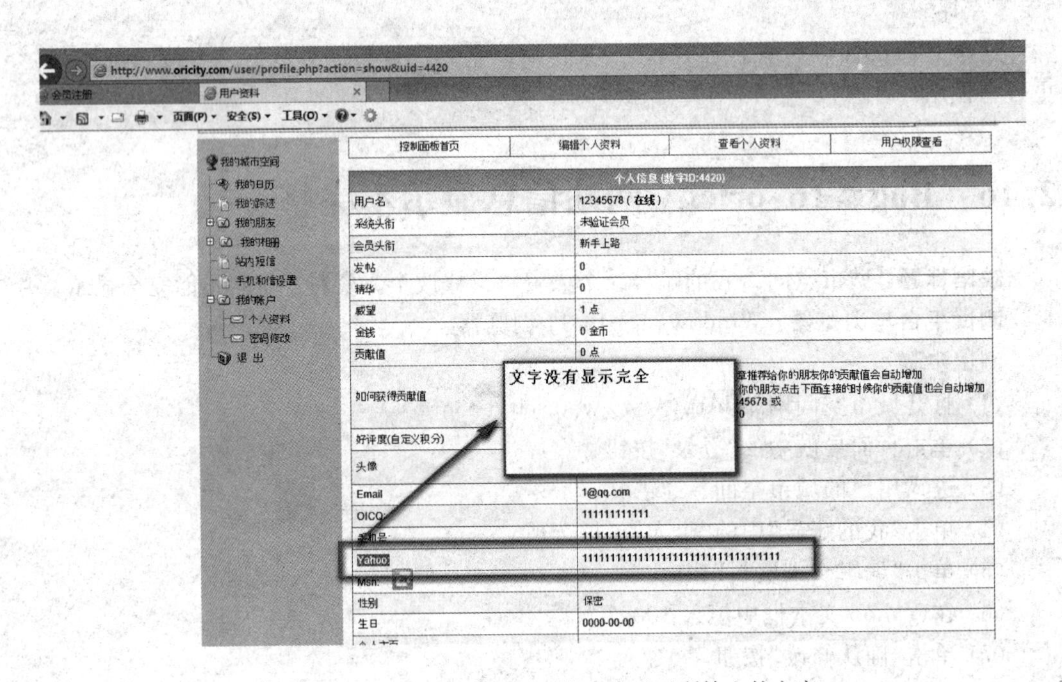

图 2-24　填写 Yahoo 选项时不能完全显示所输入的文字

2.17　Bug＃17：qa. roqisoft 同一级标题字体大小不同

缺陷标题：诺颀软件测试团队＞页面文字同一级别的标题字体大小不同。

测试平台与浏览器：Windows 8 ＋Google Chrome 浏览器。

测试步骤：

(1) 打开“诺颀软件测试团队”页面 http://qa.roqisoft.com/。

(2) 观察页面各个元素。

期望结果：页面文字同一级别的标题字体大小相同。

实际结果：同一级别的标题，字体大小不同，如图 2-25 所示。

图 2-25 同一级别的标题，字体大小不同

[专家点评]：

同一级别标题，字体大小不一致，这也是导致放大或缩小时，有的不能放大或缩小的原因。

2.18 Bug#18：oricity 论坛部分图片不能显示

缺陷标题：城市空间>都市论坛>最新帖子>部分图片不能显示。

测试平台与浏览器：Windows 7 +IE 10 浏览器。

测试步骤：

(1) 打开“诺颀软件测试团队”页面 http://www.oricity.com/。

(2) 单击“都市论坛”选项。

(3) 单击“最新帖子”选项。

(4) 观察页面各个元素。

期望结果：页面显示正常。

实际结果：页面有部分图片不能显示，如图 2-26 所示。

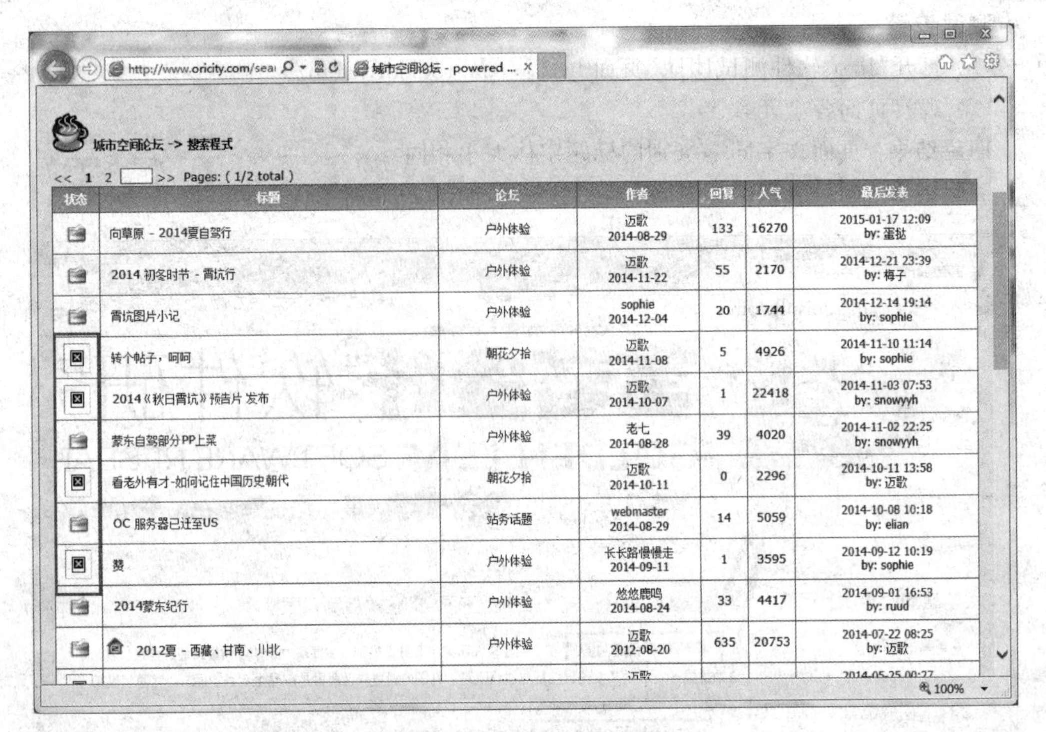

图 2-26　部分图片不能显示

[专家点评]:

界面上图片不显示问题比较常见，主要原因可能是：

(1) 网站的图片被移除，没有即时更新新图片；或新图片更新了，但代码没有及时更新，导致找不到图片。

(2) 图片指向的是外站的图片链接，外站的图片已经删除，导致本站的图片不能显示。

这里程序员要注意，网站中的图片尽量不要用外站的，因为你不能保证外站的图片何时会被删除。

2.19　Bug#19：testfire 网站页面出现乱码字符

缺陷标题：AltoroMutual > PERSONAL 页面出现字符乱码。

测试平台与浏览器：Windows 7+IE 10 或 Google Chrome 浏览器。

测试步骤：

(1) 打开 AltoroMutual 主页 http://demo.testfire.net。

(2) 单击 PERSONAL 选项，进入 http://demo.testfire.net/default.aspx?content=personal.htm。

(3) 观察页面每一项元素。

期望结果：页面每一项元素显示正确。

实际结果：页面中出现字符乱码，如图 2-27 所示。

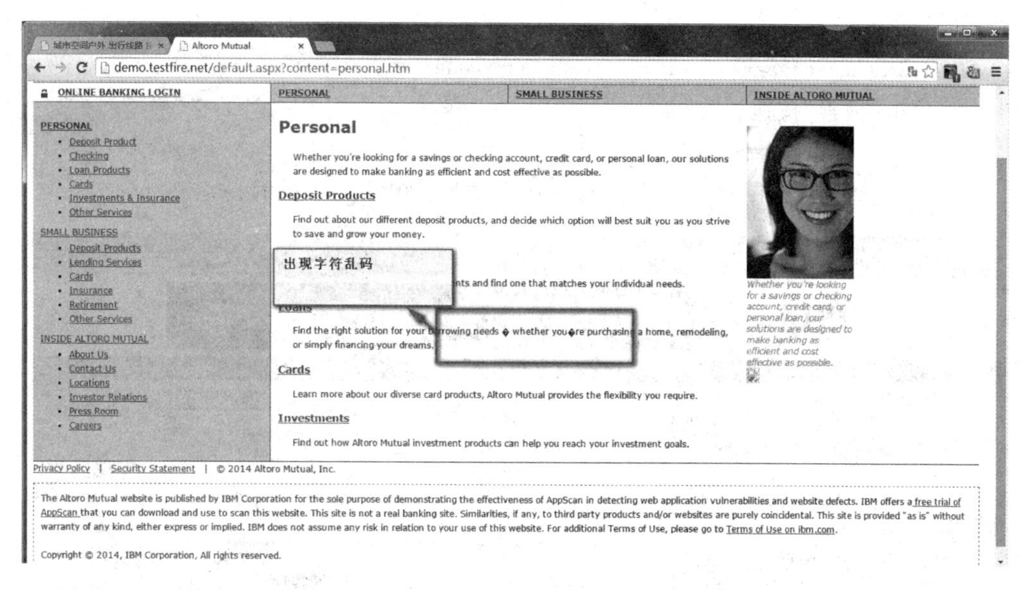

图 2-27　页面中出现字符乱码

[专家点评]:

在界面 UI 测试中,经常出现页面信息文字乱码的问题。特别是简体中文、繁体中文、日语、韩语这几个国家或地区的文字,因为这些文字不在标准 ASCII 码 128 位之内,编码占的字节数又大于 1 位,所以经常在超长截取字符时,导致最后一位字符被截了一半,而显示最后一个字符为乱码。

也有一种可能是程序员在设计网页编码或存数据库时没有很好地考虑国际化,只是用的本地字符集,导致如果系统没装本地字符集,或浏览器没指定特定字符集,就会导致网页乱码。

针对本例,英文的网站结果出现乱码,这可能是程序员写的代码中,关于网页显示的内容,直接从网上或 Word 文档中拷贝过来的,这里面有些隐藏字符或特殊格式,不能正确解析导致乱码。

2.20　Bug#20:NBA 网站搜索结果页面文字超出边界

缺陷标题:NBA(中文网)>新闻>搜索结果显示不友好,文字超出边界。

测试平台与浏览器:Windows 7+IE 10 或 Google Chrome 浏览器。

测试步骤:

(1) 打开 NBA 中文网站 http://china.nba.com/。

(2) 单击导航条中的"新闻"http://china.nba.com/news/。

(3) 单击搜索框,粘贴如下内容:

aaaaaaaaaaaaaaaaaaaaaaaaaaaaaaaaaaaaaaaaaaaaaaaaaaaaaaaaaaaaaaaaaaaaaaaaaaaaaaaaaaaaaaaa
aaaaaaaaaaaaaaaaaaaaaaaaaaaaaaaaaaaaaaaaaaaaaaaaaaaaaaaaaaaaaaaaaaaaaaaaaaaaaaaaaaaaaaaa
aaaaaaaaaaaaaaaaaaaaaaaaaaaaaaaaaaaaaaaaaaaaaaaaaaaaaaaaaaaaaaaaaaaaaaaaaaaaaaaaaaaaaaaa

aaaaaaaaaaaaaaaaaaaaaaaaaaaaaaaaaaaaaaaaaaaaaaaaaaaaaaaaaaaaaaaaaaaaaaaaaaaaaaaaaaaaaaaaaaaaaaaaaaaaaaaaaaaaaaaaaaaaaaaaaaaaaaaa

(4) 单击“搜索”按钮。

期望结果：搜索结果显示友好。

实际结果：搜索结果显示有问题，文字超出边界，如图 2-28 所示。

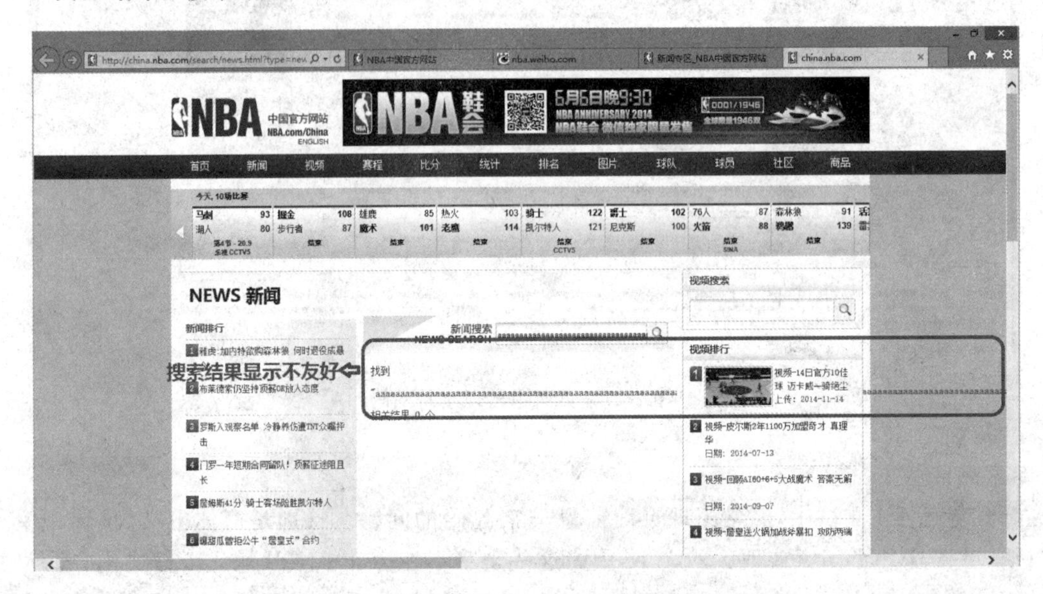

图 2-28　IE 浏览器上出现显示问题，文字超出边界

[专家点评]：

对界面进行测试，经常的一个做法是：在输入框中输入超长数据，观察界面的友好度。大部分网站对于这样的超长字符的处理表现如下：

(1) 出现字符超出溢出错误，就像本例中一样。

(2) 出现 SQL 错，或者无法正常运行。

有时候，开发人员会拒绝这个 Bug，说客户不会输入这么长的字符，但这种解释是没有依据的。因为程序员如果不从代码的角度做限制，就不能保证用户会输入什么或不会输入什么。

2.21　Bug＃21：oricity 网站目录名称界面问题

缺陷标题：城市空间网站＞我的相册＞图片目录＞约束不起作用，导致界面显示不友好。

测试的操作系统与浏览器：Windows 7＋Google Chrome 浏览器。

测试步骤：

(1) 打开城市空间网站 http://www.oricity.com/。

(2) 登录后，单击“xx 的城市空间”链接。

(3) 展开“我的相册”选项，打开城市空间图片目录 http://www.oricity.com/user/

photoclass. php。

(4) 选择新增组。

(5) 在新增组的目录名表单填写如下内容：

111111111111111111111111111111111111111111111111111111111111111111111111
111111111111111111111111111111111111111111111111111111111111111111111111
111111111111111111111111111111111111111111111111111111111111111111111111
111111111111111111111111111111111111111111111111111111111111111111111111
111111111111111111111111111111111111111111111111111111111111111111111111
111111111111111111111111111111111111111111111111111111111111111111111111
111111111111111111111111111111111111111111111111111111111111111111111111
111111111111111111111111111111111111111111111111111111111111111111111111
111111111

(6) 单击“确定”按钮，观察界面。

期望结果：各页面元素显示正常。

实际结果：目录名过长，导致页面显示不友好，如图 2-29 所示。

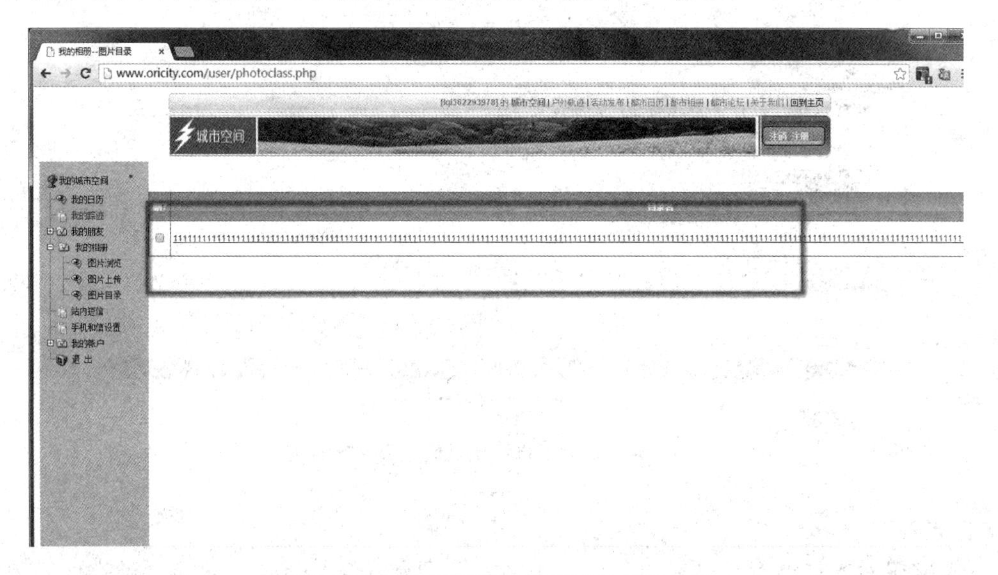

图 2-29　目录名过长，导致页面显示不友好

[**专家点评**]：

对界面进行测试，经常的一个做法是：在输入框中输入超长数据，观察界面的友好度。大部分网站对于这样的超长字符的处理表现如下：

(1) 出现字符超出溢出错误，就像本例中一样。

(2) 出现 SQL 错，或者无法正常运行。

有时候，开发人员会拒绝这个 Bug，说客户不会输入这么长的字符，但这种解释是没有依据的。因为程序员如果不从代码的角度做限制，就不能保证用户会输入什么或不会输入什么。

2.22 Bug#22:oricity网站注册页面文字不对齐

缺陷标题:城市空间网站>注册>用户注册页面文字未对齐。

测试平台与浏览器:Windows 7 + IE 10浏览器。

测试步骤:

(1) 打开城市空间网站http://www.oricity.com/。

(2) 单击"主页注册"按钮进入注册页面。

(3) 在注册页检查每一项元素。

期望结果:用户注册页面版面文字排列整齐。

实际结果:用户注册页面版面文字排列不整齐,如图2-30所示。

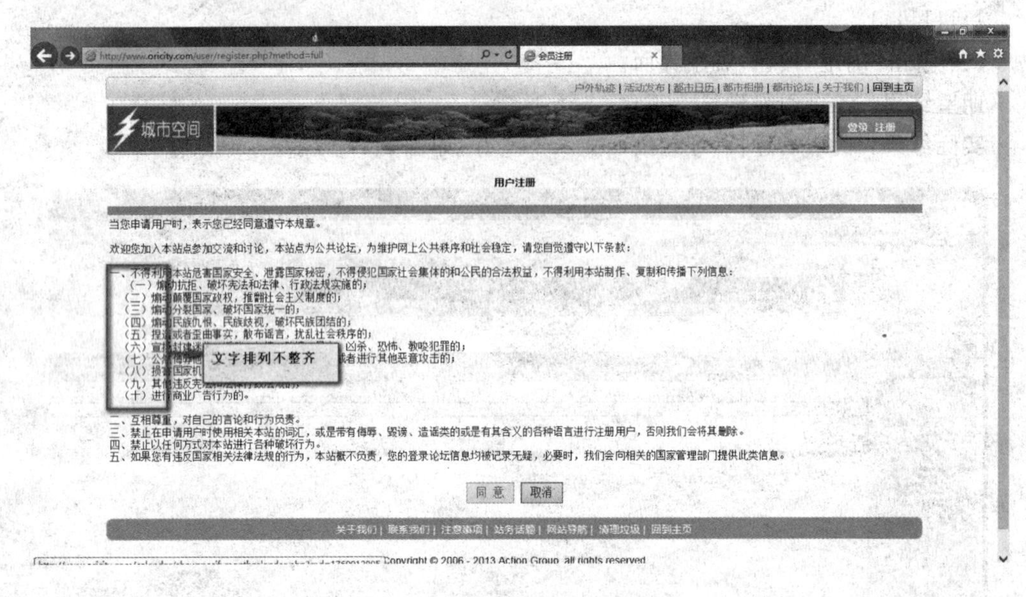

图2-30 IE浏览器上用户注册页面版面文字排列不整齐

[专家点评]:

文字不对齐是界面常出现的问题。测试人员要充分细心、认真,才能看到有些隐藏比较深的页面问题。

2.23 Bug#23:weibo网站出现错误单词

缺陷标题:新浪微博>转换为英文>主页出现错误单词。

测试平台与浏览器:Windows 7+IE 10浏览器。

测试步骤:

(1) 访问新浪微博http://weibo.com/roywang123。

(2) 滑动到底部,单击页脚处上的"中文(简体)"选项,更换为English。

(3) 在网站底部信息栏处检查每一项元素。

期望结果：所有页面元素显示正确。

实际结果："他的相册"错翻译成"He album"，如图 2-31 所示。

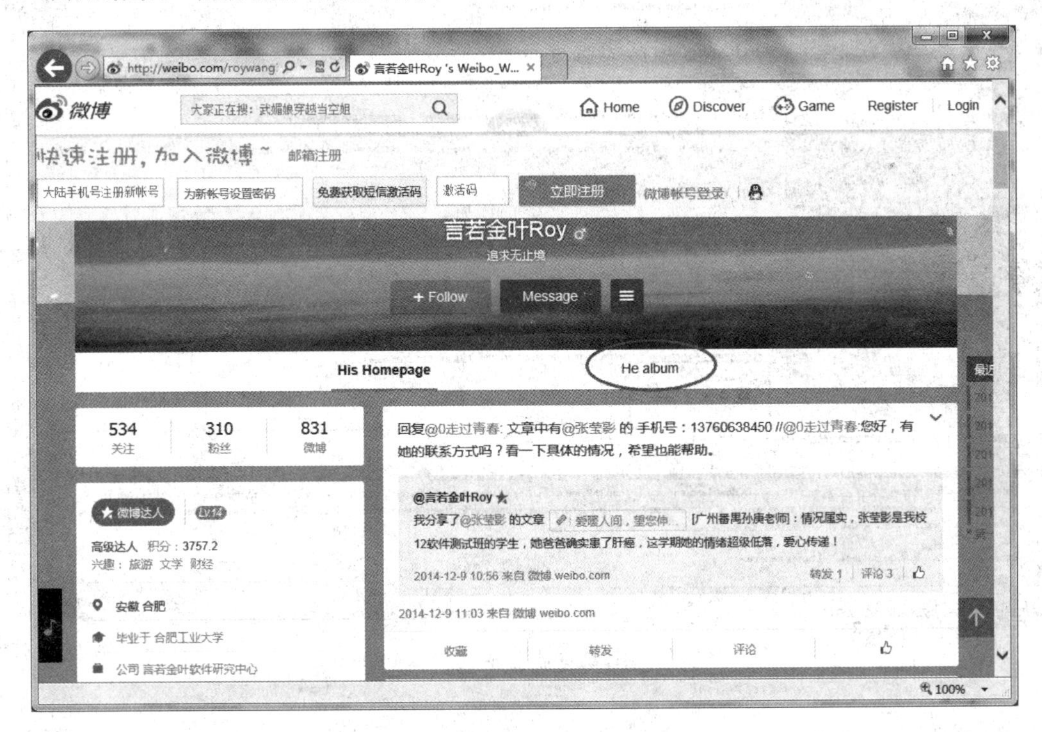

图 2-31 新浪微博主页出现错误单词

[专家点评]：

新浪网这里是"他的相册"，翻译成英文就应该是"His album"，这里出现了错误的单词。错别字，无论是中文网站或是英文网站都有可能出现。开发人员在开发的过程中要特别注意容易出现错别字的地方，测试人员更需要耐心和细心，才能发现。

2.24 Bug＃24：testfire 网站不同浏览器显示不相同

缺陷标题：AltoroMutua ＞ Privacy and Security ＞Security Statement 页面 Back to top 在不同浏览器显示不同。

测试平台与浏览器：Windows 7＋IE 10 或 Firefox 浏览器。

测试步骤：

(1) 打开 AltoroMutual 主页 http://demo.testfire.net。

(2) 在主页 Privacy and Security 文章中单击 security 标签，将页面拖至底部。

期望结果：页面在不同浏览器显示相同。

实际结果：页面的 Back to Top 在不同浏览器显示不同，如图 2-32 和图 2-33 所示。

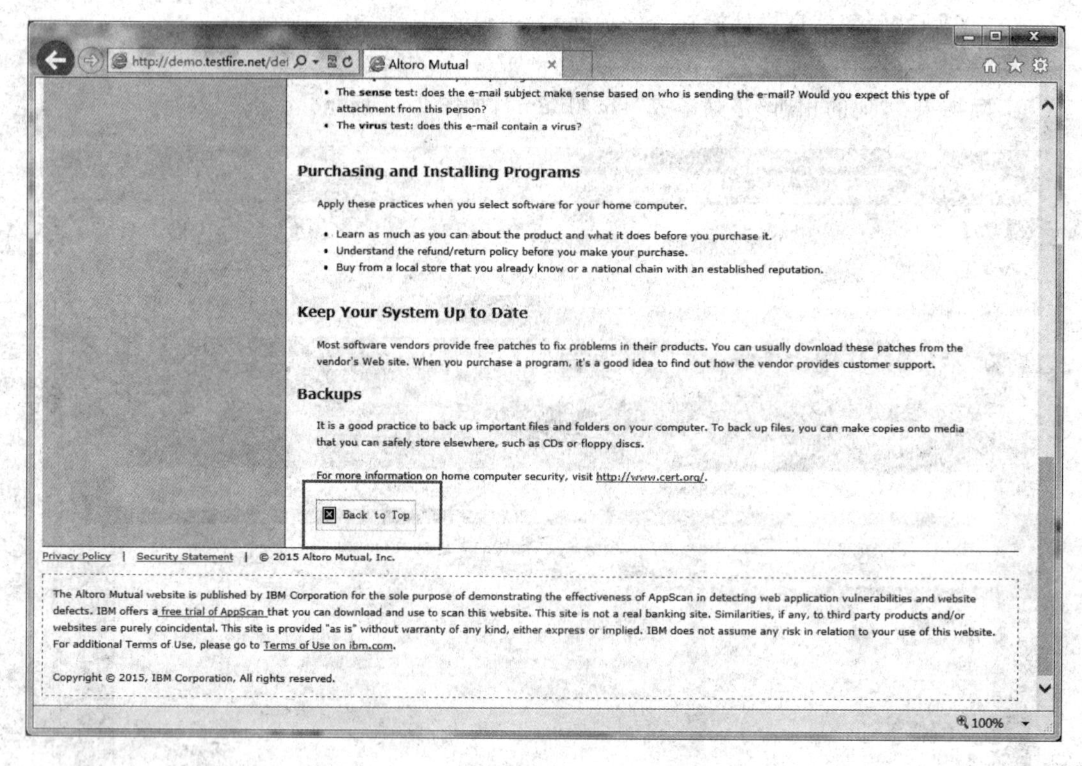

图 2-32 IE 浏览器上显示 Back to Top

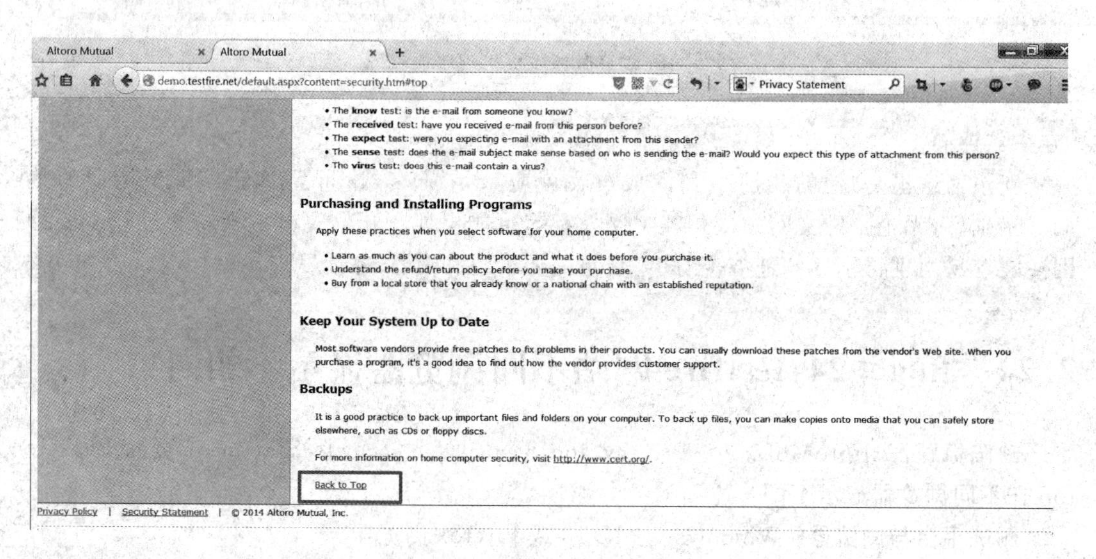

图 2-33 Firefox 浏览器上显示 Back to Top

[专家点评]:

IE 的 Back to Top 链接有一个图标不能正常显示，应该是开发人员给此链接加了一个图标，但没有考虑浏览器兼容性，此图标在 Firefox 上没有表现。

2.25 Bug＃25：NBA 网站不同浏览器显示不同

缺陷标题：NBA 网站首页>“微博@NBA”下面区域在 Chrome 显示与 IE 和 Firefox 不同。

测试平台与浏览器：Windows 7＋IE 10 或 Firefox 或 Google Chrome 浏览器。

测试步骤：

(1) 用 IE、Firefox 和 Google Chrome 浏览器，分别访问 NBA 官网 http://china.nba.com。

(2) 将页面拉至“微博@NBA”下面区域。

期望结果：页面元素在不同浏览器显示相同，并且显示正确。

实际结果：页面元素在 Chrome 中的显示与 IE 和 Firefox 不同，如图 2-34 和图 2-35 所示。

图 2-34 IE 浏览器上“微博@NBA”下面区域

[专家点评]：

IE 和 Firefox 上的显示是一样的，都是“我的球队”和“NBA 中国官方社区”，但在 Chrome 上同位置显示的却是选择支持球队板块，并且此板块功能没有实现，整个 Div 块跟别的浏览器不同，这是个比较大的错误。这可能是开发人员复制 Div 代码时没有修改板块 ID，是个比较容易修改的错误。

此外，NBA 中国官方网经常做一些修改，如果 Bug 不能复现，请记住此方法，可用于平时的测试工作。

图 2-35 Google Chrome 浏览器上“微博@NBA”下面区域

2.26 Bug＃26：weibo 网站出现板块重叠

缺陷标题：新浪微博网站＞中英文转换不完全，底部信息区域出现文字与板块重叠。

测试平台与浏览器 Windows 7＋IE 10 或 Google Chrome 浏览器。

测试步骤：

(1) 访问新浪微博 http://weibo.com/roywang123。

(2) 滑动到底部，单击页脚处上的“中文(简体)”选项，更换为 English。

(3) 在网站底部信息栏处检查每一项元素。

期望结果：文字全部转换，页面元素显示正确。

实际结果：文字没有完全转换，页面文字与板块重叠，不能正确显示，如图 2-36 所示。

[专家点评]：

在界面 UI 测试中，经常出现图片与图片重叠、图片与文字重叠、文字与文字重叠的问题。有的虽然在 IE 不重叠，但到 Firefox 或 Chrome 就会重叠在一起，这是由于网页的排版主要用 CSS 技术，而三个浏览器的研发分属三家公司，他们的技术实现和某些功能的支持不一样，所以就导致在某个浏览器上显示正常，另一个浏览器就不能正常工作的现象。

带有翻译功能的页面，只要是程序员输入文字的地方必须全都翻译，像此页面翻译成英文，那 Help 下面的“常见问题”和“自助服务”这样的链接标签就一定要翻译成英文，不得出现还是中文的情况。

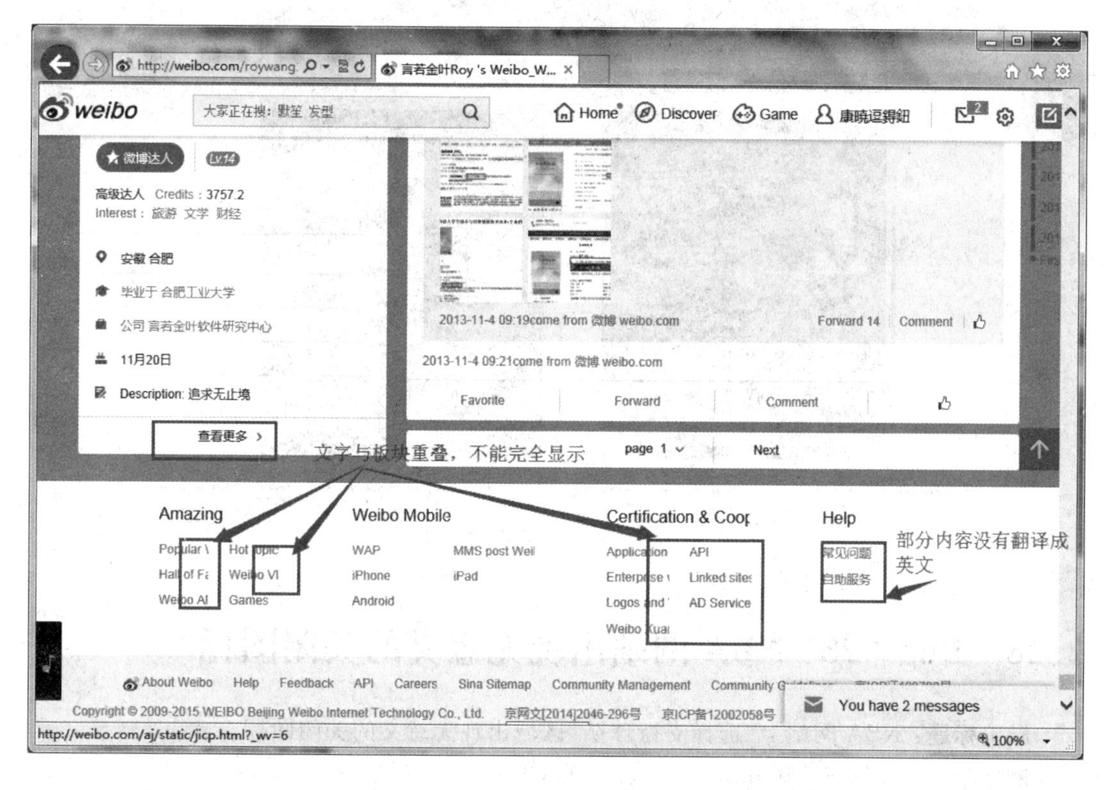

图 2-36　Chrome 浏览器上文字没有完全转换，页面文字与板块重叠，不能正确显示

2.27　Bug#27：leaf520 网站图片显示错位

缺陷标题：言若金叶软件研究中心官网>智力储备>会员制度页面图片重叠出现错位。

测试平台与浏览器：Windows 7+IE 10 或 Firefox 浏览器。

测试步骤：

(1) 打开言若金叶软件研究中心官网 http://leaf520.roqisoft.com。

(2) 单击“智力储备”→“会员制度”选项。

(3) 查看网页，页面图片重叠出现错位。

期望结果：图片重叠，未突显出来。

实际结果：图片重叠出现错位，如图 2-37 所示。

[专家点评]：

在界面 UI 测试中，经常出现图片与图片重叠、图片与文字重叠、文字与文字重叠的问题。这类 Bug 很容易发现，但仍需要细心和耐心。

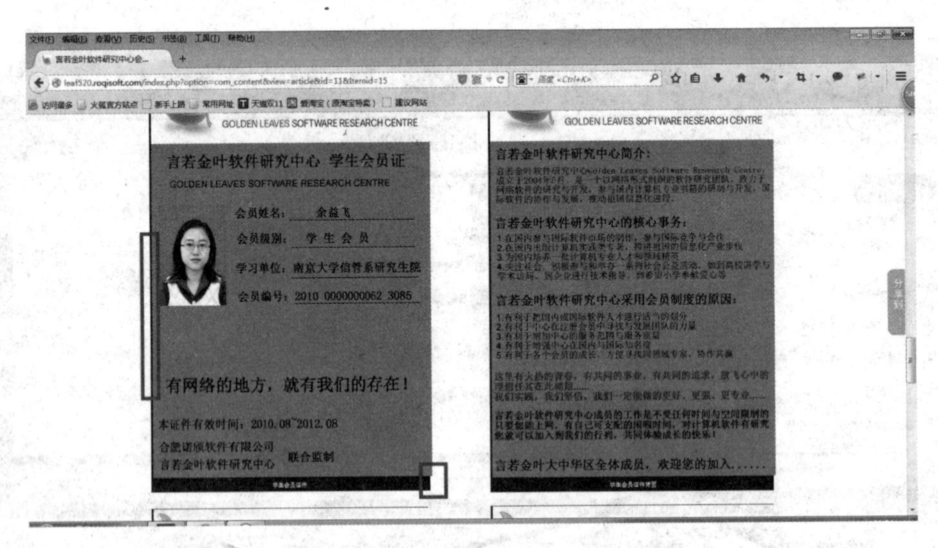

图 2-37 图片重叠出现错位

2.28 Bug＃28：NBA 网站出现无意义的关闭图标

缺陷标题：NBA 网站＞“选择支持球队”区域出现无意义的关闭图标。

测试平台与浏览器：Windows 7＋Google Chrome 浏览器。

测试步骤：

(1) 打开网站 http://china.nba.com/。

(2) 下拉至“选择支持球队”区域，观察页面元素。

期望结果：页面界面友好，没有无意义的控件或者图标。

实际结果：区域右上角出现无意义的关闭图标，单击关闭图标无效，如图 2-38 所示。

图 2-38 区域右上角出现无意义的关闭图标

[专家点评]：

在界面 UI 测试中，也有可能会出现一些无意义的多余的图标，这个模块的“取消全部选择”和“完成”也都不工作，这里可能仅仅是一张截图。特别说明：这个 Bug 只在 Chrome 中出现，在 IE 和 Firefox 上这一部分显示不同。

2.29 Bug#29：NBA 网站表单显示错乱

缺陷标题：NBA 网站>迈阿密热火队球员信息官方网站球员信息表单元素显示错乱。

测试平台与浏览器：Windows 7+IE 10 或 Google Chrome 浏览器。

测试步骤：

(1) 打开迈阿密热火队球员信息官方网站 http://china.nba.com/stats/league/teamRoster/1610612748_2013_00_h.html。

(2) 分别在 IE 与 Chrome 浏览器上查看球员信息表单。

期望结果：表单各元素正常显示。

实际结果：在 Chrome 浏览器上球员信息表单元素显示错乱，用 IE 浏览器访问同样的页面球员信息表单元素显示正确，如图 2-39 和图 2-40 所示。

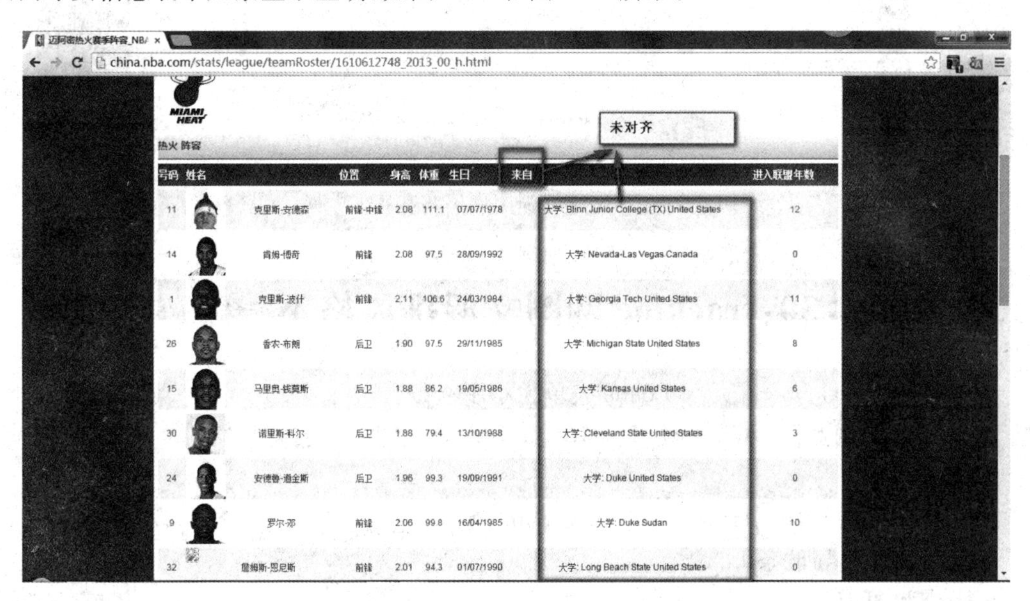

图 2-39 在 Chrome 浏览器下表单元素显示错乱

[专家点评]：

在 Chrome 上，此列表的表头与列表内容没有对应对齐，在 IE 是对应对齐的。这是在 IE 上能正确显示，但在 Chrome 上不能正确显示的典型案例，测试工程师要经常在三个不同的浏览器上打开同一个页面，比较细节显示是否一致。

这样的测试也属于兼容性测试。兼容性测试是指测试软件在特定的硬件平台上、不同的应用软件之间、不同的操纵系统平台上、不同的网络等环境中是否能够很友好运行的测试。它包括：

（1）浏览器兼容测试。

（2）分辨率兼容测试。

一般来说，兼容性指能同时容纳多个方面，在计算机术语上兼容是指几个硬件之间、几个软件之间或是软硬件之间的相互配合程度。

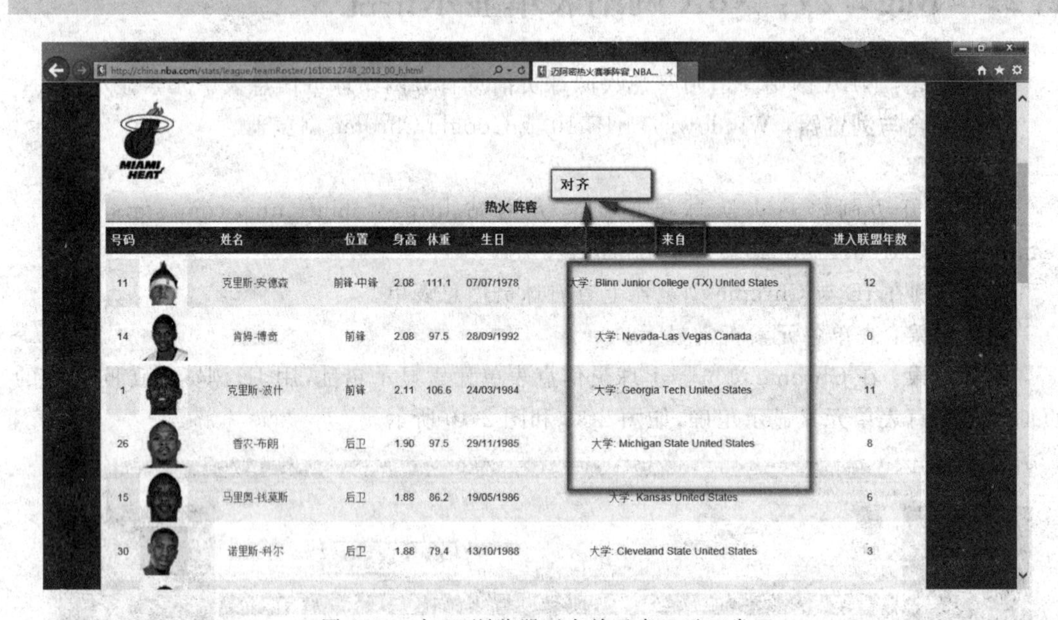

图 2-40　在 IE 浏览器下表单元素显示正常

2.30　Bug＃30：crackme 网图文混排风格不一致

缺陷标题： crakcme 首页＞ Loans 表单大小不一致。

测试平台与浏览器： Windows 7＋Google Chrome 浏览器。

测试步骤：

（1）打开网站 http://crackme.cenzic.com。

（2）单击左边导航条 Loans。

（3）观察界面。

期望结果： 界面布局友好，同一区间图文混排风格一致。

实际结果： 界面布局不友好，同一区间图文混排风格不一致，左边是左右排列，右边是上下排列，如图 2-41 所示。

［专家点评］：

界面布局不友好，同一区间图文混排风格不一致，左边是左右排列，右边是上下排列。

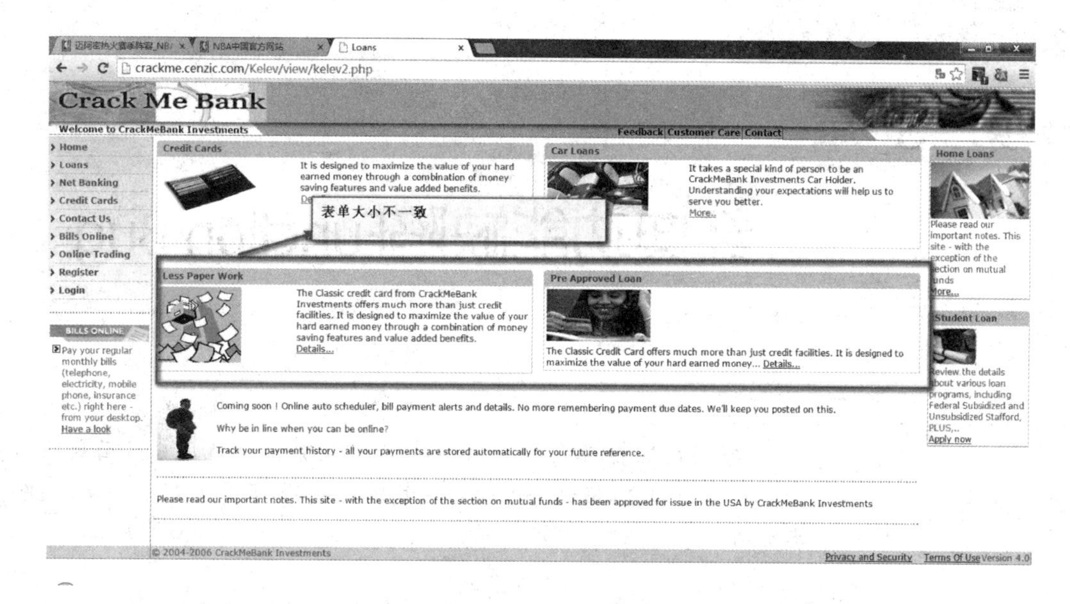

图 2-41　在 Chrome 浏览器下 Loans 界面图文混排风格不一致

2.31　读书笔记

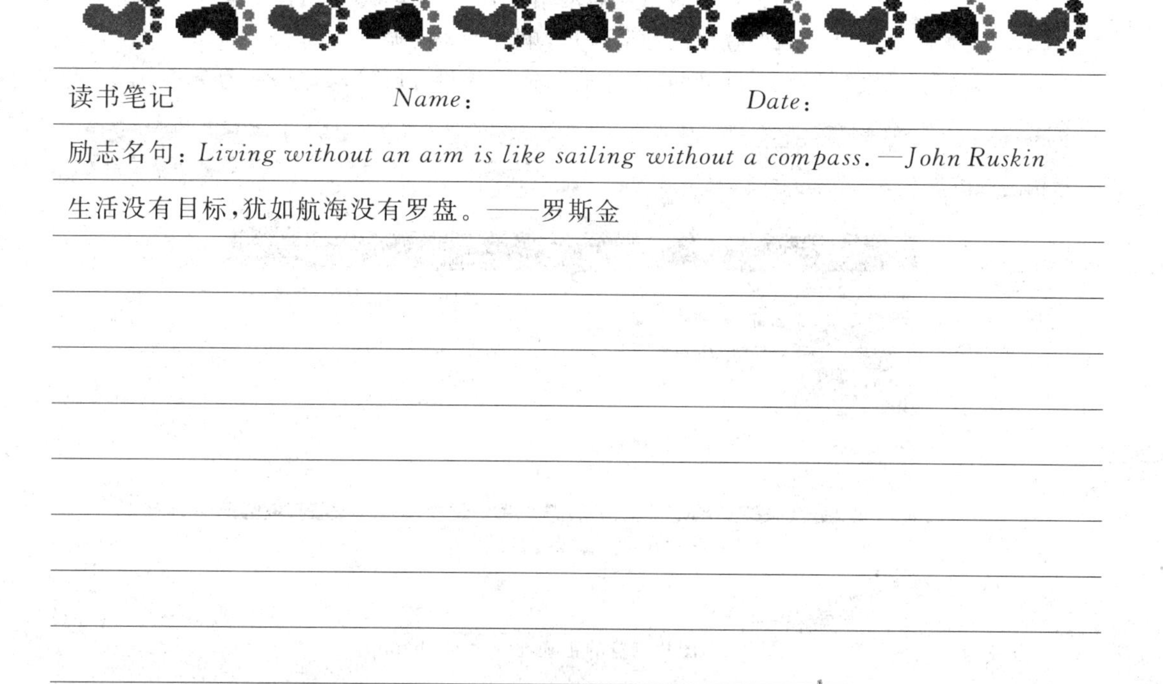

读书笔记　　　　Name:　　　　Date:

励志名句：*Living without an aim is like sailing without a compass.* —*John Ruskin*

生活没有目标，犹如航海没有罗盘。——罗斯金

CHAPTER 3

第 3 章

经典功能缺陷Function Bug

[**学习目标**]：通过本章的学习，读者要能简单地区分界面缺陷与功能缺陷的划分，通过对经典功能缺陷的研习，要能做到举一反三、触类旁通。

3.1　Bug＃1：oricity 网站链接出现 404 错误

缺陷标题：城市空间网站>"图片浏览"链接出现 404 错误。

测试平台与浏览器：Windows 7＋Firefox 浏览器。

测试步骤：

(1) 打开城市空间网站 http://www.oricity.com。

(2) 登录已注册账户，单击"＊＊的城市空间"。

(3) 展开"我的相册"，选择"图片浏览"，如图 3-1 所示。

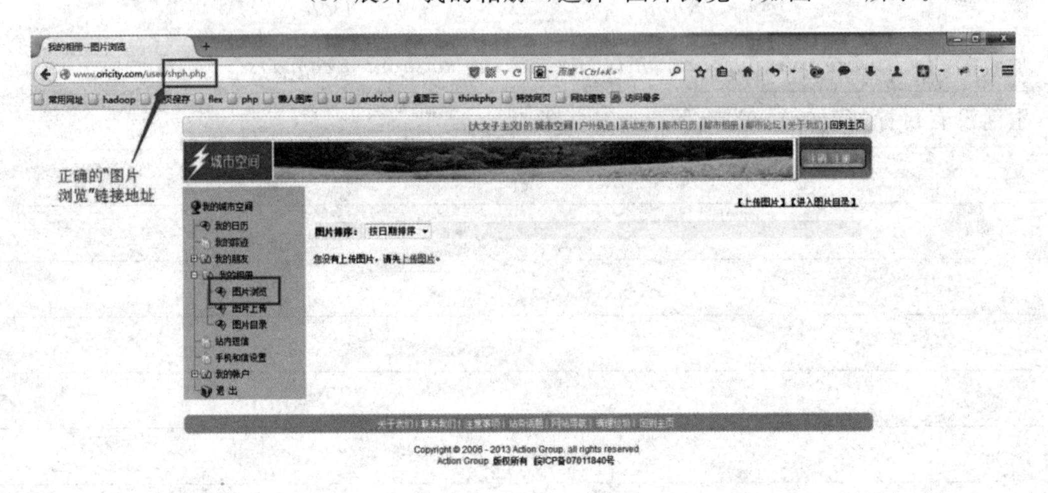

图 3-1　图片浏览的正确地址为 shph.php

(4) 单击页面右上方"图片浏览"链接，如图 3-2 所示。

期望结果：各页面元素显示正确。

实际结果：出现 404 错误界面，如图 3-3 所示。

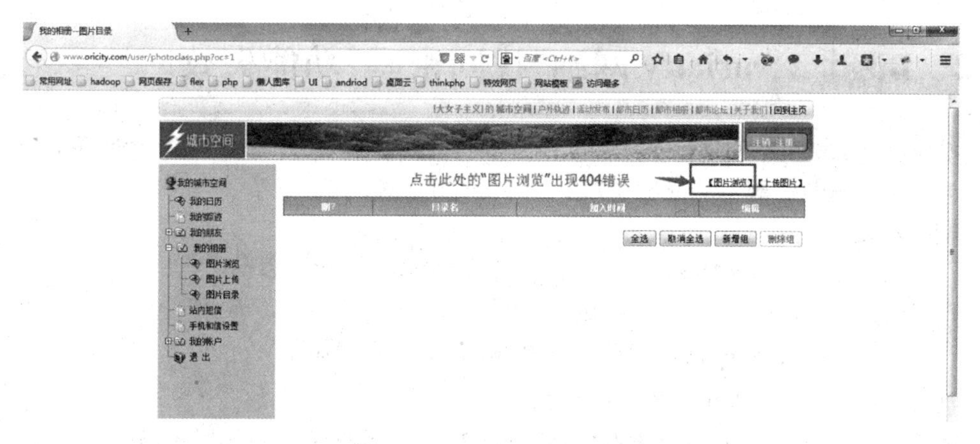

图 3-2　单击右上方"图片浏览"链接

图 3-3　出现 404 错误，错误地址为 showphoto. php

[专家点评]：

功能测试中经常出现的问题是链接不工作、按钮不工作，这些也是初学者最常发现的Bug，但很少有人会去探究理解页面为什么会不工作，按键为什么不工作。做测试，不止要发现 Bug，更要找出原因，这样更容易说服开发者，这是做好测试最难得的一个习惯。

HTTP 404 错误意味着链接指向的网页不存在，即原始网页的 URL 失效，这种情况经常会发生，很难避免，比如说，网页 URL 生成规则改变、网页文件更名或移动位置、导入链接拼写错误等，导致原来的 URL 地址无法访问；当 Web 服务器接到类似请求时，会返回一个 404 状态码，告诉浏览器要请求的资源并不存在。导致这种情况的原因一般来说有三种：

（1）无法在所请求的端口上访问 Web 站点。

（2）Web 服务扩展锁定策略阻止本请求。

（3）MIME 映射策略阻止本请求。

3.2 Bug＃2：oricity 网站“找回密码”功能失效

缺陷标题：城市空间网站>无法完成“找回密码”,发送邮件失败。

测试平台与浏览器：Windows 7 ＋ Firefox 浏览器。

测试步骤：

(1) 打开城市空间网站 http://www.oricity.com。

(2) 单击登录页面,单击找回密码。

(3) 输入用户名,邮箱信息,单击“提交”按钮,如图 3-4 所示。

期望结果：能正常发出邮件,并成功更改密码。

实际结果：出现空白页面,没有任何提示信息。但是并未收到找回密码的相关邮件,如图 3-5 所示。

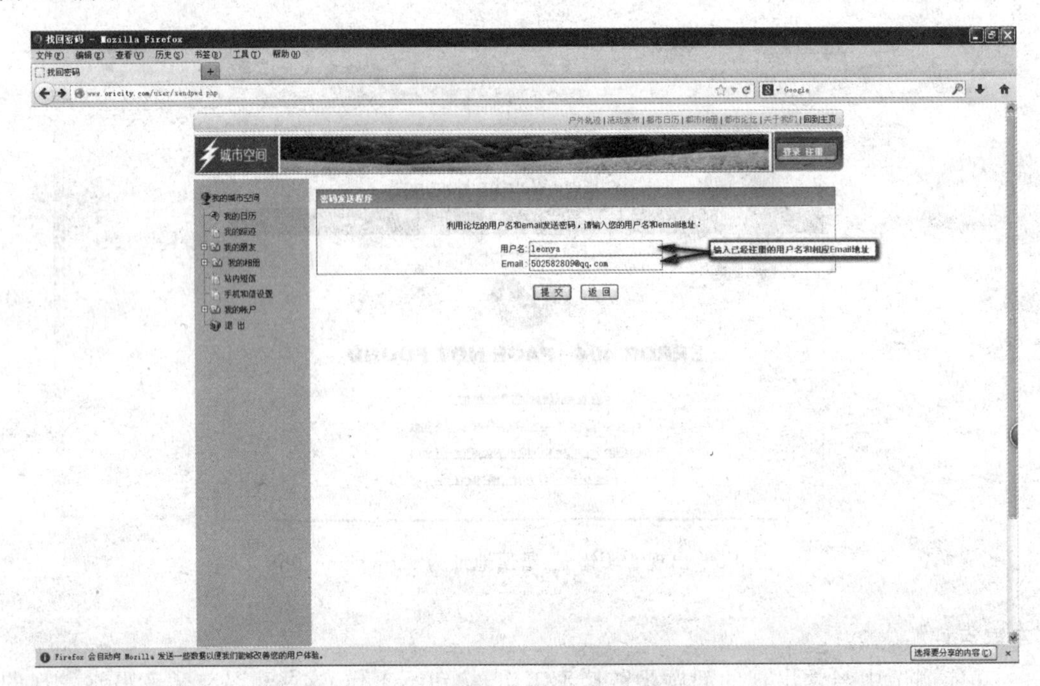

图 3-4　输入用户名和邮箱信息

[专家点评]：

用户正常使用时,难免会出现忘记密码的情况,找回密码功能是含账号信息的产品所必备的,所以需要使用账号登录的网站和程序,都需要有找回密码功能。

上面的 Bug 其实有两大问题：第一是邮件发送不成功,无法找回密码；第二是发送邮件后没有任何提示信息,对于用户来说不友好,不管发送成不成功都应该有个友好的提示信息,而不应该返回空白页。

邮件发送不成功,可能与发送邮件的服务器配置相关,也可能是程序本身有问题。

图 3-5 邮件没有发送成功，出现空白页面

3.3 Bug＃3：qa.roqisoft 非法字符用户名注册成功

缺陷标题：诺颀软件测试团队网站＞不合约束规则的用户名注册成功。

测试平台与浏览器：Windows 7＋Firefox 浏览器。

测试步骤：

（1）进入“诺颀软件测试团队”页面 http://qa.roqisoft.com。

（2）单击登录页面，单击注册用户。

（3）输入非法用户名，例如，“＜”，在其他域填写有效信息，单击“注册”按钮，如图 3-6 所示。

图 3-6 在同户名输入含有非法字符“＜”

期望结果：注册失败，给出提示信息。

实际结果：注册成功，如图 3-7 所示。

图 3-7 显示账号成功创建，注册成功

[**专家点评**]：

注册页面是最容易出错的地方，不管是界面还是功能，输入框的限制很多，测试人员在这块测试更要注意总结规律，深入研究测试，这样才能使个人测试能力有所提高。

因为开发各个网站的程序员都不一样，如果能统一用户名只能包含数字 0～9、字符 a～z 这样的字符，并且规定用户名长度最多 20 位字符，那将减少后面许多的错误。

对用户输入不做任何限制，可能会导致：

(1) 界面问题，用户名太长，导致用户登录后，显示“Hello XXX”时，超出页面范围的错误。

(2) 功能问题，特殊字符，可能会导致网页被截断，功能无法使用等问题。

(3) 技术问题，可能会导致超出表中字段长度大小限制，导致数据库字段内容越界错。

(4) 安全问题，可能会导致许多安全攻击能成功。

如果展示的网页需要提供给用户能输入类似 HTML 内嵌代码，为了丰富页面的显示，体现每个用户的设计能力，可以支持一些安全的 HTML 标签，比如：

ABBR, ACRONYM, ADDRESS, AREA, B, BASE, BASEFONT, BDO, BIG, BLOCKQUOTE, BR, BUTTON, CAPTION, CENTER, CITE, COL, COLGROUP, DD, DEL, DFN, DIR, DIV, DL, DT, EM, FIELDSET, FONT, H1, H2, H3, H4, H5, H6, HEAD, HR, I, INS, ISINDEX, KBD, LABEL, LEGEND, LI, LINK, MAP, MENU, NOSCRIPT, OL, OPTGROUP, OPTION, P, PARAM, PRE, Q, S, SAMP, SELECT, SMALL, SPAN, STRIKE, STRONG, SUB, SUP, TABLE, TBODY, TD, TEXTAREA, TFOOT, TH, THEAD, TR, TT, U, UL, VAR

但如果不需要给用户提供丰富的 HTML 自由设计支持，就应该全面封锁用户输入的 HTML 类标签。

3.4　Bug＃4：leaf520 论坛无法搜索到所需信息

缺陷标题： 诺颀软件论坛＞搜索功能无法搜索到所需信息。

测试平台与浏览器： Windows 7＋Firefox 浏览器。

测试步骤：

（1）打开诺颀软件论坛 http://leaf520.com/bbs。

（2）在“搜索”文本框内输入“软件测试工程师”，单击“搜索”按钮，如图 3-8 所示。

期望结果： 查找到含有“软件测试工程师”的所有内容。

实际结果： 未能返回期望查找的内容，如图 3-9 所示。

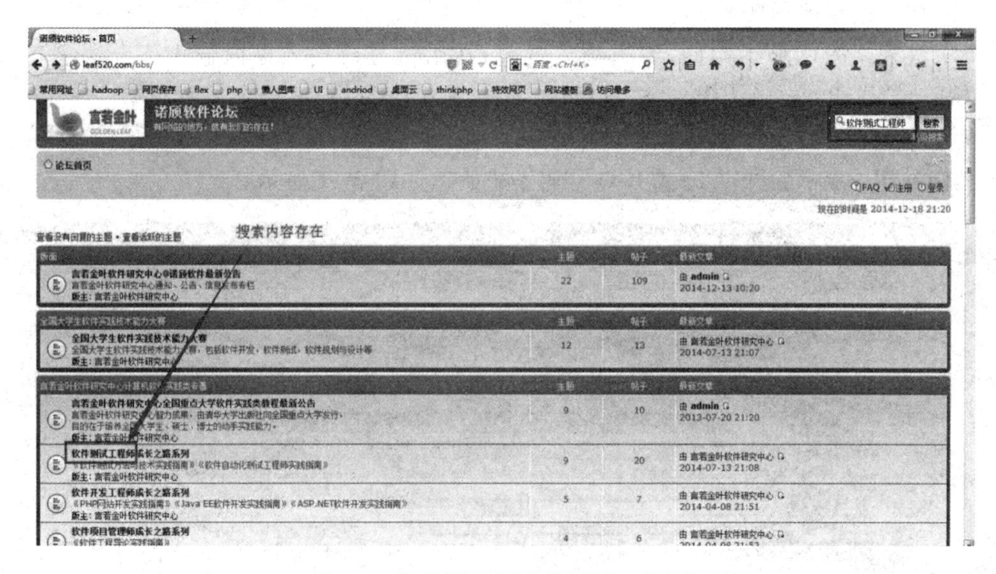

图 3-8　搜索关键字“软件测试工程师”

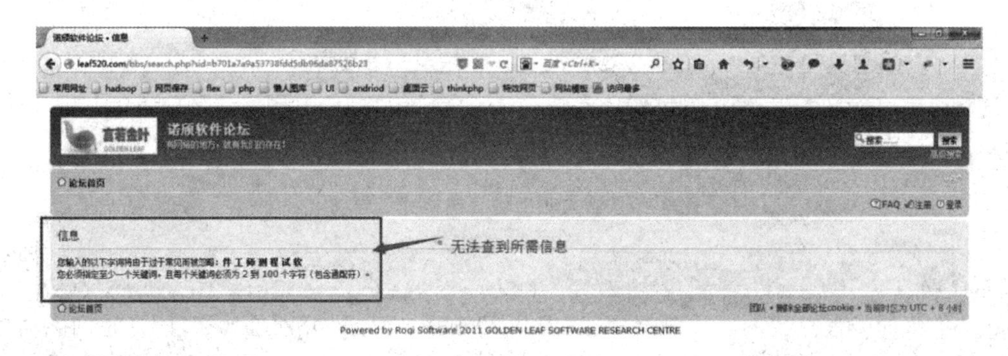

图 3-9　信息存在，但搜索失败

[专家点评]：

在测试搜索查找输入框等功能时，初学者习惯测试不合法内容，比如字符串长度，不合法字符搜索等，往往会忽略正常内容的测试，这是 Testcase 覆盖不全面的原因，在测试之前需要测试者理清一个完整的思路，拟出最基本的 Testcase 覆盖，以保证测试更全面，养成测试前先思考的好习惯，是提升测试能力比较快的一个方法。

3.5 Bug＃5：oricity 网站错误提示不准确

缺陷标题：城市空间网站>个人资料中填写不合法的手机号码，错误提示信息不准确。

测试平台与浏览器：Windows 7 ＋ Firefox 浏览器。

测试步骤：

(1) 打开城市空间网站 http://www.oricity.com/。

(2) 登录已注册的账号。

(3) 进入个人的城市空间，编辑个人资料，在手机号码输入框内输入不合法字符“@￥%￥＃＃￥”，单击“确认修改”按钮，如图 3-10 所示。

期望结果：提示手机号码格式不正确。

实际结果：提示为“OICQ 或 ICQ 号码不正确”，如图 3-11 所示。

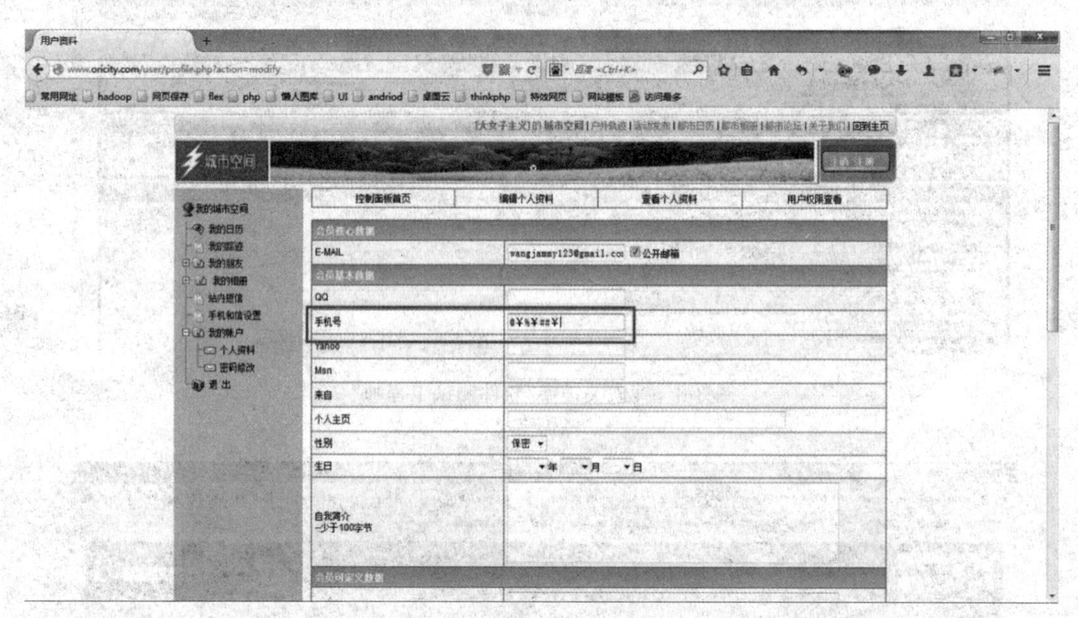

图 3-10 输入非手机号码格式的字符

[专家点评]：

此经典 Bug 最重要的要让测试者明白 OICQ 和 ICQ 号码分别是什么，ICQ 是国际通用的一个聊天工具，OICQ 就是 QQ，所以 OICQ 和 ICQ 都不是指手机，这是此实例的关键。测试人员不仅要清楚测试的各种方法，更要了解各方面知识，包括人文、地理，不然一些常识性错误摆在面前，测试者也很难找到。此实例考查的是测试者对常识的掌握能力，也是测试者必备的能力之一。

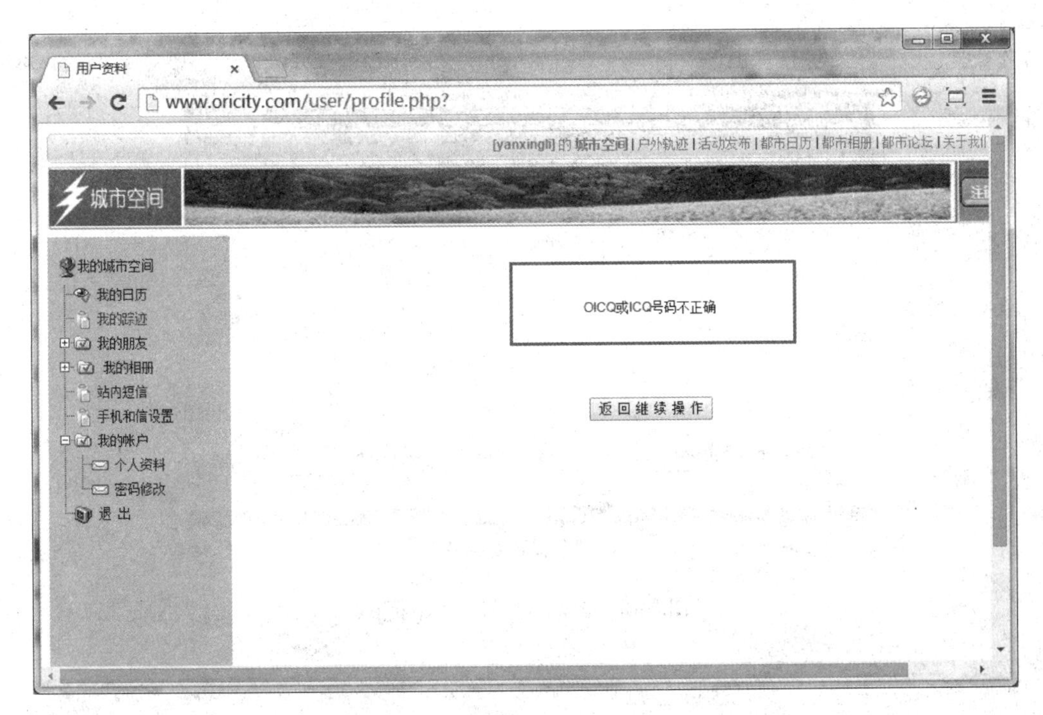

图 3-11　提示 OICQ 或 ICQ 号码不正确

3.6　Bug＃6：oricity 网站上传文件名格式限制不工作

缺陷标题：城市空间网站＞上传轨迹图片＞不符合命名规则的图片文件能上传成功。

测试平台与浏览器：Windows 7＋Firefox 浏览器。

测试步骤：

(1) 打开城市空间网站 http://www.oricity.com/。

(2) 登录已注册的账号。

(3) 单击页面上方“户外轨迹”，然后选择上传轨迹。

(4) 填写好信息以后，选择名为“标志.jpg”的图片上传，如图 3-12 所示。

期望结果：提示文件命名不正确。

实际结果：显示上传成功，但图片无法显示，如图 3-13 和图 3-14 所示。

[专家点评]：

此经典 Bug 出现的原因是，文件格式要求注明“不支持非英文文件名”，上传以中文命名的文件时，应该提示“不支持非英文文件名”，实际上传成功，但图片却显示不出来。

目前国内有不少网站服务器，用的是国外的服务器，对中文及其他非英文编码支持不足。如果不支持解析中文文件名，就应该在文件上传时做限制，而不是上传成功后，不能正确显示。

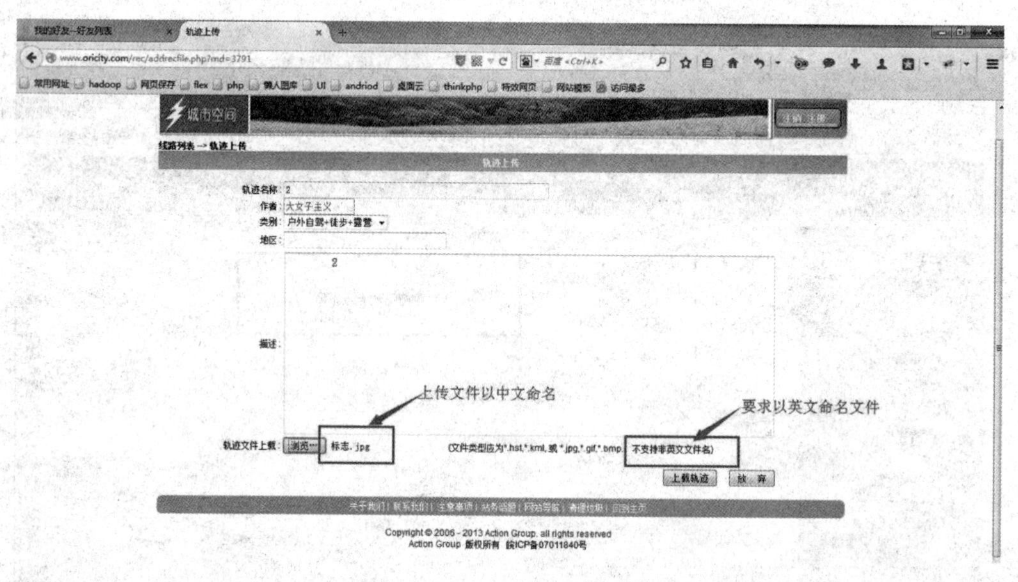

图 3-12　选择图片与要求不符合

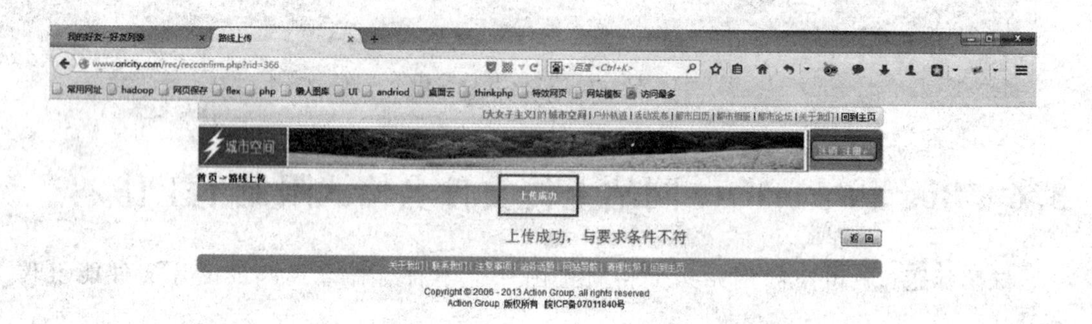

图 3-13　提示图片上传成功

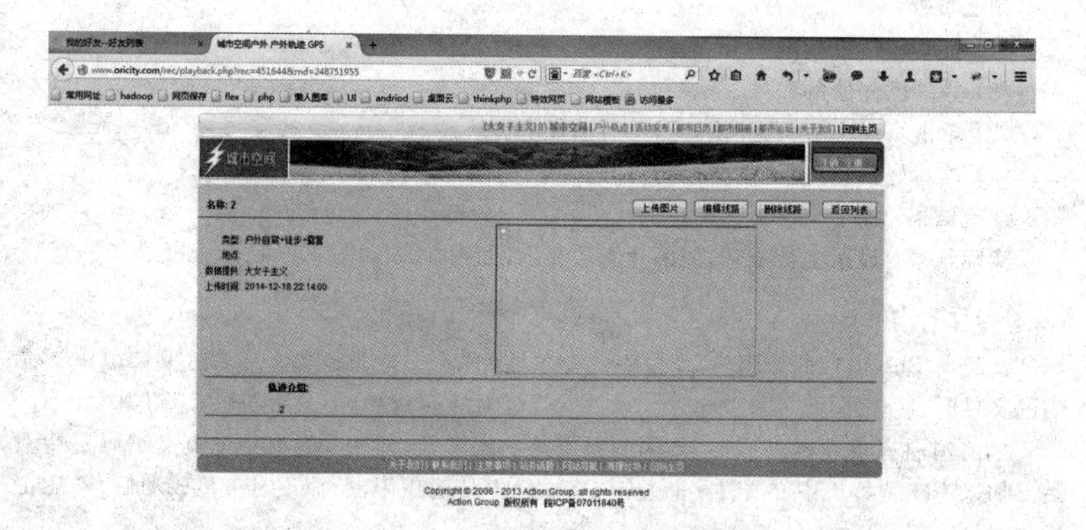

图 3-14　图片无法显示

3.7 Bug＃7：oricity 修改密码时密码长度没有限制

缺陷标题：城市空间网站>个人账户修改密码时没有限制密码长度。

测试平台与浏览器：Windows 7 ＋Firefox 浏览器。

测试步骤：

(1) 打开城市空间网站 http://www.oricity.com/。

(2) 登录已注册的账号(账户名“大女子主义”，密码“250250”)。

(3) 进入个人的城市空间，进入我的账户，修改密码，填写原密码“250250”(注册账户时，密码不能少于 6 个字符)，输入新密码“3”，如图 3-15 和图 3-16 所示。

期望结果：修改失败，提示密码不能少于 6 个字符。

实际结果：修改成功，如图 3-17 所示。

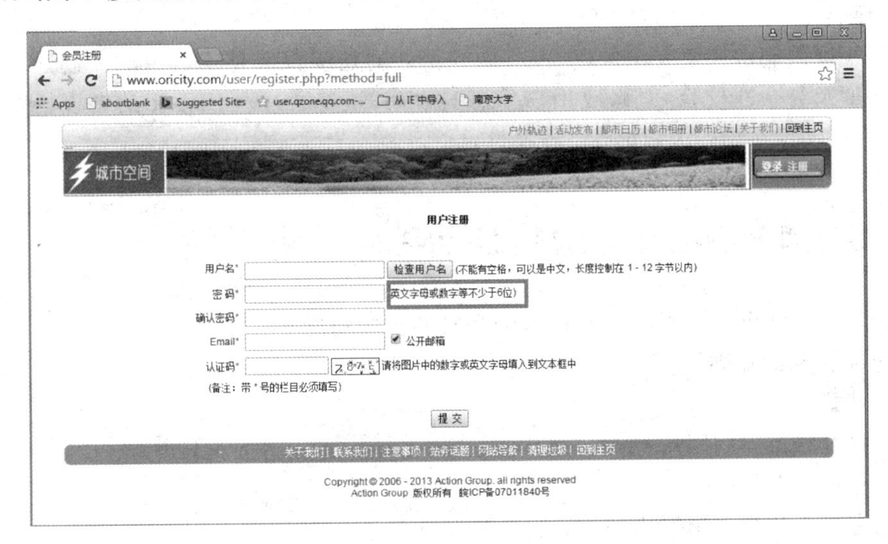

图 3-15 注册时提示密码不少于 6 个字符

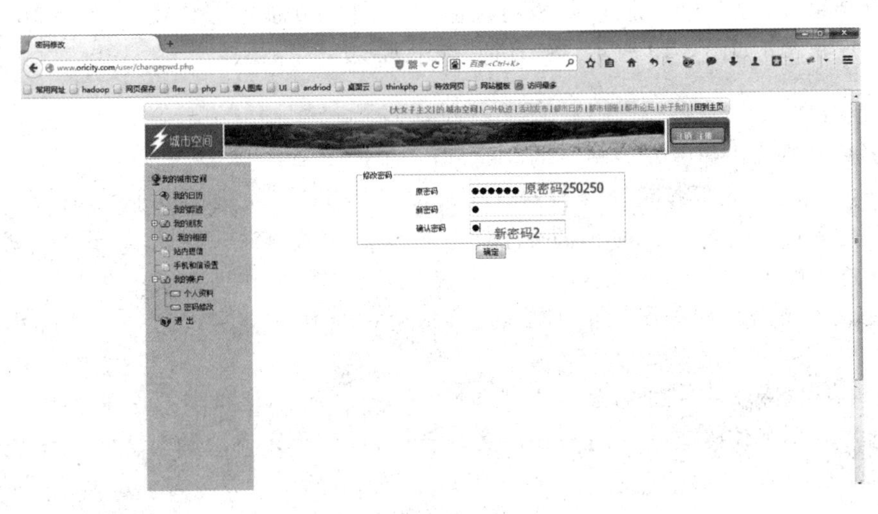

图 3-16 新密码只有一个字符

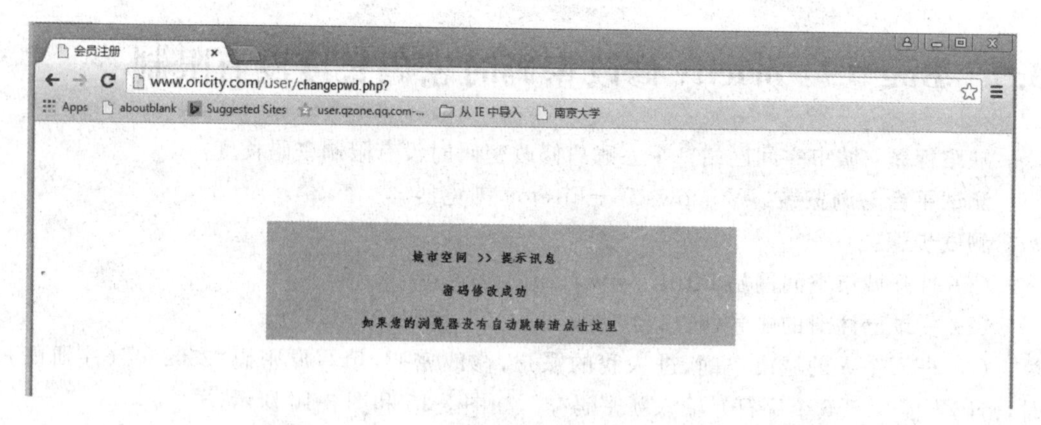

图 3-17 修改成功

[专家点评]:

密码长度限制也属于安全问题,没有限制密码的长度肯定是不可以的。创建新用户时有密码长度及复杂性校验,但修改用户信息时没有,这是程序员们常犯的错误。经常出现前后不一致,前面有检验、后面没有检验的问题。

3.8 Bug#8:oricity 网站日期排序功能无效

缺陷标题:城市空间网站>论坛 RSS>日期排序功能不起作用。

测试平台和浏览器:Windows 7+IE 8 浏览器。

测试步骤:

(1) 打开城市空间网站 http://www.oricity.com/点击进入论坛热帖。

(2) 单击 RSS 按钮。

(3) 在右上角排序项按不同方式进行排序。

期望结果:当单击不同的排序方式时,按排序要求进行重新排序。

实际结果:单击"日期"排序时,没有反应,日期排序功能不起作用(如图 3-18 所示,按"作者"排序正常;如图 3-19 所示,按"日期"排序无效)。

[专家点评]:

从图片上看不出作者发表帖子的时间,但是单击帖子,进入帖子详情页是有发表时间的,所以这里单击"日期"按钮应该按照日期来排序。当第一次进来单击"日期"没反应时,先看看其他的排序是否有效,其他的排序都正常工作,那么再深入测试,看看日期排序的问题所在。进去帖子详情页,发现每个帖子的日期都不一样,而在列表页中并未显示出日期,这可能是导致按照日期排序功能无效的原因,也可能是本身实现这个功能时程序就有问题。

我们在做国际软件测试时,经常出现有的电子商务网站,按价格升序排序是正确的,但按降序排序就不工作。或有些网站按姓名、大学名排序不正确。测试人员在做软件测试时,要注意这些排序功能。

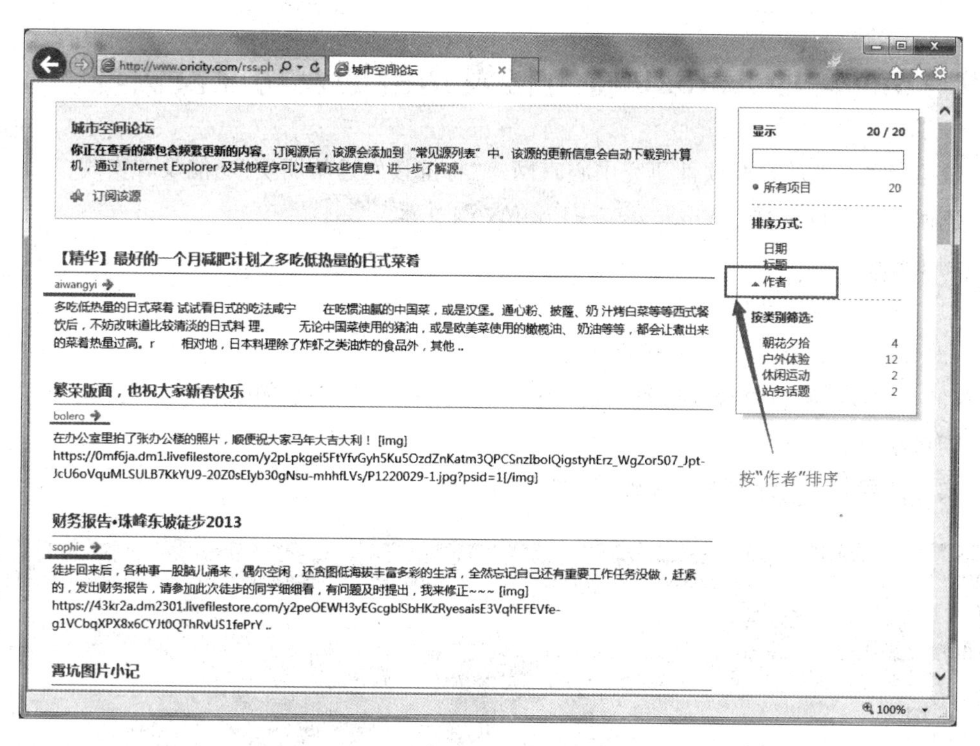

图 3-18 按“作者”排序功能正常

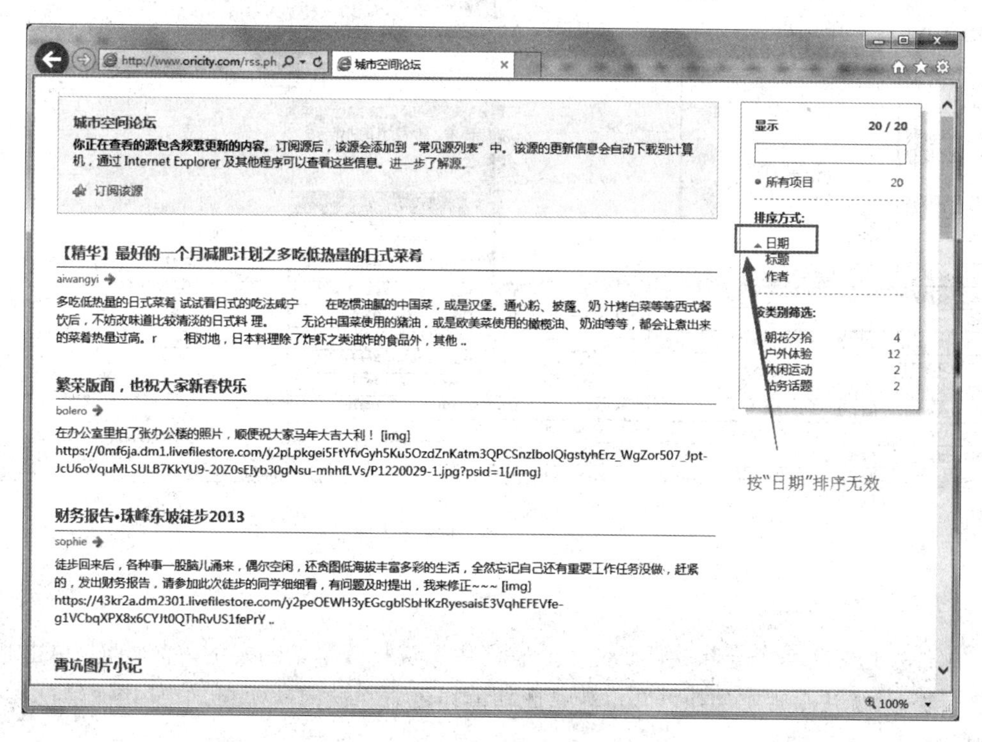

图 3-19 按“日期”排序无效

3.9 Bug#9：leaf520 将链接发送给朋友功能没实现

缺陷标题：言若金叶软件研究中心官网>“将链接发送给朋友”功能没有实现。

测试平台和浏览器：Windows 7+Firefox 浏览器。

测试步骤：

(1) 打开言若金叶软件研究中心官网 www.leaf520.com。

(2) 单击主页上 E-mail 图像标志。

(3) 在弹出的“将链接发送给朋友”表单中输入有效的信息，单击“发送”按钮。

期望结果：成功发送邮件。

实际结果：电子邮件发送失败，如图 3-20 所示。

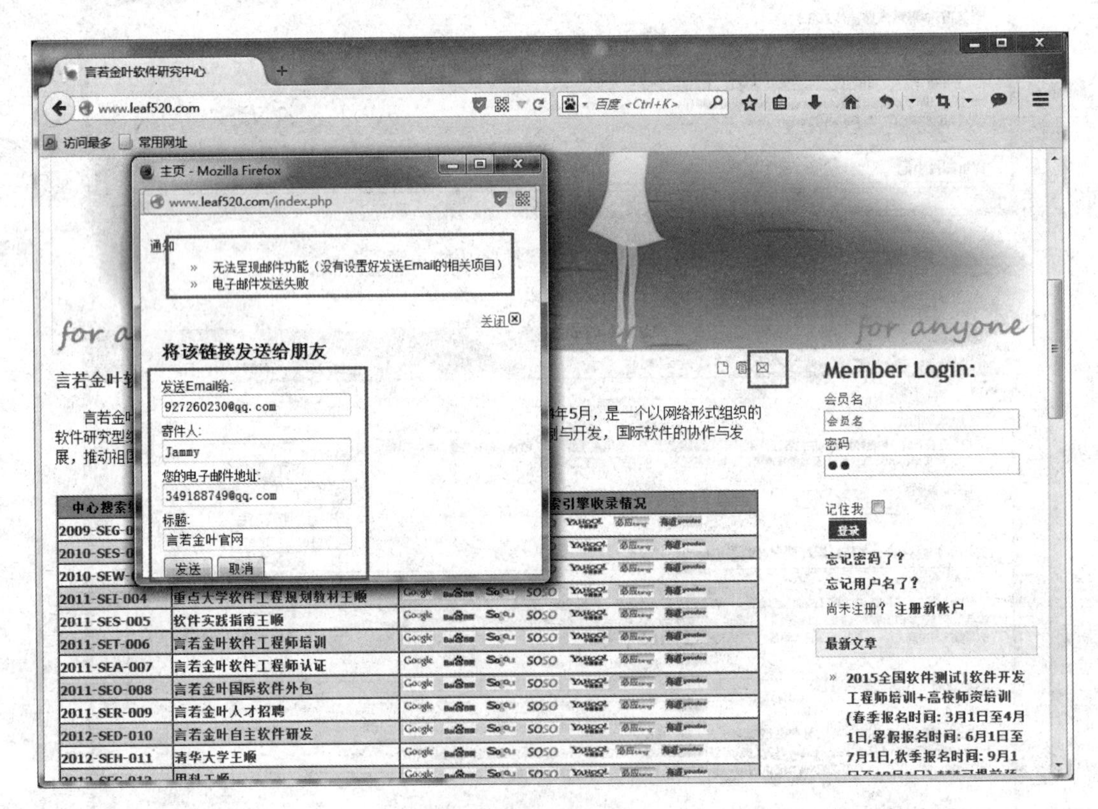

图 3-20 电子邮件发送失败

[专家点评]：

邮件发送是将言若金叶软件研究中心官网主页链接分享给朋友的一个功能，单击邮件图标后提示“无法呈现邮件功能”，也就是此功能还没有在该网站实现，但是功能键已提供，所以算是 Bug。

3.10 Bug＃10：oricity 网站重新登录无法提交

缺陷标题：城市空间网站＞登录失败返回重新登录，在 Firefox 中无法提交。

测试平台与浏览器：Windows 7＋Firefox 和 IE 8 浏览器。

测试步骤：

（1）打开城市空间网站 http://www.oricity.com/。

（2）单击“登录”链接。

（3）登录失败返回重新登录。

期望结果：可以重新登录。

实际结果：在 Firefox 中用户登录页面的“提交”按钮无效，如图 3-21 所示。BTW：在 IE 浏览器中没有这个问题，如图 3-22 所示。

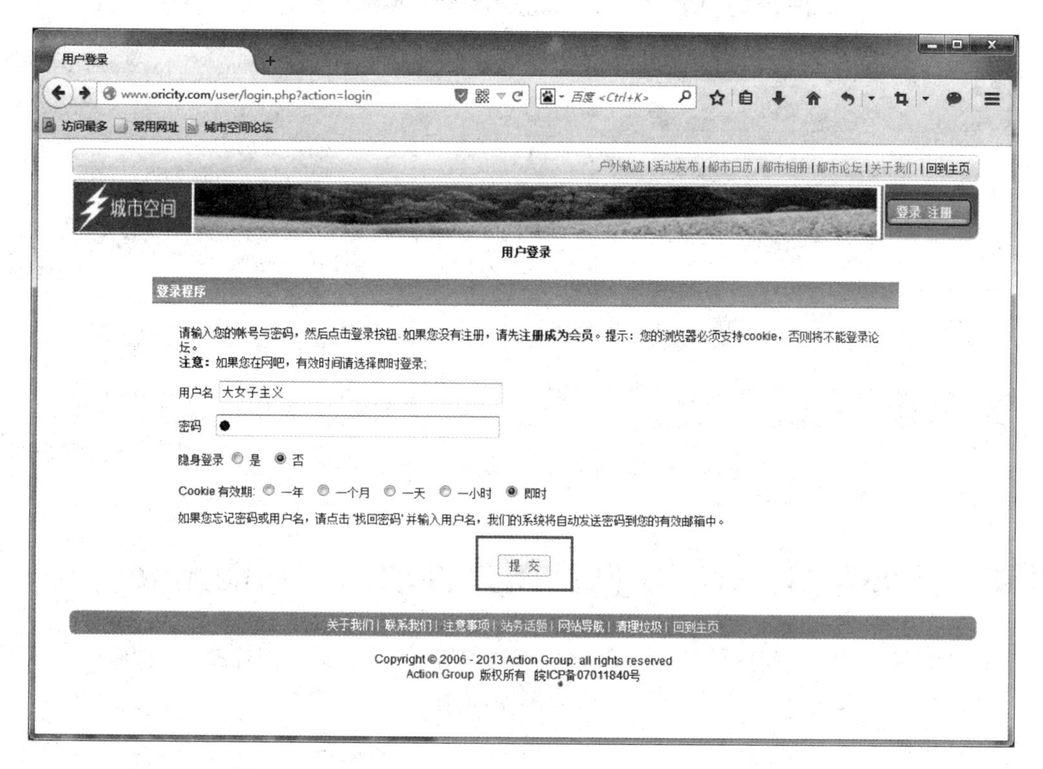

图 3-21　在 Firefox 中登录失败后返回重新登录不能提交

［专家点评］：

此 Bug 考查的是测试人员跨平台测试的能力，测试人员要相信，我们所测试的产品不止在一个平台上使用，在测试的时候就必须要尽量考虑所有的可能，跨平台能测试出不少 Bug，所以跨平台测试也是提高产品质量的一个很重要的测试方法。

对于国际 Web 网站，一般至少要在 IE、Firefox、Chrome 三个主流浏览器上通过，这三个浏览器中任何一个不工作，都是 Bug。

在这三个浏览器上测试时，往往还会有浏览器版本要求，目前大多数要求是：

IE 8 以上，甚至有的会要求 IE 9 以上，目前 IE 6、IE 7 基本已经不考虑在内；

Chrome 和 Firefox 要求最近的两个版本，因为这两个浏览器版本更新是比较快的，所以一般测试要求只能使用最近的两个版本。

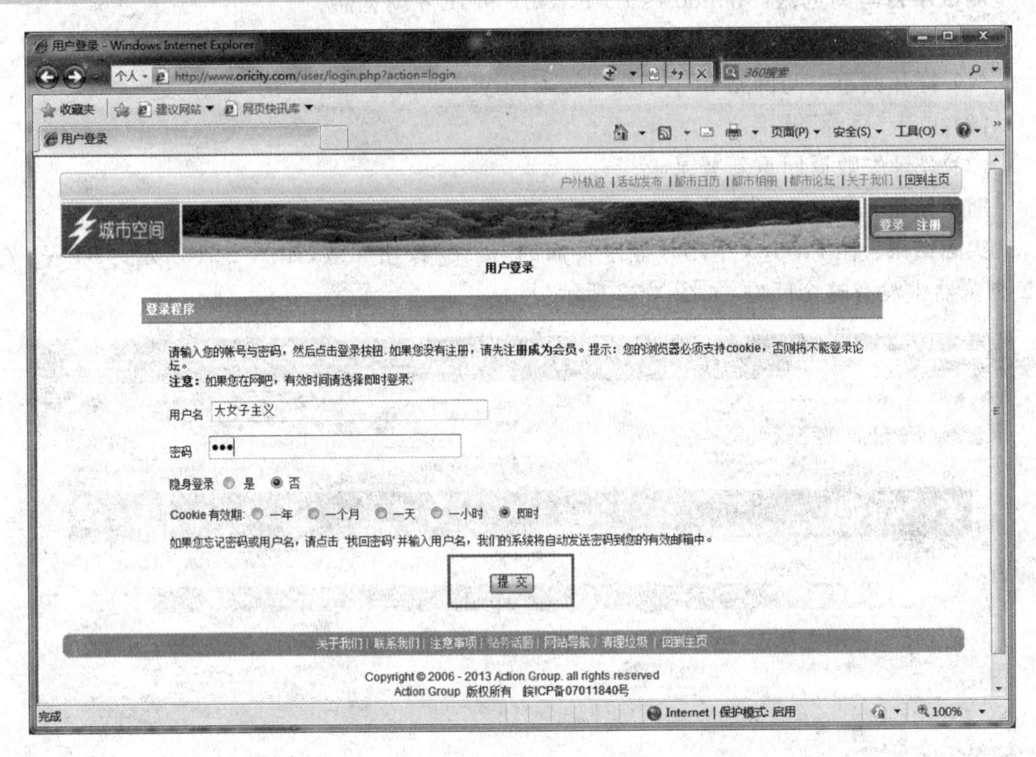

图 3-22　在 IE 8 中登录失败后返回可以重新登录

3.11　Bug＃11：oricity 网站图片目录修改功能无效

缺陷标题：城市空间网站＞个人空间＞我的相册，图片目录页面修改功能无效。

测试平台与浏览器：Windows 7＋Firefox 浏览器。

测试步骤：

(1) 打开城市空间网站 http://www.oricity.com/。

(2) 登录后进入“[xx]的城市空间”，如“[大女子主义的城市空间]”。

(3) 单击“我的相册”→“图片目录”→“新增组”选项，命名为“帝都游”，如图 3-23 所示。

(4) 单击“修改”按钮，输入“厦门游”，单击“确认”按钮并观察页面目录名显示结果，如图 3-24 所示。

期望结果：修改后组名为“厦门游”。

实际结果：单击“确认”按钮后，目录名仍然是“帝都游”，如图 3-25 所示。

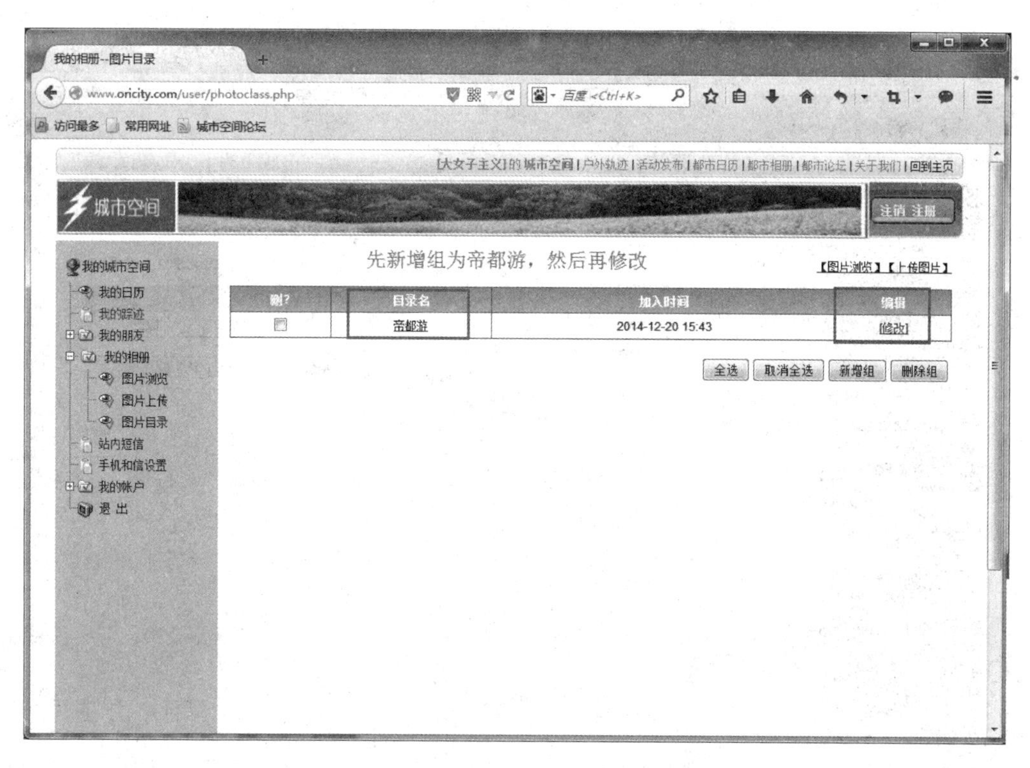

图 3-23　先新增组名为“帝都游”

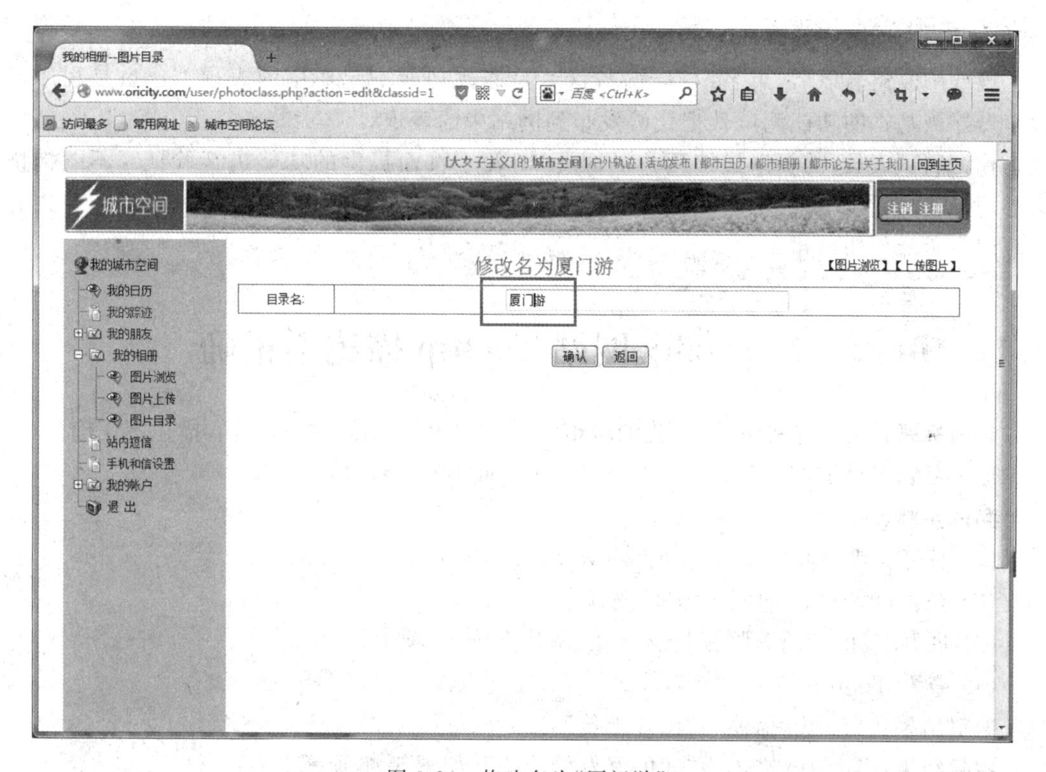

图 3-24　修改名为“厦门游”

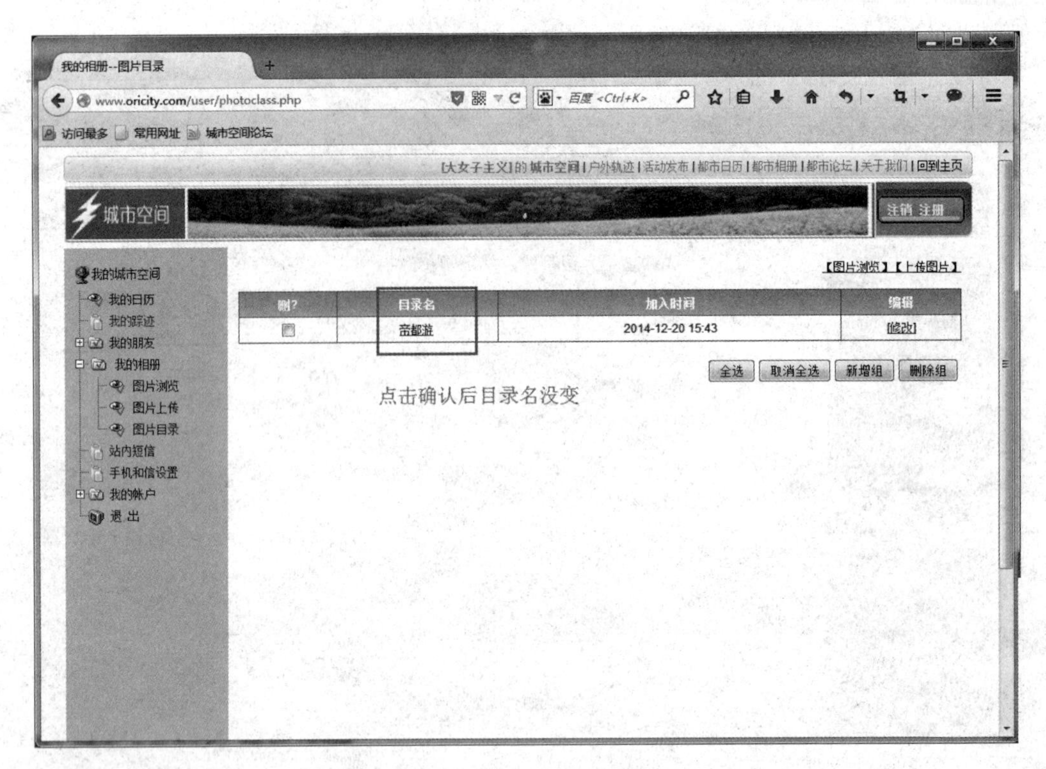

图 3-25　确认以后目录没变

[专家点评]：

确认修改组名以后，组名没有改变，这就是修改功能不起作用的表现。这也是程序员没有做好最基本的功能测试就把代码发布到网站中的表现。

作为测试人员，需要以最终用户的眼光，对每个页面提供的功能进行验证。不能抱侥幸心理，认为这么简单的功能一定是正确的，要知道即使是再简单的一个字母，程序员也有可能因一时疏忽而敲错。

3.12　Bug＃12：oricity 网站 Tooltip 描述不正确

缺陷标题：城市空间网站＞“我的城市空间”中“图片上传”的 Tooltip 描述不正确。

测试平台与浏览器：Windows 7 ＋ Firefox 或 IE 8 浏览器。

测试步骤：

(1) 打开城市空间网站 http://www.oricity.com/。

(2) 登录，单击“xx 的城市空间”选项。

(3) 展开“我的相册”，将鼠标悬停在“图片上传”选项上。

(4) 查看 Tooltip 结果。

期望结果：Tooltip 描述为“图片上传”。

实际结果：Tooltip 描述为“我的好友的分组”，如图 3-26 所示。

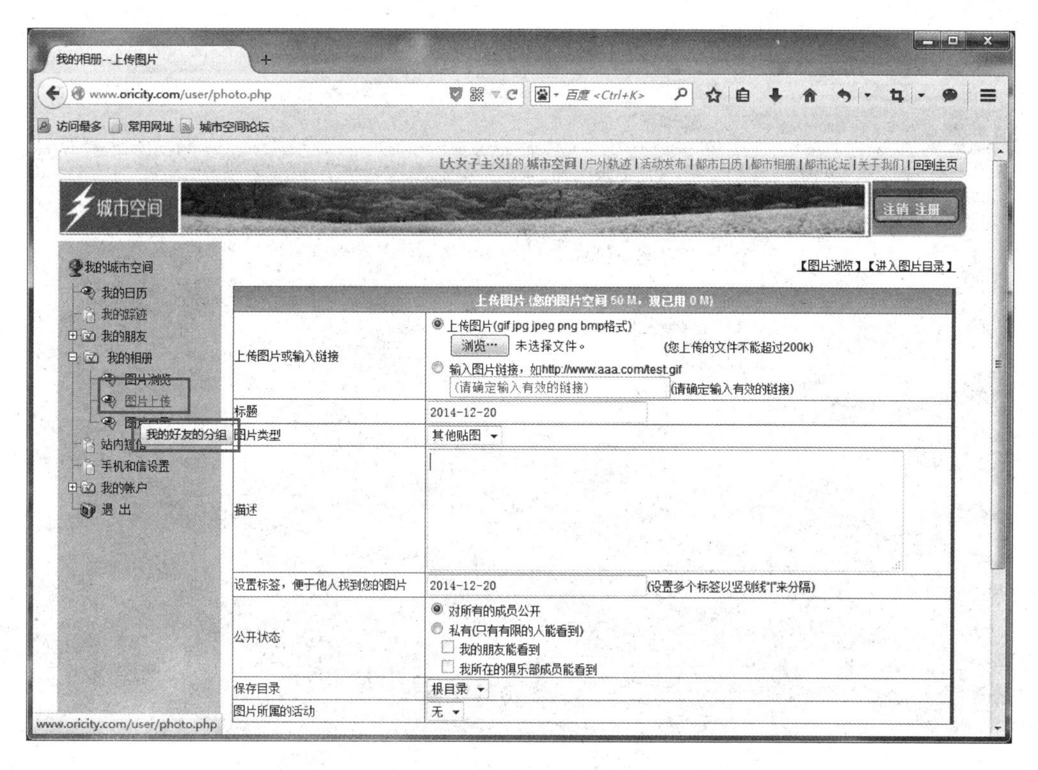

图 3-26　Tooltip 描述为“我的好友的分组”

[专家点评]：

Tooltip 的考查点一般有两种：一种是像这个经典 Bug 描述，Tooltip 的内容要与按钮或者链接的功能一致；另一种就是跨平台的 Tooltip 要一致，有可能在 Firefox 里面有 Tooltip，但是在 IE 浏览器里面就没有，因此有 Tooltip 的显示一定要进行跨平台测试。

3.13　Bug＃13：oricity 网站轨迹名称验证规则有错

缺陷标题：城市空间网站＞上传轨迹和编辑线路时，轨迹名称采用了不同的验证规则。

测试平台与浏览器：Windows 7 ＋ Firefox 浏览器。

测试步骤：

(1) 打开城市空间网站 http://www.oricity.com/。

(2) 登录后单击户外轨迹，再单击上传轨迹。

(3) 不填写轨迹名称，单击上传轨迹，查看结果，如图 3-27 所示。

(4) 按要求填写内容，单击上传轨迹。

(5) 上传成功后单击返回进入上传的轨迹帖子，单击编辑线路，将“路线名称”置为空，单击存盘，再查看存盘结果页面。

期望结果：存盘失败，提示轨迹名称不能为空。

实际结果：存盘成功且轨迹名称为空，如图 3-28 所示。

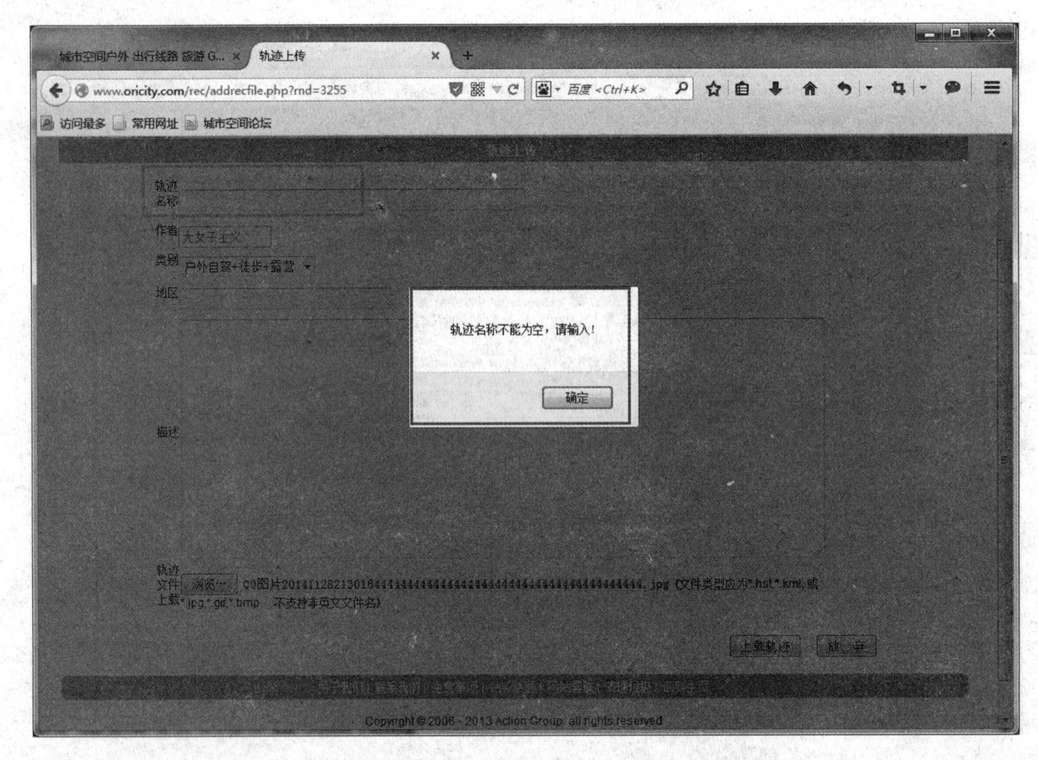

图 3-27 上传轨迹之前不填写轨迹名称出来的错误提示

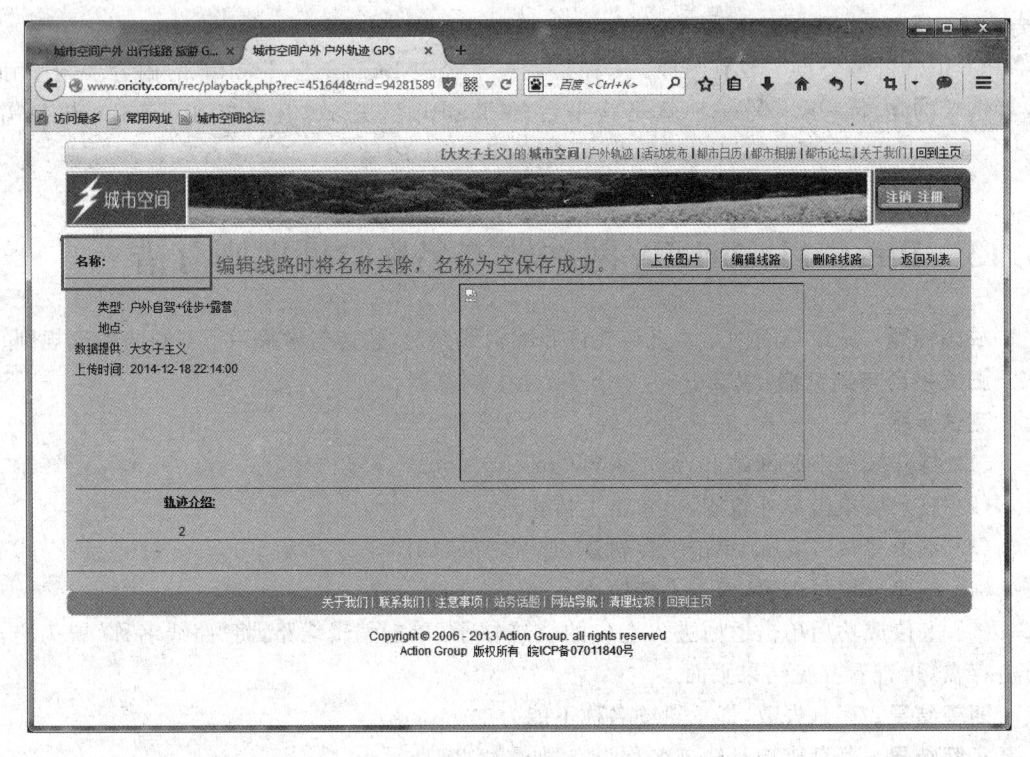

图 3-28 上传成功后再编辑路线，空名称存盘成功

[专家点评]:

新建轨迹不填写轨迹名时,会提示轨迹名不能为空,但修改轨迹名为空时,没有提示错误,却成功修改,轨迹名称采用了两种矛盾的命名规则,不符合测试要求。

3.14 Bug#14:leaf520 论坛高级搜索功能不准确

缺陷标题:诺颀软件论坛网站>诺颀软件论坛的高级搜索功能搜索结果不准确。

测试平台与浏览器:Windows 7 +Firefox 浏览器。

测试步骤:

(1) 打开诺颀软件论坛网站 http://leaf520.roqisoft.com/bbs/。

(2) 进入"高级搜索"界面。

(3) 在第一个关键词搜索输入栏输入"+番禺职业技术学院 -陈锦威",其他信息默认,单击"搜索"按钮。

期望结果:搜索结果的文档内容中出现"番禺职业技术学院",并且不出现"陈锦威"。

实际结果:搜索结果链接的页面中,同时出现了"番禺职业技术学院"和"陈锦威",如图 3-29 所示。

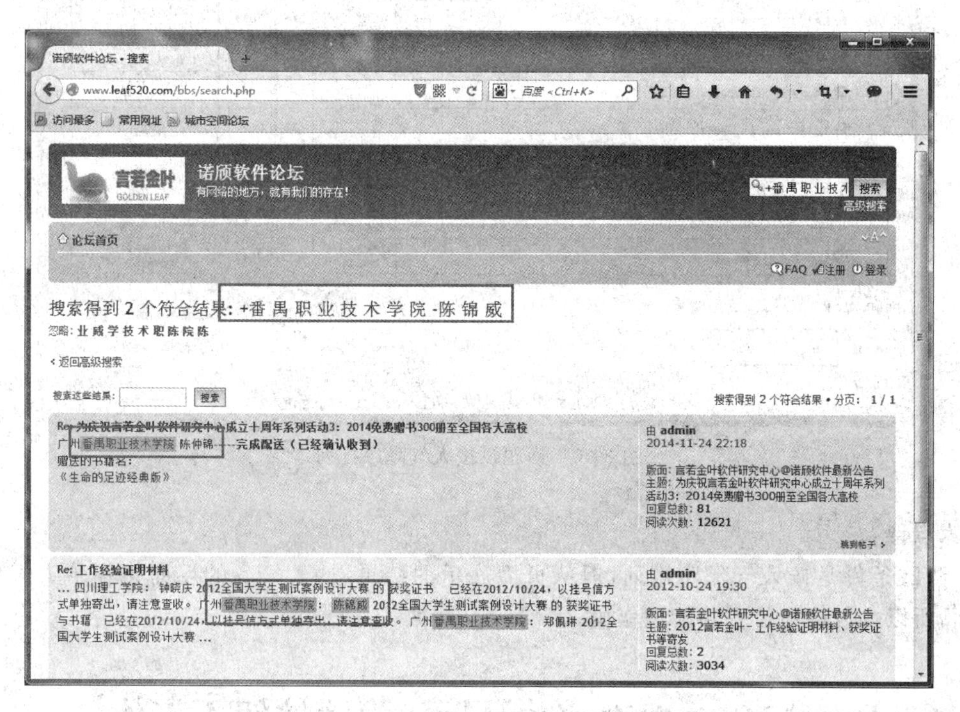

图 3-29 两种结果同时出现,限制条件功能不工作

[专家点评]:

在高级搜索中,搜索词前放置"+"号表示必须存在,"-"号表示必须不存在,但是这两个结果同时出现,所以是个 Bug。

3.15　Bug＃15：oricity 网站排序结果不准确

缺陷标题：城市空间网站>论坛站务话题排序混乱。

测试平台与浏览器：Windows 7 ＋ Firefox 浏览器。

测试步骤：

（1）打开城市空间网站 http://www.oricity.com/。

（2）在页面底部单击站务话题，进入新网页。

（3）选中主题列表下面的“人气”和“降序”选项，单击“提交”按钮。

期望结果：所有主题按人气降序排列。

实际结果：部分主题排列顺序混乱，如图 3-30 所示。

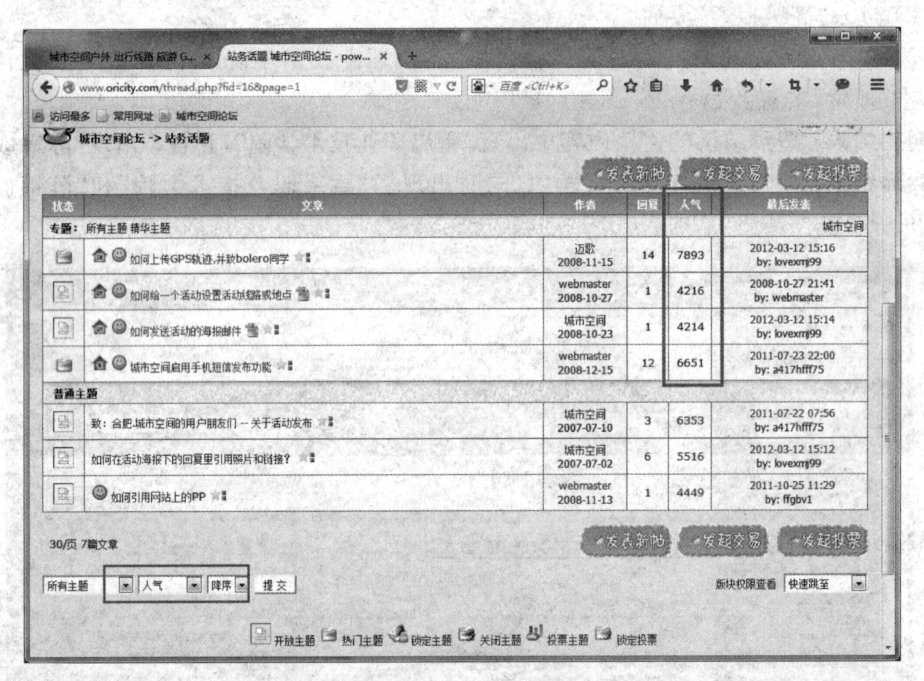

图 3-30　话题没按人气降序排列

［专家点评］：

测试条件是按人气降序排列，但从页面展示的结果看，人气少的反而排在了人气多的前面，所以人气降序排列功能没作用。

3.16　Bug＃16：oricity 论坛显示/隐藏按钮不工作

缺陷标题：城市空间网站>论坛网站上“-”按钮不工作。

测试平台与浏览器：Windows 7＋Firefox 或 IE 8 浏览器。

测试步骤：

（1）打开城市空间网站 http://www.oricity.com/，选择页面右上角“都市论坛”。

(2) 分别单击“城市空间论坛公告”、“城市空间”和“论坛相关”板块最右边的“-”按钮。

期望结果：按钮隐藏和扩展功能都可以实现。

实际结果：在“论坛相关”板块，按钮未实现功能，如图 3-31 和图 3-32 所示。

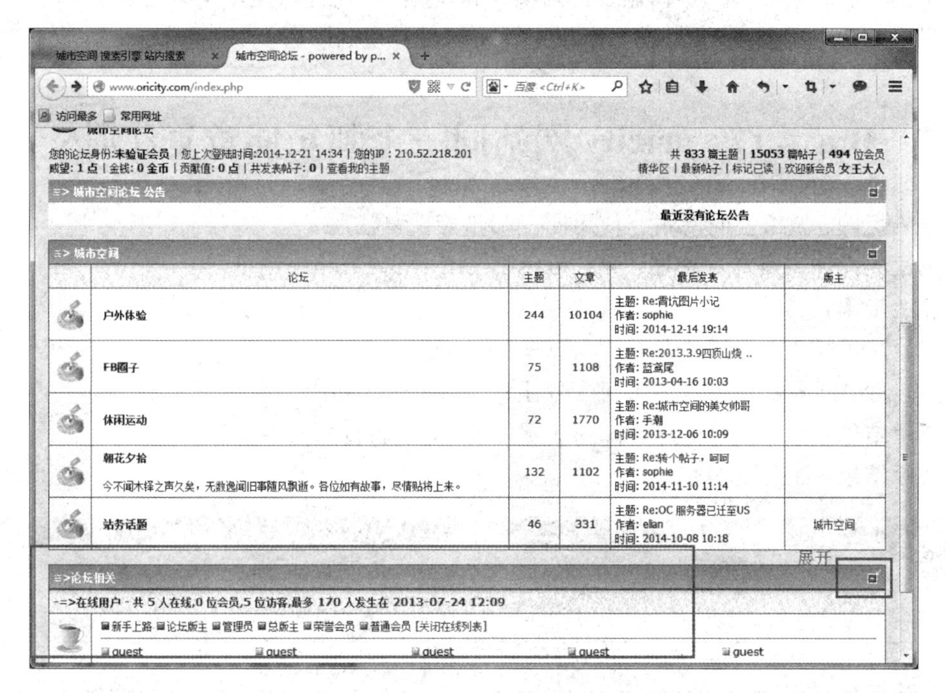

图 3-31　论坛相关展开的情况

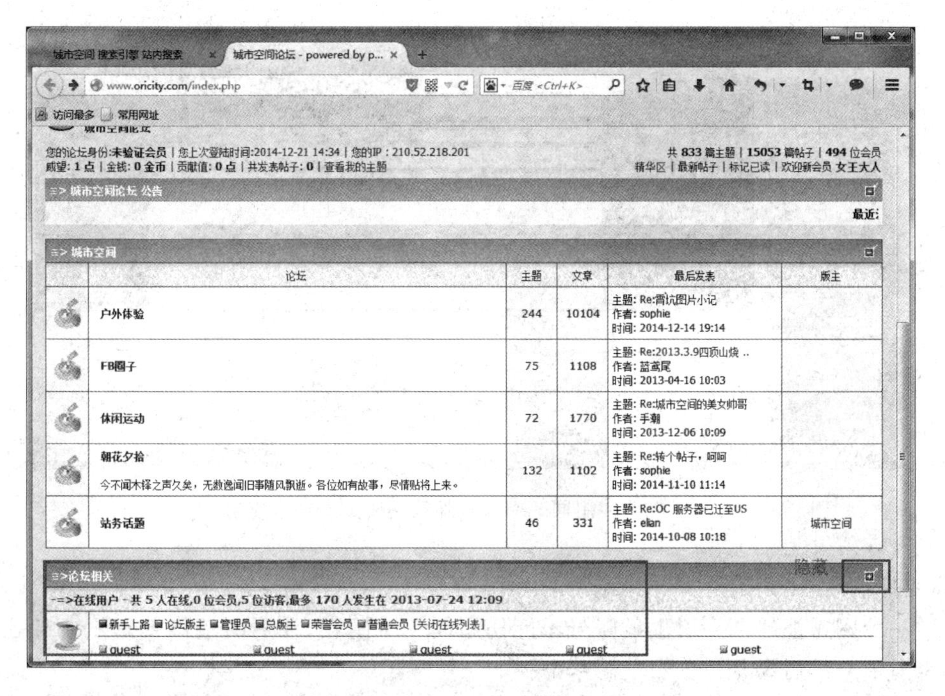

图 3-32　论坛相关隐藏的情况

[专家点评]:

经常出现网站上的按钮或链接不工作的情况，这是因为程序员本来设计在这个地方是要有某个功能，可是做着做着，忘了编写实现这个功能，程序员自己在做基本测试时又忘了测试这个功能点，所以就会出现这种功能没实现的问题。

3.17 Bug#17：oricity网站同一个邮箱能重复注册

缺陷标题：城市空间网站>使用同一邮箱能重复注册。

测试的操作系统与浏览器：Windows 7＋IE 8或Firefox浏览器。

测试步骤：

(1) 打开城市空间网站 http://www.oricity.com/。

(2) 使用同一邮箱进行多个新账号注册，如图3-33和图3-34所示。

期望结果：出现提示信息，"邮箱已被注册，请重新输入其他邮箱"。

实际结果：注册成功。

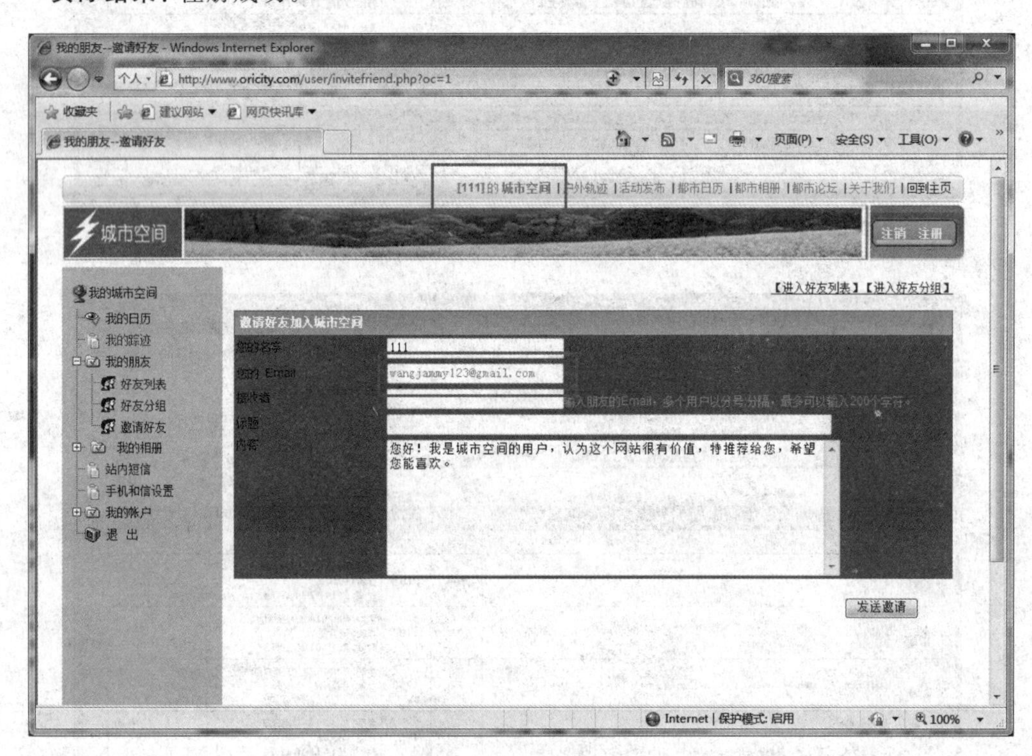

图3-33 使用同一Gmail邮箱注册111账号成功

[专家点评]:

同一个网站注册两个以上的账号不能使用同一个邮箱，注册时应该要提示邮箱已被注册。否则带来的后果是：

(1) 这个用户经常会重复注册网站，不知道是不是已经注册过；并且每次注册都能显示注册成功，让用户觉得从没有注册过。

(2) 如果这个用户每次注册的用户名又相同，只是密码不同，那么他最后要用什么密码登录？

总之，这是一个错误的功能设计。

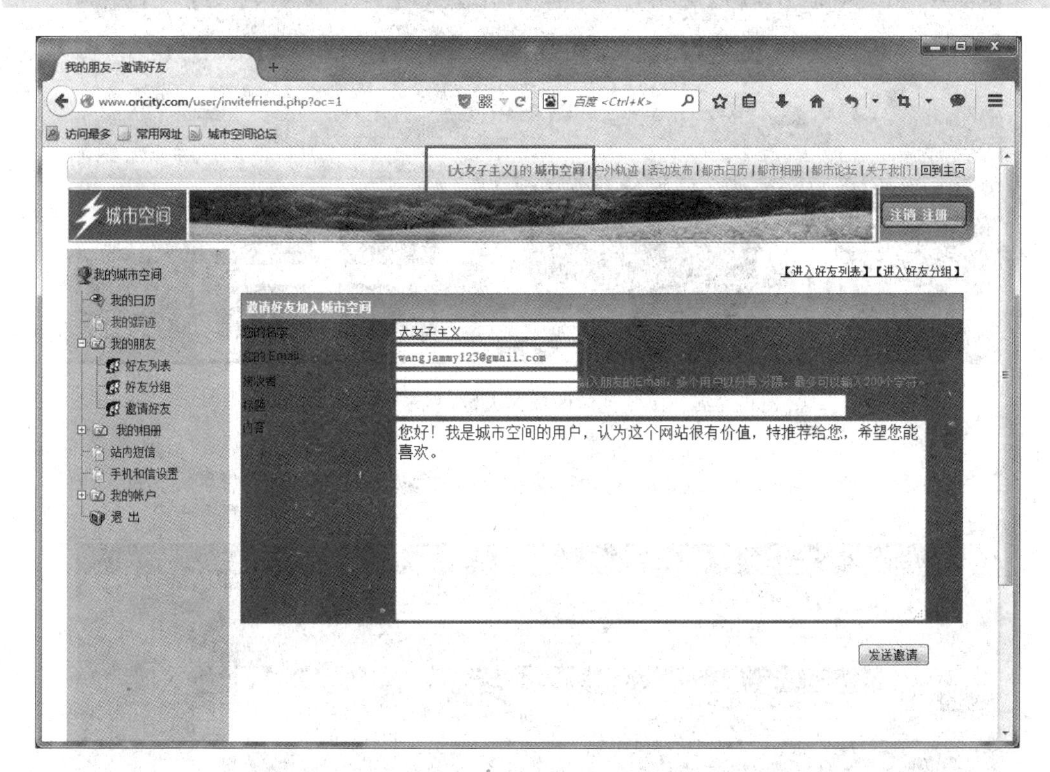

图 3-34　使用同一个 Gmail 邮箱注册“大女子主义”账号成功

3.18　Bug＃18：NBA中文网站球迷可重复签到

缺陷标题：NBA 中文网＞球队-凯尔特人的球迷签到页面可重复签到。

测试平台与浏览器：Windows 7＋Google 或 Firefox 浏览器。

测试步骤：

(1) 打开 NBA 中文网，进入“球队-凯尔特人”http://china.nba.com/celtics/index.html。

(2) 在页面右上角单击“签到”链接，重复单击“签到”链接。

期望结果：提示一天只能签到一次。

实际结果：显示“今日已签到”，继续单击球迷签到数量持续上升，如图 3-35 和图 3-36 所示。

[**专家点评**]：

像这种签到的功能，一天一个 Id 应该只能签到一次，既然已提醒“今日已签到”，并且签到键已变成灰色，证明不能再签到，继续单击人数还在往上涨，证明灰色键还在工作，这也是个 Bug。

图 3-35 第一次签到后的球迷人数，显示“今日已签到”

图 3-36 继续单击“今日已签到”，球迷人数一个一个往上增加

3.19 Bug#19：leaf520 链接指向的版面不存在

缺陷标题：言若金叶软件研究中心官网>网站导航>软件工程师专区链接指向的版面不存在。

测试的操作系统与浏览器：Windows 7+Firefox 浏览器。

测试步骤：

(1) 打开言若金叶软件研究中心官网 http://leaf520.roqisoft.com。

(2) 单击网站导航→软件工程师专区，如图 3-37 所示。

期望结果：出现相应正常页面。

实际结果：出现链接指向的版面不存在，如图 3-38 所示。

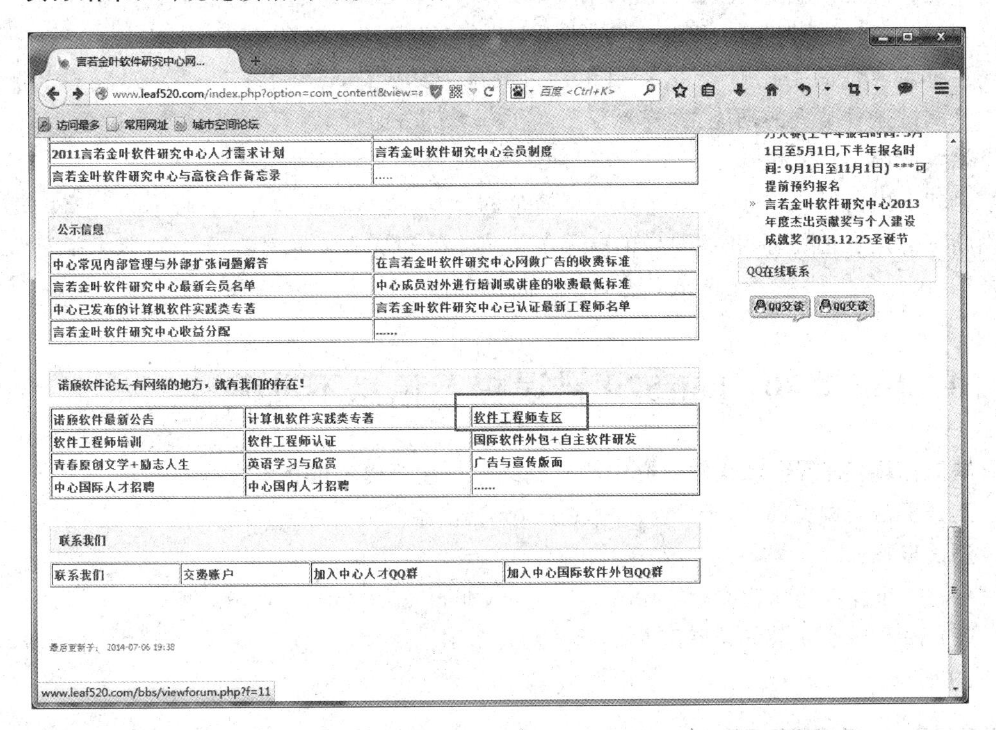

图 3-37　在网站导航页面找到软件工程师专区

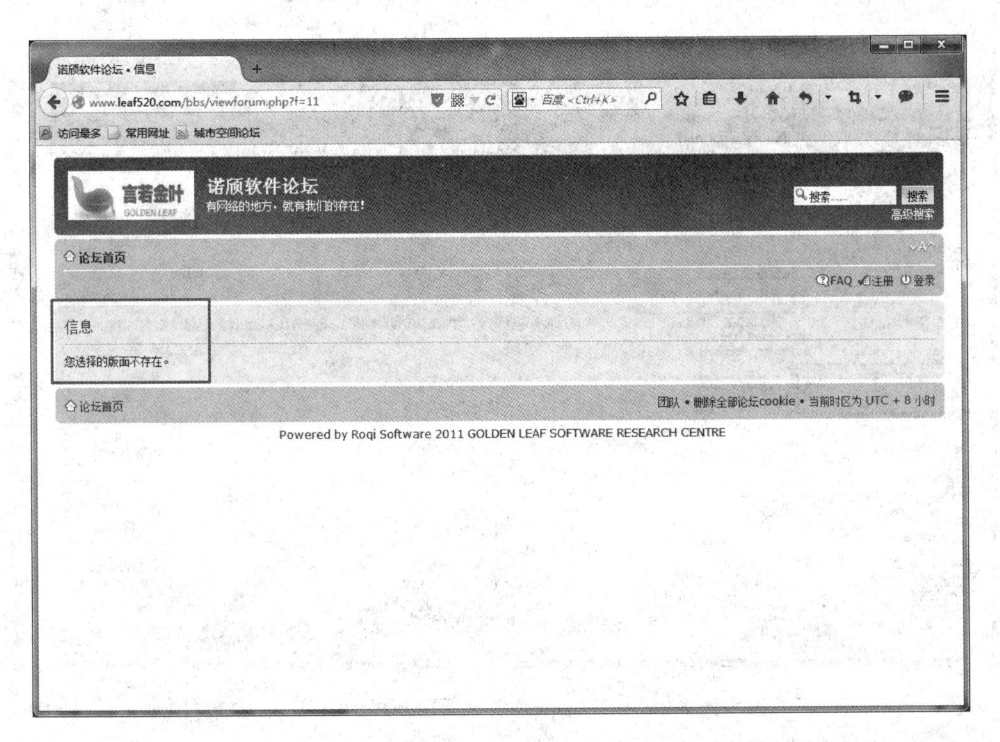

图 3-38　提示版面不存在

[专家点评]:

像这种链接比较多的页面一定要耐心地一个一个测试,不能因为前面链接全都能正常打开,就放弃对后面链接的测试,手工测试的工作一定要全面到位,不能走捷径。

这种重复性的手工测试,我们可以通过测试工具代替,或者自己开发一些简单的测试脚本来测试这种类型的功能,这样不仅节约了一大部分时间,并且可以保证测试更全面,每个链接页面都不会放过。

例如上面的经典 Bug,可以实现一个简单的脚本,运行这个脚本,由脚本来帮我们操作和判断页面是否正确,而我们要做的就是等待脚本运行完查看验证结果。对每个工具统计出来的 Bug,我们都要手动再试一遍,看能否复现。

3.20 Bug#20:leaf520 错误提示信息不准确

缺陷标题:言若金叶软件研究中心官网>用户注册提示信息不准确。

测试平台与浏览器:Windows 7+Firefox 浏览器。

测试步骤:

(1) 打开言若金叶软件研究中心官网 www.leaf520.com。

(2) 进入注册页面,填写用户名为“大人”,其他基本信息正确填写并提交注册,如图 3-39 所示。

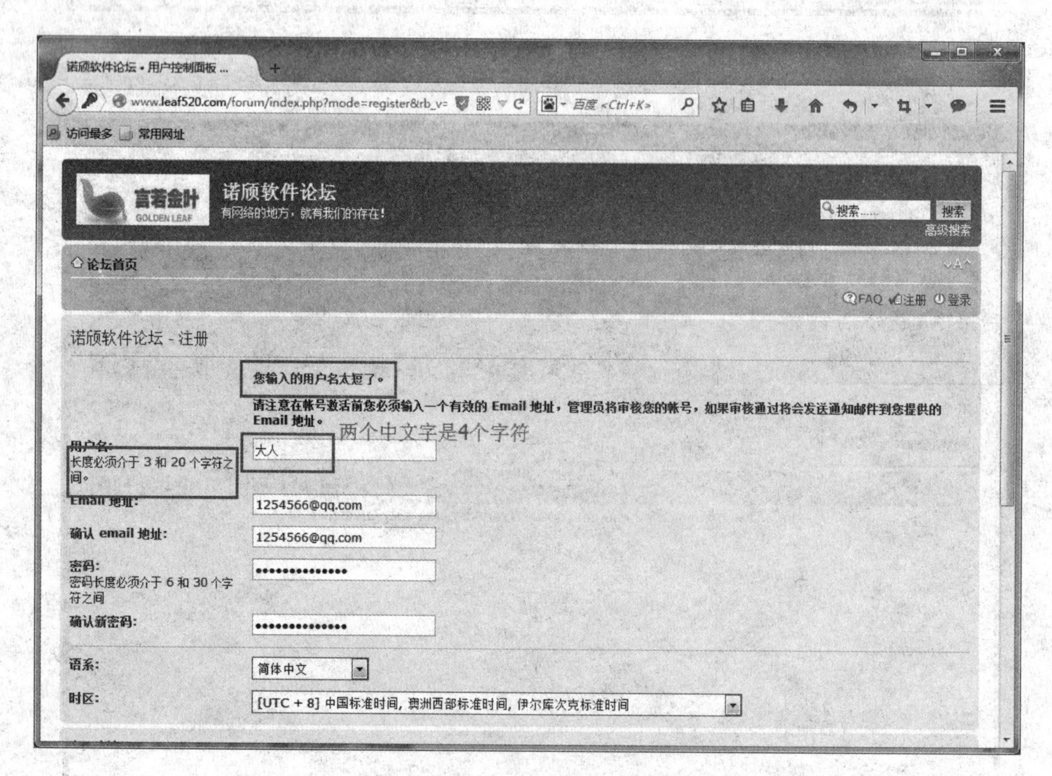

图 3-39 用户名长度符合要求却提示错误

(3) 再进入注册页面,填写用户名为"女王大人玉皇大帝哦耶耶",其他信息正确填写并提交注册,如图 3-40 所示。

期望结果:用户名为"大人"注册成功,用户名为"女王大人玉皇大帝哦耶耶"注册失败,提示用户名过长。

实际结果:用户名为"大人"注册失败,提示用户名过短,用户名为"女王大人玉皇大帝哦耶耶"注册成功。

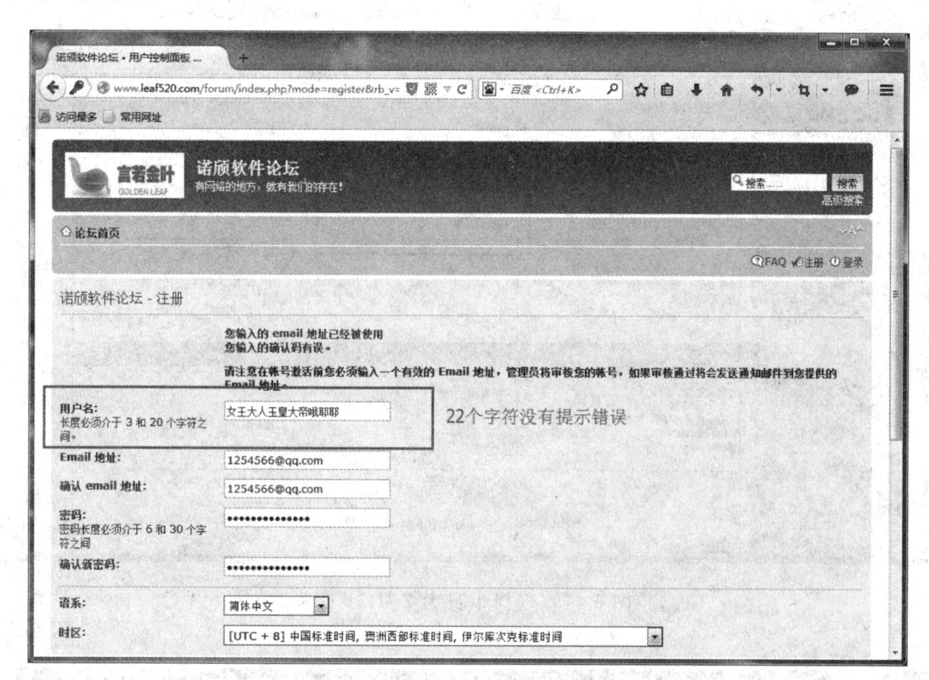

图 3-40 输入长度为 22 个字符的用户名没有错误提示

[专家点评]:

对于这种注册信息,那些有用户名长度和密码长度限制的,适合使用边界测试法测试,此例中用户名长度限制为 3~20 个字符,一个中文字为 2 个字符,所以用户名为"大人"占用 4 个字符,满足用户名的长度限制,却提示用户名过短,这是错误的。再者,用户名为"女王大人玉皇大帝哦耶耶"占用 22 个字符,超过用户名的长度限制,却没有错误提示,这就说明此输入框限制区间错误,这是最常犯的边界值错误。

3.21 Bug#21:oricity 网站对无效日期没有处理

缺陷标题:城市空间网站>个人资料中选择一个无效时间,系统没有提示错误。

测试平台与浏览器:Windows 7+Firefox 浏览器。

测试步骤:

(1) 打开城市空间网站 http://www.oricity.com/。

(2) 单击"登录"按钮,进入自己的城市空间。

(3) 选择"我的账户"下的"个人资料"选项,单击"编辑个人资料"按钮。

(4) 生日选择为“1965 年 2 月 31 日”,如图 3-41 所示。

预期结果:提示生日日期选择有误。

实际结果:提示操作完成,如图 3-42 所示。

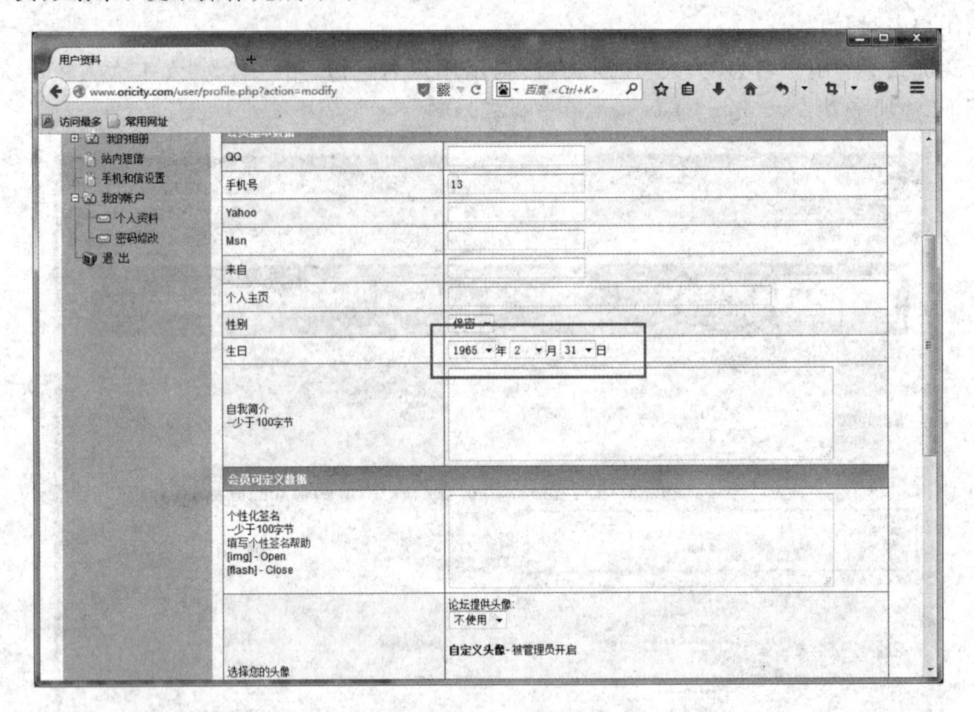

图 3-41 选择生日为 2 月 31 日

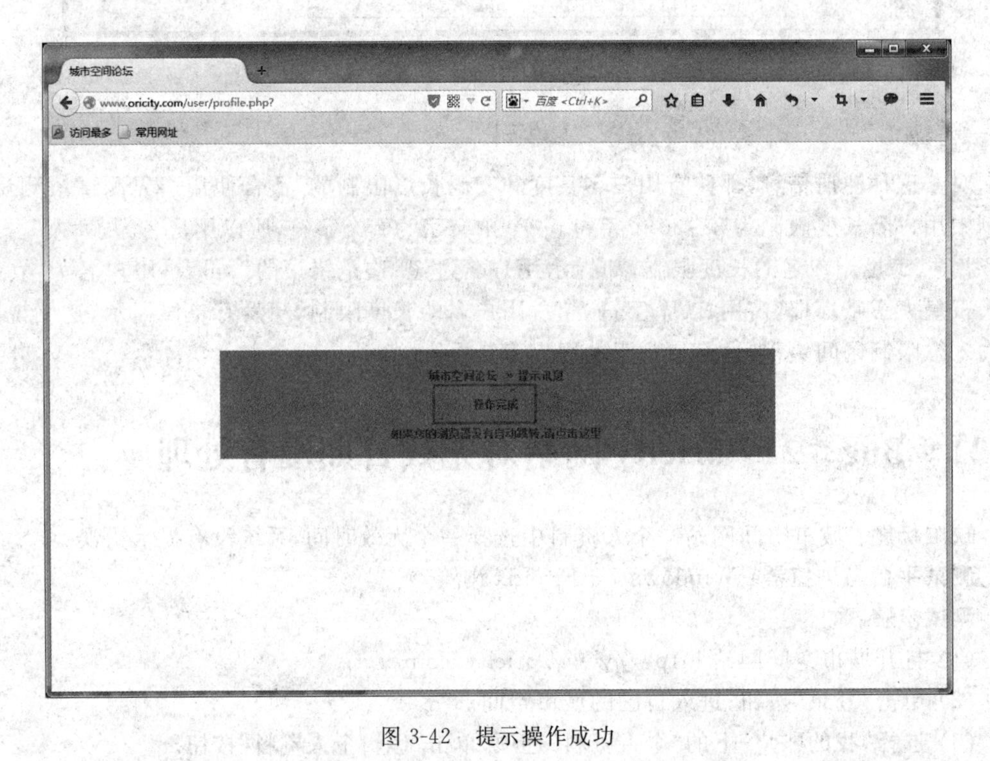

图 3-42 提示操作成功

[专家点评]：

没有哪一年存在2月31日，这是常识，其实在开发的过程中，直接调用正确的日期函数就可以，如果日期插件正确，进行选择时，2月不会出现30和31日，开发者容易忽略的小问题，测试者就要特别注意。

根据这个经典功能Bug，以后一遇到和日期有关的输入框或者选择框时，心里就应该想到2月这个特殊月份的测试。

3.22 Bug#22：testaspnet网站已注册账号无法登录

缺陷标题：testaspnet网站>成功注册账号无法登录网站。

测试平台与浏览器：Windows 7+Firefox浏览器。

测试步骤：

(1) 打开国外网站 http://testaspnet.vulnweb.com/。

(2) 单击signup链接，成功注册一个账户，如图3-43所示。

(3) 单击login链接，用刚注册的用户名与密码登录。

期望结果：登录成功。

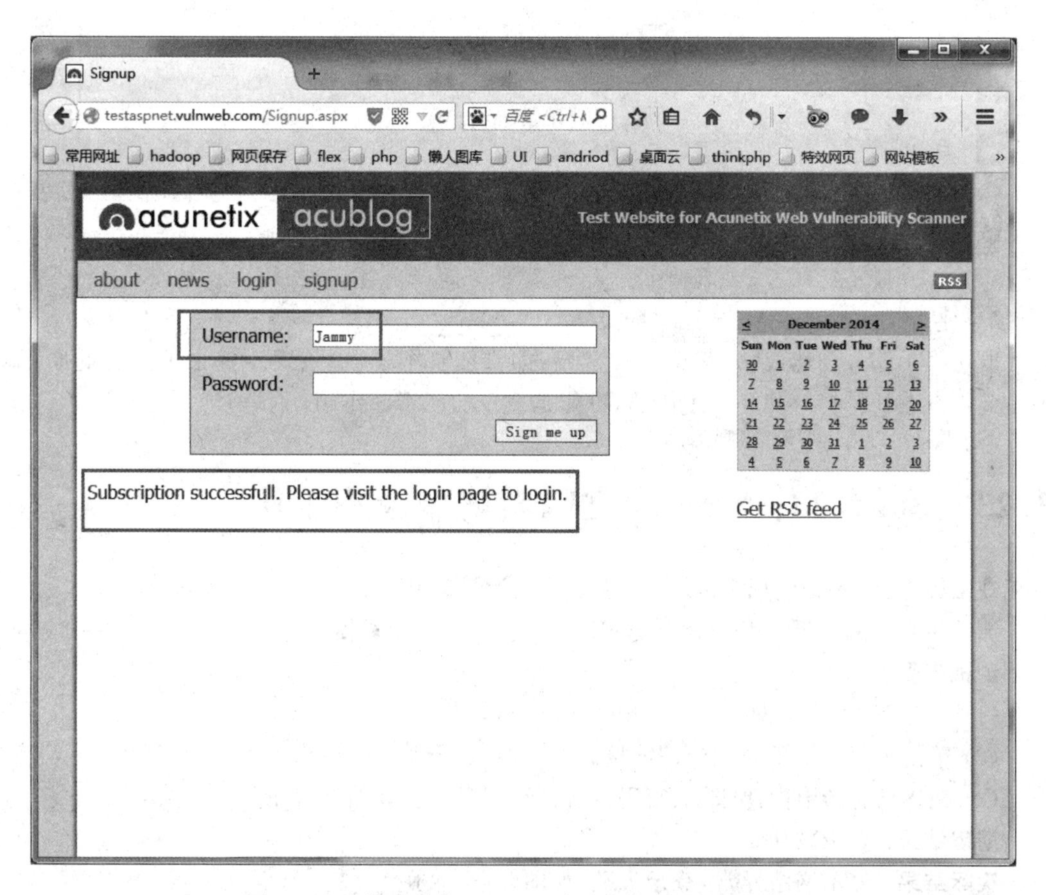

图3-43 注册账号为Jammy 密码为000000，注册成功

实际结果：登录后回到登录页面，没有任何提示，如图 3-44 所示。

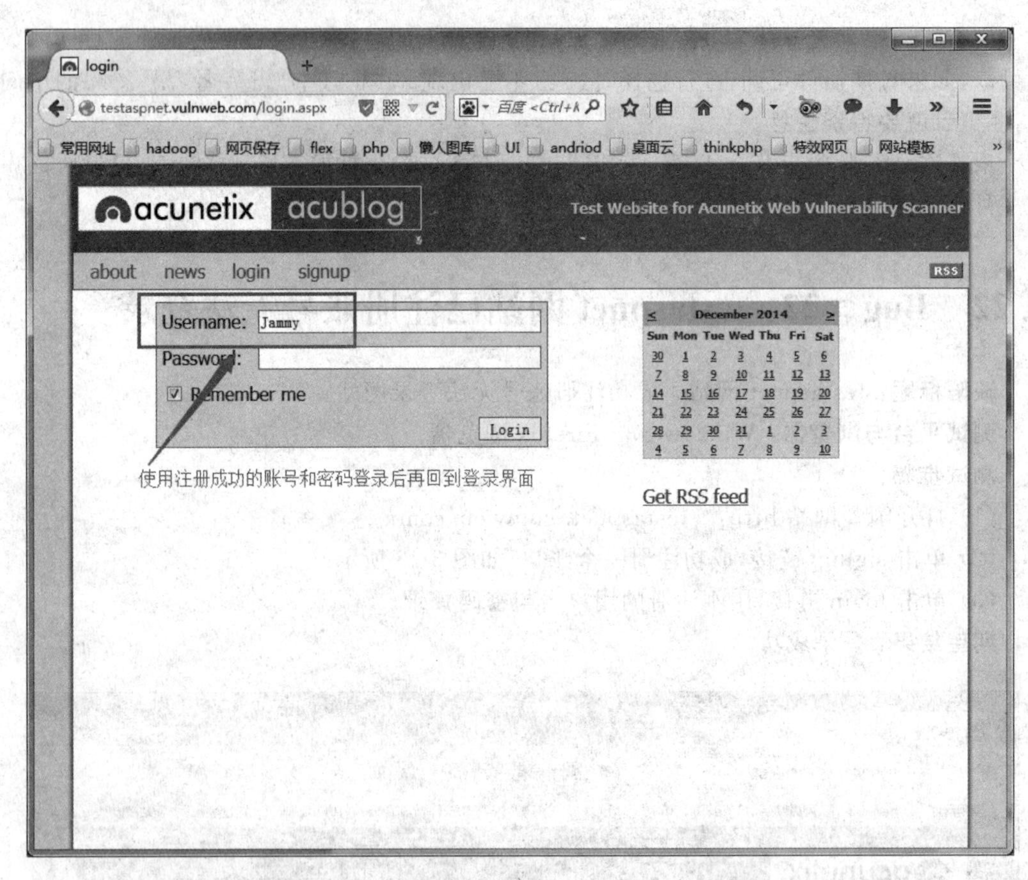

图 3-44 使用注册成功的账号和密码登录后，再回到登录界面，没有任何提示

[专家点评]：

既然提示账号创建成功，就能成功登录，如果登录不了，也该提示登录不成功的原因，但是此例没有任何提示却登录不成功，可能是登录功能不起作用。

3.23 Bug＃23：NBA 中文网微博登录不工作

缺陷标题：NBA 中文网主页＞不能登录新浪微博。

测试平台与浏览器：Windows 7＋IE 10 或 Firefox 浏览器。

测试步骤：

(1) 打开 NBA 中文网 http://china.nba.com/。

(2) 单击页面右上角的“登录”链接。

(3) 输入已有新浪微博账号、密码，单击“登录”按钮，如图 3-45 所示。

期望结果：登录成功。

实际结果：显示网络异常，登录失败，如图 3-46 所示。

图 3-45　IE 测试结果

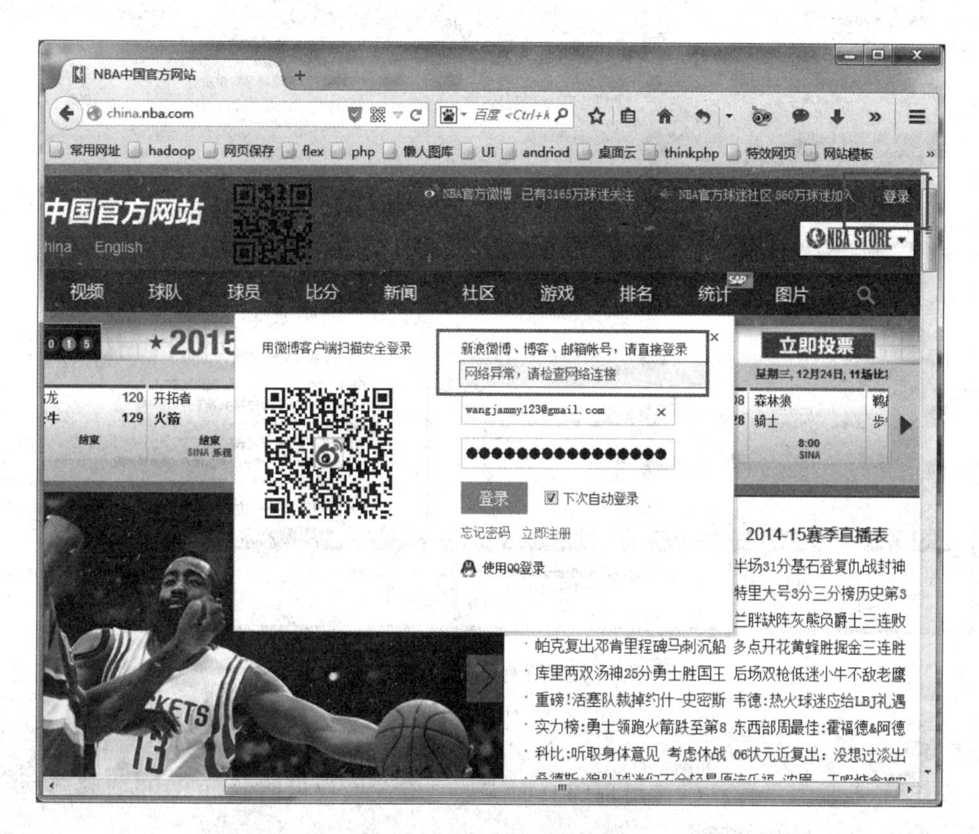

图 3-46　Firefox 测试结果

[专家点评]:

此网站是和新浪微博绑定在一起的,浏览器默认登录了新浪微博能直接登录进入这个页面,但如果退出浏览器默认的微博账号,在此网站就登录不进微博了,证明此网站已成功和新浪绑定,但登录功能不作用。

3.24 Bug#24:oricity网站链接错误

缺陷标题:城市空间网站>版权所有链接错误。

测试平台与浏览器:Windows 7+Firefox或IE 10浏览器。

测试步骤:

(1) 打开城市空间网站http://www.oricity.com/。

(2) 单击页面底部的"版权所有"链接。

期望结果:有关版权页面显示。

实际结果:跳转到城市空间主页,如图3-47所示。

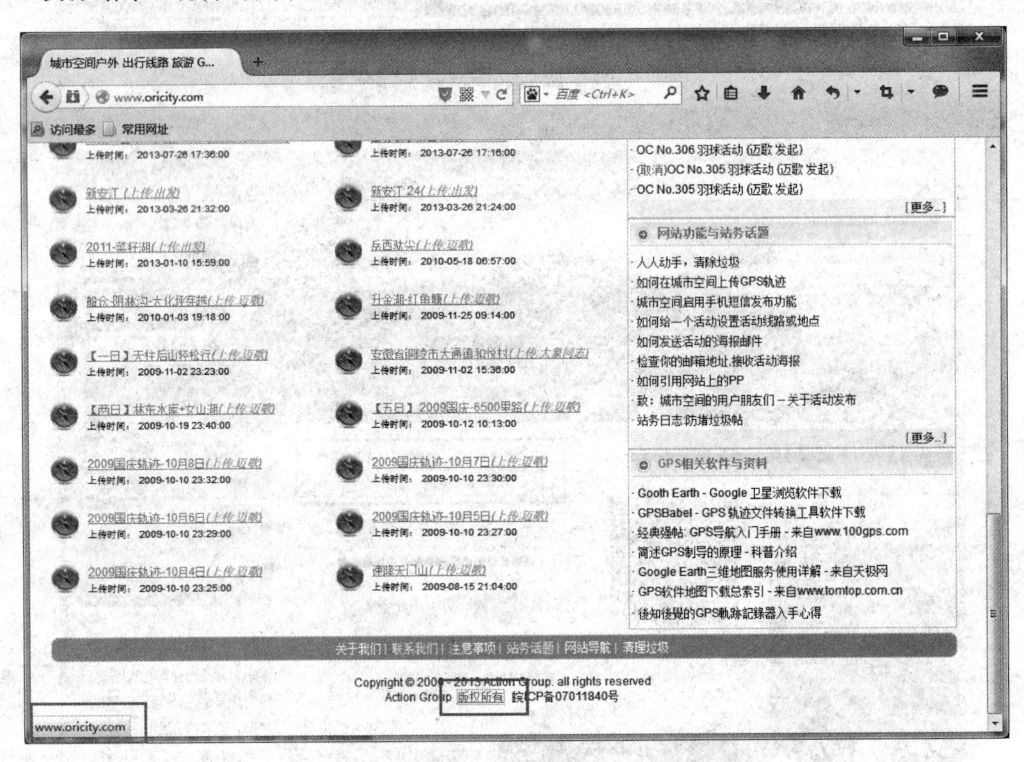

图3-47 "版权所有"链接为城市空间主页

[专家点评]:

单击"版权所有"链接以后,出现的页面应该是有关版权说明的,但这里直接跳转到城市空间的主页,是链接指向错误。

3.25 Bug＃25：qa.roqisoft 部分字号缩放不工作

缺陷标题：诺颀软件测试团队>字号放大缩小对于一些文字不起作用。

测试平台与浏览器：Windows 7 ＋Firefox 浏览器。

测试步骤：

(1) 打开"诺颀软件测试团队"页面 http://qa.roqisoft.com/。

(2) 单击字号大小中的"放大"、"缩小"选项，如图 3-48 和图 3-49 所示。

(3) 观察页面各个元素。

期望结果：页面所有文字放大、缩小。

实际结果：文字"言若金叶 Golden Leaf 官方标准含义"下方的文字始终不变。

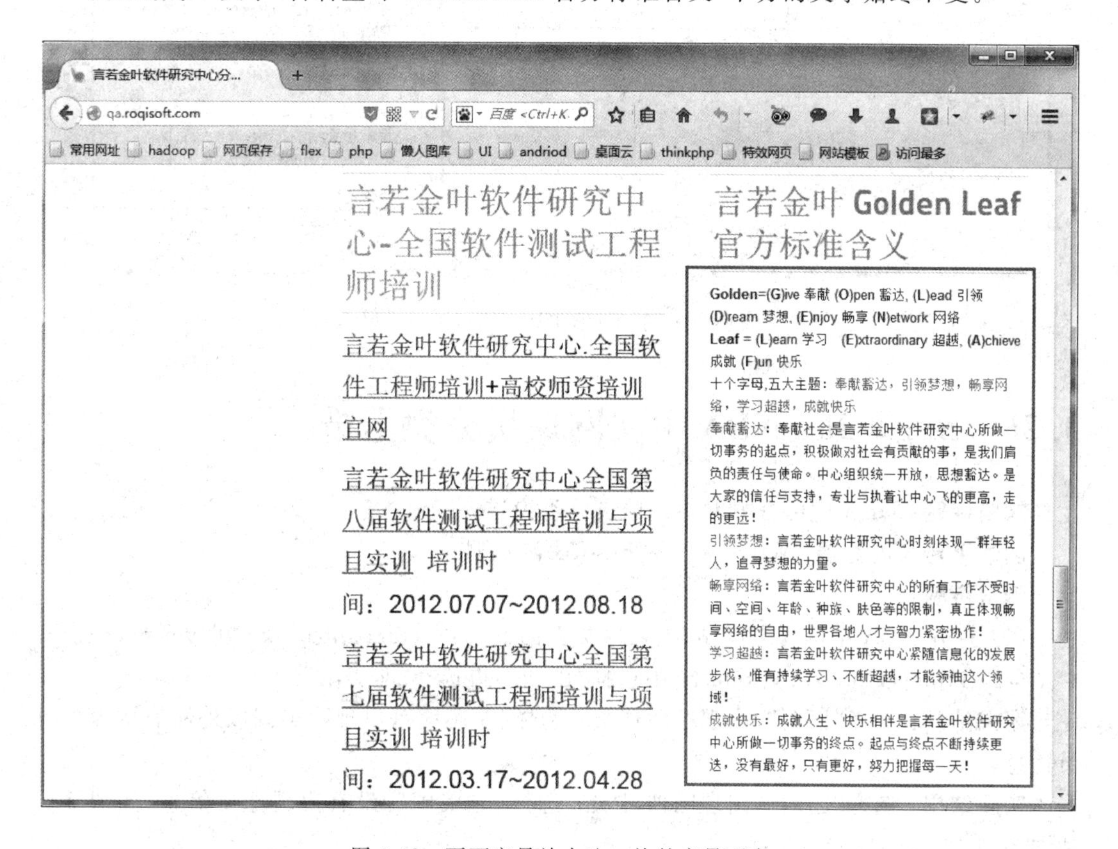

图 3-48 页面字号放大这一块的字号不变

[专家点评]：

字号放大、缩小功能是对整个页面作用，如果对部分页面不工作，应该是开发者在设计改变字号大小时，漏掉了局部 Div。

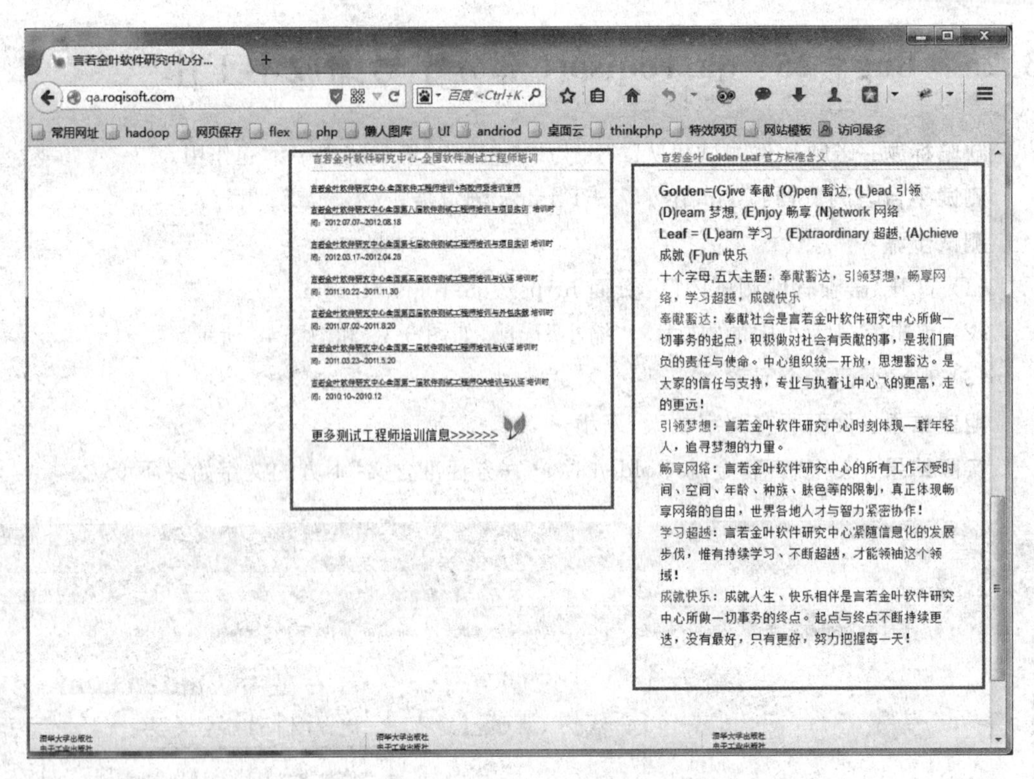

图 3-49　页面字号缩小这一块的字号也没变

3.26　Bug＃26：NBA 中文网球员分类出错

缺陷标题：NBA 中国官方网站＞球员分类出错。

测试平台与浏览器：Windows 7＋Firefox 浏览器。

测试步骤：

(1) 打开 NBA 中国官方网站，进入球员页面 http://china.nba.com/playerindex/。

(2) 在 playerIndex.byCountry 中选择"巴西"，再选择"非美国"。

期望结果：选择"巴西"，出现巴西球员；选择"非美国"，出现除美国以外所有国家的球员信息。

实际结果：选择"巴西"，出现巴西球员；选择"非美国"，没有出现球员信息，如图 3-50 和图 3-51 所示。

[专家点评]：

当选择"非美国"球员时，应该出现除美国球员以外的所有球员信息，但这里却没有出现任何一个球员信息，也就是选择逻辑出现了错误。

我们在做国际软件测试时，经常出现电子商务类网站分类错误，比如将女士的护肤品放在男士的分类中了；将男士的衣服放到女士的衣服中去了。这些细节都需要我们在平时测试时特别注意。

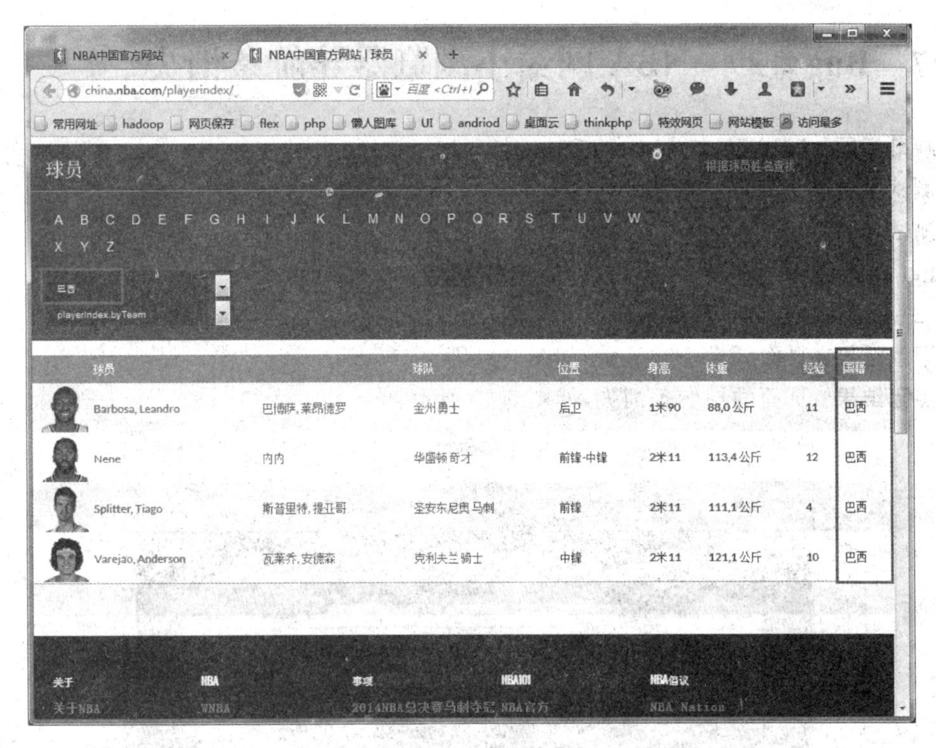

图 3-50　选择巴西，出现的球员都是巴西的

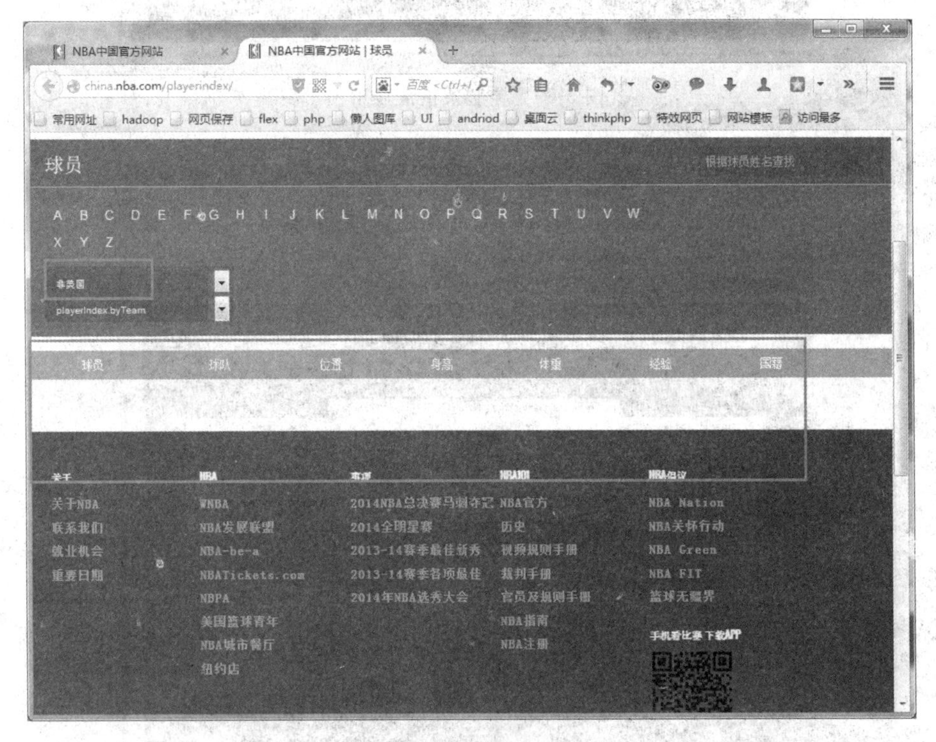

图 3-51　选择非美国，没有出现球员信息

3.27 Bug#27：NBA网缩小浏览器导航条消失

缺陷标题：NBA英文网>缩小浏览器窗口导航条消失。

测试平台与浏览器：Windows 7+Firefox浏览器。

测试步骤：

(1) 打开NBA英文网站 http://www.nba.com/celtics/。

(2) 缩小浏览器窗口，观察页面元素变化。

期望结果：页面元素正常显示，如图3-52所示。

实际结果：页面的导航条消失，如图3-53所示。

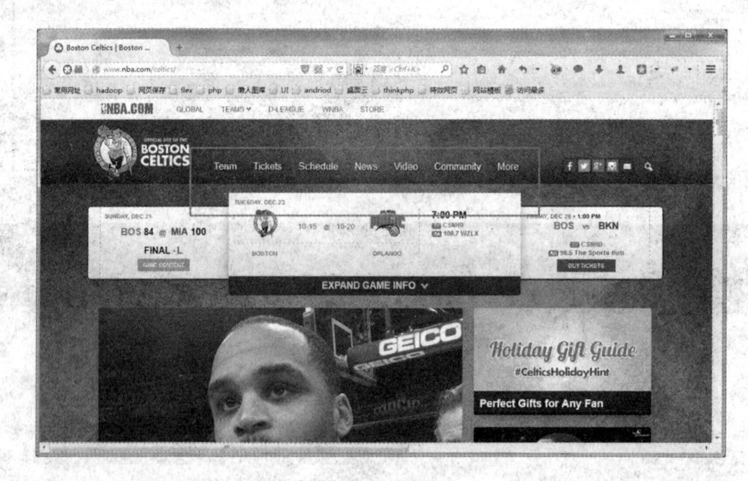

图3-52 导航条正常显示图

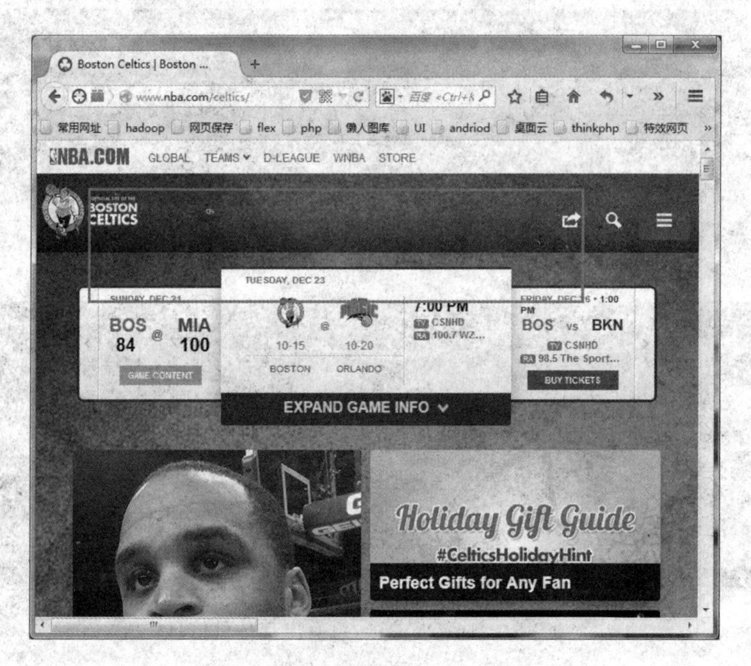

图3-53 缩小页面，导航条消失

［专家点评］：

页面所有元素应该随浏览器的改变而等比例变化，像这样在页面缩小以后，页面元素就消失不见的情况就是个 Bug。测试时也要做产品的兼容性测试，以保证不管用户使用什么工具，产品展现出来的形态都是一样的。

3.28　Bug＃28：testphp 网站输入框默认内容不消失

缺陷标题：acunetix acuart＞artists＞comment on this artist：在 Name 输入框单击鼠标，默认关键词无法自动删除。

测试平台与浏览器：windows 7＋Firefox 浏览器。

测试步骤：

（1）打开国外网页 http://testphp.vulnweb.com/artists.php。

（2）单击导航条 artists 链接，随意单击一条 comment on this artist。

（3）将光标移入 Name 的输入框，单击。

期望结果：默认关键词自动消失。

实际结果：默认关键词无法自动消失，只能手动删除，如图 3-54 所示。

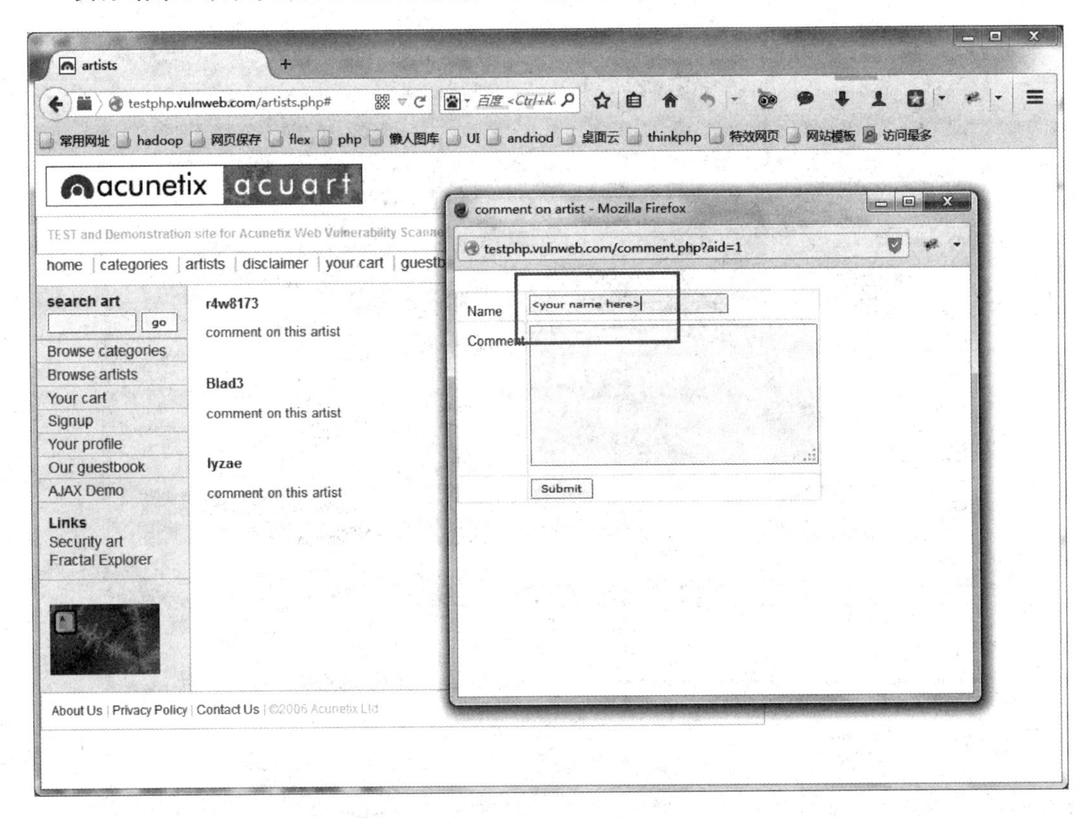

图 3-54　光标移入后，关键字没有消失

[专家点评]：

输入框默认字符串是提示用户此输入框功能的作用，在用户将光标移入输入框时，光标应当自动消失供用户输入所需信息，但是此例默认字符串并没有消失，还必须用户手动删除，这显然是不行的。

3.29 Bug#29：oricity 论坛无图版不能显示登录信息

缺陷标题：城市空间主页>都市论坛的无图版无法显示已登录状态。

测试平台与浏览器：Windows 7+Firefox 浏览器。

测试步骤：

(1) 打开城市空间网站 http://www.oricity.com。

(2) 正确登录后，单击导航条上的"都市论坛"，如图 3-55 所示。

(3) 打开导航条上的"无图版"，如图 3-56 所示。

预期结果：页面上是应该显示已登录状态，并显示用户名。

实际结果：没显示登录状态，单击"登录"按钮弹出"您已经为会员身份，请不要重复登录!"提示，如图 3-57 所示。

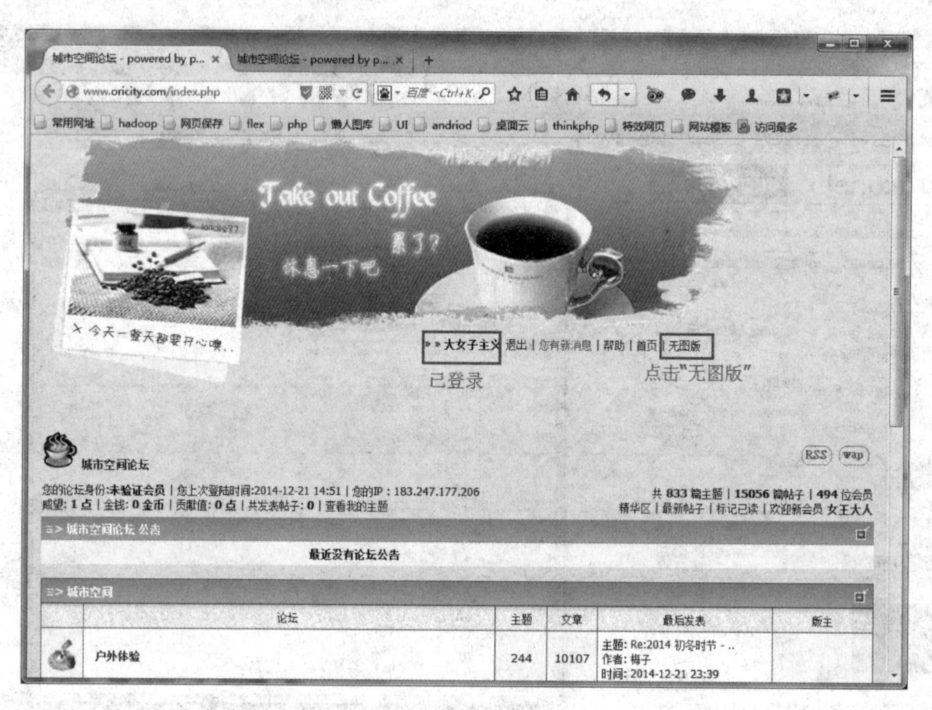

图 3-55 已登录，并显示用户名

[专家点评]：

在已登录的情况下，此网站的各页面在登录处都应显示用户名，像这样在已登录的情况下显示"登录　注册"，并且单击"登录"按钮还提示你已是登录状态，就是 Bug。

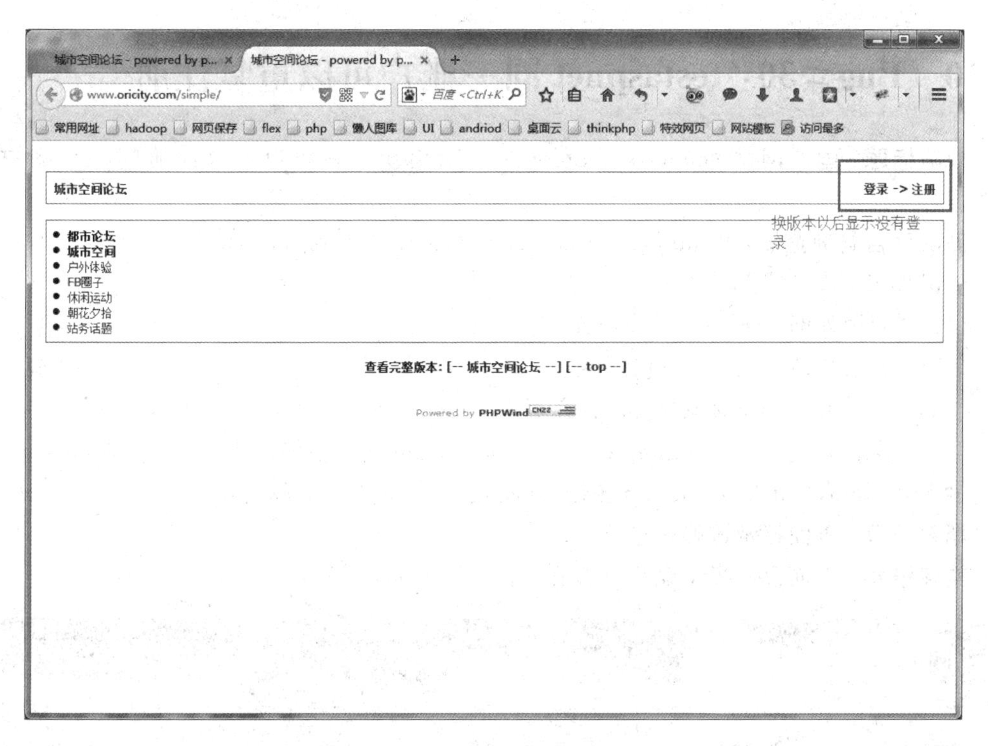

图 3-56　没有显示用户名

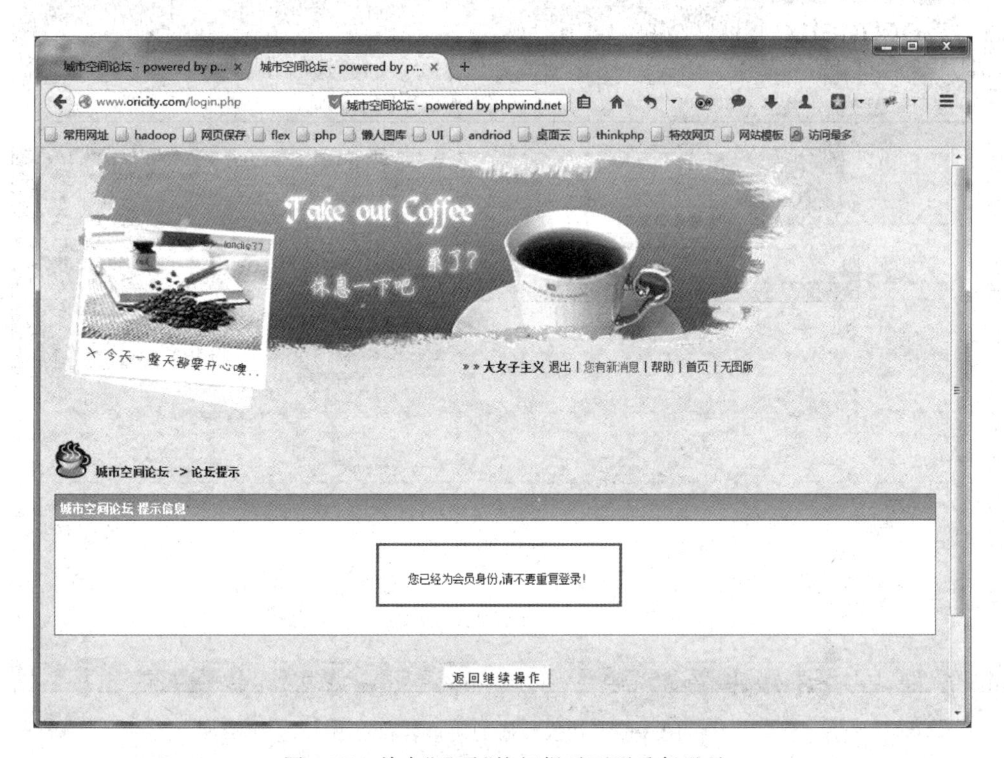

图 3-57　单击“登录”按钮提示不要重复登录

3.30 Bug#30：testaspnet 同一账户可以重复注册

缺陷标题：国外网站 acunetix acublog>注册模块存在可以重复注册同一个账户的错误。

测试平台与浏览器：Windows 7+Google Chrome 或 Firefox 浏览器。

测试步骤：

(1) 打开国外网站 http://testaspnet.vulnweb.com。

(2) 在导航条单击 signup 链接，在 Username 输入框输入 Jammy，在 Password 输入框输入 000000，单击 Sign me up 按钮，观察页面，如图 3-58 所示。

(3) 再次在导航条单击 signup 链接，在 Username 输入框输入 Jammy，在 Password 输入框输入 000000，单击 Sign me up 按钮，观察页面，如图 3-59 所示。

期望结果：页面提示该账户已存在。

实际结果：页面没有提示账户已存在，提示注册成功，如图 3-60 所示。

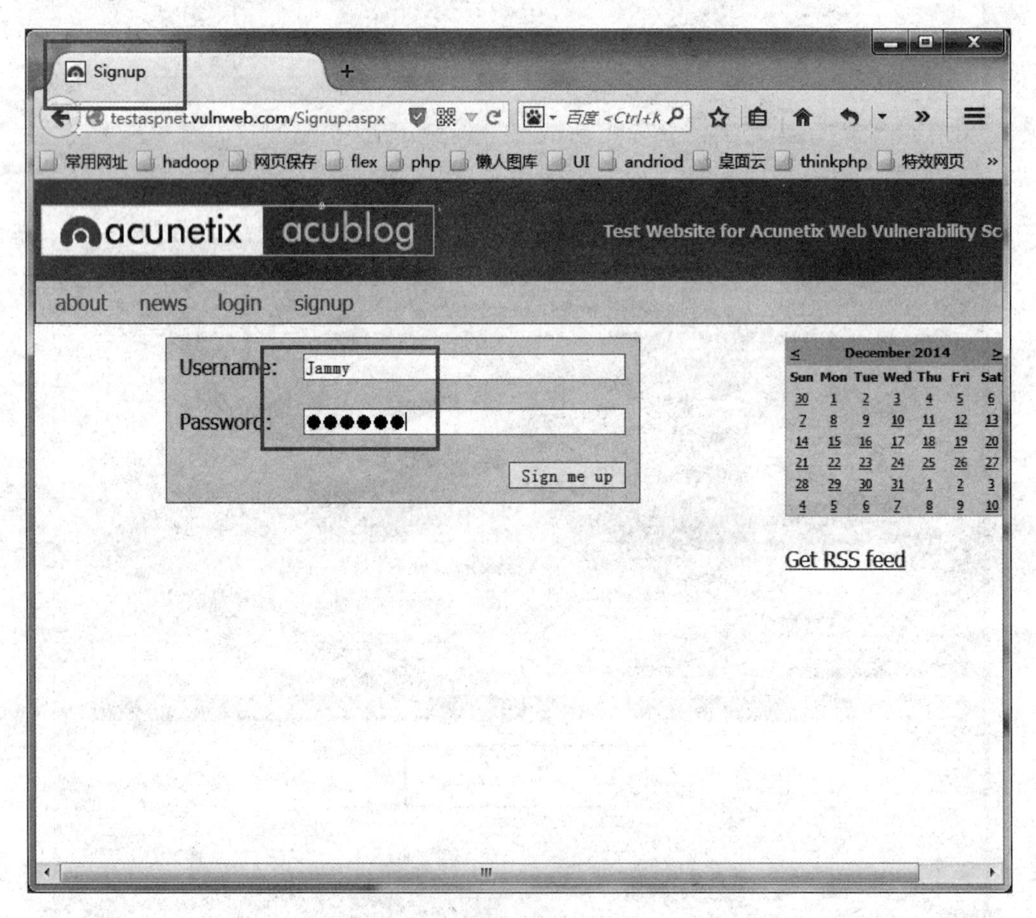

图 3-58　初次注册的用户名和密码

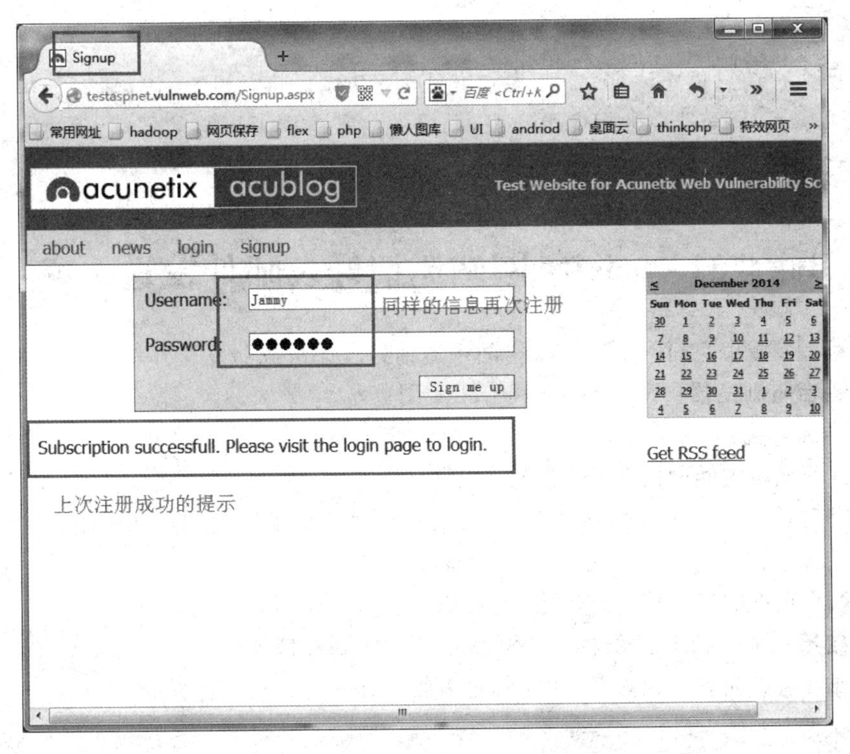

图 3-59　提示注册成功，同样的信息再注册一次

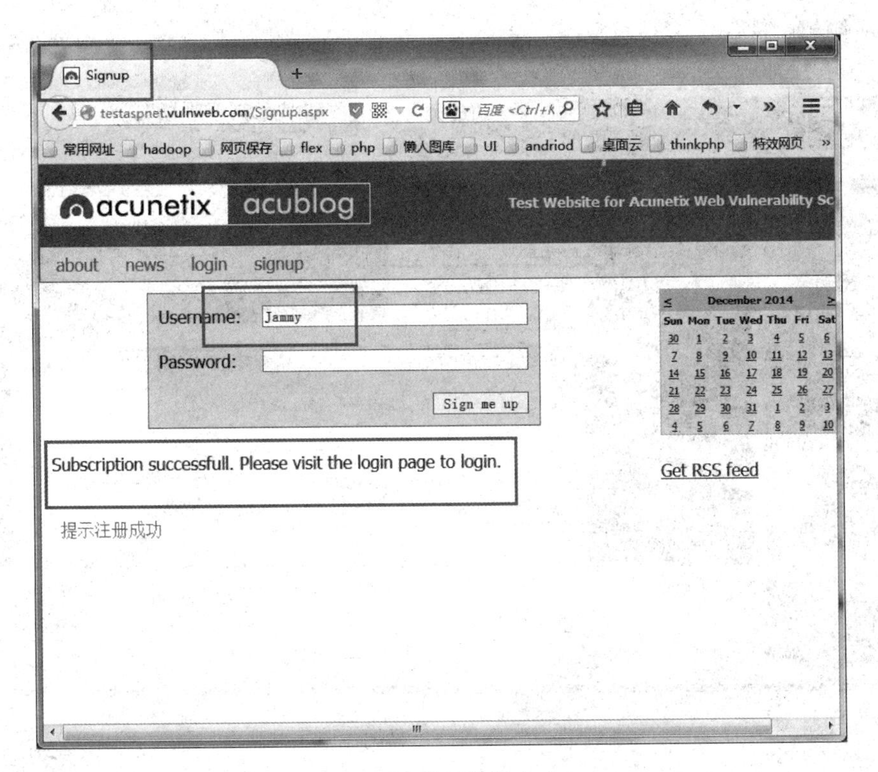

图 3-60　提示注册成功

[专家点评]:

同样的账户信息再次注册,需要提示此账号已成功创建,可直接登录。如果用同样的信息进行再次注册,会造成数据库的重复,同样的信息占据了不同的空间,浪费了数据库的空间,所有注册信息都应该去除重复。

3.31 Bug#31:oricity网站邀请好友邮件发送不成功

缺陷标题:城市空间网站>个人空间中邀请好友无法成功发送邮件。

测试平台与浏览器:Windows7+Firefox浏览器。

测试步骤:

(1) 打开城市空间网站 http://www.oricity.com/。

(2) 成功登录后单击导航条上"** 的城市空间",单击左边的"我的朋友-邀请好友"选项。

(3) 填入正确的发送信息并单击"发送邀请"按钮,如图3-61所示。

期望结果:提示邮件已发送,并在相应邮箱中收到邀请邮件。

实际结果:界面响应无内容,相应邮箱未收到邮件,如图3-62所示。

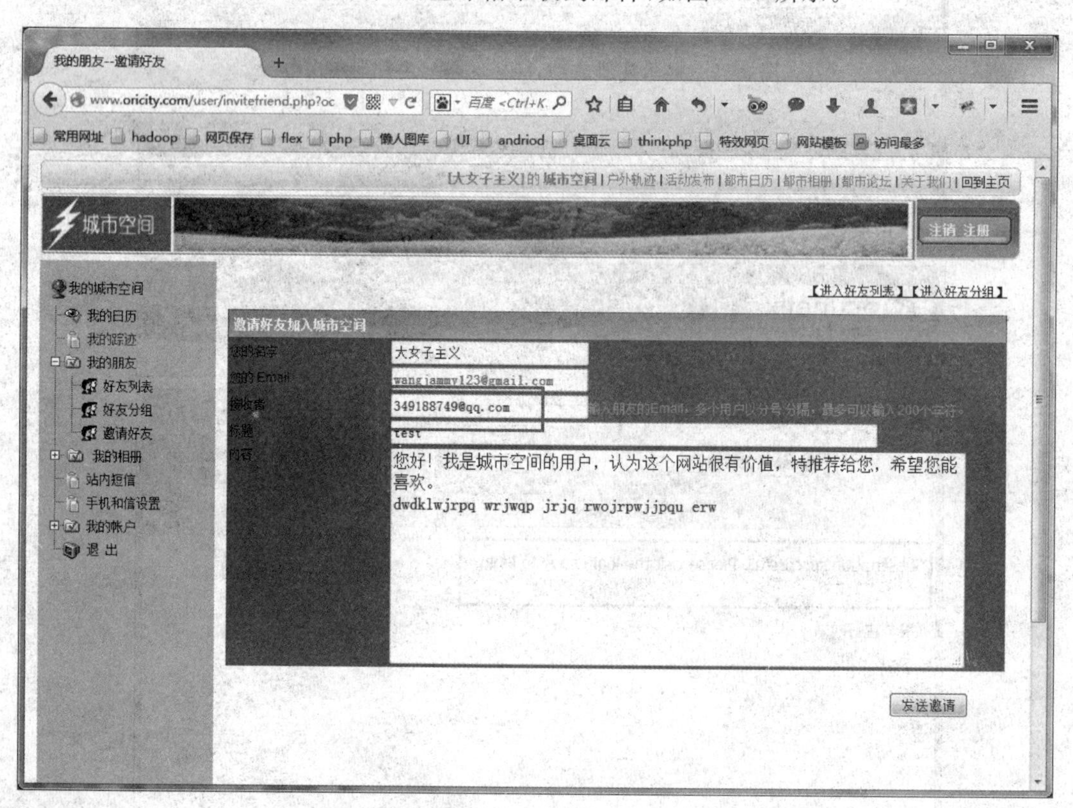

图3-61 填入信息均正确

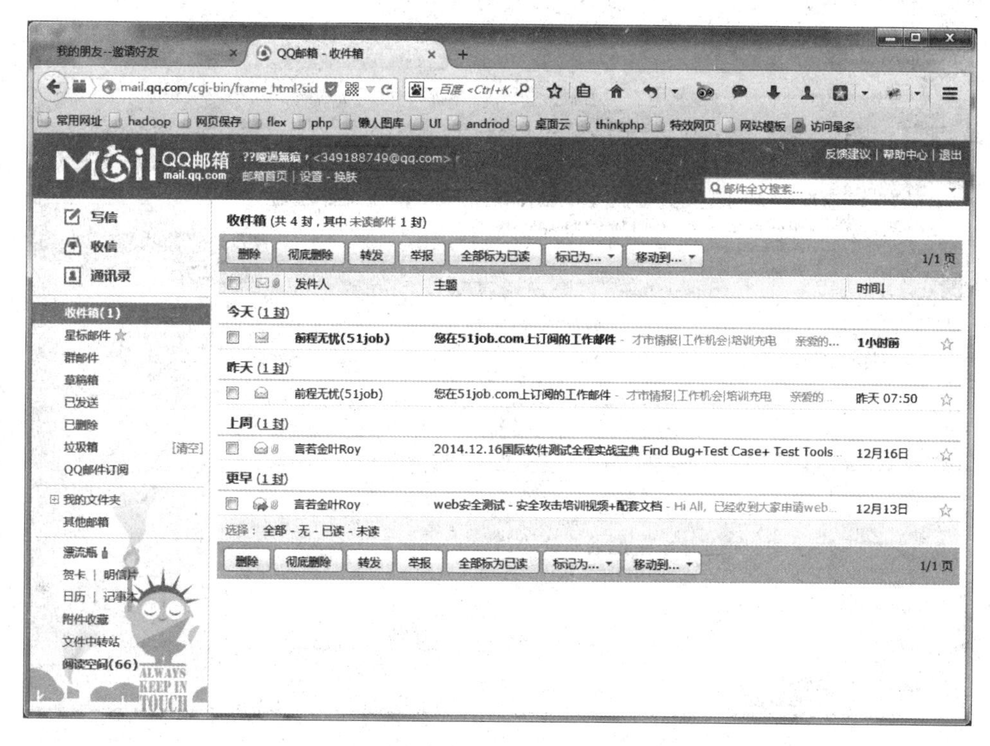

图 3-62　并未收到相应邮件

[专家点评]：

如果此功能正确工作，相应的邮箱应当立即收到邀请邮件，发送完邀请后页面也没响应，没有任何提示表明邮件是发送成功还是失败，信息提示没有做到位也是不行的。

3.32　Bug＃32：crakeme 注册日期与邮箱不受限制

缺陷标题：国外网站 Crake Me Bank＞注册页面存在注册账户的日期违反约束问题。

测试平台与浏览器：Windows 7＋Google 或 Firefox 浏览器。

测试步骤：

(1) 打开国外网站 http://crackme.cenzic.com/Kelev/register/register.php。

(2) 在 Birth Date 和 Email 输入框中输入非规定格式的日期和邮箱，单击 GO 按钮，如图 3-63 所示。

期望结果：页面提示输入日期和 Email 格式错误，注册失败。

实际结果：页面没有提示错误，并且显示注册成功，如图 3-64 所示。

[专家点评]：

生日和邮件都有格式要求，此网站注册页面的生日和邮件都是必填选项，开发时就必须对这两个输入框做格式限制，但是随便填入不符合生日和邮件格式的信息后，注册成功，这是不允许的。

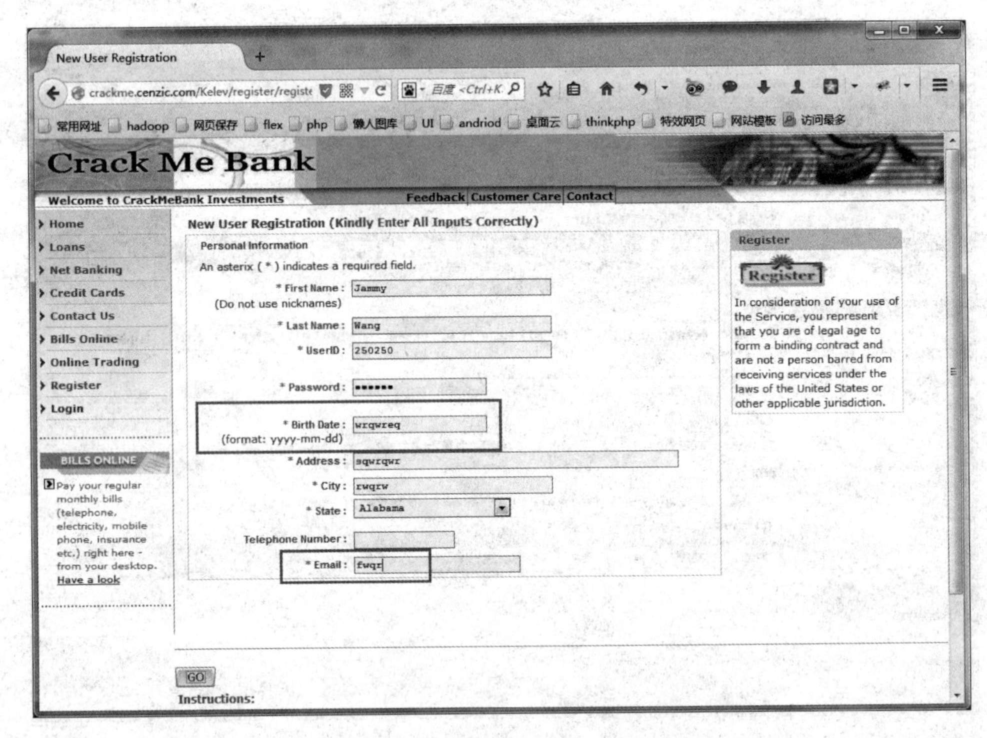

图 3-63 日期和 Email 格式不正确

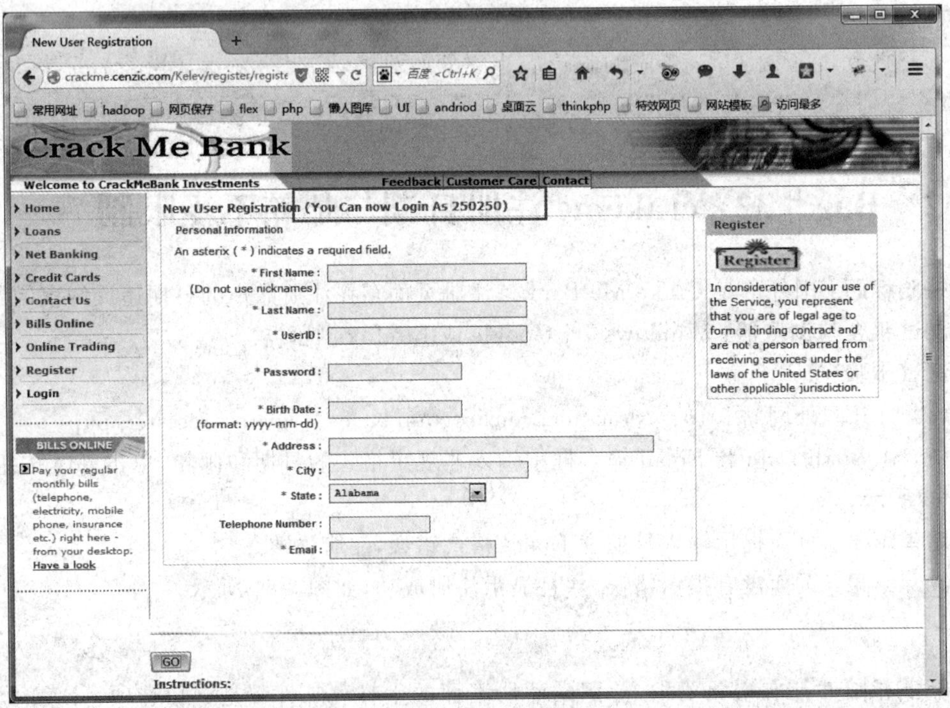

图 3-64 没有错误提示，却提示可以使用 UserID 登录

3.33　读书笔记

读书笔记　　*Name*：　　*Date*：

励志名句：*By reading we enrich the mind; by conversation we polish it.*

读书可以使我们的思想充实，谈话使其更臻完美。

CHAPTER 4

第 4 章

经典技术缺陷

[学习目标]：技术缺陷(Technical Bug)一般都是质量相对比较高的软件缺陷，在国内或国际软件测试项目中，报的技术缺陷越多，收益越高，个人的成长也越快。学习本章，便于读者了解常见的技术缺陷是什么样式的，做到心有灵犀，方便读者根据一些蛛丝马迹找到产品上的技术缺陷。

4.1 Bug#1：oricity 网站中文网错误提示使用英文

缺陷标题：城市空间网站>已结束的活动>单击任意链接出现"Access Reject，请登录后浏览..."

测试平台与浏览器：Windows 7+IE 11 或 Firefox 或 Chrome 浏览器。

测试步骤：

(1) 打开城市空间网站 http://www.oricity.com/。

(2) 在"已经结束的活动"栏目中，单击任意活动，去查看活动详情信息。

(3) 例如，单击" OC No.330 羽球活动(迈歌发起) "活动。

期望结果：提示登录后才能查看，或者跳转至登录页面(活动需要登录才能查看)。

实际结果：提示"Access Reject，请登录后浏览..."，出现 Access Reject 英文提示错误，如图 4-1 所示。

[专家点评]：

导致 Access Reject 错误的原因有多种，可能是程序设计中权限分配有问题，或者认证服务器失败等。"已经结束的活动"板块设置的权限是登录后才能查看，如果在未登录的状态下访问此板块的活动信息，那么应该跳转至登录页，而不是直接出现 Access Reject。

另外，这是个中文的站点，即使是出错页，也应该出现中文的错误提示，用英文的提示不合适。

图 4-1 Access Reject 错误

4.2 Bug＃2：oricity 网站出现 JS Error

缺陷标题：城市空间网站>oricity 主页在 IE 7 浏览器出现 JS 错误。

测试平台与浏览器：Windows 7＋IE 7 浏览器。

测试步骤：

（1）使用 IE 7 浏览器打开城市空间网站 http://www.oricity.com/。

（2）等待网页完全加载。

期望结果：网页成功加载完，所有元素正确。

实际结果：网页提示脚本错误的信息，如图 4-2 所示。

［专家点评］：

JS 是 JavaScript 的缩写。JS 错误，是指程序中 JavaScript 代码有错误，是软件开发中常见的错误。目前，在 IE 7 浏览器中很多网页都会出现 JS 错误，但是使用版本较高的浏览器，如 IE 9＋，或者 Chrome、Firefox 浏览器的时候，浏览器左下角就不会再出现黄色的感叹号，也就不会再让人一眼能看到页面有 JS 错。

对于高版本 IE 或 Firefox、Chrome 浏览器，查看页面有没有 JS 错的方法是：按键盘上的 F12 功能键，就能看到浏览器当前访问的网页是否有 JS 错。

JS 出错经常会导致网页功能失效，比如网站中按价格排序不工作，不能删除购物车中的商品等，如果测试人员有前端 Web 开发或调试经验，很容易就能定位到出错的 JS 行。

当然，有的 JS 出错，不影响页面正常工作，这样的问题，如果项目发布方不允许测试者上报不影响功能的 JS Bug，那么测试人员就不能报。如果没有特别声明，测试人员是可以报这类 Bug 的，即使其不影响页面正常工作。

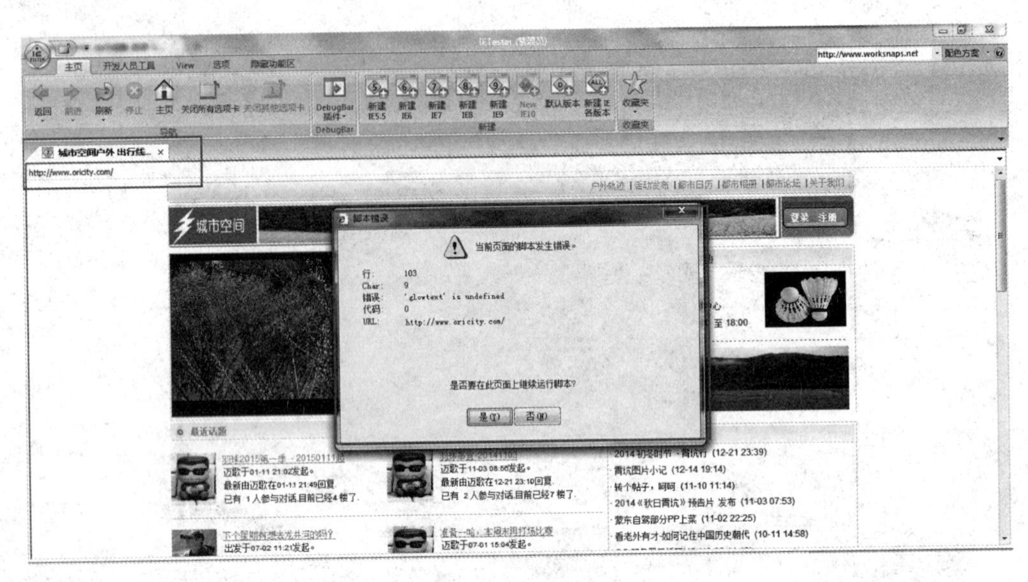

图 4-2　JS 错误信息

4.3　Bug＃3：oricity 网站 Query Error

缺陷标题：城市空间网站＞在用户注销后的页面中操作，出现数据库搜索错误和数据库服务器错误。

测试平台与浏览器：Windows 7＋IE 11 或 Firefox 或 Chrome 浏览器。

测试步骤：

(1) 打开城市空间网站 http://www.oricity.com/。

(2) 成功登录并进入该账号的城市空间。

(3) 单击页面右上角"注销"按钮。

(4) 单击左侧菜单中"手机和信设置"菜单。

期望结果：提示没有访问权限等信息，提示用户登录。

实际结果：页面出现 SQL 搜索错误和数据库服务器错误的信息，如图 4-3 所示。

[专家点评]：

SQL 搜索错误是不应该出现在已上线网站中的，如果某些重要字段出现在页面中，是很危险的。MySQL Server Error 这样的错误是由于数据库无法链接导致的，像这些和数据库相关的错误信息，是程序员在编写程序时应该看到，而在正式网站中不能出现的。如果出现，就是非常严重的 Bug。这个既可以说是技术性的 Bug，也可以说是安全性的 Bug。

当用户已经登出，并设法访问以前只有登录过才能访问的 URL 或使用某种功能时，应该直接跳转至登录页面，完成身份认证后，才能继续操作；否则就会出现许多身份认证、授权出错方面的 Bug。

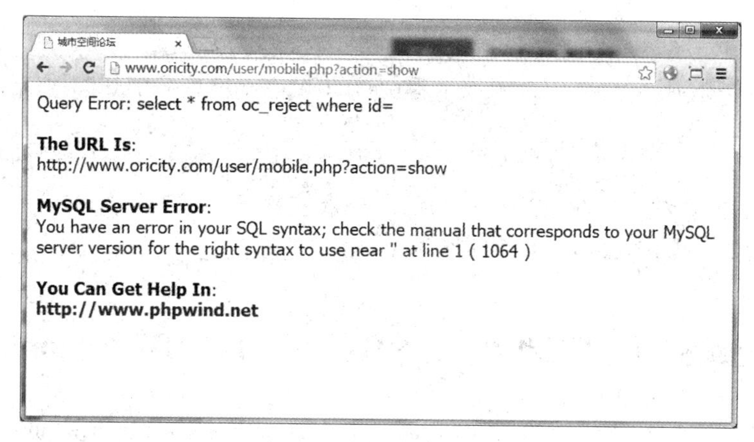

图 4-3　SQL 错误页面

4.4　Bug＃4：leaf520 论坛网站 SQL Error

缺陷标题：诺颀软件论坛＞更改 URL 后显示关于"SQL ERROR"的内容。

测试平台与浏览器：Windows 7＋ IE 11 浏览器。

测试步骤：

(1) 打开诺颀软件论坛网站 http://leaf520.com/bbs/index.php。

(2) 单击第一条帖子"诺颀软件最新公告"，进去查看帖子详情。

(3) 在 IE 浏览器中，将 URL(http://leaf520.com/bbs/viewforum.php? f=3)后面加上中文的双引号("")：URL(http://leaf520.com/bbs/viewforum.php? f=3"")。

(4) 回车，观察结果。

期望结果：和 Chrome 浏览器访问一样，没有任何影响，过滤掉多余字符。

实际结果：在 IE 浏览器中出现 SQL Error 的错误内容，如图 4-4 所示。

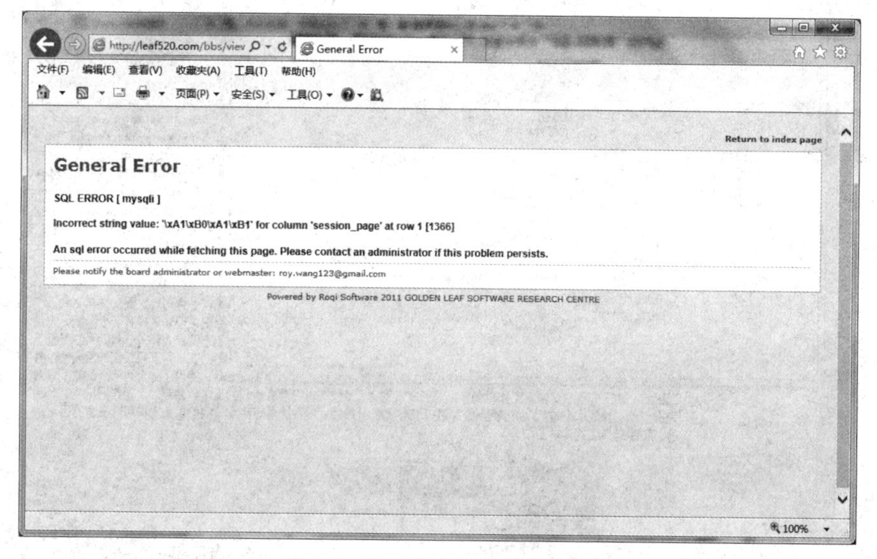

图 4-4　SQL Error 的错误内容

[专家点评]：

这样的错误在 IE 浏览器中会表现出来，而在 Chrome 浏览器中却能访问正常。所访问的 URL 链接中的某些特殊字符没有进行强制转义，导致了这样的问题。

这可以看成是技术实现上的问题，也可以看成是 URL 篡改导致的安全问题。作为程序开发人员，一定要对用户输入进行适当的编码或校验才能进行后续的处理，如果不做任何处理就进行实际操作，会出现许多莫名其妙的错误。

4.5 Bug＃5：leaf520 生成 PDF——TCPDF error

缺陷标题：言若金叶官网>生成 PDF 出现 TCPDF error：Unsupported image type 错。

测试平台与浏览器：Windows 7＋Chrome 浏览器。

测试步骤：

（1）打开言若金叶软件研究中心官网 www.leaf520.com。

（2）搜索“世界知识产权日”。

（3）单击查询结果中的“言若金叶软件研究中心自主软件研发国际站点：跨地域合作项目在线跟踪系统 worksnaps”文章标题。

（4）在内容页单击 PDF 图标。

期望结果：能生成 PDF 文件。

实际结果：出现错误提示“TCPDF error：Unsupported image type：png？1366955347357”，如图 4-5 所示。

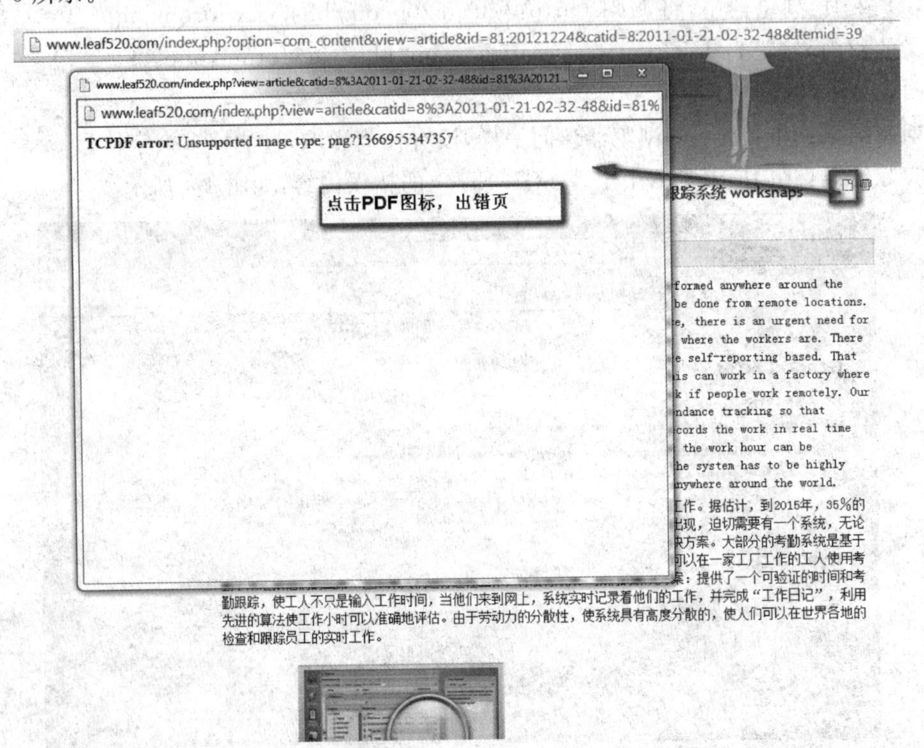

图 4-5 TCPDF error 页面

[专家点评]：

测试网站其他没有图片的网页，能成功生成 PDF，同时，测试了其他有图片的网页，大部分都能生成 PDF。后来发现，如果图片是来源于本站，就能正确生成 PDF，如果图片是外站的链接，就不能生成 PDF，这是技术实现上的缺陷。

对于同一个网站的 PDF 功能，在技术实现上必须统一标准，不管网页内容是否有图片，不管这些图片来自哪里，都能生成 PDF，并且样式也要一样。这里出错可能是因为 IE 和 Chorme 上生成 PDF 的技术实现有区别，而程序员没有考虑到，才导致在 Chrome 中能正常生成 PDF，但是在 IE 中某些地方不可以。这些问题开发人员在开发的时候就应该从多方面考虑，避免这种 Bug 的出现。

4.6　Bug＃6：roqisoft 网站无意义复选框

缺陷标题：books.roqisoft 网站＞《生命的足迹/The Footprints of Life》目录结构页面出现了无意义的复选框。

测试平台与浏览器：Windows 7＋ IE 11 或 Chrome 浏览器。

测试步骤：

(1) 打开 books.roqisoft 网站 http://books.roqisoft.com/。

(2) 单击《生命的足迹/The Footprints of Life》书名。

(3) 在《生命的足迹/The Footprints of Life》书籍页面中，单击顶部的目录结构。

(4) 观察页面。

期望结果：所有元素正确。

实际结果：出现了没有意义的复选框，选择后不能进行任何操作，这里不应该使用复选框，如图 4-6 所示。

图 4-6　无意义的复选框

[专家点评]：

这里出现的复选框很明显是不正确的。复选框选择之后往往是可以进行某种操作的，而这里选择之后不能进行任何操作，没有任何意义。在技术实现时，这里应该是使用某种项目符号或者 label 的，但是程序员却错用成了复选框。

4.7 Bug#7：roqisoft 网站 Funp 分享时出错

缺陷标题：books.roqisoft 网站>使用 Funp 分享《生命的足迹/The Footprints of Life》书籍时，提示资源被移除。

测试平台与浏览器：Windows 7+IE 11 或 Chrome 浏览器。

测试步骤：

(1) 打开 books.roqisoft 网站 http://books.roqisoft.com/。

(2) 单击《生命的足迹/The Footprints of Life》书名。

(3) 在《生命的足迹/The Footprints of Life》书籍页面中，单击右边"分享到"按钮。

(4) 弹出框向下滚动至底部，单击 Funp 按钮使用 Funp 分享。

(5) 观察新弹出窗口。

期望结果：跳转至登录 Funp 分享的页面。

实际结果：出现"The resource you are looking for has been removed, had its name changed, or is temporarily unavailable."提示页面，但是资源是存在的，如图 4-7 所示。

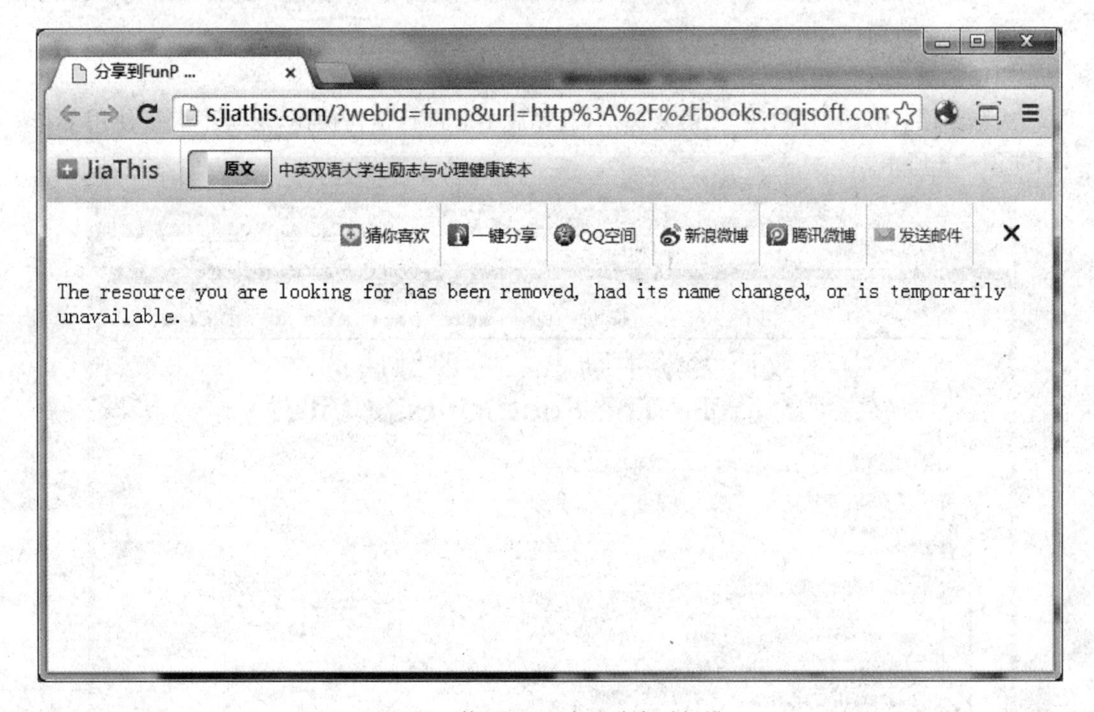

图 4-7 使用 Funp 方式分享时报错

[专家点评]：

当使用 Funp 分享时，检查不到要分享的资源或者是资源被改动，并且出现了这样的提示。使用每种分享方式的实现方法并不一定是一样的，这里是因为 Funp 分享程序写得有问题，导致了使用 Funp 分享时出现这样的问题。

4.8　Bug＃8：testfire 网站 Internet server error

缺陷标题：AltoroMutua 网站＞"Online Banking with FREE Online Bill Pay"页面存在 500-Internet server error。

测试平台与浏览器：Windows 7＋IE 11 或 Chrome 浏览器。

测试步骤：

（1）打开 AltoroMutua 国外网站 http://demo.testfire.net/。

（2）单击 Online Banking with FREE Online Bill Pay 链接。

期望结果：跳转至正确的 Online Banking with FREE Online Bill Pay 页面。

实际结果：出现 500-Internal server error 页面，并且页面上有 Error Message，如图 4-8 所示。

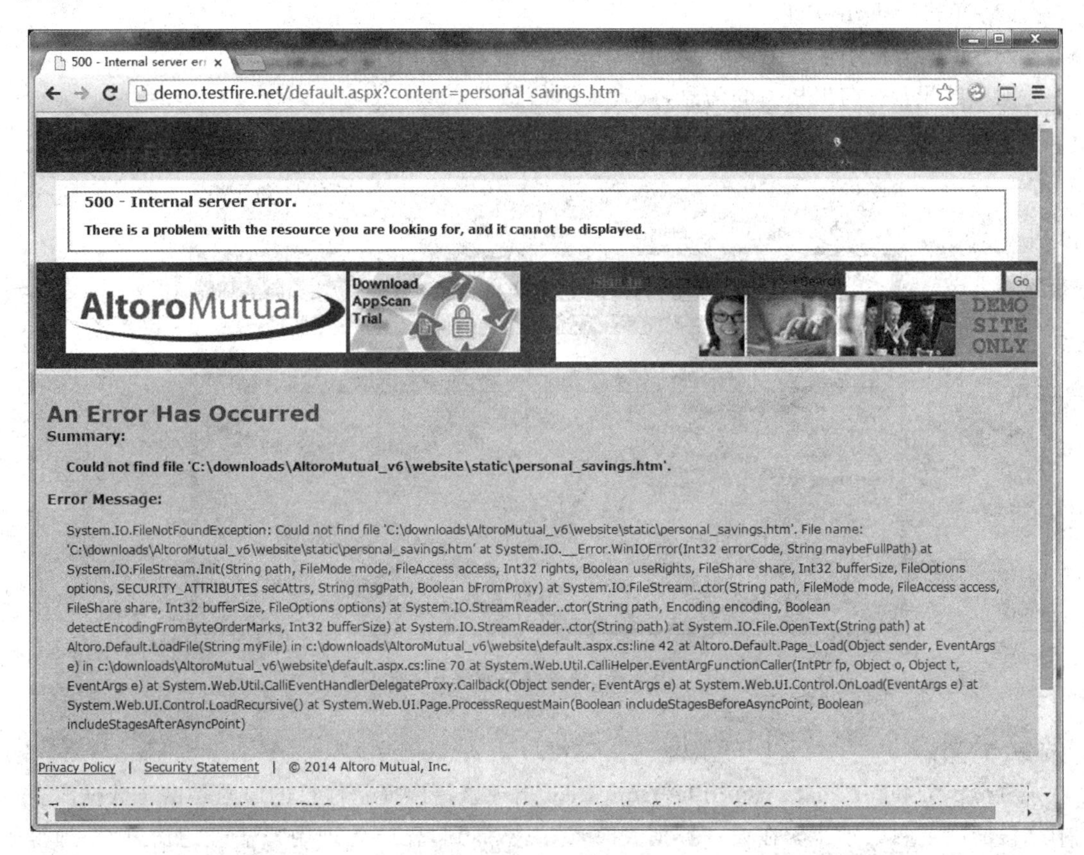

图 4-8　500-Internal server error

[专家点评]:

这种错误出现的原因有很多,要仔细审查清单内容,不要只是因为一点可能出现的问题,就不管三七二十一去改变权限,要选择性去尝试"修复"相关问题。

"500 内部服务器错误"是一个非常常见的错误,仅仅意味着"糟糕,出事了,我不知道这是什么,或者至少我不会公开告诉你这是什么。"

这些错误的实际原因将会记录在服务器上,它不会被显示在屏幕上,因为许多原因可能与安全有关。如果在"实际"屏幕上显示原因,那么周围的安全系统会告诉黑客下一步要做什么。这里 Error Message 和路径显示在出错网页上,就会对网站构成威胁。这样的错误是较严重的。

4.9 Bug#9: testasp 网站出现 SQL Error

缺陷标题: 国外网站 acunetix acuforum>查询时出现数据库错误模式的问题。

测试平台与浏览器: Windows 7+ IE 11 或 Chrome 浏览器。

测试步骤:

(1) 打开 acunetix acuforum 国外网站 http://testasp.vulnweb.com/。

(2) 单击 search 按钮。

(3) 在输入框中输入 testtesttesttesttest,单击 search posts 按钮。

期望结果: 查询出相关的信息,或者提示信息。

实际结果: 出现了数据库错误模式,如图 4-9 所示。

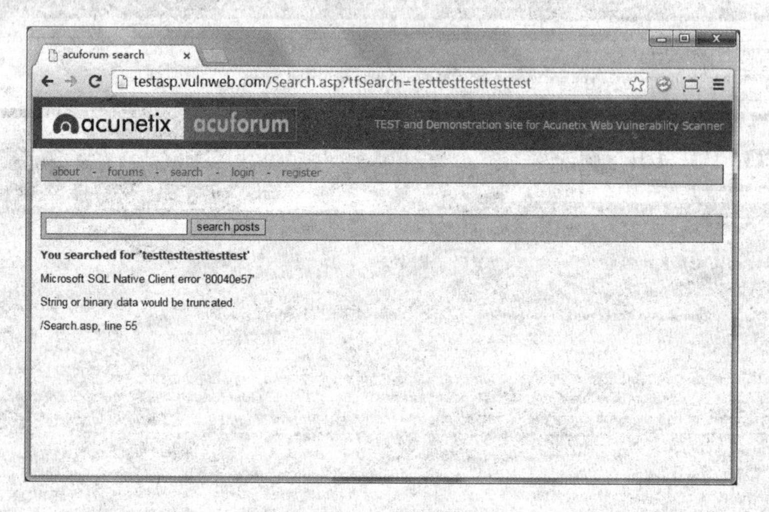

图 4-9 数据库错误模式

[专家点评]:

String or binary data would be truncated. 出现该错误提示信息的原因是由于数据库表中字段的字节数太小了。在设计数据表时,考虑不周到,程序处理用户输入的信息,处理得不够全面。

4.10 Bug＃10：testaspnet 网站出现 Server Error

缺陷标题：国外网站 acunetix acuforum＞login 时使用特殊字符，出现 Server Error 问题。

测试平台与浏览器：Windows 7＋IE 11 或 Chrome 浏览器。

测试步骤：

(1) 打开 acunetix acuforum 国外网站 http://testaspnet.vulnweb.com/。

(2) 单击 Login 按钮。

(3) 在 login 页面输入"<iframe src=http://demo.testfire.net>"，如图 4-10 所示。

(4) 单击 Login 按钮。

期望结果：提示输入信息有误。

实际结果：服务器出错，如图 4-11 所示。

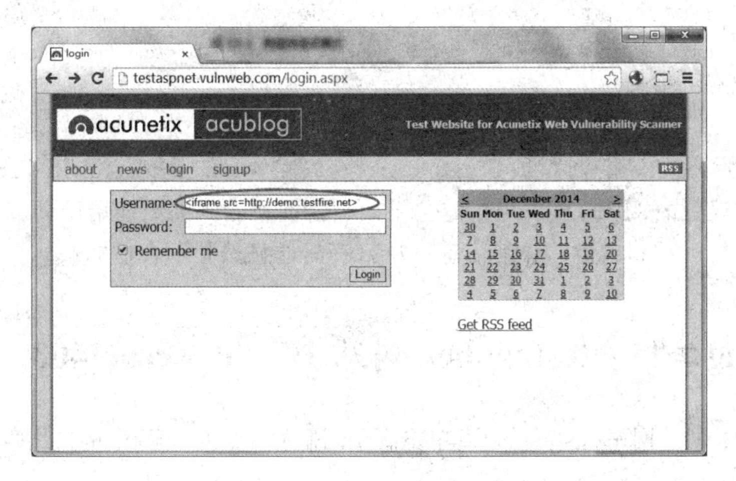

图 4-10 Login 页面输入特殊字符

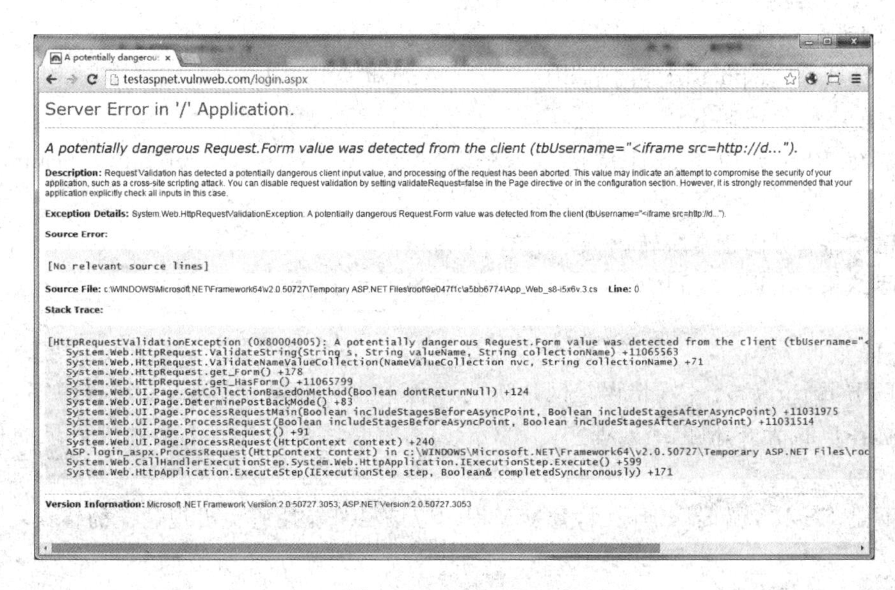

图 4-11 Server Error

[专家点评]:

也可以将这个 Bug 看作为 Web 安全攻击导致的 Bug,是程序员没有处理好用户的输入,而导致"Server Error in '/' Application"。

说明:服务器上出现应用程序错误。此应用程序的当前自定义错误设置禁止远程查看应用程序错误的详细信息(出于安全原因)。但可以通过在本地服务器计算机上运行的浏览器查看。

详细信息:若要使他人能够在远程计算机上查看此特定错误消息的详细信息,请在位于当前 Web 应用程序根目录下的 web. config 配置文件中创建一个<customErrors>标记。然后应将此<customErrors>标记的 mode 属性设置为 Off。

```
<! -- Web.Config 配置文件 -->

<configuration>
    <system.web>
        <customErrors mode = "Off" defaultRedirect = "mycustompage.htm"/>
    </system.web>
</configuration>
```

注释:通过修改应用程序的<customErrors>配置标记的 defaultRedirect 属性,使之指向自定义错误页的 URL,可以用自定义错误页替换所看到的当前错误页。

本例中直接可看到出错的详细信息,包括代码,这显然是不合适的。

4.11 Bug#11:testaspnet 网站 HTTP Error 403

缺陷标题:国外网站 testaspnet>单击在 IE 浏览器点击 RSS 中链接出现 HTTP Error 403 错误。

测试平台与浏览器:Windows 7+ IE 11 浏览器。

测试步骤:

(1) 打开 testaspnet 国外网站 http://testaspnet. vulnweb. com。

(2) 单击红色按钮 RSS。

(3) 在 RSS 页面单击任意链接,例如"Acunetix Web Vulnerability Scanner beta released!"。

期望结果:页面正常跳转。

实际结果:出现 HTTP Error 403 问题,如图 4-12 所示。

[专家点评]:

HTTP Error 403。403 错误是网站访问过程中常见的错误提示,表示资源不可用,服务器理解客户的请求,但拒绝处理它。403 错误通常是由于服务器上文件或目录的权限设置所导致的。

以下是 IIS 403 错误详细原因,开发工程师应该尽可能地避免出现这样的错误:

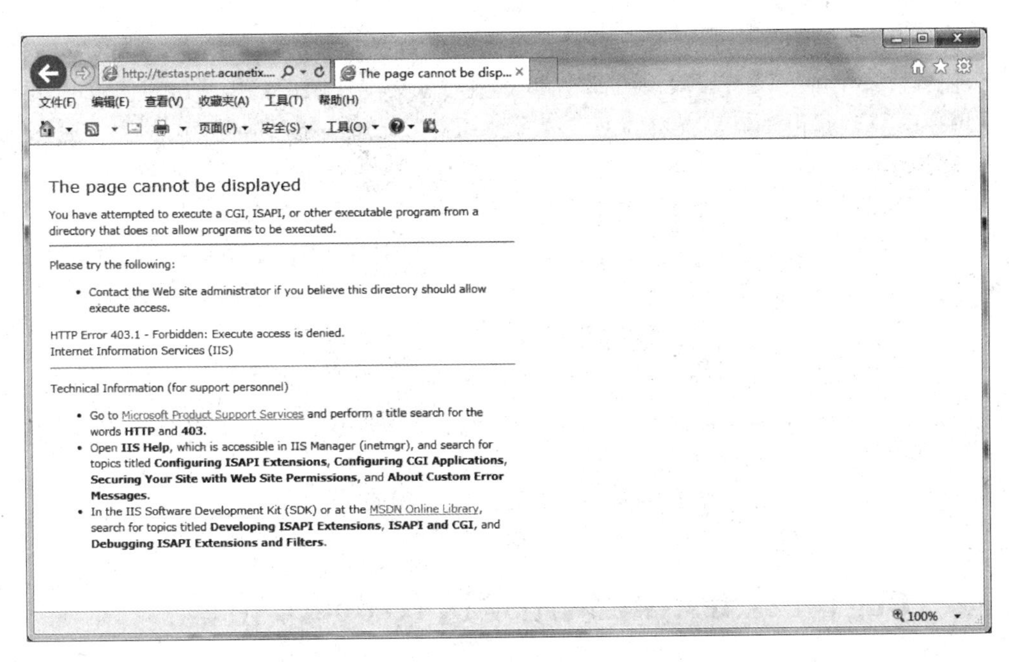

图 4-12 HTTP Error 403

403.1 错误是由于“执行”访问被禁止而造成的，若试图从目录中执行 CGI、ISAPI 或其他可执行程序，但该目录不允许执行程序时便会出现此种错误。

403.2 错误是由于“读取”访问被禁止而造成的。导致此错误是由于没有可用的默认网页并且没有对目录启用目录浏览，或者要显示的 HTML 网页所驻留的目录仅标记为“可执行”或“脚本”权限。

403.3 错误是由于“写入”访问被禁止而造成的。当试图将文件上传到目录或在目录中修改文件，但该目录不允许“写”访问时就会出现此种错误。

403.4 错误是由于要求使用 SSL 而造成的，必须在要查看的网页的地址中使用“https”。

403.5 错误是由于要求使用 128 位加密算法的 Web 浏览器而造成的。如果浏览器不支持 128 位加密算法就会出现这个错误，可以连接微软网站进行浏览器升级。

403.6 错误是由于 IP 地址被拒绝而造成的。如果服务器中有不能访问该站点的 IP 地址列表，并且使用的 IP 地址在该列表中时就会返回这条错误信息。

403.7 错误是因为要求客户证书，当需要访问的资源要求浏览器拥有服务器能够识别的安全套接字层(SSL)客户证书时会返回此种错误。

403.8 错误是由于禁止站点访问而造成的，若服务器中有不能访问该站点的 DNS 名称列表，而所使用的 DNS 名称在列表中时就会返回此种信息。请注意区别 403.6 与 403.8 错误。

403.9 错误是由于连接的用户过多而造成的，由于 Web 服务器很忙，因通信量过大而无法处理请求时便会返回这条错误。

403.10 错误是由于无效配置而导致的，当试图从目录中执行 CGI、ISAPI 或其他可执行程序，但该目录不允许执行程序时便会返回这条错误。

403.11 错误是由于密码更改而导致无权查看页面。

403.12 错误是由于映射器拒绝访问而造成的。若要查看的网页要求使用有效的客户证书,而客户证书映射没有权限访问该 Web 站点时就会返回映射器拒绝访问的错误。

403.13 错误是由于需要查看的网页要求使用有效的客户证书而使用的客户证书已经被吊销,或者无法确定证书是否已吊销造成的。

403.14 错误 Web 服务器被配置为不列出此目录的内容,拒绝目录列表。

403.15 错误是由于客户访问许可过多而造成的,当服务器超出其客户访问许可限制时会返回此条错误。

403.16 错误是由于客户证书不可信或者无效而造成的。

403.17 错误是由于客户证书已经到期或者尚未生效而造成的。

403.18 在当前的应用程序池中不能执行所请求的 URL(IIS 6.0 专有)。

403.19 不能为这个应用程序池中的客户端执行 CGI(IIS 6.0 专有)。

403.20Passport 登录失败(IIS 6.0 专有)。

4.12 Bug#12:testfire 网站发送 feedback 出错

缺陷标题: 国外网站 demo. testfire>Feedback>提交编辑好的反馈后返回错误信息。

测试平台与浏览器: Windows 7+Chrome 或 Firefox 浏览器。

测试步骤:

(1) 打开 demo. testfire 国外网站 http://demo. testfire. net/。

(2) 单击页面右上角 Feedback 按钮。

(3) 在 Feedback 页面填写好正确的信息,如图 4-13 所示。

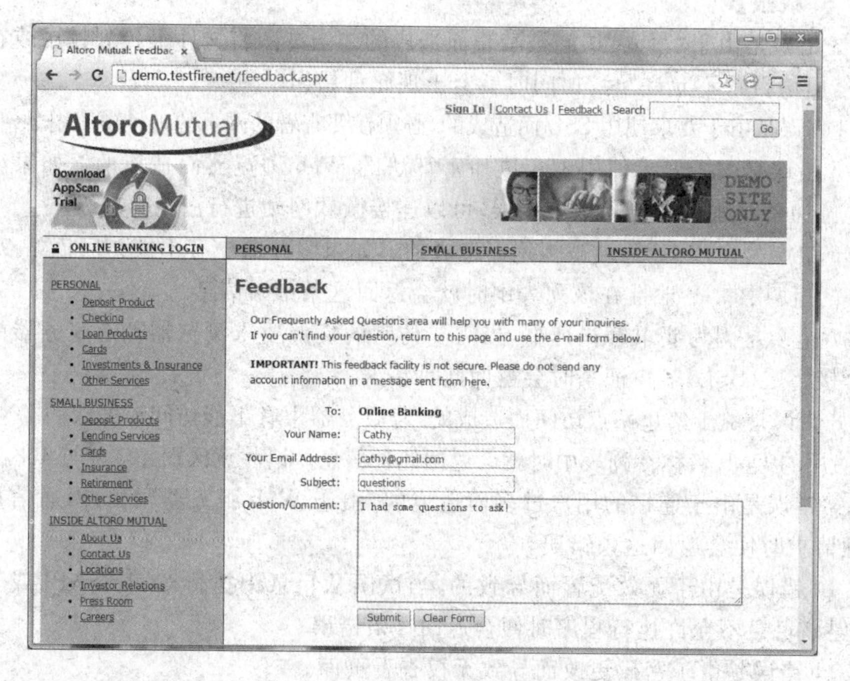

图 4-13 Feedback 页面提交信息

（4）单击 Submit 按钮。

期望结果：跳转至正确的页面，返回类似于 Thanks Your Feedback 的页面。

实际结果：返回内容不正确，显示一串字符，如图 4-14 所示。

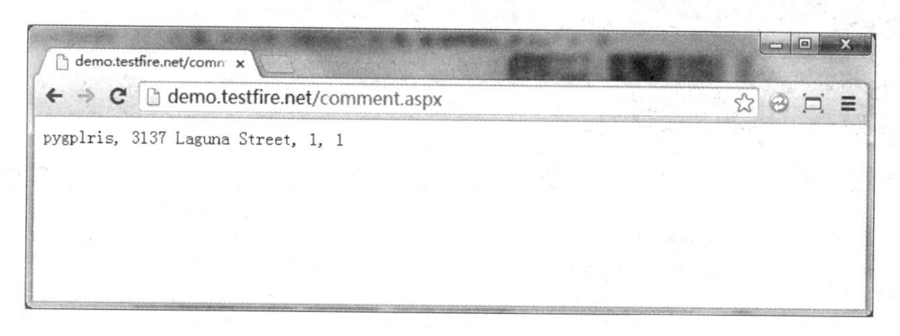

图 4-14　返回页面

[专家点评]：

这里返回的页面有明显错误——返回了只有程序员才能看得懂的字符串。这些字符串应该是由程序员处理的，程序员需要经过加工美化后，才能在网页中展示的。出现这样的问题，可能是前端代码未上传到服务器，也可能是程序输出本身就有问题。

对于这样的返回结果，普通客户是不会明白是怎么回事的，提示页面应该从用户角度出发，返回用户能看得懂的信息，比如 Thanks Your Feedback 等信息。

4.13　Bug#13：testfire 网站存在空链接

缺陷标题：国外网站 demo. testfire>INSIDE ALTORO MUTAL 页面中存在空链接。

测试平台与浏览器：Windows 7+Chrome 或 Firefox 或 IE 11 浏览器。

测试步骤：

（1）打开 demo. testfire 国外网站 http://demo. testfire. net/。

（2）单击 INSIDE ALTORO MUTAL 链接。

（3）检查页面元素。

期望结果：所有元素正确，不存在任何空链接。

实际结果：页面中 Altoro Private Bank 和 Altoro Wealth & Tax 均为空链接，如图 4-15 所示。

[专家点评]：

在 Chrome 浏览器中右击鼠标，在弹出的右键菜单中，选择“审查元素”命令，或按键盘上的 F12 功能键，可以看到<a href>标签缺少链接。对应这样的链接检查，不仅可以通过手工测试检查出来，也可以通过专门的链接测试工具来检查，例如 Xenu，使用工具可以快速准确地找到网站所有错误的链接和空链接。

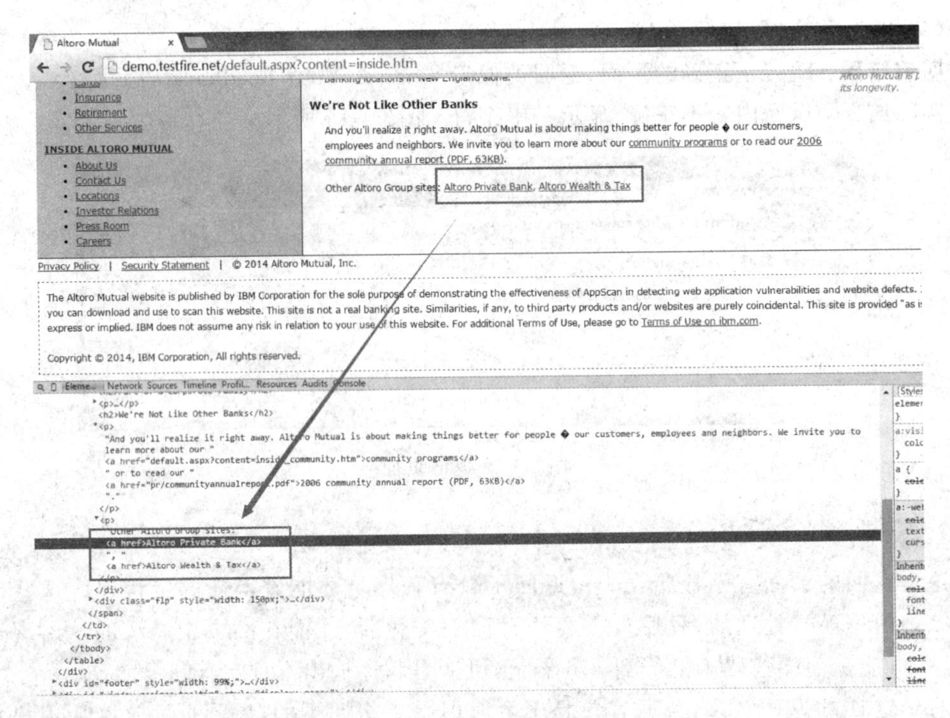

图 4-15　页面中的空链接

4.14　Bug#14：testfire 网站找不到所请求的链接

缺陷标题：国外网站 demo. testfire>INSIDE ALTORO MUTAL>Careers>单击 Privacy Statement>找不到请求链接。

测试平台与浏览器：Windows 7+Chrome 或 Firefox 或 IE 11 浏览器。

测试步骤：

(1) 打开 demo. testfire 国外网站 http://demo. testfire. net/。

(2) 单击 INSIDE ALTORO MUTAL 下面的 Career 链接。

(3) 单击页面中的 Privacy Statement 链接。

期望结果：跳转到 Privacy Statement 内容的页面。

实际结果：页面中显示如下内容：

An Error Has Occurred

Could not find the page you requested.

如图 4-16 所示。

[专家点评]：

找不到所请求的页面，这里还给出了找不到文件/Privacypolicy. aspx 的提示，提示下面还很明确地说明了“可能是拼写错误导致找不到这个文件”，这是一个很容易修复的 Bug，但是如果粗心没发现，让这样的 Bug 留到上线后，会给用户带来很多困扰，所以在测试的时候，对这些细节部分都应该留意。

图 4-16　找不到所请求的页面

4.15　Bug#15：testfire 网站域名不存在

缺陷标题：国外网站 demo. testfire>INSIDE ALTORO MUTAL>About Us>单击 Analyst Reviews 链接后跳转至外部页面提示访问的域名不存在。

测试平台与浏览器：Windows 7+Chrome 或 Firefox 或 IE 11 浏览器。

测试步骤：

(1) 打开 demo. testfire 国外网站 http://demo. testfire. net/。

(2) 单击 INSIDE ALTORO MUTAL 下面的 About Us 链接。

(3) 单击页面中的 Analyst Reviews 链接，如图 4-17 所示。

图 4-17　单击 Analyst Reviews 链接

期望结果：跳转到 Analyst Reviews 内容的页面。

实际结果：访问的域名不存在，如图 4-18 所示。

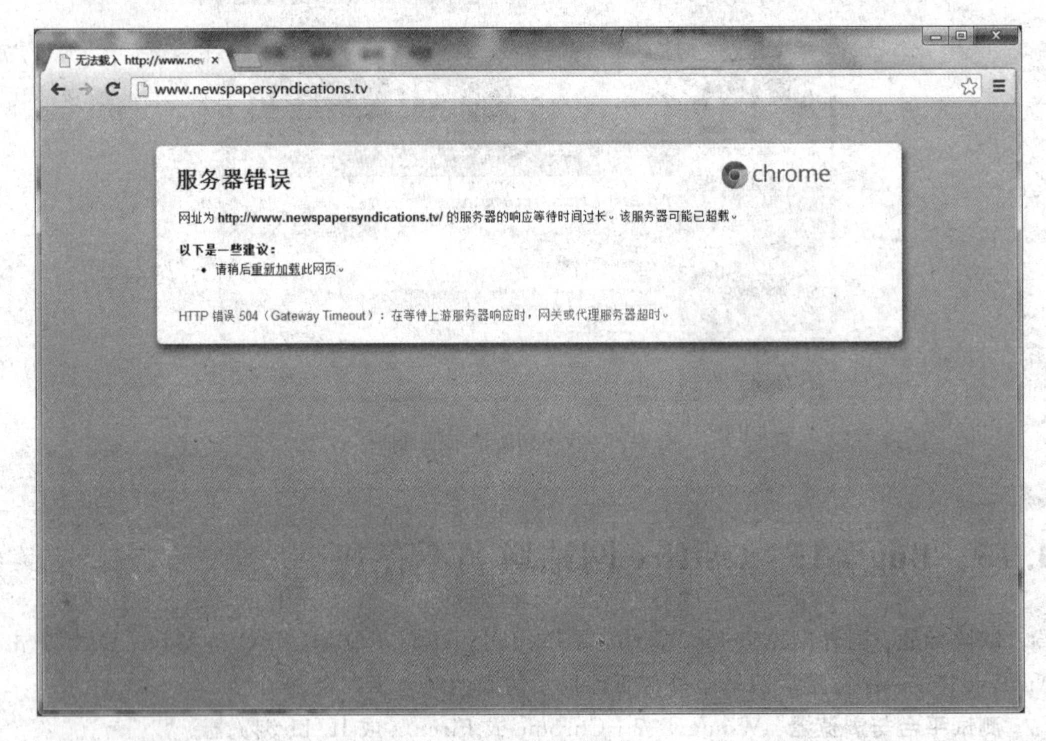

图 4-18　域名不存在

[专家点评]：

域名不存在，很可能是写程序的时候使用的公司内网，上线后忘记修改成线上链接导致的，也可能就是链接写错了。这样的 Bug 很容易发现，也很容易修复。

4.16　Bug＃16：oricity 网站没有上一页、下一页功能

缺陷标题：城市空间网站＞都市论坛＞无图版＞户外体验＞只有“＜＜”(第一页)和“＞＞”(最后一页)链接，没有上一页、下一页链接。

测试平台与浏览器：Windows 7＋Chrome 或 Firefox 或 IE 11 浏览器。

测试步骤：

(1) 打开城市空间网站 http://www.oricity.com/。

(2) 单击右上角“都市论坛”链接，在都市论坛页面单击“无图版”链接。

(3) 单击“户外体验”链接。

(4) 单击＞＞按钮。

期望结果：跳转到第 3 页，页面有“＜”可跳转到上一页。

实际结果：直接跳转到了第 3 页，但没有链接上一页或者下一页，如图 4-19 所示。

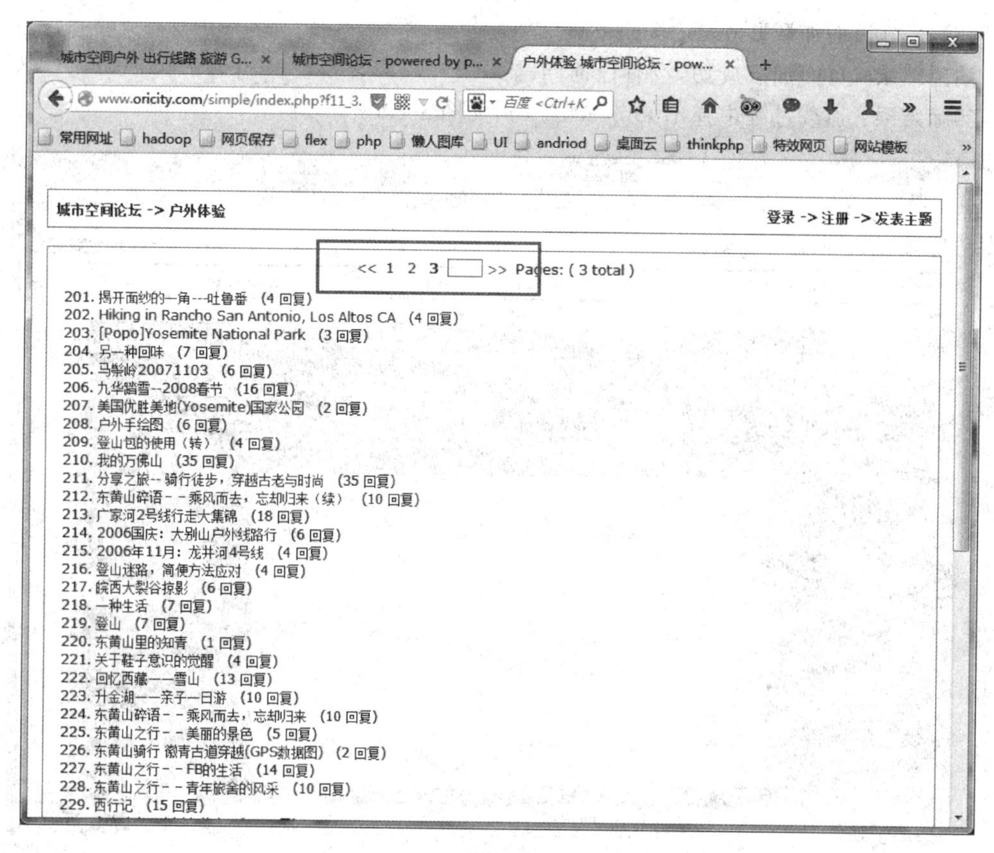

图 4-19　上一页、下一页功能没有实现

[专家点评]：

在此页面元素中，只有“<<”(第一页)和“>>”(最后一页)链接，没有上一页、下一页链接。如果页数很多的情况下，上一页和下一页的功能需求就会非常大，但是这里只有3页，还体现不出来。

开发人员在设计时，可能是忘记了实现上一页、下一页功能，也可能觉得只需要有第一页和最后一页以及每页的列表就行了，不用再设计逐页翻的功能。但是从用户体验方面考虑，在页数量很大的情况下，此功能的实现还是非常有必要的。

4.17　Bug＃17：kiehls 网站 Object Error

缺陷标题：国外网站 kielhs＞Store Locator＞加载地图时，弹出对象错误(Object Error)。

测试平台与浏览器：Windows 7＋ IE 11 浏览器。

测试步骤：

(1) 在 IE 浏览器中，打开国外网站 http://www.kiehls.com/。

(2) 单击 STORE LOCATOR 链接。

(3) 等待页面加载并观察。

期望结果：页面加载成功，没有任何问题。

实际结果：加载过程中弹出 Object Error，如图 4-20 所示。

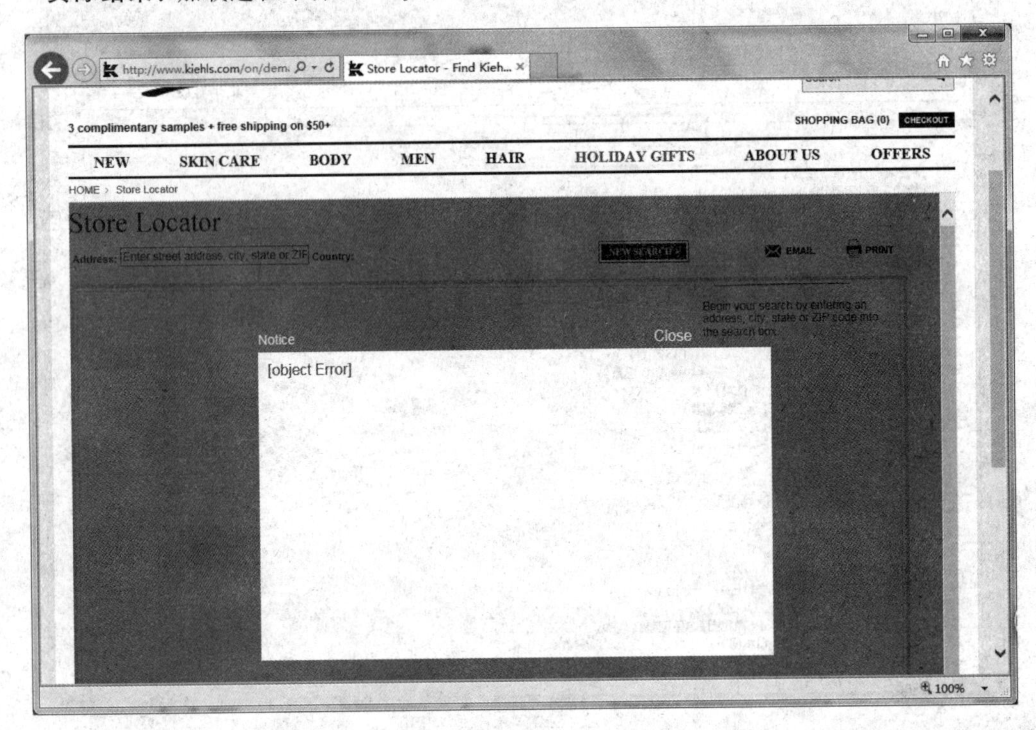

图 4-20　Object Error

[专家点评]：

Object Error 是 JS 里面的对象错误。不应该直接展示给客户，如果需要下载某插件，应该提示下载插件的链接与说明。只出现 Object Error，用户又不能做任何操作，这样的设计是不行的。

4.18　Bug#18：oricity 网站权限控制有误

缺陷标题：城市空间网站>登录后在个人的城市空间注销，注销后还可以访问"邀请好友"的页面。

测试平台与浏览器：Windows 7+Chrome 或 Firefox 或 IE 11 浏览器。

测试步骤：

(1) 打开城市空间网站 http://www.oricity.com/。

(2) 单击"登录"按钮，输入正确的账号登录。

(3) 登录成功，单击页面顶部的"[yanxingli]的城市空间"链接转到我个人的城市空间。

(4) 在这个页面单击"注销"按钮。

(5) 注销后，单击左侧导航栏中的每一个链接。

期望结果：都无法再访问，跳转至登录页面。

实际结果："邀请好友"的界面还可以打开，并且可以输入信息，如图 4-21 所示。

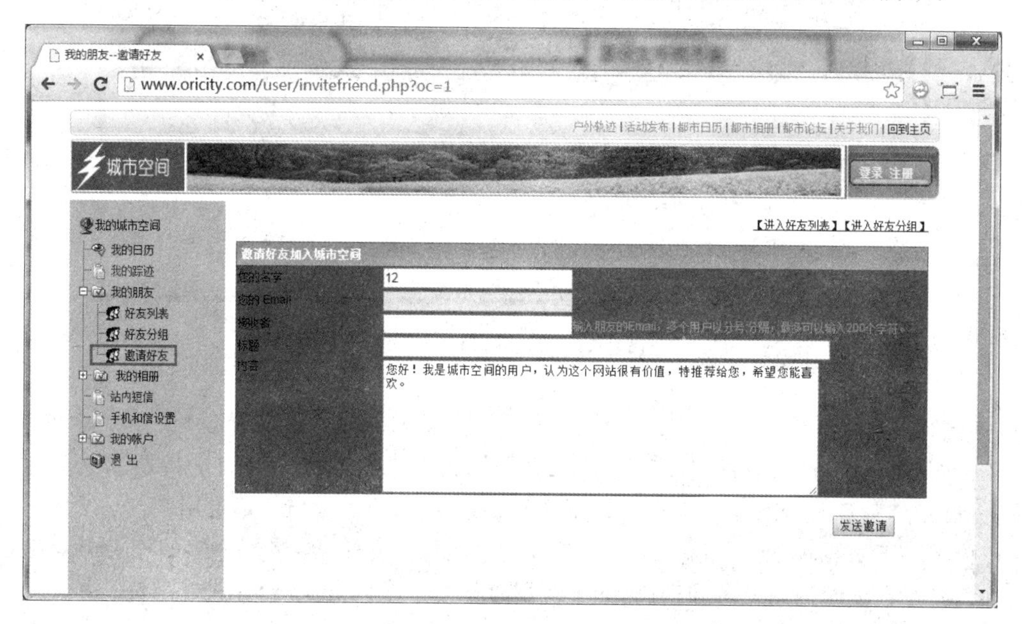

图 4-21　"邀请好友"权限控制不正确

[专家点评]：

注销后的用户是不能访问账户中心的相关页面的，在图 4-21 左侧菜单中其他页面都不能访问，只有"邀请好友"页面还可以继续操作，这说明程序对邀请好友的页面权限控制的不完全。

这个问题也可以看成是 Web 安全和权限控制问题。技术实现有错误。

4.19　Bug#19：oricity 网站无法连接数据库

缺陷标题：城市空间网站>活动详情页>用邮件推荐给好友>发送邮件后，出现 Could not connect 提示页面。

测试平台与浏览器：Windows 7+ Chrome 或 Firefox 或 IE 11 浏览器。

测试步骤：

(1) 打开城市空间网站 http://www.oricity.com/。

(2) 单击"登录"按钮，输入正确的账号登录。

(3) 登录成功，单击"更多正在召集的活动"栏目下的"OC No.332 羽球活动"选项。

(4) 在活动详情页中单击"用邮件推荐给朋友"链接。

(5) 输入好友的邮件，单击"发送邮件"按钮。

期望结果：跳转至发送成功的提示页面。

实际结果：页面出现 Could not connect 提示，如图 4-22 所示。

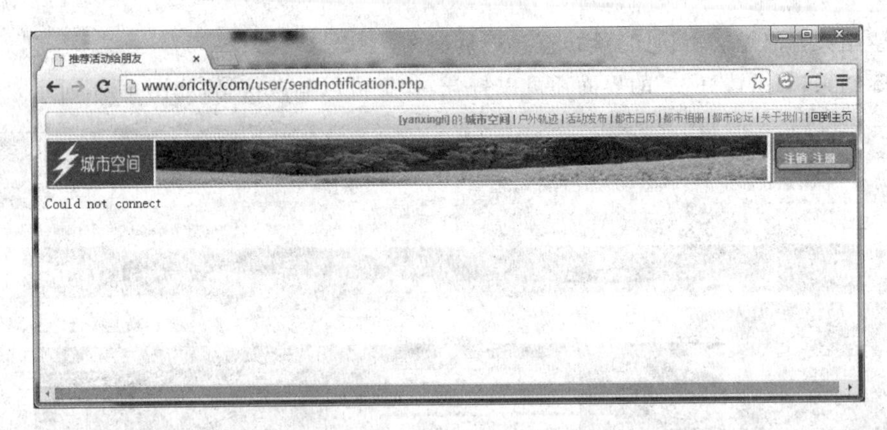

图 4-22　Could not connect

[专家点评]:

Could not connect 指的是不能连接到数据库或者是服务器。可能是数据库连接有问题,也可能是服务器目前停止服务了。如果不处理,这个功能相当于不可用。

检查一下数据库服务器是否正常运行,程序配置文件中,连接数据库的相关配置是否正确。检查数据库的用户名和密码,如果数据库更换了端口,还要检查连接字符。

4.20　Bug＃20:testphp 网站 File Not Found

缺陷标题: 国外网站 vulnweb＞Privacy Policy＞访问时,File Not Found。

测试平台与浏览器: Windows 7 ＋ Chrome 或 Firefox 或 IE 11 浏览器。

测试步骤:

(1) 打开 vulnweb 国外网站 http://testphp.vulnweb.com/。

(2) 滚动至页面底部,单击 Privacy Policy 链接。

(3) 等待页面加载。

期望结果: 页面加载成功,显示信息正确。

实际结果: 出现 file not found(页面找不到)的错误,如图 4-23 所示。

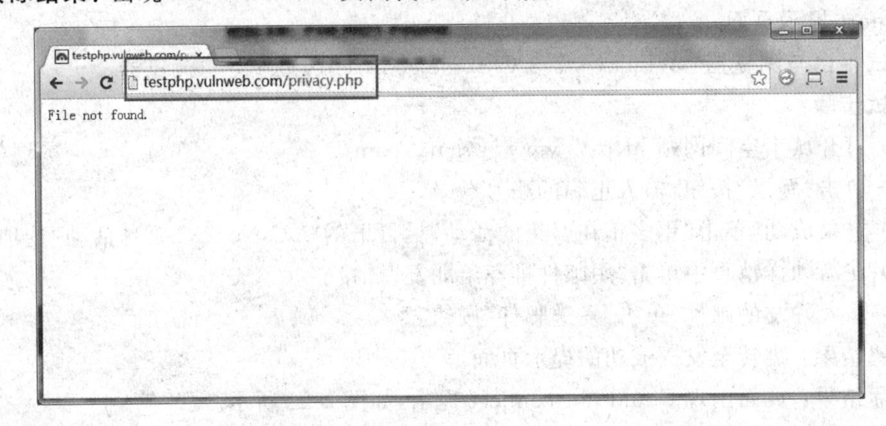

图 4-23　file not found

[专家点评]：

File not found 是指该文件找不到，可能是 privacy policy 的相关文件没有上传或者文件名与地址拼写错误等。

4.21　Bug＃21：leaf520 网站无法发起 QQ 会话

缺陷标题：言若金叶软件研究中心官网>首页，单击“QQ 在线联系”图标，不能发起聊天会话。

测试平台与浏览器：Windows 7＋ Chrome 或 Firefox 或 IE 11 浏览器。

测试步骤：

（1）打开言若金叶软件研究中心官网网站 http://leaf520.roqisoft.com/。

（2）滚动至页面底部，单击“QQ 在线联系”下面的两个按钮。

期望结果：发起 QQ 聊天对话框。

实际结果：无法发起会话，如图 4-24 所示。

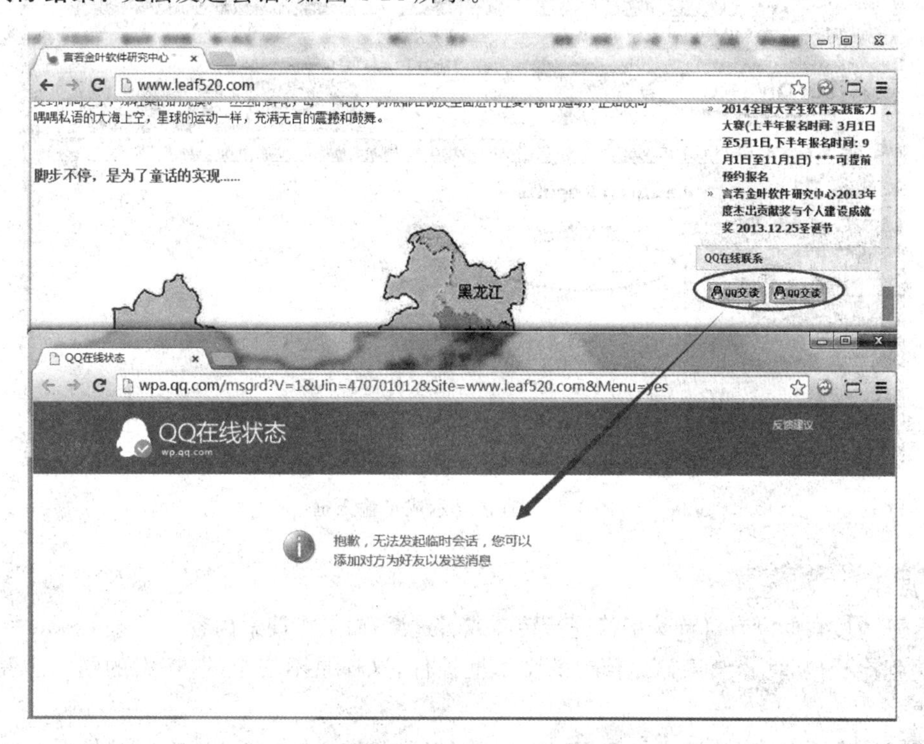

图 4-24　无法发起 QQ 会话

[专家点评]：

要在网页中使用 QQ 会话功能，需要某些接口通过审核。这里可能是腾讯公司的第三方接口并没有通过审核就在使用了，导致不能发起会话成功。这个 QQ 会话功能在 2010—2013 年是工作的，但在 2014 年不能正常工作了。这说明对于有第三方接口的网站上，有时会有改变，但如果网站其他功能没有做对应的改变，就可能导致该功能无法工作。

4.22 Bug＃22：testfire 网站表单验证问题

缺陷标题：国外网站 testfire＞在搜索框中搜索特殊字符＜input name=''＞，搜索结果页面出现输入框。

测试平台与浏览器：Windows 7＋ Chrome 或 Firefox 或 IE 11 浏览器。

测试步骤：

（1）打开国外网站 http://demo.testfire.net/。

（2）在顶部的搜索框中输入"＜input name=''＞"。

（3）单击 Go 按钮。

（4）查看搜索结果页面。

期望结果：显示"No results were found for the query：＜input name=''＞"。

实际结果：直接显示成了输入框，如图 4-25 所示。

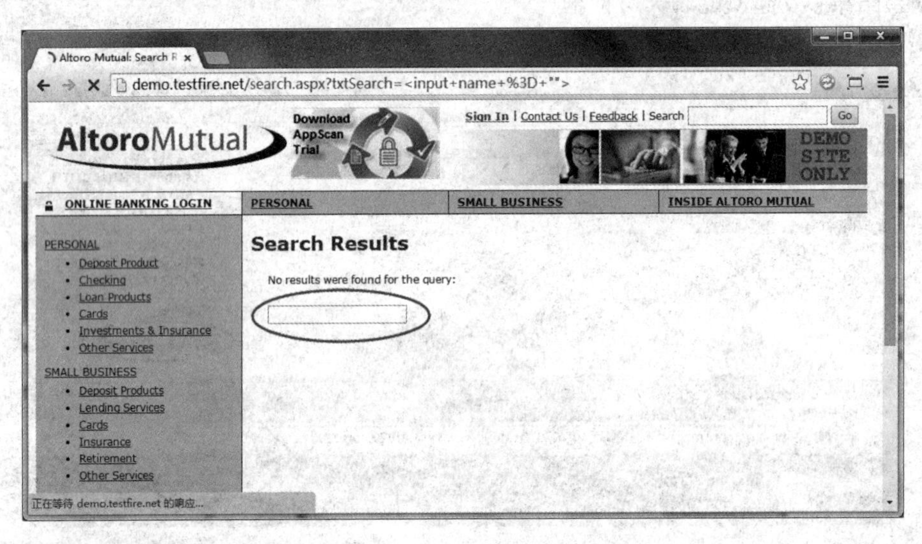

图 4-25 直接显示成了输入框

[专家点评]：

这里的搜索框没有对特殊字符进行转义或者过滤，而是将搜索内容"＜input name=''＞"当成是程序代码，搜索结果输出预设的文本框控件，这样是不安全的，搜索的结果也是不正确的。

通过这个 html 标签被直接解析，没做任何编码或转义，就知道这个网站缺少基本的安全设计，没有相应的安全代码，会导致这个网站被多种安全手段攻击。

4.23 Bug＃23：oricity 网站轨迹名称验证不正确

缺陷标题：城市空间网站＞户外轨迹＞上传轨迹和编辑线路时，轨迹名称采用了不同的验证规则。

测试平台与浏览器：Windows 7＋ Chrome 或 Firefox 或 IE 11 浏览器。

测试步骤：

（1）打开城市空间网站 http://www.oricity.com。

（2）登录，单击顶部的“户外轨迹”链接。

（3）单击“上传轨迹”按钮，“轨迹名称”不输入任何内容，保持为空。其他按要求填写内容，然后单击“上传轨迹”按钮，提示信息，如图 4-26 所示。

（4）上传成功后单击“返回”按钮进入上传的轨迹帖子，单击“编辑线路”按钮，将“路线名称”置为空，单击“存盘”按钮。

（5）查看存盘结果页面。

期望结果：存盘失败，提示轨迹名称不能为空。

实际结果：存盘成功，且轨迹名称可以为空，如图 4-27 所示。

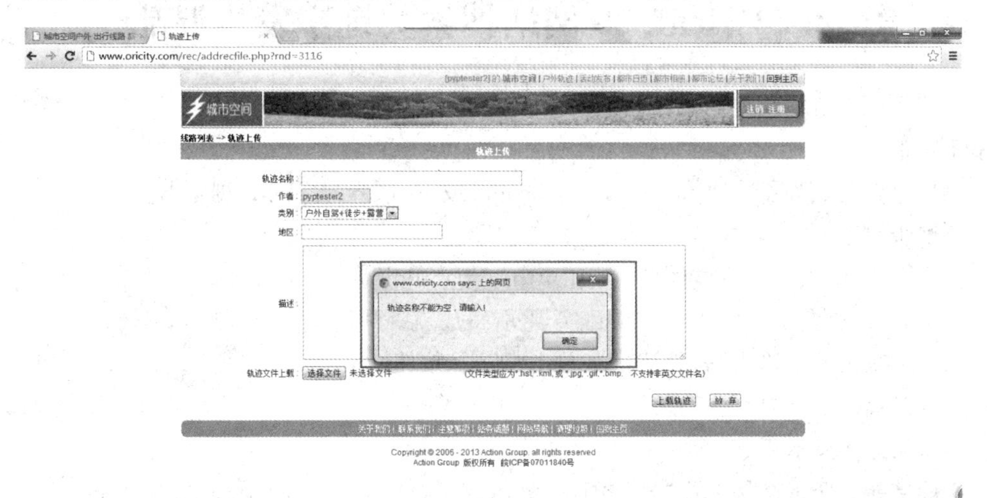

图 4-26　上传轨迹时提示轨迹名称不能为空

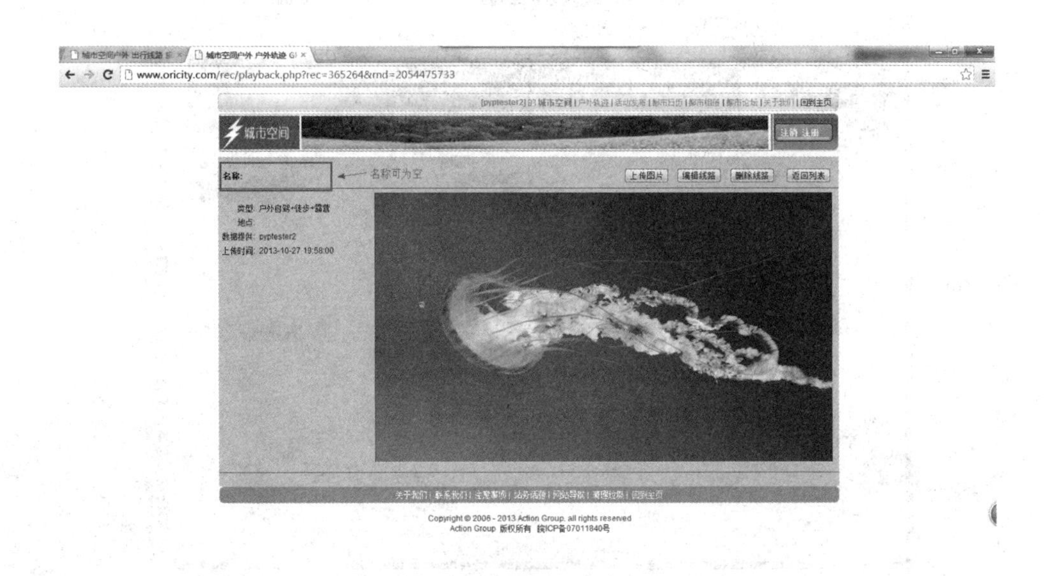

图 4-27　编辑线路将轨迹名称置为空成功

[专家点评]:

这里在上传轨迹时,表单验证方式为“轨迹名称不能为空”,并且对这个空进行了判断和验证,但是当编辑这个轨迹时,对编辑页面的表单却没有相同的验证方式,这里编辑页面的验证规则应该和上传时保持一致。

程序员在做网站代码设计时,经常会考虑不周全,即使是对于 E-mail 格式的验证,同一个网站、不同的网页,验证方法都可能不一致。公用验证方法必须是统一的,并且所有用到的地方都要调用这个公用方法进行验证。这是一个基本的准则,但经常会出现问题,这是因为一个人维护一套验证的方法,并且大家代码写的又不完全一致,还有人有时候忘调用验证方法,这样就会出许多问题。

4.24 Bug#24:leaf520 网站搜索关键字发生混乱

缺陷标题: 诺颀软件测试团队网站>搜索框中输入关键字>结果页面中关键字混乱,显示不正常。

测试平台与浏览器: Windows 7+ Chrome 或 Firefox 或 IE 11 浏览器。

测试步骤:

(1) 打开“诺颀软件测试团队”页面 http://qa.roqisoft.com/。

(2) 单击“更多工程师培训与项目实训-取得成就>>>>>>”链接。

(3) 在搜索框中输入“软件测试”,单击“搜索”按钮。

(4) 查看搜索结果页面。

期望结果: 显示正确无误。

实际结果: 搜索结果页面“软件测试”显示成了“件测试软”,如图 4-28 所示。

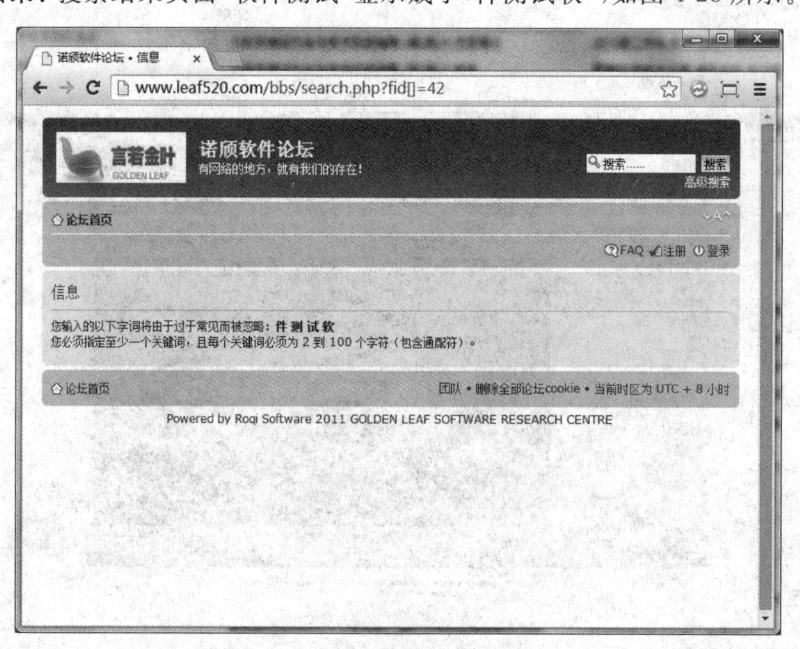

图 4-28 结果页面关键字混乱

[专家点评]:

当用户输入中文的搜索关键字时,搜索结果显示是混乱的,还经常出现搜索不到原本存在的页面内容,这应该是程序对于用户的中文输入处理存在问题。程序接收到的输入信息顺序是乱的,网页存在的文章信息内容就不可能找得到。

本来用户搜索的是“软件测试”,但是程序逻辑处理的却是“件测试软”,遍历数据库就找不出原本含有“软件测试”关键字的文章,这就找不到网页本来存在的文章信息。

4.25 Bug#25:NBA网站点赞计数不完善

缺陷标题:中国NBA官网>文章中的点赞按钮,点赞数可以一直累加,刷新后才恢复正确统计值。

测试平台与浏览器:Windows 7+ Chrome或Firefox或IE 11浏览器。

测试步骤:

(1) 打开中国NBA网站 http://china.nba.com/。

(2) 在NBA聚焦栏目中,单击文字下面的“详情”链接。

(3) 在详情页中滚动到页面顶部,单击点赞按钮 105 。

(4) 连续单击。

(5) 刷新页面。

期望结果:单击几次赞数就加了几次,刷新页面后是最后累加的次数。

实际结果:可以连续点赞,赞数也一直累加,但是刷新页面后,赞数其实只累加了一次的,如图4-29所示。

图4-29 详情页点赞功能

[专家点评]：

这里当没有刷新页面时，可以连续累加赞数，但是刷新后赞数只累加了一次。如果设计时是可以连续累加赞数的，那么在多次点赞后就可以累加，不管被刷新多少次，都应该是点了多少次赞就累加多少，而不是在点赞的时候连续累加，但刷新之后就只累加一次结果。

4.26 Bug＃26：NBA 网站搜索页面显示 null

缺陷标题：中国 NBA 官网＞搜索带有空格时，结果页面出现 null 的问题。

测试平台与浏览器：Windows 7(64bit)＋Chrome 或 Firefox 或 IE 11 浏览器。

测试步骤：

(1) 打开中国 NBA 网站 http://china.nba.com/。

(2) 单击"搜索"图标，在出现的搜索框中，输入"湖人　热火"。

(3) 单击"搜索"按钮。

(4) 观察搜索结果页面。

期望结果：显示＞找到"湖人　热火"相关结果 0 个。

实际结果：显示结果页面中有 null 字样＞找到"湖人　热火"相关结果 null 个，如图 4-30 所示。

图 4-30　搜索结果页面显示 null

[专家点评]：

显示 null 的原因是程序返回 null 值，没检查就直接渲染页面了。按照正常流程应该是程序返回了 null，在页面中需要经过验证检查，渲染后再输出。

当搜索的内容中间包含有空格时会出现这个问题，这说明程序内部实现是有错的，对空格的输入没有进行处理。

4.27 Bug＃27：oricity 删除回复出现 Update Error

缺陷标题：城市空间网站>个人空间里“我的踪迹”，提交回复内容后无法删除回复。

测试平台与浏览器：Windows 7＋Firefox 浏览器。

测试步骤：

(1) 打开城市空间网站 http://www.oricity.com/。

(2) 单击“登录”按钮，进入自己的城市空间。

(3) 选择“我的踪迹”，发表回复。

(4) 删除其中一条回复，如图 4-31 所示。

(5) 重新提交回复，如图 4-32 所示。

预期结果：成功删除回复内容，重新提交回复成功。

实际结果：删除回复失败，再次提交回复出现 SQL 错误，如图 4-33 所示。

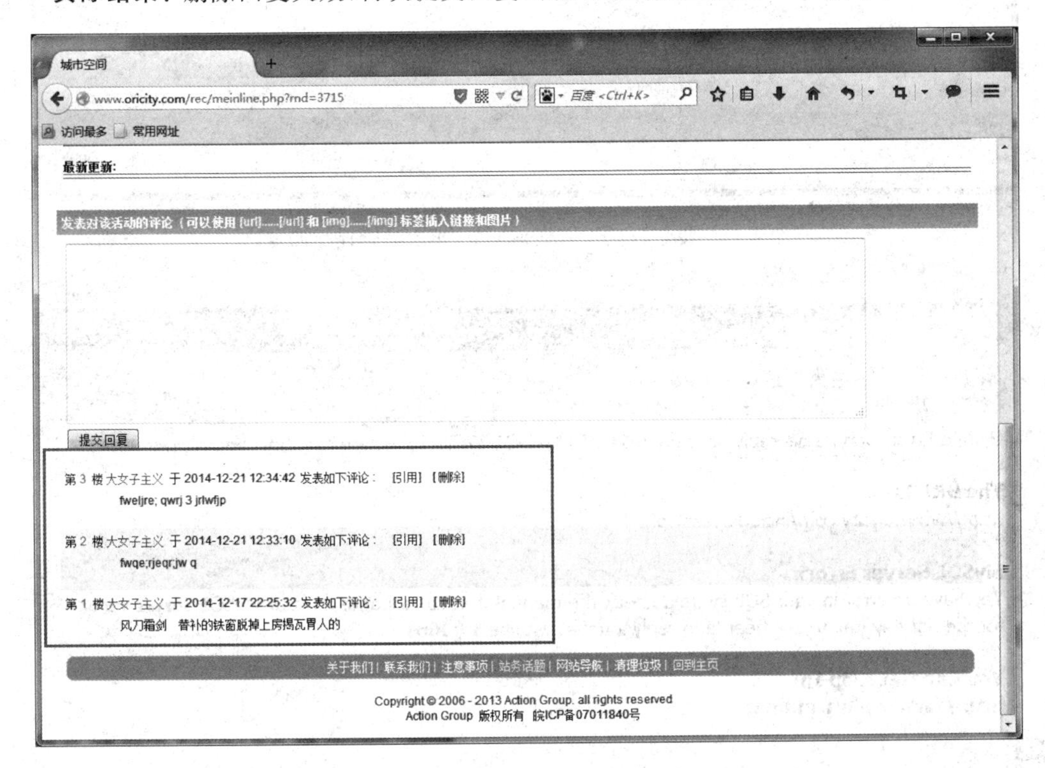

图 4-31 任意删除其中一条回复

[专家点评]：

这个例子是修改功能不工作，引出了 SQL 错误，界面上“暂无回复”和“目前没有任何回复，你可以在下面发表回复”也重复出现两次，这是界面显示错误，所以这个例子中有三个 Bug：一个界面 Bug、一个功能 Bug，还有一个技术 Bug。而且在出现 SQL 错误之后，重新进入我的踪迹，回复数量没有减少，这就证明修改功能没有实现。

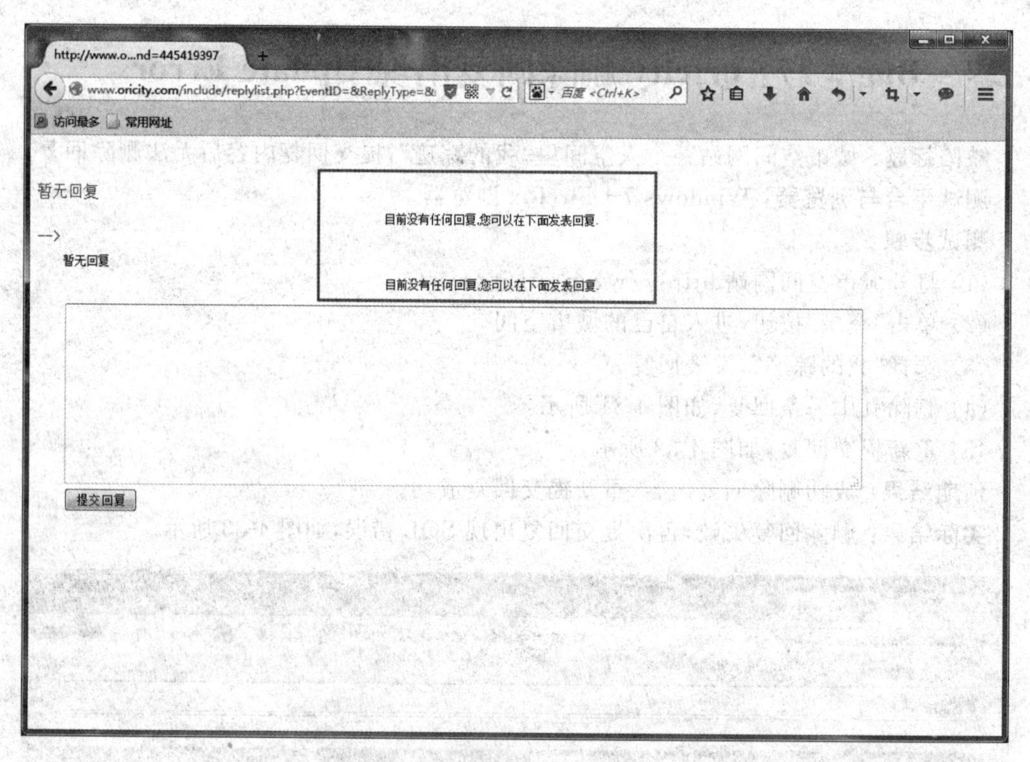

图 4-32 提示目前没有任何回复,再次编辑提交回复

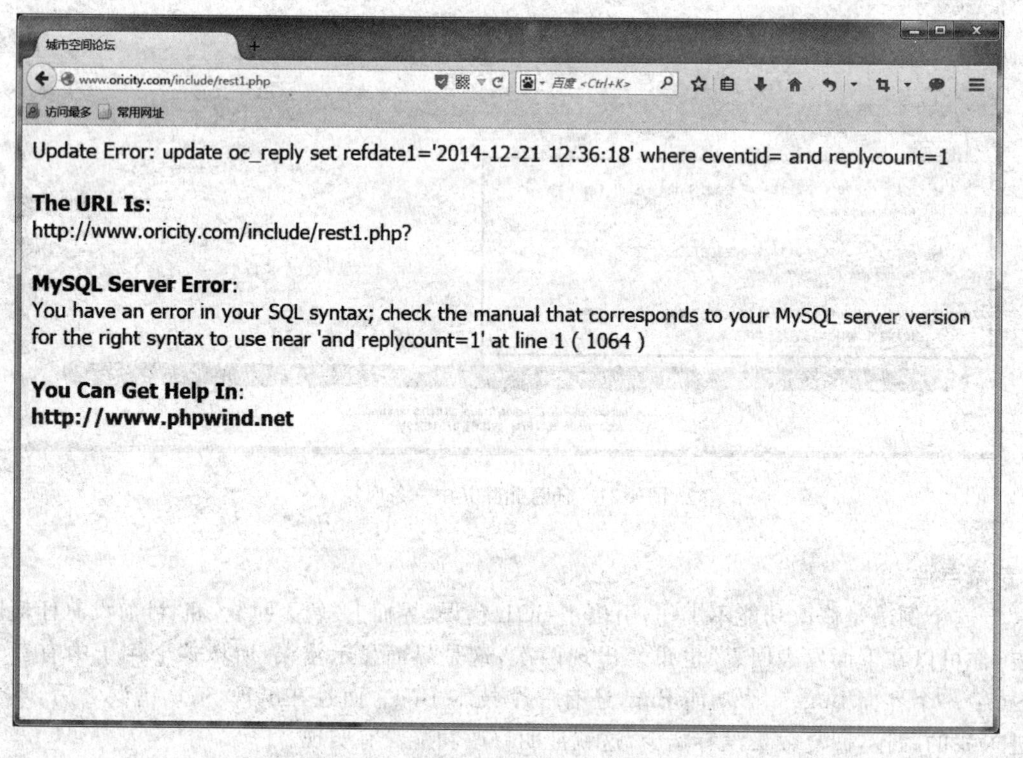

图 4-33 不能提交回复,出现 SQL 错误

4.28　Bug#28：NBA 网站搜索出现 DB Error

缺陷标题：NBA(中文网)>社区>搜索文字过长结果出现 DB Error。

测试平台与浏览器：Windows 7 + Chrome 或 Firefox 浏览器。

测试步骤：

(1) 打开 NBA 中文网站 http://china.nba.com/。

(2) 单击导航条中的“社区”条目，进入 http://nba.weibo.com/页面。

(3) 在搜索框输入：

aaaaaaaaaaaaaaaaaaaaaaaaaaaaaaaaaaaaaaaaaaaaaaaaaaaaaaaaaaaaaaaaaaaaaaaaaaaaaaaaaaaaaa
aaaaaaaaaaaaaaaaaaaaaaaaaaaaaaaaaaaaaaaaaaaaaaaaaaaaaaaaaaaaaaaaaaaaaaaaaaaaaaaaaaaaaa
aaaaaaaaaaaaaaaaaaaaaaaaaaaaaaaaaaaaaaaaaaaaaaaaaaaaaaaaaaaaaaaaaaaaaaaaaaaaaaaaaaaaaa
aaaaaaaaaaaaaaaaaaaaaaaaaaaaaaaaaaaaaaaaaaaaaaaaaaaaaaaaaaaaaaaaaaaaaaaaaaaaaaaaaaaaaa
aaaaaaaaaaaaaaaaaaaaaaaaaaaaaaaaaaaaaaaaaaaaaaaa

如图 4-34 所示。

期望结果：搜索结果显示正确。

实际结果：搜索结果出现 DB Error，如图 4-35 所示。

图 4-34　输入超长字符

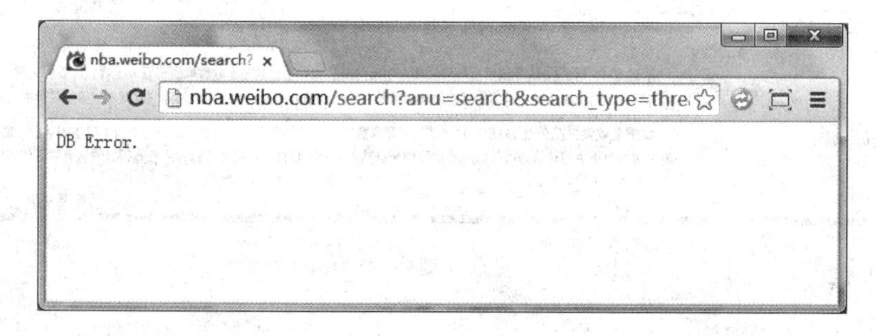

图 4-35　DB Error

［专家点评］：

如果对用户的输入不做任何限制，就总是会抛出各种各样奇怪的错误，所以对于程序员而言，一定不能完全信任用户的输入，必须要做合法性验证，然后才能继续处理。

对于测试人员而言，长字符，特殊字符的测试是必须要进行的，测试时不能只输入合法的数据。

4.29 Bug＃29：qa.roqisoft 搜索信息不能原样显示

缺陷标题：诺颀软件测试团队网站＞搜索框＞搜索后信息不能按原样显示。

测试平台与浏览器：Windows 8 ＋Chrome 浏览器。

测试步骤：

(1) 打开“诺颀软件测试团队”页面 http://qa.roqisoft.com/。

(2) 在搜索框中输入“＜html＞”，按回车键搜索。如图 4-36 所示。

(3) 观察搜索框里面的内容。

期望结果：搜索框内的内容应该为“＜html＞”。

实际结果：搜索框内的内容为空，如图 4-37 所示。

图 4-36　搜索关键字为＜html＞

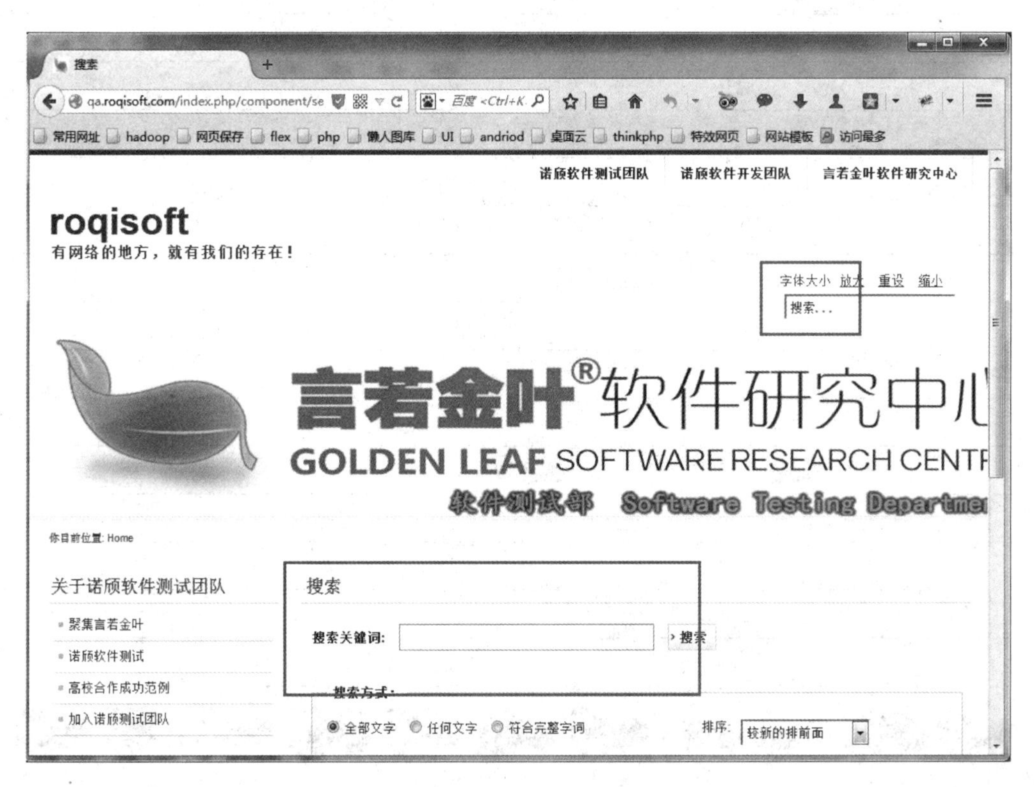

图 4-37 搜索后搜索框为空

[专家点评]：

不管能不能搜索到结果，搜索后，搜索框都应该保留搜索关键词。如果没法保留带了特殊字符的关键词，可能是开发人员没有对特殊字符进行编码或转义，所以没法显示特殊字符，这也是一个 Bug。

如果不允许用户输入这些特殊的字符或组合，就应该在用户输入后、真正执行前给出相应的提示信息，要求规范用户的输入。

如果前台输入页面没有做有效性、合法性验证，那么用户输入什么，就要原样显示什么。不能出现乱码，也不能出现用户输入的内容丢失等错误。

4.30 读书笔记

读书笔记 *Name*： *Date*：

励志名句：Circumstances are the rulers of the weak, instrument of the wise.

弱者困于环境，智者利用环境。

CHAPTER 5

第 5 章

经典Web安全缺陷Web Security Bug

［学习目标］：随着 Web 安全成为热点，国际软件测试市场上 Web 安全类测试项目不断涌现，为了顺应国际趋势，Web 安全缺陷单独成章，方便讲解。实际上本章的 Bug 都可以归到技术缺陷类 Bug。读者通过本章的学习，要能自己动手找到待测试项目 Web 安全方面上的缺陷，并且能做一些基本的分析。

5.1 Bug＃1：testfire 网站有 SQL 注入风险

缺陷标题：testfire 网站＞登录页面＞登录框有 SQL 注入攻击问题。

测试平台与浏览器：Windows 7＋ IE 9 或 Firefox 浏览器。

测试步骤：

(1) 用 IE 浏览器打开国外网站 http://demo.testfire.net。

(2) 打开登录页面。

(3) 在用户名处输入“' or '1'＝'1”，密码输入“' or '1'＝'1”，如图 5-1 所示。

(4) 单击 Login 按钮。

(5) 查看结果页面。

期望结果：页面提示拒绝登录的信息。

实际结果：成功并以管理员身份登录，如图 5-2 所示。

［专家点评］：

所谓 SQL 注入式攻击，就是攻击者把 SQL 命令插入到 Web 表单的输入域或页面请求的查询字符串，欺骗服务器执行恶意的 SQL 命令。在某些表单中，用户输入的内容直接用来构造（或者影响）动态 SQL 命令，或作为存储过程的输入参数，这类表单特别容易受到 SQL 注入式攻击。

SQL 注入是从正常的 WWW 端口访问，而且表面看起来跟一般的 Web 页面访问没什么区别，所以目前市面上的防火墙都不会对 SQL 注入发出警报。以 ASP.NET 网站为例，如果管理员没查看 IIS 日志的习惯，就可能被入侵很长时间都不会发觉。但是，SQL 注入的手法相当灵活，在注入的时候会碰到很多意外的情况。能不能根据具体情况进行分析，构造巧妙的 SQL 语句，从而成功获取想要的数据。

常见的 SQL 注入式攻击过程类如下：

(1) 某个 ASP.NET Web 应用有一个登录页面，这个登录页面控制着用户是否有权访问应用，它要求用户输入一个名称和密码。

(2) 登录页面中输入的内容将直接用来构造动态的 SQL 命令，或者直接用作存储过程的参数。下面是 ASP.NET 应用构造查询的一个例子：

```
System.Text.StringBuilder query = new System.Text.StringBuilder(
"SELECT * from Users WHERE login = '")
.Append(txtLogin.Text).Append("' AND password = '")
.Append(txtPassword.Text).Append("'");
```

(3) 攻击者在用户名字和密码输入框中输入如“' or '1'='1”。

(4) 用户输入的内容提交给服务器之后，服务器运行上面的 ASP.NET 代码构造出查询用户的 SQL 命令，但由于攻击者输入的内容非常特殊，所以最后得到的 SQL 命令变成：

```
SELECT * from Users WHERE login = '' or '1' = '1' AND password = '' or '1' = '1'
```

(5) 服务器执行查询或存储过程，将用户输入的身份信息和服务器中保存的身份信息进行对比。

(6) 由于 SQL 命令实际上已被注入式攻击修改，已经不能真正验证用户身份，所以系统会错误地授权给攻击者。

如果攻击者知道应用会将表单中输入的内容直接用于验证身份的查询，他就会尝试输入某些特殊的 SQL 字符串篡改查询改变其原来的功能，欺骗系统授予访问权限。

注入过程的工作方式是提前终止文本字符串，然后追加一个新的命令。由于插入的命令可能在执行前追加其他字符串，因此攻击者将用注释标记“--”来终止注入的字符串。执行时，此后的文本将被忽略。

SQL 注入攻击成功的危害是：如果用户的账户具有管理员或其他比较高级的权限，攻击者就可能对数据库的表执行各种他想要做的操作，包括添加、删除或更新数据，甚至可能直接删除表。一旦攻击者能操作数据库层，那就可以得到数据库中的所有数据。

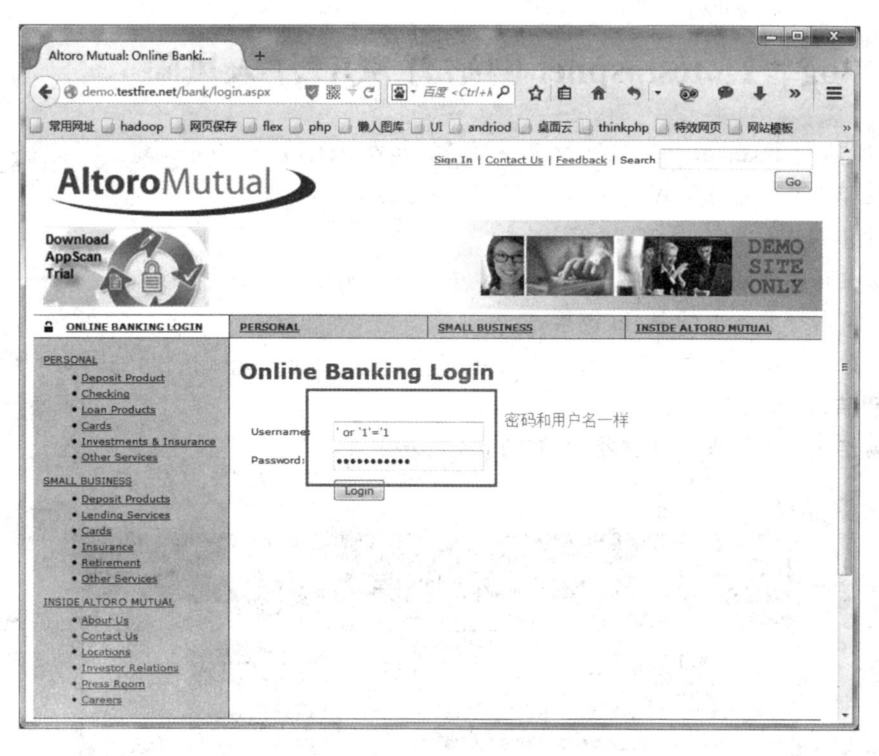

图 5-1　单击登录界面

图 5-2　单击登录按钮成功登录

5.2 Bug＃2：testaspnet 网站有 SQL 注入风险

缺陷标题：testaspnet 网站＞登录＞登录框存在 SQL Injection 风险。

测试平台与浏览器：Windows 7 ＋ IE 11 或 Chrome 浏览器。

测试步骤：

(1) 打开国外网站 http://testaspnet.vulnweb.com。

(2) 单击导航条上的 login 链接。

(3) 在 Username 输入框内输入“try' or 1=1 --”，单击 Login 按钮，如图 5-3 所示。

期望结果：登录失败。

实际结果：以管理员身份登录，如图 5-4 所示。

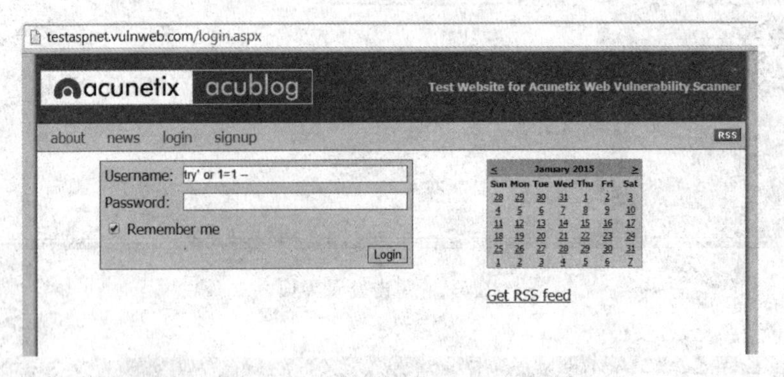

图 5-3 登录页面

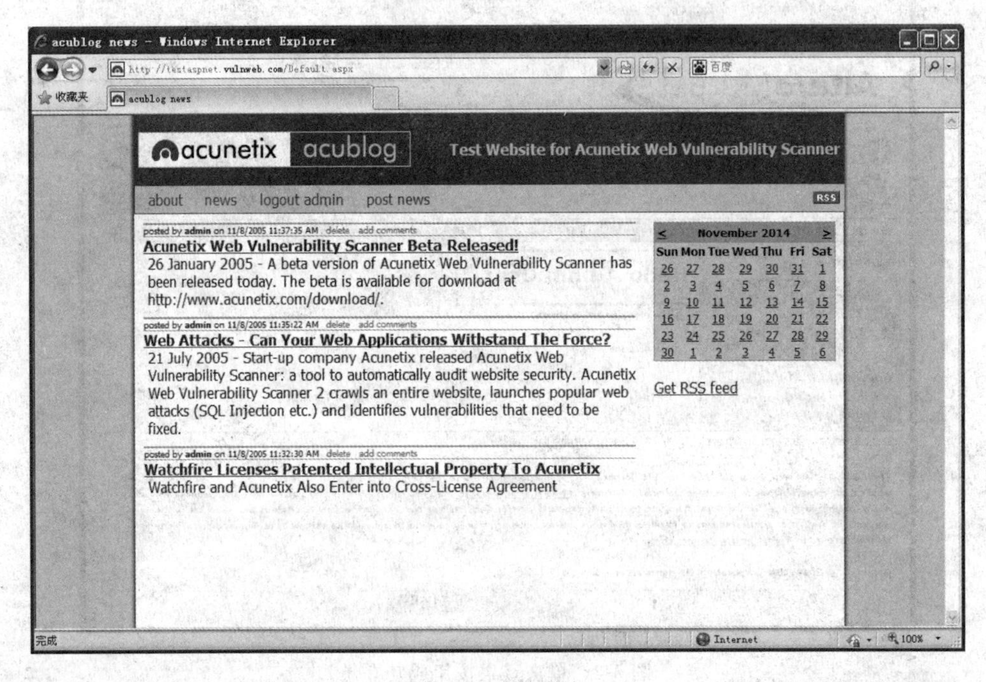

图 5-4 登录成功

［专家点评］：

SQL 注入式攻击在 2013 年名列全球十大 Web 安全攻击第 1 位，危害性很大。程序员如何从代码或架构的角度防范 SQL 注入式攻击？

以 ASP. NET 网站为例，要防止被 SQL 注入式攻击闯入并不是一件特别困难的事情，只要在利用表单输入的内容构造 SQL 命令之前，把所有输入内容过滤一遍就可以了。过滤输入内容可以按多种方式进行。

(1) 对于动态构造 SQL 查询的场合，可以使用下面的技术：

第一，替换单引号，即把所有单独出现的单引号改成两个单引号，防止攻击者修改 SQL 命令的含义。再来看前面的例子，"SELECT * from Users WHERE login = ''' or ''1''=''1' AND password = ''' or ''1''=''1'"显然会得到与"SELECT * from Users WHERE login = '' or '1'='1' AND password = '' or '1'='1'"不同的结果。

第二，删除用户输入内容中的所有连字符，防止攻击者构造出类如"SELECT * from Users WHERE login = 'mas' -- AND password =''"之类的查询，因为这类查询的后半部分已经被注释掉，不再有效，攻击者只要知道一个合法的用户登录名称，根本不需要知道用户的密码就可以顺利获得访问权限。

第三，对于用来执行查询的数据库账户，限制其权限。用不同的用户账户执行查询、插入、更新、删除操作。由于隔离了不同账户可执行的操作，因而也就避免了原本用于执行 SELECT 命令的地方却被用于执行 INSERT、UPDATE 或 DELETE 命令。

(2) 用存储过程来执行所有的查询。SQL 参数的传递方式将防止攻击者利用单引号和连字符实施攻击。此外，它还使得数据库权限可以限制到只允许特定的存储过程执行，所有的用户输入必须遵从被调用的存储过程的安全上下文，这样就很难再发生注入式攻击了。

(3) 限制表单或查询字符串输入的长度。如果用户的登录名字最多只有 10 个字符，那么不要认可表单中输入的 10 个以上的字符，这将大大增加攻击者在 SQL 命令中插入有害代码的难度。

(4) 检查用户输入的合法性，确信输入的内容只包含合法的数据。数据检查应当在客户端和服务器端都执行——之所以要执行服务器端验证，是为了弥补客户端验证机制脆弱的安全性。

在客户端，攻击者完全有可能获得网页的源代码，修改验证合法性的脚本(或者直接删除脚本)，然后将非法内容通过修改后的表单提交给服务器。因此，要保证验证操作确实已经执行，唯一的办法就是在服务器端也执行验证。你可以使用许多内建的验证对象，例如 RegularExpressionValidator，它们能够自动生成验证用的客户端脚本，当然你也可以插入服务器端的方法调用。如果找不到现成的验证对象，你可以通过 CustomValidator 自己创建一个。

(5) 将用户登录名称、密码等数据加密保存。加密用户输入的数据，然后再将它与数据库中保存的数据比较，这相当于对用户输入的数据进行了"消毒"处理，用户输入的数据不再对数据库有任何特殊的意义，从而也就防止了攻击者注入 SQL 命令。System. Web. Security. FormsAuthentication 类有一个 HashPasswordForStoringInConfigFile，非常适合于对输入数据进行消毒处理。

(6) 检查提取数据的查询所返回的记录数量。如果程序只要求返回一个记录，但实际返回的记录却超过一行，那就当作出错处理。

5.3 Bug＃3：testasp 网站有 SQL 注入风险

缺陷标题：testasp 网站>登录>通过 SQL 语句不需要密码，可以直接登录。

测试平台与浏览器：Windows 7 ＋ Firefox 或 IE 11 浏览器。

测试步骤：

（1）打开国外网站 http://testasp.vulnweb.com/。

（2）单击左上方 login 选项进入登录界面。

（3）在用户输入框输入“admin' --”，密码随意键入，如图 5-5 所示。

（4）单击 Login 按钮观察。

期望结果：不能登录。

实际结果：登录成功，如图 5-6 所示。

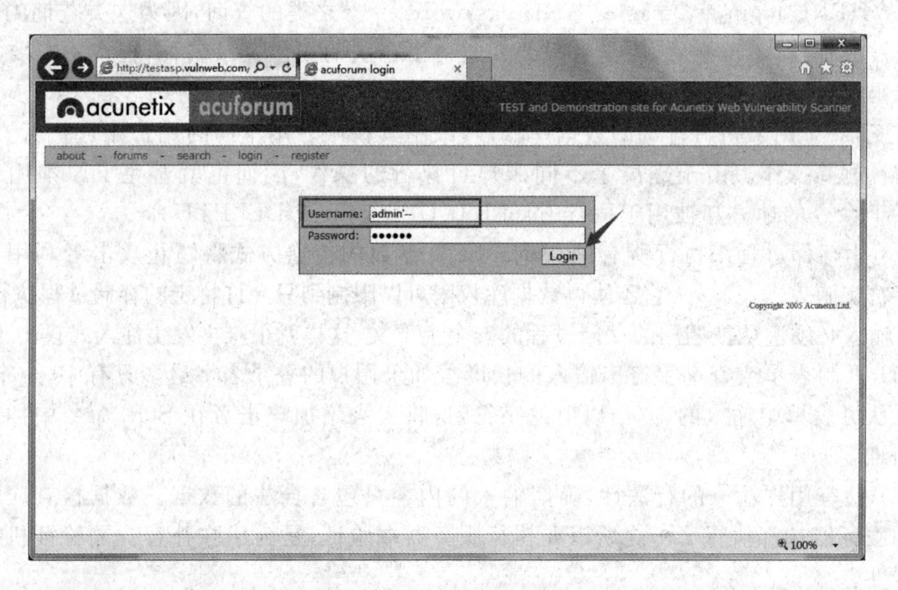

图 5-5 登录界面

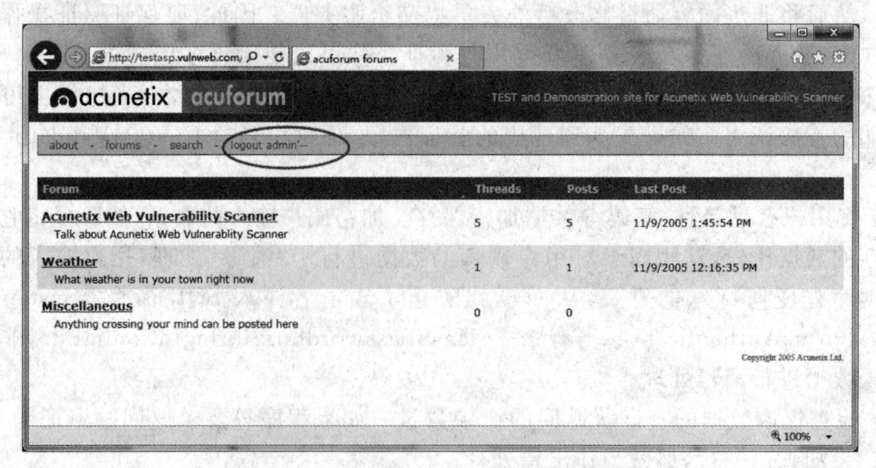

图 5-6 登录成功

[专家点评]：

下面介绍 SQL 注入式攻击常见类型。

1. 没有正确过滤转义字符

在用户的输入没有为转义字符过滤时，就会发生这种形式的注入式攻击，它会被传递给一个 SQL 语句。这样就会导致应用程序的终端用户对数据库上的语句实施操纵。比方说，下面的这行代码就会演示这种漏洞：

```
statement := "SELECT * FROM users WHERE name = '" + userName + "';"
```

这种代码的设计目的是将一个特定的用户从其用户表中取出，但是，如果用户名被一个恶意的用户用一种特定的方式伪造，这个语句所执行的操作可能就不仅仅是代码的作者所期望的那样了。例如，将用户名变量(即 username)设置为：

```
a' or 't' = 't
```

此时原始语句发生了变化：

```
SELECT * FROM users WHERE name = 'a' OR 't' = 't';
```

如果这种代码被用于一个认证过程，那么这个例子就能够强迫选择一个合法的用户名，因为赋值“'t'='t”永远是正确的。

在一些 SQL 服务器上，如在 SQL Server 中，任何一个 SQL 命令都可以通过这种方法被注入，包括执行多个语句。下面语句中的 username 的值将会导致删除 users 表，又可以从 data 表中选择所有的数据(实际上就是透露了每一个用户的信息)。

```
a';DROP TABLE users; SELECT * FROM data WHERE name LIKE '%
```

这就将最终的 SQL 语句变成下面的样子：

```
SELECT * FROM users WHERE name = 'a';DROP TABLE users; SELECT * FROM DATA WHERE name LIKE '%';
```

其他的 SQL 执行不会将执行同样查询中的多个命令作为一项安全措施。这会防止攻击者注入完全独立的查询，不过却不会阻止攻击者修改查询。

2. Incorrect type handling

如果一个用户提供的字段并非一个强类型，或者没有实施类型强制，就会发生这种形式的攻击。当在一个 SQL 语句中使用一个数字字段时，如果程序员没有检查用户输入的合法性(是否为数字型)就会发生这种攻击。例如：

```
statement := "SELECT * FROM data WHERE id = " + a_variable + ";"
```

从这个语句可以看出，程序员希望 a_variable 是一个与 id 字段有关的数字。不过，如果终端用户选择一个字符串，就绕过了对转义字符的需要。例如，将 a_variable 设置为“1;DROP TABLE users”，它会将 users 表从数据库中删除，SQL 语句变成“SELECT * FROM DATA WHERE id = 1;DROP TABLE users;”。

3. 数据库服务器中的漏洞

有时,数据库服务器软件中也存在着漏洞,如 MySQL 服务器中 mysql_real_escape_string()函数漏洞。这种漏洞允许一个攻击者根据错误的统一字符编码执行一次成功的 SQL 注入式攻击。

4. 盲目 SQL 注入式攻击

当一个 Web 应用程序易于遭受攻击而其结果对攻击者却不见时,就会发生所谓的盲目 SQL 注入式攻击。有漏洞的网页可能并不会显示数据,而是根据注入到合法语句中的逻辑语句的结果显示不同的内容。这种攻击相当耗时,因为必须为每一个获得的字节而精心构造一个新的语句。但是一旦漏洞的位置和目标信息的位置被确立以后,一种称为 Absinthe 的工具就可以使这种攻击自动化。

5. 条件响应

注意,有一种 SQL 注入迫使数据库在一个普通的应用程序屏幕上计算一个逻辑语句的值:

```
SELECT booktitle FROM booklist WHERE bookId = 'OOk14cd' AND 1 = 1
```

这会导致一个标准的 SQL 执行,而语句

```
SELECT booktitle FROM booklist WHERE bookId = 'OOk14cd' AND 1 = 2
```

在页面易于受到 SQL 注入式攻击时,有可能给出一个不同的结果。这样的一次注入将会证明盲目的 SQL 注入是可能的,它会使攻击者根据另外一个表中的某字段内容设计可以评判真伪的语句。

6. 条件性差错

如果 WHERE 语句为真,这种类型的盲目 SQL 注入会迫使数据库评判一个引起错误的语句,从而导致一个 SQL 错误。例如:

```
SELECT 1/0 FROM users WHERE username = 'Ralph'
```

显然,如果用户 Ralph 存在的话,被零除将导致错误。

7. 时间延误

时间延误是一种盲目的 SQL 注入,根据所注入的逻辑,它可以导致 SQL 引擎执行一个长队列或者是一个时间延误语句。攻击者可以衡量页面加载的时间,从而决定所注入的语句是否为真。

以上仅是对 SQL 攻击的粗略分类。但从技术上讲,如今的 SQL 注入攻击者们在如何找出有漏洞的网站方面更加聪明,也更加全面了。出现了一些新型的 SQL 攻击手段。黑客们可以使用各种工具来加速漏洞的利用过程。我们不妨看看 the Asprox Trojan 这种木马,它主要通过一个发布邮件的僵尸网络来传播,其整个工作过程可以这样描述:首先,通过受到控制的主机发送的垃圾邮件将此木马安装到计算机上,然后,受到此木马感染的计算机会下载一段二进制代码,在其启动时,它会使用搜索引擎搜索用微软的 ASP 技术建立表单的、有漏洞的网站。搜索的结果就成为 SQL 注入攻击的靶子清单。接着,这个木马会向这些站点发动 SQL 注入式攻击,使有些网站受到控制、破坏。访问这些受到控制和破坏的网站的用户将会受到欺骗,从另外一个站点下载一段恶意的 JavaScript 代码。最后,这段代码将用户指引到第三个站点,这里有更多的恶意软件,如窃取口令的木马。

5.4 Bug＃4：testfire 网站注入攻击暴露代码细节

缺陷标题：testfire 网站＞登录时输入 SQL Injection 相关语句以致程序抛出 500 Internal serval error 错误信息。

测试平台与浏览器：Windows 7 ＋ IE 9 或 Firefox 浏览器。

测试步骤：

(1) 用 IE 浏览器打开国外网站 http://demo.testfire.net。

(2) 打开登录页面。

(3) 在用户名输入框中输入“or 0=0--”，密码输入框输入 123456，如图 5-7 所示。

(4) 单击 Login 按钮。

(5) 查看结果页面。

期望结果：页面中提示账号或密码错误。

实际结果：页面出现 500 Internal server error 错误，抛出比较详细的异常信息，暴露了不应该显示的执行细节，如图 5-8 按钮。

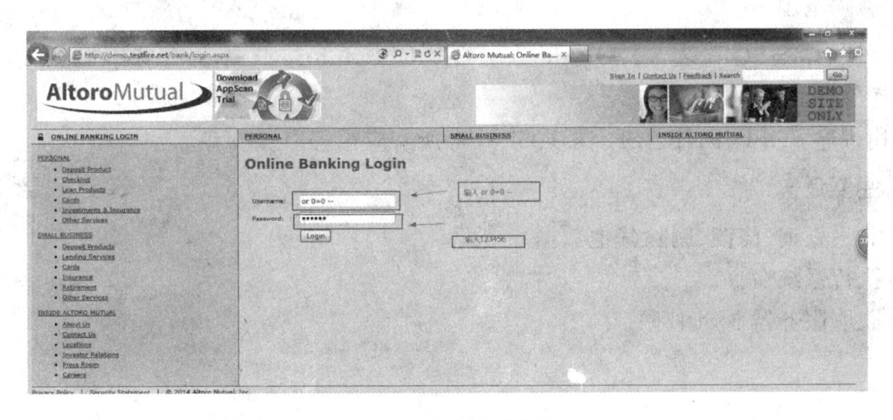

图 5-7　输入错误内容

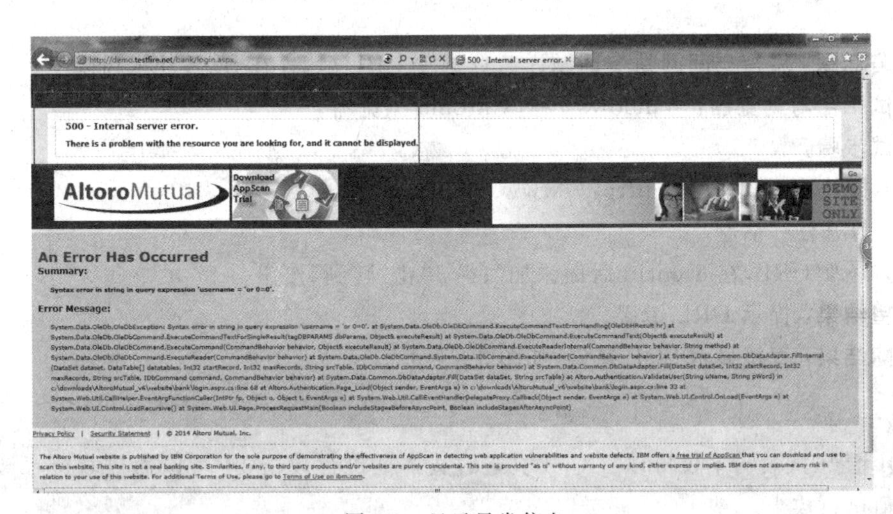

图 5-8　显示异常信息

[专家点评]:

SQL 注入式攻击就攻击技术本质而言,所利用的工具是 SQL 的语法,针对的是应用程序开发者编程中的漏洞,当攻击者能操作数据,向应用程序中插入一些 SQL 语句时,SQL Injection 攻击就发生了。

实际上,SQL Injection 攻击是存在于常见的多连接的应用程序中的一种漏洞,攻击者通过在应用程序预先定义好的 SQL 语句结尾加上额外的 SQL 语句元素,欺骗数据库服务器执行非授权的任意查询、篡改和命令。

就风险而言,SQL Injection 攻击也是位居前列,和缓冲区溢出漏洞相比,其优势在于能够轻易地绕过防火墙直接访问数据库,甚至能够获得数据库所在的服务器的系统权限。

在 Web 应用漏洞中,SQL Injection 漏洞的风险要高过其他所有的漏洞。

1. 攻击特点

攻击的广泛性:由于其利用的是 SQL 语法,使得攻击普遍存在。

攻击代码的多样性:由于各种数据库软件及应用程序有其自身的特点,实际的攻击代码可能不尽相同。

2. 影响范围

数据库:MS-SQL Server、Oracle、MySQL、DB2、Informix 等所有基于 SQL 语言标准的数据库软件。

应用程序:ASP、PHP、JSP、CGI、CFM 等所有应用程序。

3. 主要危害

- 非法查询、修改、删除其他数据库资源。
- 执行系统命令。
- 获取服务器 root 权限。

5.5 Bug#5:oricity 网站 URL 篡改暴露代码细节

缺陷标题:城市空间网站>话题详情页更改 URL 后,存在 SQL 注入风险。

测试平台与浏览器:Windows 7 + Chrome 浏览器。

测试步骤:

(1) 打开城市空间网站 http://www.oricity.com。

(2) 打开任一话题。

(3) 修改 URL,在 eventId 后面添加";",单击"转到"按钮。

期望结果:提示 URL 错误。

实际结果:直接显示 SQL 错误,如图 5-9 所示。

[专家点评]:

SQL 注入式攻击不仅可以针对可填充的文本框进行攻击,还可以通过直接篡改 URL 的参数值进行攻击。

本例中的 URL 篡改相对简单，只是把 eventId 对应的参数值改成分号；但导致的结果是引发的错误提示信息暴露了代码细节。从出错提示可以明显看出，数据库采用的是 MySQL Server，出错的表是 oc_reply 表，对应的字段有 replytype、eventid、replycount 等字段，一旦攻击者能拿到这些细节信息，就能进行更深层次的攻击。

对于 SQL 注入式攻击，软件开发人员常见的防范方法有：

(1) 严格检查用户输入，注意特殊字符，如“'”“;”“[”“--”“xp_”；

(2) 数字型的输入必须是合法的数字；

(3) 字符型的输入中对“'”进行特殊处理；

(4) 验证所有的输入点，包括 Get、Post、Cookie 以及其他 HTTP 头；

(5) 使用参数化的查询；

(6) 使用 SQL 存储过程；

(7) 最小化 SQL 权限。

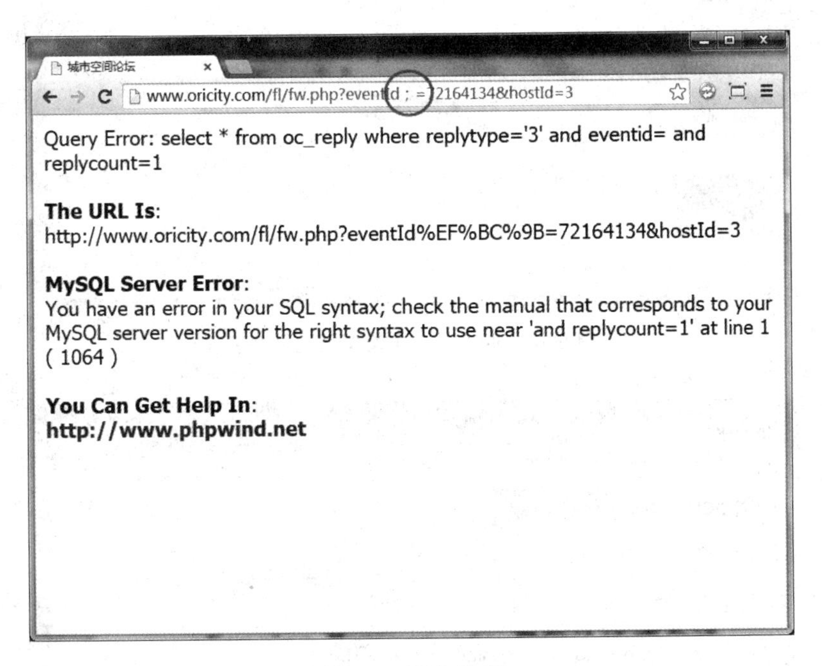

图 5-9　SQL 错误

5.6　Bug＃6：testphp 网站不能正确退出

缺陷标题：testphp 网站>退出后，单击浏览器的“返回”按钮依然停留在用户登录的界面。

测试平台与浏览器：Windows 7 ＋ Firefox 或 IE 11 浏览器。

测试步骤：

(1) 打开国外网站 http://testphp.vulnweb.com/。

(2) 单击左侧 Signup 按钮进行登录。

(3) 输入账号 test、密码 test 登录，显示出登录用户信息。

(4) 单击右上方“Logout test”链接退出。

(5) 单击浏览器自带返回键观察，如图 5-10 所示。

期望结果：退出后按返回键回到登录页面或主页。

实际结果：依然停留 test 用户信息界面，如图 5-11 所示。

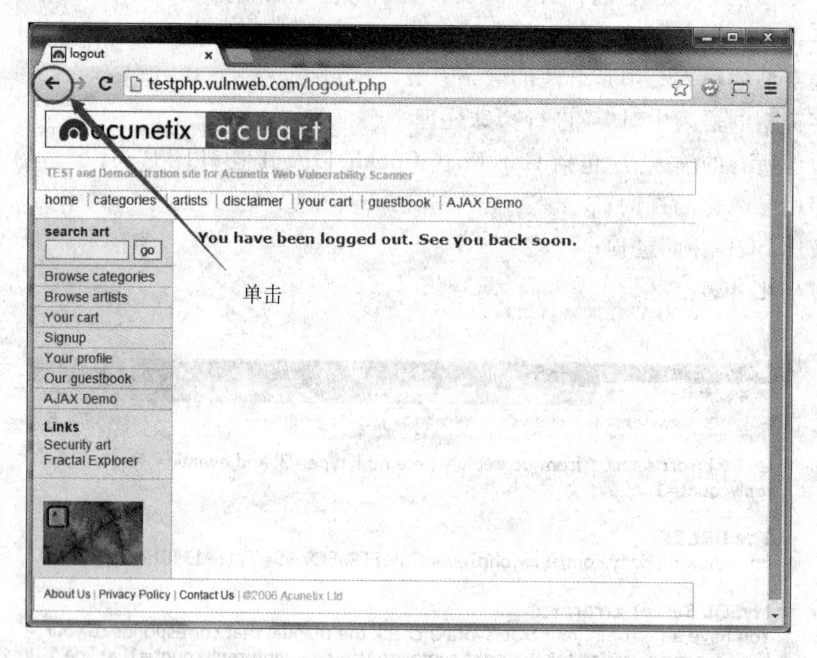

图 5-10　退出后单击浏览器返回按钮

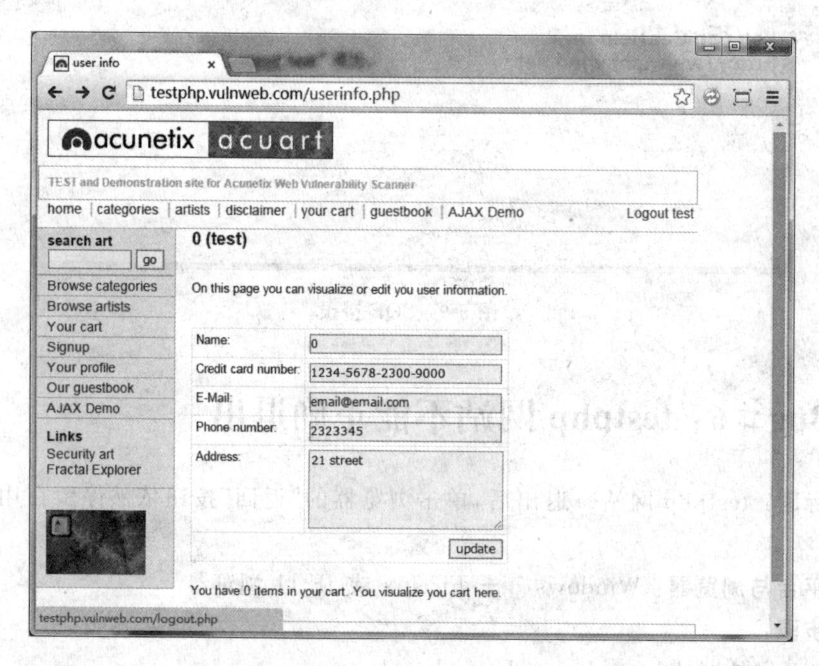

图 5-11　停留在 test 用户界面

[专家点评]:

身份认证和会话管理不当(Broken Authentication and Session Management)在2013年Web十大安全威胁中排名第二。

这类攻击常见的情形是:某航空票务网站将用户Session ID包含在URL中,如

http://example. com/sale/saleitems; sessionid = 2P0OC2JHKMSQROUNMJ4V?dest=Haxaii。

一位用户为了让她的朋友看到这个促销航班的内容,将上述链接发送给朋友,导致他人可以看到她的账号内容。

一位用户在公用电脑上没有退出他访问的网站,导致下一位使用者可以看到他的账号内容。

登录页面没有进行加密,攻击者通过截取网络包,轻易发现用户登录信息。

本例中不能完全退出,就会有漏洞。可以想象如果这是公用电脑,当退出站点后,就给别人用了,但其他人一访问你的浏览历史,就会发现你的账户还在登录状态,这就像你在银行自动取款机上已经输入过密码,完成了身份认证,但你离开时忘了取卡,别人就可以用你认证过的卡直接取现。

5.7　Bug#7:oricity网站有框架钓鱼风险

缺陷标题:oricity网站>户外轨迹>上传轨迹页面中轨迹名称存在通过框架钓鱼的风险。

测试平台与浏览器:Windows 7 + Chrome或IE 11浏览器。

测试步骤:

(1) 打开城市空间http://www. oricity. com/。

(2) 登录后单击"户外轨迹",然后单击"上传轨迹"按钮。

(3) 在"轨迹名称"文本框中输入"<iframe src=http://demo. testfire. net>",其他按正常输入。

(4) 单击"上传轨迹"按钮,再单击返回,观察页面元素。

期望结果:不存在通过框架钓鱼网风险。

实际结果:存在通过框架钓鱼网风险,覆盖了其他上传轨迹,并且主页显示错乱,如图5-12和图5-13所示。

[专家点评]:

Web应用程序的安全始终是一个重要的议题,因为网站是恶意攻击者的第一目标。黑客利用网站来传播其恶意软件、蠕虫、垃圾邮件及其他等等。OWASP概括了Web应用程序中最具危险的安全漏洞,但是仍在不断积极地发现可能出现的新的弱点以及新的Web攻击手段。黑客总是在不断寻找新的方法欺骗用户,因此从渗透测试的角度来看,我们需要看到每一个可能被利用来入侵的漏洞和弱点。

HTML 代码中 iframe 攻击，iframe 是可用于在 HTML 页面中嵌入一些文件(如文档、视频等)的一项技术。对 iframe 最简单的解释就是“iframe 是一个可以在当前页面中显示其他页面内容的技术”。

iframe 的安全威胁也是作为一个重要的议题被讨论着，因为 iframe 的用法很常见，许多知名的社交网站都会使用到它。使用 iframe 的方法如下：

例 1，

```
<iframe src = "http:// www.2cto.com"></iframe>
```

该例说明在当前网页中显示其他站点。

例 2，

```
<iframe src = 'http:// www.2cto.com /' width = '500' height = '600' style = 'visibility: hidden;'>
</iframe>
```

iframe 中定义了宽度和高度，但是框架可见度被隐藏了，所以不能显示。由于这两个属性占用面积，一般情况下攻击者不使用它。

现在，它完全可以从用户的视线中隐藏了，但是 iframe 仍然能够正常运行。而我们知道在同一个浏览器内，显示的内容是共享 Session 的，所以你在一个网站中已经认证的身份信息，在另一个钓鱼网站轻松就能获得。

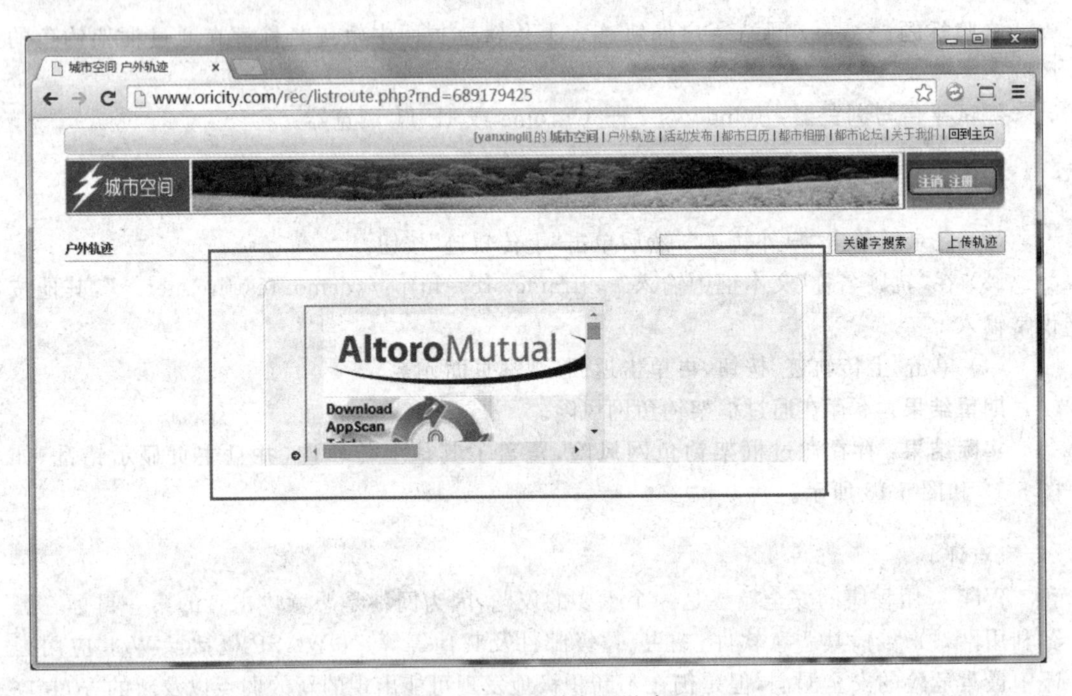

图 5-12 出现钓鱼网风险

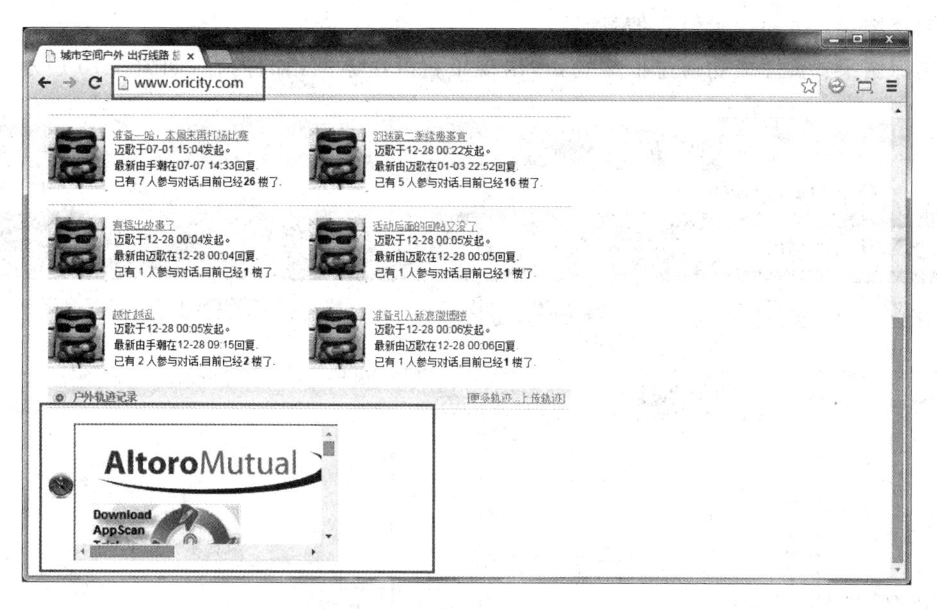

图 5-13　主页显示错乱

5.8　Bug＃8：testasp 网站有框架钓鱼风险

缺陷标题：国外网站 acunetix acuforum＞查询时可以通过框架钓鱼。

测试平台与浏览器：Windows 7 ＋ Chrome 或 Firefox 或 IE 11 浏览器。

测试步骤：

（1）打开国外网站 http://testasp. vulnweb. com。

（2）单击 search 选项。

（3）在输入框中输入“＜iframe src＝http://baidu. com＞”，单击 search posts 按钮，如图 5-14 所示。

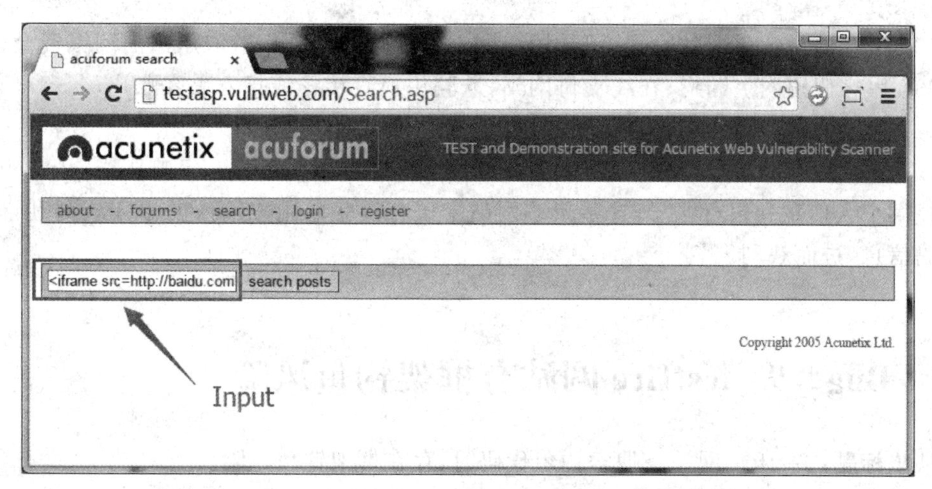

图 5-14　输入“＜iframe src＝http://baidu. com＞”

期望结果：页面提示警告信息。

实际结果：页面成功通过框架钓鱼，出现了百度搜索网站的内容，如图 5-15 所示。

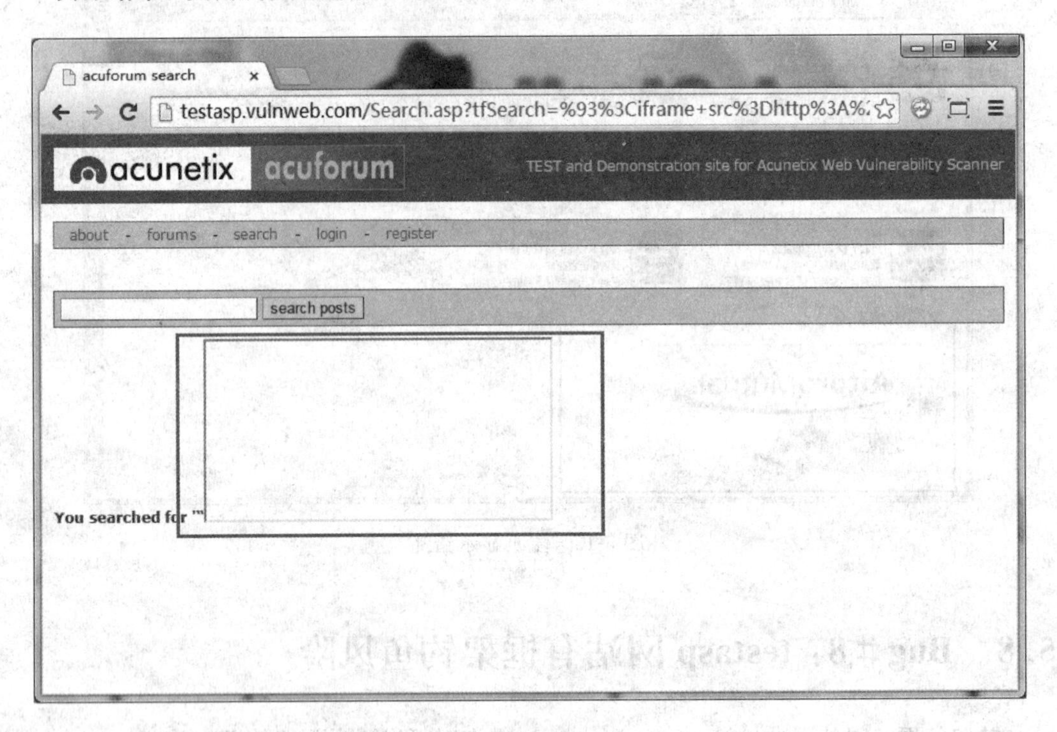

图 5-15　通过框架钓鱼

[专家点评]：

对于一些安全要求较高的网站，往往不希望自己的网页被另外非授权网站框架包含，因为这往往是危险的，因为不法分子总是想尽办法以“钓鱼”的方式牟利。常见钓鱼方式有如下几种：

(1) 黑客通过钓鱼网站设下陷阱，大量收集用户个人隐私信息，贩卖个人信息或敲诈用户；

(2) 黑客通过钓鱼网站收集、记录用户网上银行账号、密码，盗取用户的网银资金；

(3) 黑客假冒网上购物、在线支付网站，欺骗用户直接将钱打入黑客账户；

(4) 通过假冒产品和广告宣传获取用户信任，骗取用户金钱；

(5) 恶意团购网站或购物网站，假借“限时抢购”、“秒杀”、“团购”等噱头，让用户不假思索地提供个人信息和银行账号，这些黑心网站主可直接获取用户输入的个人资料和网银账号密码信息，进而获利。

5.9　Bug#9：testfire 网站有框架钓鱼风险

缺陷标题：testfire 网站>搜索钓鱼代码时，存在框架钓鱼风险。

测试平台与浏览器：Windows 7 + IE 11 浏览器。

测试步骤：

(1) 打开 testfire 国外网站 http://demo.testfire.net/。

(2) 在搜索栏输入“＜iframe src＝http://demo.testfire.net＞”。

期望结果：不存在通过框架钓鱼网风险。

实际结果：存在通过框架钓鱼网风险，如图 5-16 和图 5-17 所示。

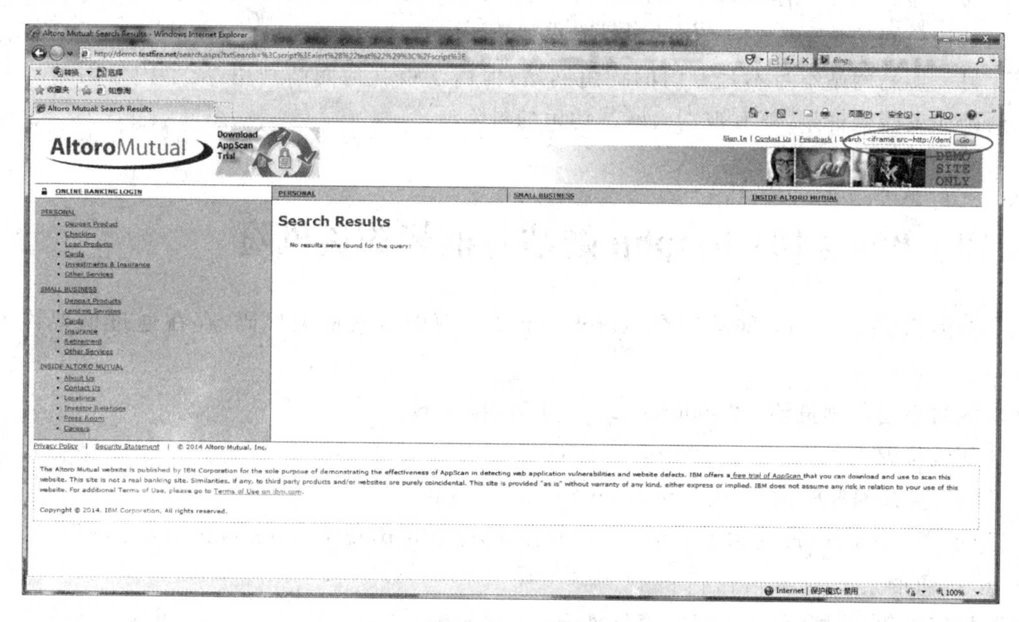

图 5-16　通过框架钓鱼

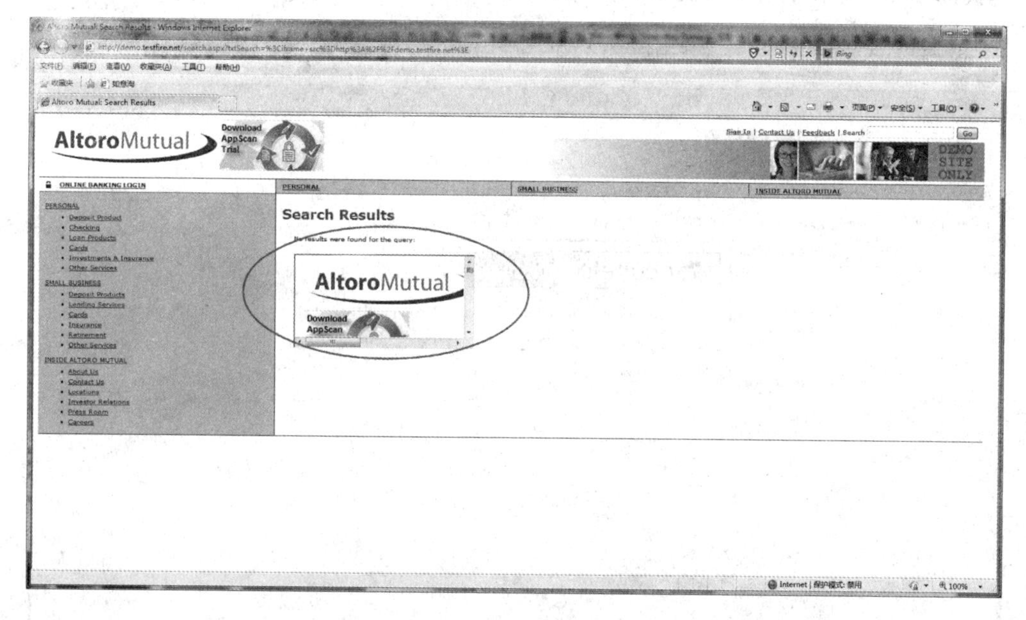

图 5-17　通过框架钓鱼

[专家点评]:

钓鱼网类型主要有两种。一种是主动的钓鱼网站,就是高仿网站,专门用于钓鱼。比如,中国工商银行的官网是: www. icbc. com,钓鱼网站可能仅修改部分,例如为 www. lcbc. com,钓鱼网站表面上看,内容与官网完全一样,甚至弹出来的公告都和你平常经常见到页面一样。这样当你在钓鱼网站用你的银行账户与密码登录后,你的银行账户与密码就存储到钓鱼网站数据库中了,你的银行账户就不再安全。

另一类是网站本身不是专门的钓鱼网站,但由于被其他网站利用,成了钓鱼网站。一个网站如果能被框架,就有被别人网站钓鱼的风险。

5.10 Bug＃10:testphp 网站有框架钓鱼风险

缺陷标题:testphp 网站＞在 search art 文本框中搜索框架代码,存在通过框架钓鱼风险。

测试平台与浏览器:Windows XP ＋ IE 8 浏览器。

测试步骤:

(1) 打开国外网站 http://testphp. vulnweb. com。

(2) 在 search art 文本框内输入“<iframe src=http://testphp. vulnweb. com/>”,单击 go 按钮搜索。

期望结果:不存在通过框架钓鱼风险。

实际结果:存在通过框架钓鱼风险,如图 5-18 所示。

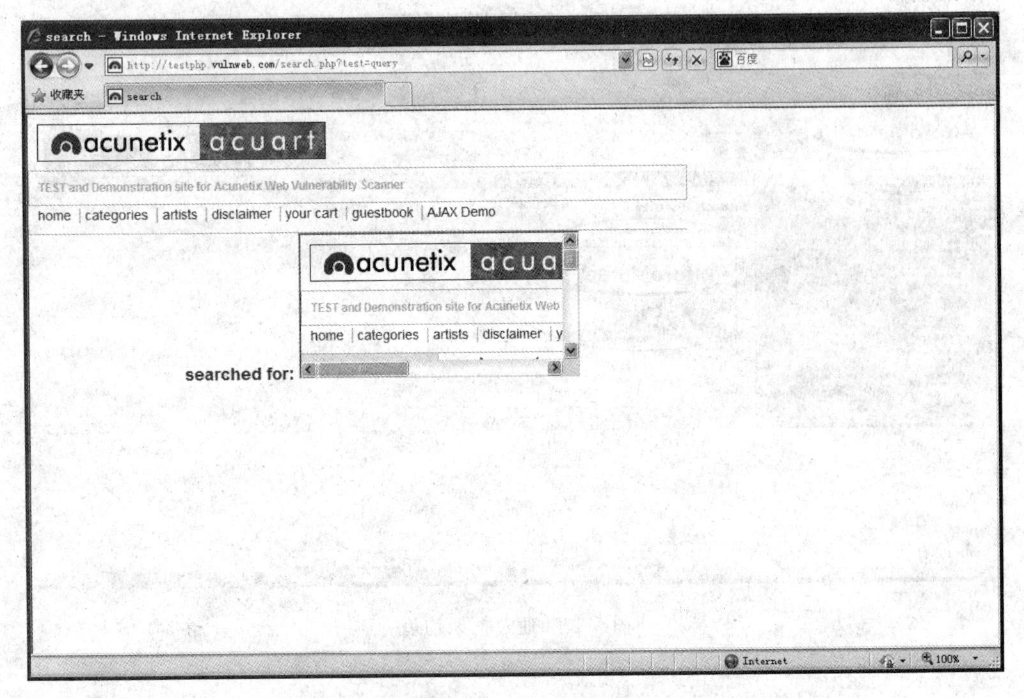

图 5-18 通过框架钓鱼

[专家点评]：

互联网上活跃的钓鱼网站传播途径主要有八种：

(1) 通过 QQ、MSN、阿里旺旺等客户端聊天工具发送传播钓鱼网站链接；

(2) 在搜索引擎、中小网站投放广告，吸引用户单击钓鱼网站链接，此种手段被假医药网站、假机票网站常用；

(3) 通过 E-mail、论坛、博客、SNS 网站批量发布钓鱼网站链接；

(4) 通过微博、Twitter 中的短链接散布钓鱼网站链接；

(5) 通过仿冒邮件，例如冒充"银行密码重置邮件"，来欺骗用户进入钓鱼网站；

(6) 感染病毒后弹出模仿 QQ、阿里旺旺等聊天工具窗口，用户单击后进入钓鱼网站；

(7) 恶意导航网站、恶意下载网站弹出仿真悬浮窗口，单击后进入钓鱼网站；

(8) 伪装成用户输入网址时易发生的错误，如 gogle. com、sinz. com 等，一旦用户写错，就误入钓鱼网站。

如果网站开发人员不懂得 Web 安全常识，那么许多网站都可能有一个潜在的钓鱼网站。

5.11 Bug#11：testaspnet 网站有框架钓鱼风险

缺陷标题：testaspnet 网站>comments 评论区>评论框中，存在通过框架钓鱼的风险。

测试平台与浏览器：Windows 7 ＋ IE 9 或 Firefox 浏览器。

测试步骤：

(1) 用 IE 浏览器打开国外网站 http://testaspnet.vulnweb.com/。

(2) 在主页中单击 comments

(3) 在 comments 文本框中输入<iframe src=http://baidu.com>，如图 5-19 所示。

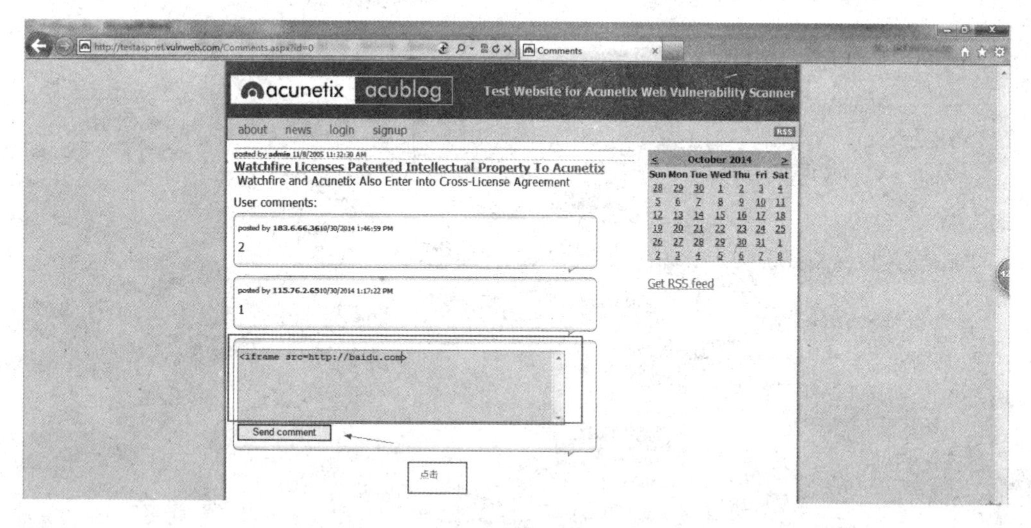

图 5-19 输入脚本代码

(4) 单击 Send comments 按钮。

(5) 查看结果页面。

期望结果：用户能够正常评论，不存在通过框架钓鱼网风险。

实际结果：存在通过框架钓鱼网风险，覆盖了其他评论，并且页面显示错乱，如图 5-20 所示。

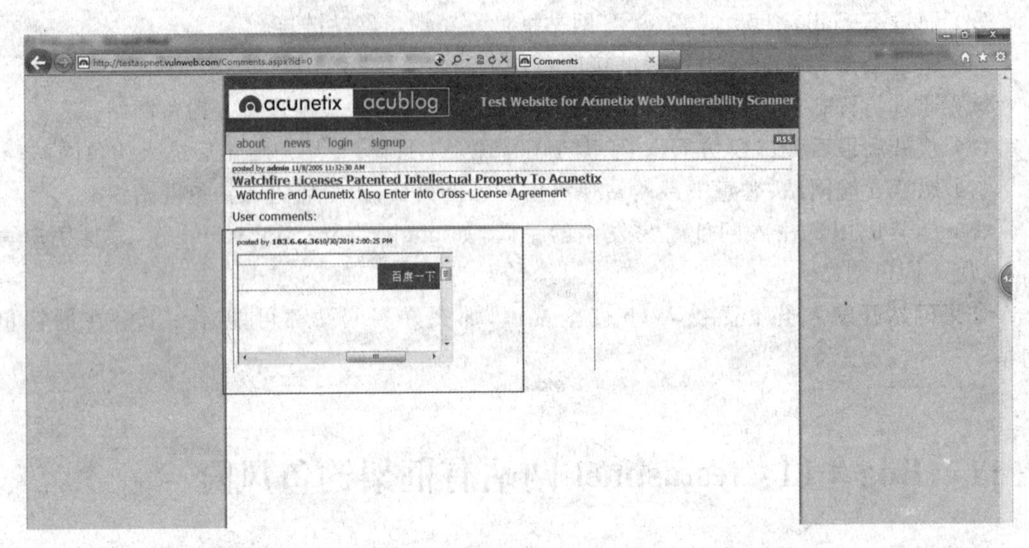

图 5-20 存在通过框架钓鱼网风险，页面显示错乱

[专家点评]：

对于禁止自己的网页或网站被 frame 或者 iframe 框架(阻止钓鱼风险)，目前国内使用的大致有三种方法：

(1) 使用 meta 元标签 。

```
<html>
    <head>
      <meta http-equiv="Windows-Target" contect="_top">
   </head>
   <body></body>
</html>
```

(2) 使用 JavaScript 脚本。

```
function location_top(){
    if(top.location!= self.location){
      top.location = self.location;
      return false;
    }
    return true;
}
location_top(); // 调用
```

这个方法用得比较多，但是网上的高手也想到了破解的办法，那就是在父框架中加入脚本 var location＝document.location 或者 var location＝""。记住：前台的验证经常会被绕行或其他方式取代而不起作用。

（3）使用 HTTP 响应头。

这里介绍的响应头是 X-Frame-Options，这个属性可以解决使用 js 判断会被 var location 破解的问题，IE 8、Firefox 3.6、Chrome 4 以上的版本均能很好地支持，以 Java EE 软件开发为例，补充 Java 后台代码如下：

```
// to prevent all framing of this content
response.addHeader( "X-FRAME-OPTIONS", "DENY" );

// to allow framing of this content only by this site
response.addHeader( "X-FRAME-OPTIONS", "SAMEORIGIN" );
```

就可以进行服务器端的验证，攻击者是无法绕过服务器端验证的，从而确保网站不会被框架钓鱼利用，此种解决方法是目前最为安全的解决方案。

5.12　Bug＃12：oricity 网站有 XSS 攻击风险之一

缺陷标题：城市空间＞个人空间＞好友修改页面备注输入框有 XSS 攻击的问题。

测试平台与浏览器：Windows 7 ＋ IE 9 浏览器。

测试步骤：

（1）打开城市空间网站 http://www.oricity.com/。

（2）登录已注册的账号 test1。

（3）单击"[test123]的城市空间"，到个人中心页面。

（4）单击"我的朋友"→"好友邀请"选项，添加已注册的账户 yanxingli 为好友。

（5）查看好友列表，给好友 yanxingli 修改备注，进入"修改备注"页面。

（6）在备注框输入 XSS 攻击代码"＜script＞alert("test")＜/script＞"，单击"确定修改"按钮，如图 5-21 所示。

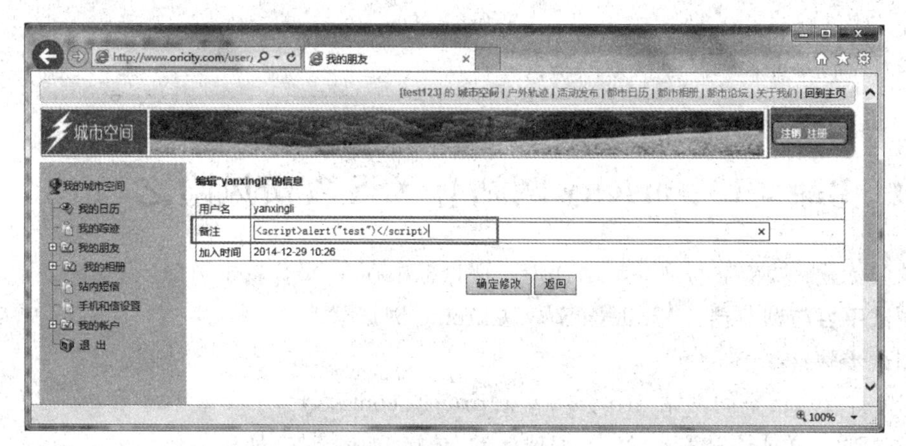

图 5-21　备注填写 XSS 代码

期望结果：不会弹出 test 的对话框，没有 XSS 攻击危险。

实际结果：弹出 test 的对话框，备注栏输入框存在 XSS 攻击危险，如图 5-22 所示。

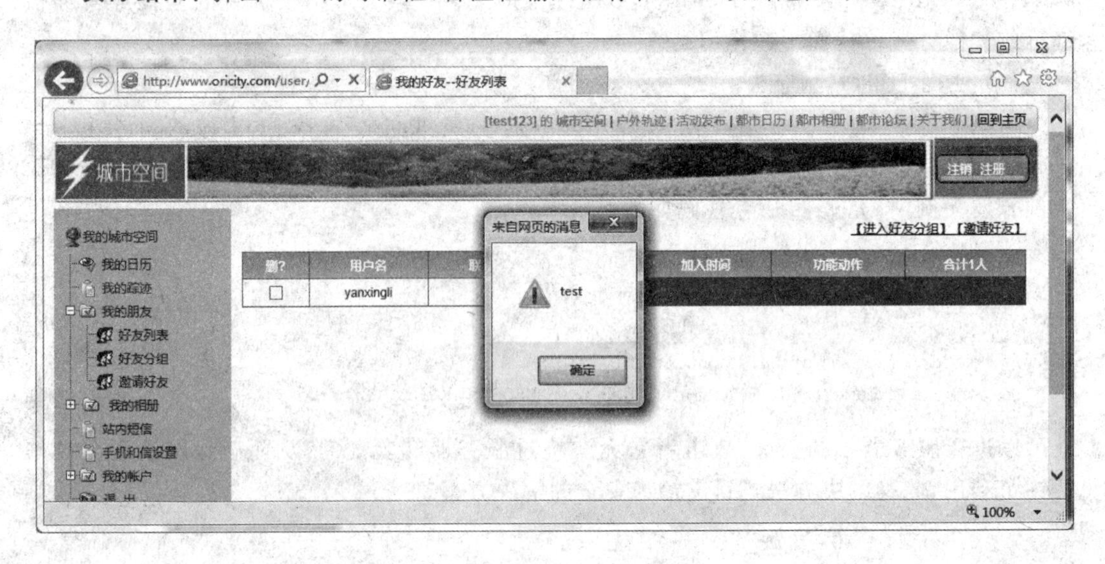

图 5-22　弹出 test 对话框

[专家点评]：

XSS 是一种经常出现在 Web 应用中的计算机安全漏洞，它允许恶意 Web 用户将代码植入到提供给其他用户使用的页面中。这些代码包括 HTML 代码和客户端脚本。

在 2007 年 OWASP 所统计的所有安全威胁中，跨站脚本攻击占到了 22%，高居所有 Web 威胁之首。2013 年，XSS 攻击排名第三。

XSS 攻击的危害包括：

(1) 盗取各类用户账号，如机器登录账号、用户网银账号、各类管理员账号。

(2) 控制企业数据，包括读取、篡改、添加、删除企业敏感数据的能力。

(3) 盗窃企业重要的具有商业价值的资料。

(4) 非法转账。

(5) 强制发送电子邮件。

(6) 网站挂马。

(7) 控制受害者机器向其他网站发起攻击。

5.13　Bug#13：oricity 网站有 XSS 攻击风险之二

缺陷标题：城市空间网＞活动详情＞评论框中存在 XSS 攻击风险。

测试平台与浏览器：Windows 7 ＋ Chrome 浏览器。

测试步骤：

(1) 打开城市空间网站 http://www.oricity.com/。

(2) 登录，单击右边"OC No...羽球活动"链接，如图 5-23 所示。

图 5-23 单击该活动键接

(3) 在响应界面下方评论框中输入内容"<script>alert("test100")</script>",单击"提交回复"按钮,如图 5-24 所示。

期望结果:返回正常,无弹出对话框。

实际结果:弹出 test100 对话框信息,如图 5-25 所示。

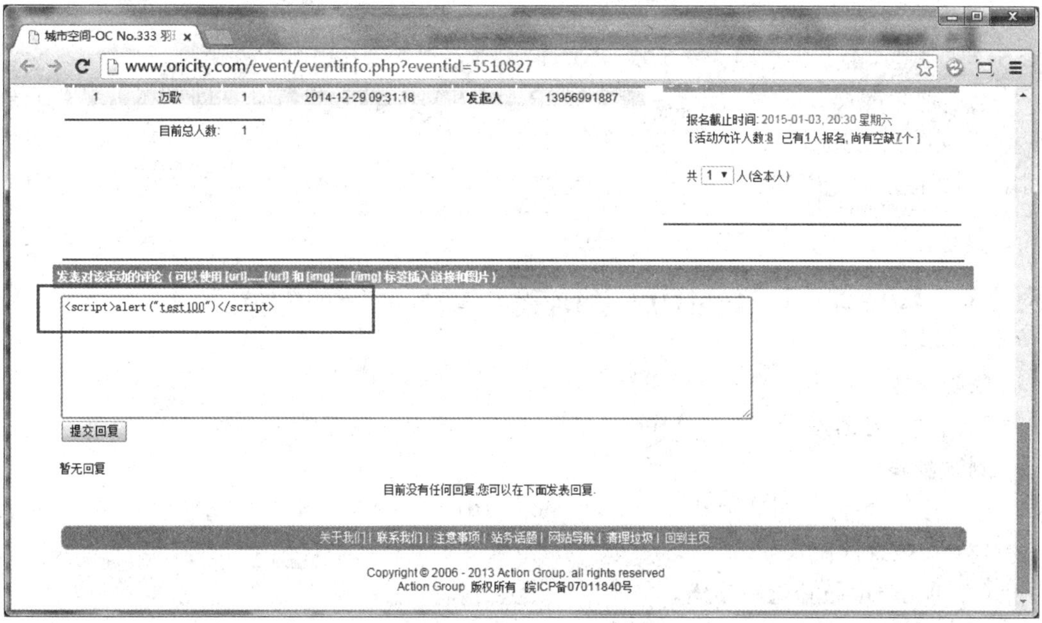

图 5-24 输入 XSS 攻击代码

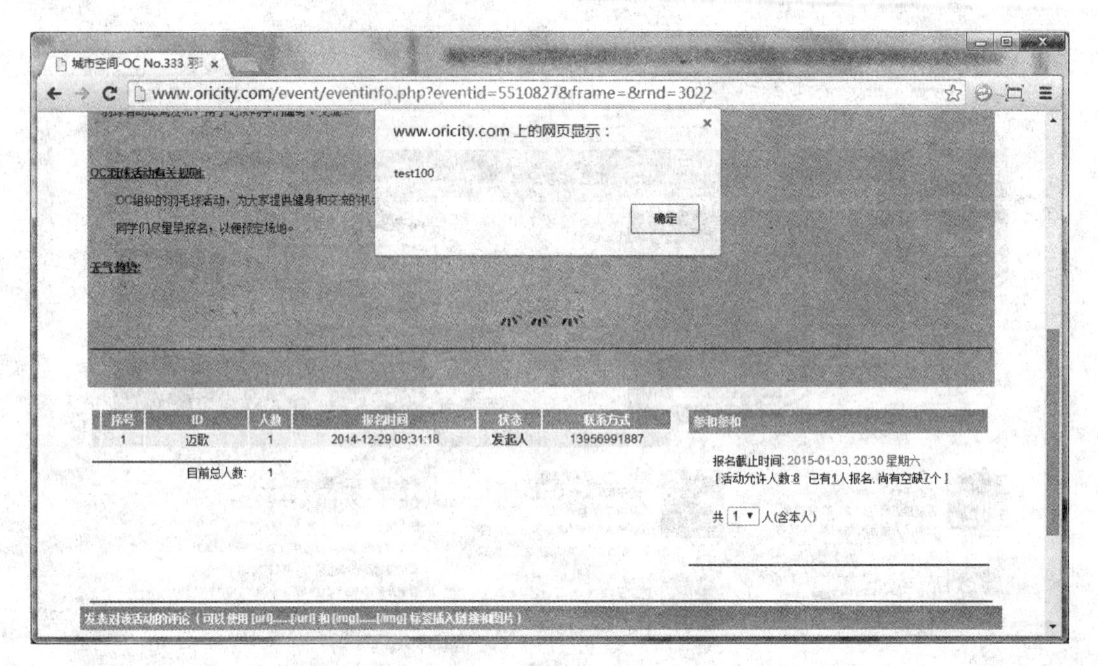

图 5-25　弹出 test100 对话框

[**专家点评**]：

现在的网站大多包含大量的动态内容以提升用户体验，Web 应用程序能够显示用户输入相应的内容。比如有人喜欢写博客、有人喜欢在论坛中回帖、有人喜欢聊天……动态站点会受到一种名为"跨站脚本攻击"(Cross Site Scripting，安全专家们通常将其缩写成 XSS，原本应当是 css，但为了和层叠样式表(Cascading Style Sheet，CSS)有所区分，故称 XSS)的威胁，而静态站点因为只能看、不能修改则完全不受其影响。

动态网站网页文件的扩展名一般为 ASP、JSP、PHP 等，要运行动态网页还需要配套的服务器环境；而静态网页的扩展名一般为 HTML 和 SHTML 等，静态网页只要用普通的浏览器打开就能解析执行。

5.14　Bug＃14：testfire 网站有 XSS 攻击风险

缺陷标题：testfire 首页＞搜索框存在 XSS 攻击风险。

测试平台与浏览器：Win7 64bit ＋ IE 11 或 Chrome 浏览器。

测试步骤：

(1) 打开 testfire 国外网站 http://demo.testfire.net。

(2) 在搜索框输入＜script＞alert("test")＜/script＞。

(3) 单击 Go 按钮进行搜索。

期望结果：返回正常，无弹出对话框。

实际结果：弹出 test 对话框信息，如图 5-26 所示。

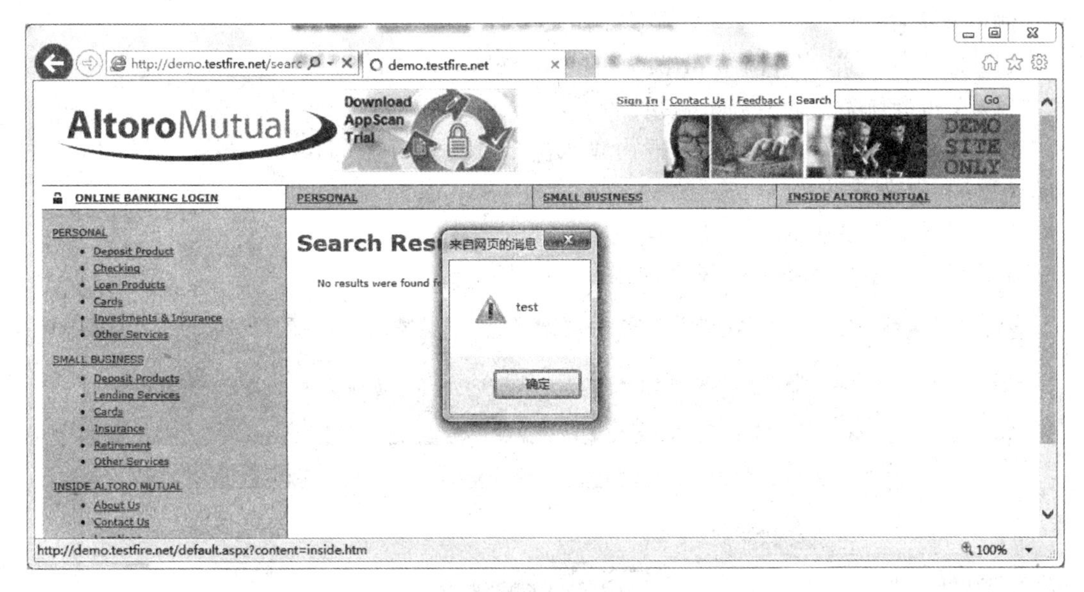

图 5-26 弹出 test 对话框

[专家点评]:

用户在浏览网站、使用即时通信软件,甚至在阅读电子邮件时,通常会单击其中的链接。攻击者通过在链接中插入恶意代码,就能够盗取用户信息。攻击者通常会用十六进制(或其他编码方式)将链接编码,以免用户怀疑它的合法性。网站在接收到包含恶意代码的请求之后会产成一个包含恶意代码的页面,而这个页面看起来就像是那个网站应当生成的合法页面一样。许多流行的留言本和论坛程序允许用户发表包含 HTML 和 JavaScript 的帖子。假设用户甲发表了一篇包含恶意脚本的帖子,那么用户乙在浏览这篇帖子时,恶意脚本就会执行,盗取用户乙的 session 信息。

为了搜集用户信息,攻击者通常会在有漏洞的程序中插入 JavaScript、VBScript、ActiveX 或 Flash 以欺骗用户。一旦得手,他们就可以盗取用户账户、修改用户设置、盗取/污染 cookie、做虚假广告等。每天都有大量的 XSS 攻击的恶意代码出现。

随着 AJAX(Asynchronous JavaScript and XML,异步 JavaScript 和 XML)技术的普遍应用,XSS 的攻击危害将被放大。使用 AJAX 的最大优点就是可以不用更新整个页面来维护数据,Web 应用可以更迅速地响应用户请求。AJAX 会处理来自 Web 服务器及源自第三方的丰富信息,这对 XSS 攻击提供了良好的机会。AJAX 应用架构会泄漏更多应用的细节,如函数和变量名称、函数参数及返回类型、数据类型及有效范围等。AJAX 应用架构还有着较传统架构更多的应用输入,这就增加了可被攻击的点。

5.15 Bug#15:testasp 网站有 XSS 攻击风险

缺陷标题: testasp 首页>search 页面>search posts 框中存在 XSS 攻击问题。

测试平台与浏览器: Win7 64bit + IE 11 或 Chrome 浏览器。

测试步骤：

(1) 打开 testasp 国外网站 http://testasp.vulnweb.com。

(2) 单击导航条上的 search 链接。

(3) 在 search posts 左侧输入框内输入"<script>alert("test")</script> ",单击 search posts 按钮查找。

期望结果：不存在 XSS 攻击风险。

实际结果：存在 XSS 攻击风险，如图 5-27 所示。

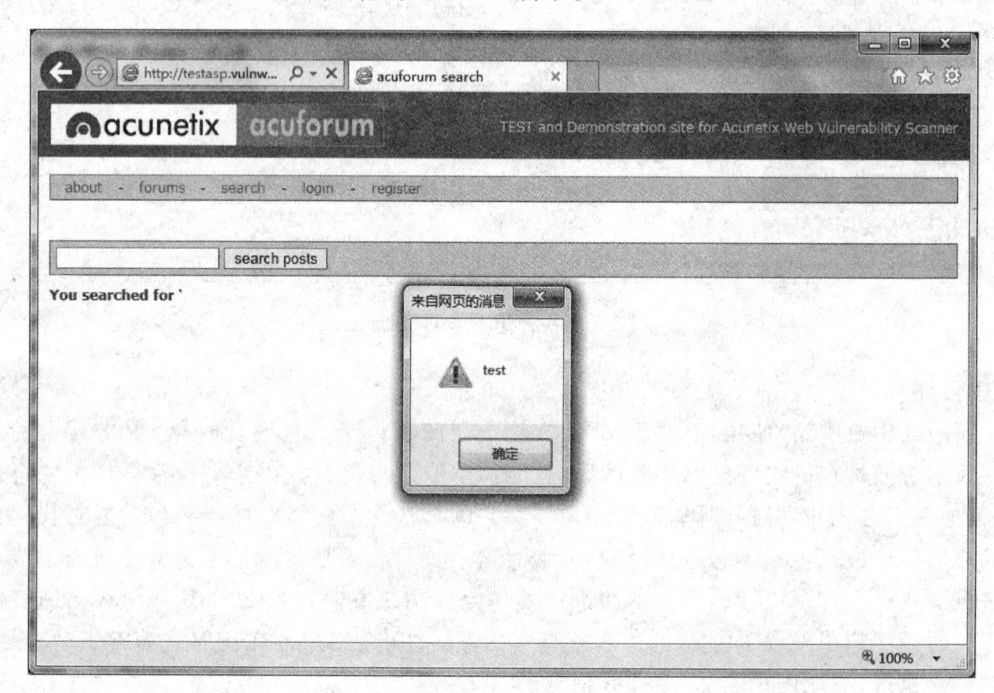

图 5-27　弹出 test 对话框

[专家点评]：

从网站开发者角度，如何防护 XSS 攻击？

来自应用安全国际组织 OWASP 的建议，对 XSS 最佳的防护应该结合以下两种方法：验证所有输入数据，有效检测攻击；对所有输出数据进行适当的编码，以防止任何已成功注入的脚本在浏览器端运行。具体如下：

输入验证——某个数据在用户输入后，用于显示或存储之前，使用标准输入验证机制，验证所有输入数据的长度、类型、语法以及业务规则。

输出编码——数据输出前，确保用户提交的数据已被正确进行编码，建议对所有字符进行编码而不仅局限于某个子集。

明确指定输出的编码方式——不要允许攻击者为你的用户选择编码方式（如 ISO 8859-1 或 UTF 8）。

注意黑名单验证方式的局限性——仅仅查找或替换一些字符(如“<” “>”或类似“script”的关键字),很容易被 XSS 变种攻击绕过验证机制。

警惕规范化错误:验证输入之前,必须进行解码及规范化以符合应用程序当前的内部表示方法。请确定应用程序对同一输入不做两次解码。

从网站用户角度,如何防护 XSS 攻击?

当打开一封 E-mail 或附件、浏览论坛帖子时,可能恶意脚本会自动执行,因此,在做这些操作时一定要特别谨慎。建议在浏览器设置中关闭 JavaScript。如果使用 IE 浏览器,应将安全级别设置为“高”。

5.16　Bug＃16:oricity 网站有篡改 URL 攻击风险

缺陷标题:城市空间网站>好友分组,通过更改 URL 可以添加超过最大个数的好友分组。

测试平台与浏览器: Windows 7＋ IE 11 或 Chrome 浏览器。

测试步骤:

(1) 打开城市空间网站 http://www.oricity.com/。

(2) 使用正确账号,登录。

(3) 单击账号名称,进入“我的城市空间”。

(4) 单击“好友分组”,添加好友分组到最大个数 10 个,此时“添加”按钮变灰色,不可以添加状态,选择一个分组,单击“修改组资料”按钮。

(5) 在 URL 后面加上“? action=add”,回车。

(6) 在添加页面输入组名,单击“确定”按钮。

期望结果:不能添加分组。

实际结果:第 11 个分组添加成功,如图 5-28 所示。

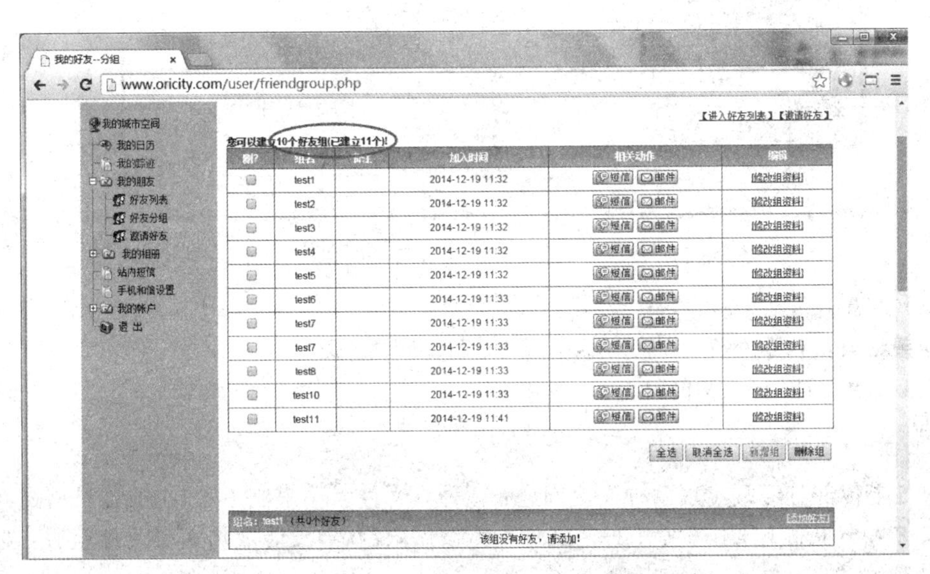

图 5-28　添加了 11 个分组

[专家点评]:

当 10 个分组添加完成,“新建组”按钮变灰,不可再单击添加,也就是前端判断正确,但是当编辑分组,更改 URL 为添加页面的 URL 补上“? action=add”时,却可以添加成功,说明后端程序并没有验证是否已达到最大限制,这是标准的安全技术问题。

A7-Missing Function Level Access Control 在 2013web 安全排名第 7 位,属于功能级访问控制缺失,大部分 Web 应用在界面上进行了应用级访问控制,但是在应用服务器端也要进行相应的访问控制才行。如果请求没有服务器端验证,攻击者就能够构造请求访问未授权的功能。

5.17 Bug#17:oricity 网站有文件大小限制安全问题

缺陷标题:城市空间网站>个人中心>我的相册中图片上传,可上传超过限制大小的图片。

测试平台与浏览器:Windows 7 + Chrome 浏览器。

测试步骤:

(1) 打开城市空间网站 http://www.oricity.com/。

(2) 登录,单击“xx 的城市空间”,在“我的相册”目录下找到“图片上传”。

(3) 选择超过限制的图片并上传,如图 5-29 所示。

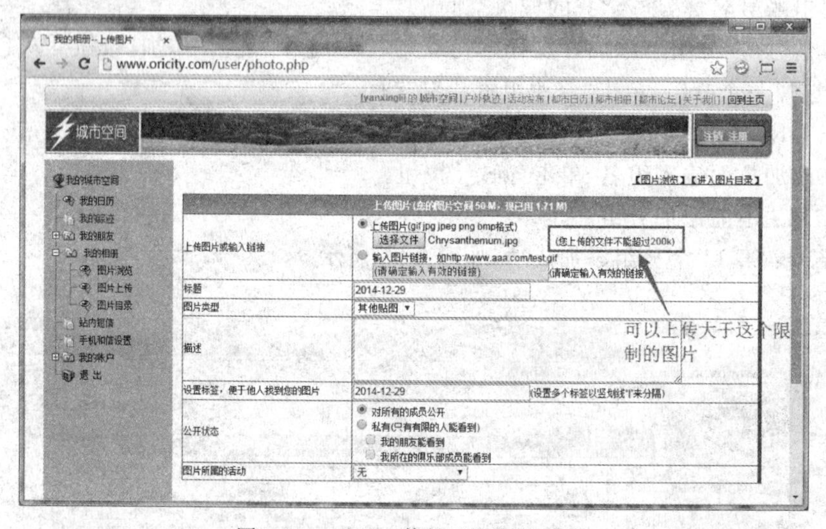

图 5-29 可以上传超过限制的图片

(4) 查看上传结果。

期望结果:上传失败,并提示。

实际结果:能上传,并能打开。

[专家点评]:

文件上传部分经常出现两种安全问题:一种是文件大小限制不工作,或能被轻易攻击,导致文件大小限制不工作;另一种是文件类型没做限制,导致能上传病毒文件至服务器中,破坏服务器中的源程序或其他有用文件。

5.18　Bug#18：oricity 暴露网站目录结构

缺陷标题：城市空间网站>URL 后添加/robots.txt，可以暴露站点结构的文件。

测试平台与浏览器：Windows 7 64bit + Chrome 或 IE 11 浏览器。

测试步骤：

(1) 打开城市空间网站 http://www.oricity.com/。

(2) 在原 URL 后面添加/robots.txt，并回车。

期望结果：不存在该文件，或不能显示目录结构细节。

实际结果：存在该文件，并能显示目录细节，如图 5-30 所示。

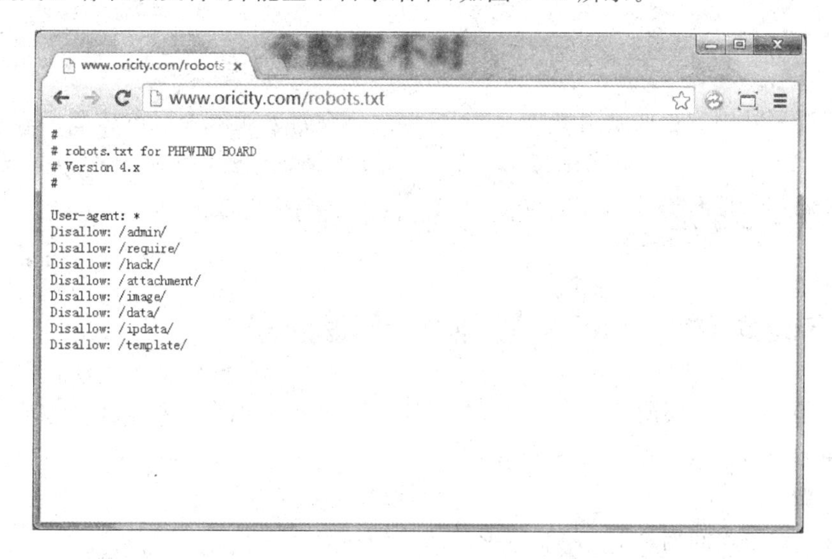

图 5-30　暴露站点结构的文件

[专家点评]：

(1) robots.txt 基本介绍。

robots.txt 是一个纯文本文件，在这个文件中网站管理者可以声明该网站中不想被 robots 访问的部分，或者指定搜索引擎只收录指定的内容。

当一个搜索机器人(有的叫搜索蜘蛛)访问一个站点时，它会首先检查该站点根目录下是否存在 robots.txt，如果存在，搜索机器人就会按照该文件中的内容来确定访问的范围；如果该文件不存在，那么搜索机器人就沿着链接抓取。

另外，robots.txt 必须放置在一个站点的根目录下，而且文件名必须全部小写。

(2) robots.txt 的具体用法。

允许所有的 robot 访问：

```
User - agent: *
Disallow:
```

或者也可以建一个空文件“"/robots.txt" file”。

禁止所有搜索引擎访问网站的任何部分：

```
User - agent: *
Disallow: /
```

禁止所有搜索引擎访问网站的几个部分（如下面例中的 01、02、03 目录）：

```
User - agent: *
Disallow: /01/
Disallow: /02/
Disallow: /03/
```

禁止某个搜索引擎的访问（如下面例中的 BadBot）：

```
User - agent: BadBot
Disallow: /
```

如果想让网站内容被搜索引擎收录，就可以允许全部；如果为安全考虑不想让搜索引擎收录，就全禁止。列出的目录结构，如果没有保护，就容易被攻击者遍历目录结构，从而得到网站源码或其他有用信息。

5.19 Bug#19：oricity 暴露服务器信息

缺陷标题：城市空间网站>在 URL 后添加/phpinfo.php，存在泄露 PHP 信息的网页。

测试平台与浏览器：Windows 7 64bit + Chrome 或 IE 11 浏览器。

测试步骤：

(1) 打开城市空间网站 http://www.oricity.com/。

(2) 修改 URL 栏，在原网页后面添加"/phpinfo.php"，并回车。

期望结果：页面提示找不到该网页（404 错误）。

实际结果：页面可访问，能进入 PHP 信息页面，如图 5-31 所示。

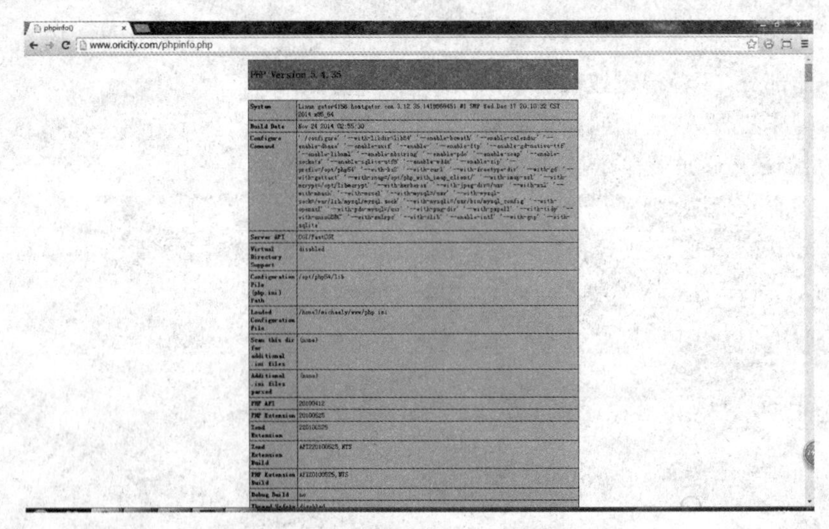

图 5-31 泄露 PHP 信息的网页

[专家点评]：

PHP 是一个 HTML 嵌入式脚本语言。PHP 包是通过一个叫 phpinfo. php 的 CGI 程序传输的。phpinfo. php 对系统管理员来说是一个十分有用的工具。这个 CGI 在安装的时候被默认安装。但它也能被用来泄露它所在服务器上的一些敏感信息。

PHPInfo 提供了以下一些信息：

- PHP 版本（包括 build 版本在内的精确版本信息）。
- 系统版本信息(包括 build 版本在内的精确版本信息)。
- 扩展目录(PHP 所在目录)。
- SMTP 服务器信息。
- Sendmail 路径(如果 Sendmail 安装了的话)。
- Posix 版本信息。
- 数据库。
- ODBC 设置(包括的路径、数据库名、默认的密码等等)。
- MySQL 客户端的版本信息(包括 build 版本在内的精确版本信息)。
- Oracle 版本信息和库的路径。
- 所在位置的实际路径。
- Web 服务器。
- IIS 版本信息。
- Apache 版本信息。

如果在 Windows 系统下运行，则包含：

- 计算机名。
- Windows 目录的位置。
- 路径(能用来泄露已安装的软件信息)。

通过访问一个类似于下面的 URL：http://www. example. com/PHP/phpinfo. php 会得到以上信息。

解决方案：

删除这个对外 CGI 接口，因为它主要用于调试目的，不应放在实际工作的服务器上。

5.20　Bug＃20：oricity 网站有内部测试网页

缺陷标题：城市空间网站＞活动详情页面＞在 URL 后面添加/test. php，出现测试页面。

测试平台与浏览器：Windows 7 64bit ＋ Chrome 或 IE 11 浏览器。

测试步骤：

(1) 打开城市空间网站 http://www. oricity. com/。

(2) 单击任一活动。

(3) 修改 URL 为 http://www. oricity. com/event/test. php，并回车。

期望结果：不存在测试页面。

实际结果：存在测试页面，并能访问，如图 5-32 所示。

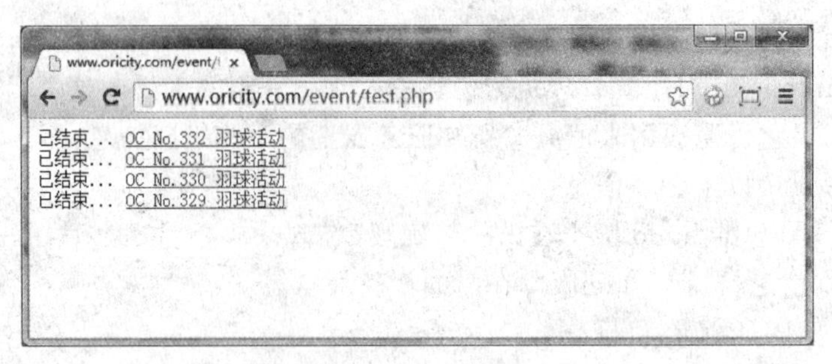

图 5-32　网站存在测试页面

［专家点评］：

软件开发人员经常为调试代码或功能的需要增加许多内部测试页或打印一些 Log 日志信息，但这些测试页或内部调试信息在发布的产品中需要删除掉；如果的确有用途，就需要做相应的身份认证，不能侥幸地认为，URL 没公布出去，别人应该不知道。实际上是 Web 安全扫描工具或渗透工具能用网络爬虫技术遍历所有的 URL。

某些 Web 应用包含一些"隐藏"的 URL，这些 URL 不显示在网页链接中，但管理员可以直接输入 URL 访问到这些"隐藏"页面。如果不对这些 URL 做访问限制，攻击者仍然有机会打开它们。

这类攻击常见的情形是：

(1) 某商品网站举行内部促销活动，待定内部员工可以通过访问一个未公开的 URL 链接登录公司网站，购买特价商品，此 URL 通过某员工泄露后，导致大量外部用户登录购买。

(2) 某公司网站包含一个未公开的内部员工论坛(http://example.com/bbs)，攻击者可以经过一些简单的尝试就能找到这个论坛的入口地址，从而发各种垃圾帖或进行各种攻击。

5.21　Bug＃21：oricity 网站功能性访问控制错误

缺陷标题：城市空间网站＞单击顶部"活动发布"链接，出现 Access Reject 错误。

测试平台与浏览器：Windows 7 ＋ IE 11 或 Firefox 或 Chrome 浏览器。

测试步骤：

(1) 打开城市空间网站 http://www.oricity.com/。

(2) 单击顶部"活动发布"链接，如图 5-33 所示。

期望结果：跳转至发布活动页面。

实际结果：跳至 Access Reject 页面，出现 Access Reject 错误，如图 5-34 所示。

［专家点评］：

在单击活动发布时，已经是登录状态，并不是权限问题导致了 Access Reject 错误。出现了 Access Reject 错误，证明所有用户都无法访问访该页面，是一个比较严重的错误。软件开发人员在处理网站功能性安全访问控制时，经常会出现两个极端：一个是没有任何控制，任何人都能运行特定的 URL；另一个就是安全控制过多，导致本来可以访问的人，没有权限访问或导致没有人能访问特定的 URL。

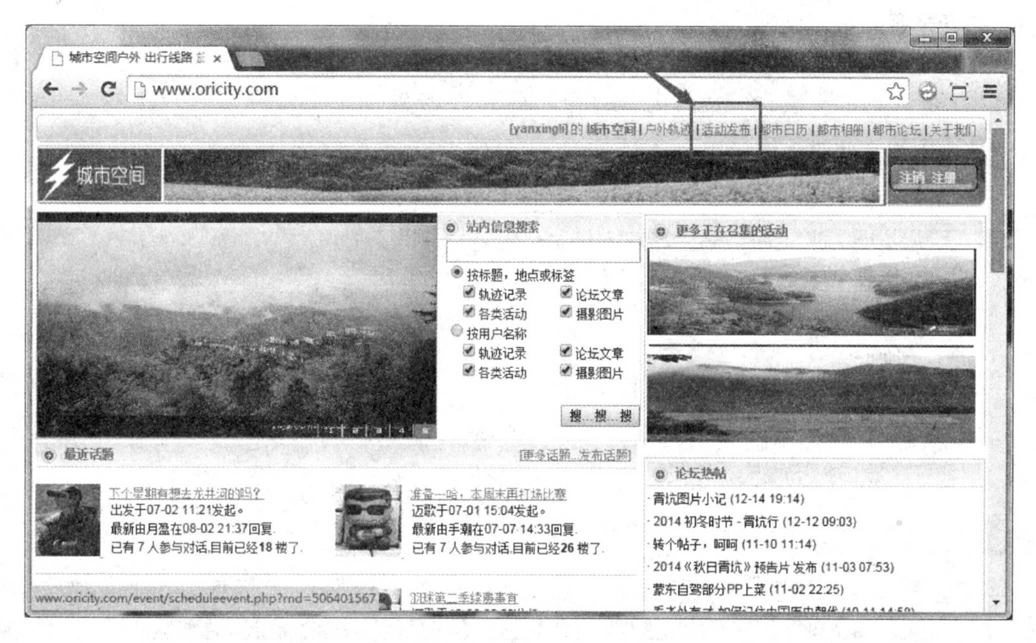

图 5-33　单击“活动发布”链接

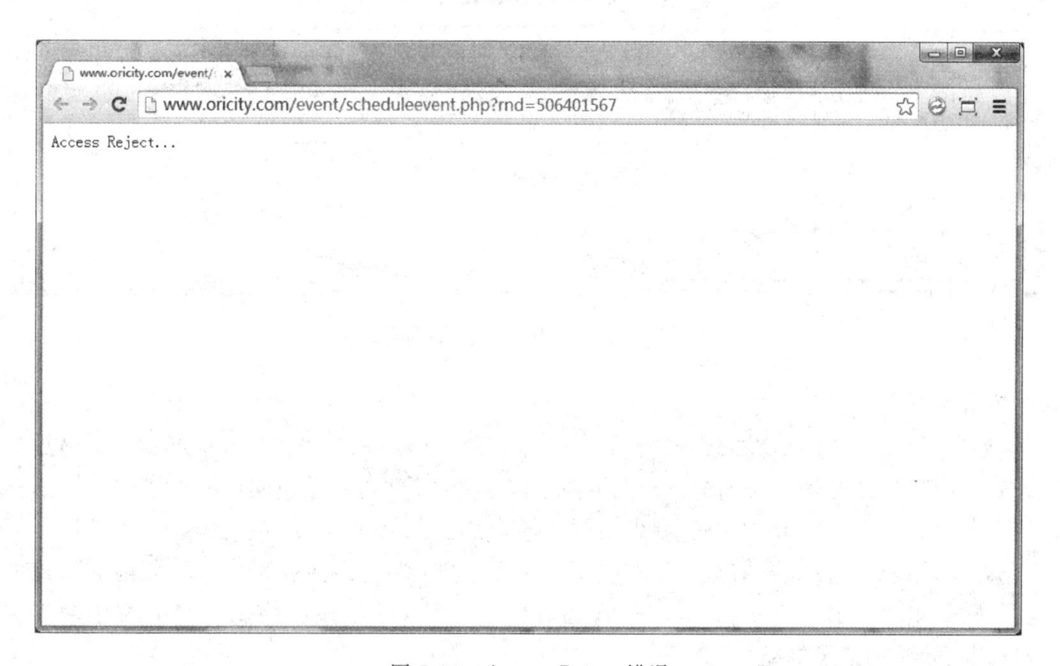

图 5-34　Access Reject 错误

5.22　Bug＃22：oricity 网站出现 403 Forbidden

缺陷标题：城市空间网站＞都市论坛＞帮助网页出现 403 Forbidden。

测试平台与浏览器：Windows 7 ＋ Firefox 浏览器。

测试步骤：

(1) 打开城市空间网站 http://www.oricity.com/。

(2) 进入都市论坛，单击“帮助”，查看页面。

期望结果：页面正确显示。

实际结果：页面出现如图 5-35 所示 403 Forbidden 提示。

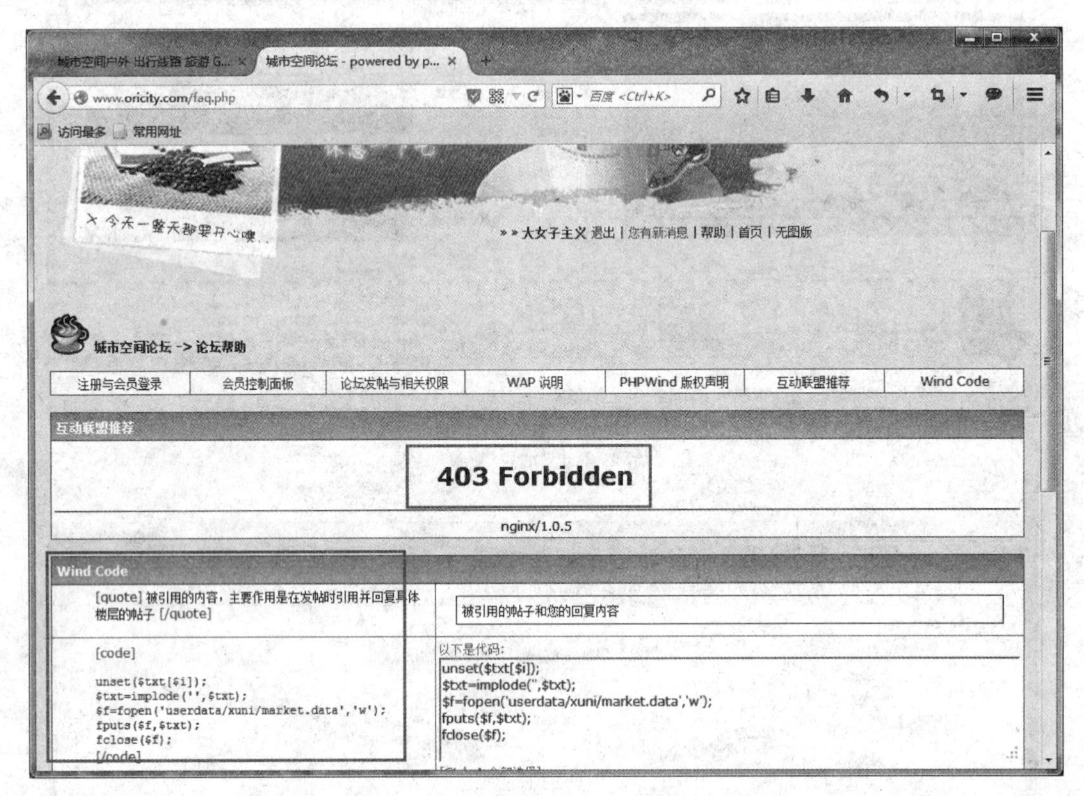

图 5-35 页面出现 403 Forbidden

[专家点评]：

单击“帮助”，应该出现关于该网站的一些帮助信息，但是这里出现 403 Forbidden，还显示网站内部代码，这是不应该的。这也是典型的 Web 安全功能性访问控制出错的案例。

在 Web 安全测试中，权限控制出错的例子非常多：

比如，用户 A，在电子书籍网站购买了三本电子书，然后用户 A 单击书名就能阅读这些电子书，每本电子书都有 bookid，用户 A 通过篡改 URL，把 bookid 换成其他 id，就有可能免费看别人购买的电子书籍。

比如，普通用户 A，拿到了管理员的 URL，试图去运行，结果发现自己也能操作管理员的界面。

以上两个是缺少功能性安全访问控制，但也有出现过分安全保护导致正常用户无法访问所需要的页面或功能。本例就是过分保护导致错误。

5.23 Bug#23：testaspnet网站未经认证的跳转

缺陷标题：国外网站testaspnet>存在URL重定向钓鱼的风险。

测试平台与浏览器：Windows 7 + Chrome或Firefox浏览器。

测试步骤：

(1) 打开国外网站 http://testaspnet. vulnweb. com/ReadNews. aspx? id = 2&NewsAd=ads/def. html。

(2) 在URL中"id=2&NewsAd="后面的字符改为http://baidu. com，即地址栏变为http://testaspnet. vulnweb. com/ReadNews. aspx? id=2&NewsAd=http://baidu. com，按回车键。

期望结果：页面应提示错误信息。

实际结果：页面出现百度搜索框(如图5-36所示)。

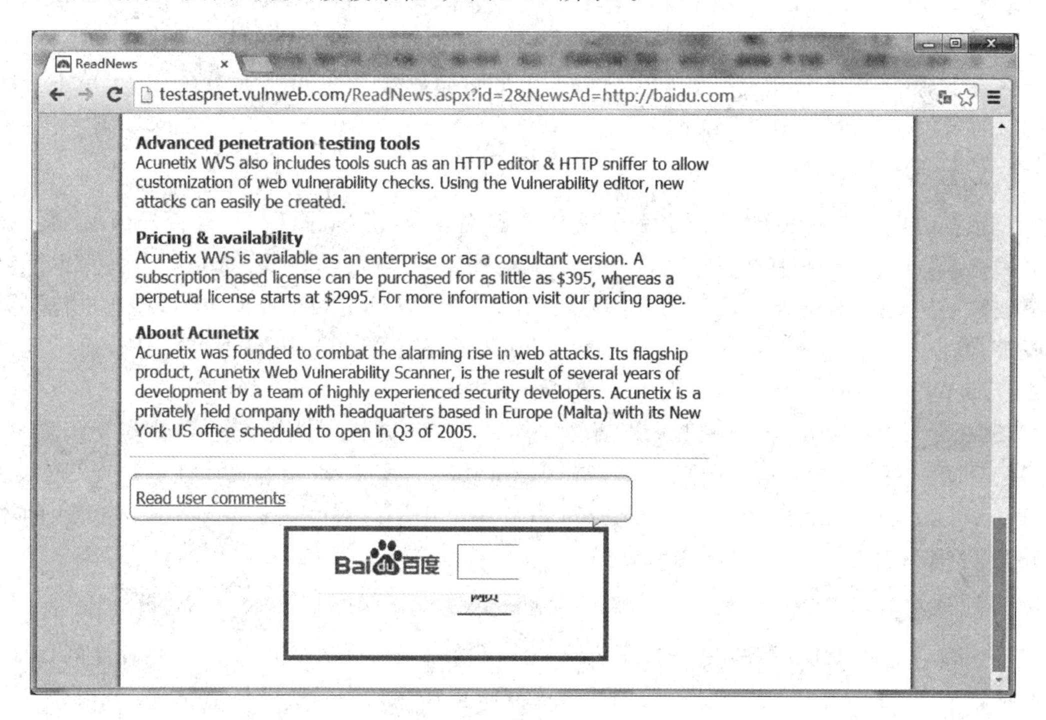

图5-36 页面出现百度搜索框

[专家点评]：

1. URL重定向/跳转漏洞相关背景介绍

由于应用越来越多的需要和其他的第三方应用交互，以及在自身应用内部根据不同的逻辑将用户引向到不同的页面，譬如一个典型的登录接口就经常需要在认证成功之后将用户引导到登录之前的页面，整个过程中如果实现不好就可能导致一些安全问题，特定条件下可能引起严重的安全漏洞。

对于URL跳转的实现一般会有以下几种实现方式：

(1) META标签内跳转。

(2) JavaScript跳转。

(3) header头跳转。

通过以GET或者POST的方式接收将要跳转的URL，然后通过上面的几种方式的其中一种来跳转到目标URL。一方面，由于用户的输入会进入Meta、JavaScript、http头，所以都可能发生相应上下文的漏洞，如XSS等等，但是同时，即使只是对于URL跳转本身功能方面就存在一个缺陷，因为会将用户浏览器从可信的站点导向到不可信的站点，同时如果跳转的时候带有敏感数据一样可能将敏感数据泄漏给不可信的第三方。

如果URL中jumpto没有任何限制，恶意用户可以提交

http://www.wooyun.org/login.php? jumpto=http://www.evil.com

来生成自己的恶意链接，安全意识较低的用户很可能会以为该链接展现的内容是www.wooyun.org，从而可能产生欺诈行为，同时由于QQ、淘宝旺旺等在线IM都是基于URL的过滤，同时对一些站点会以白名单的方式放过，所以导致恶意URL在IM里可以传播，从而产生危害，譬如这里IM会认为www.wooyun.org都是可信的，但是通过在IM里单击上述链接将导致用户最终访问evil.com。

2. 攻击方式及危害

恶意用户完全可以借用URL跳转漏洞来欺骗安全意识低的用户，从而导致“中奖”之类的欺诈，这对于一些有在线业务的企业如淘宝等，危害较大，同时借助URL跳转，也可以突破常见的基于“白名单方式”的一些安全限制，如传统IM里对于URL的传播会进行安全校验，但是对于大公司的域名及URL将直接允许通过并且显示为可信的URL，而一旦该URL里包含一些跳转漏洞将可能导致安全限制被绕过。

如果引用一些资源的限制是依赖于“白名单方式”，同样可能被绕过导致安全风险，譬如常见的一些应用允许引入可信站点，如youku.com的视频，限制方式往往是检查URL是否是youku.com来实现，如果youku.com内含一个URL跳转漏洞，将导致最终引入的资源属于不可信的第三方资源或者恶意站点，最终导致安全问题。

3. 修复方案

从理论上讲，URL跳转属于CSRF的一种，我们需要对传入的URL做有效性的认证，保证该URL来自于正确的地方，限制的方式同防止CSRF一样可以包括：

(1) referer的限制。

如果确定传递URL参数进入的来源，我们可以通过该方式实现安全限制，保证该URL的有效性，避免恶意用户自己生成跳转链接

(2) 加入有效性验证Token。

我们保证所有生成的链接都是来自于可信域的，通过在生成的链接里加入用户不可控的Token对生成的链接进行校验，可以避免用户生成自己的恶意链接从而被利用，但是如果功能本身要求比较开放，可能有一定的限制。

5.24　Bug＃24：testfire 网站 XSS 攻击显示源码

缺陷标题： 国外网站 AltoroMutual＞登录＞使用 XSS 代码登录，失败后页面显示 CSS 源码。

测试平台与浏览器： Windows 7 ＋ Chrome 或 Firefox 浏览器。

测试步骤：

（1）打开国外网站 http://demo.testfire.net。

（2）单击 Sign In 链接。

（3）在 Username 文本框输入"＜script＞alert("TEST")＜/script＞"，在 Password 文本框输入任意字符，单击 Login 按钮，如图 5-37 所示。

期望结果： 出现提示登录失败的正常页面。

实际结果： Username 文本框后出现其他字符，如图 5-38 所示。

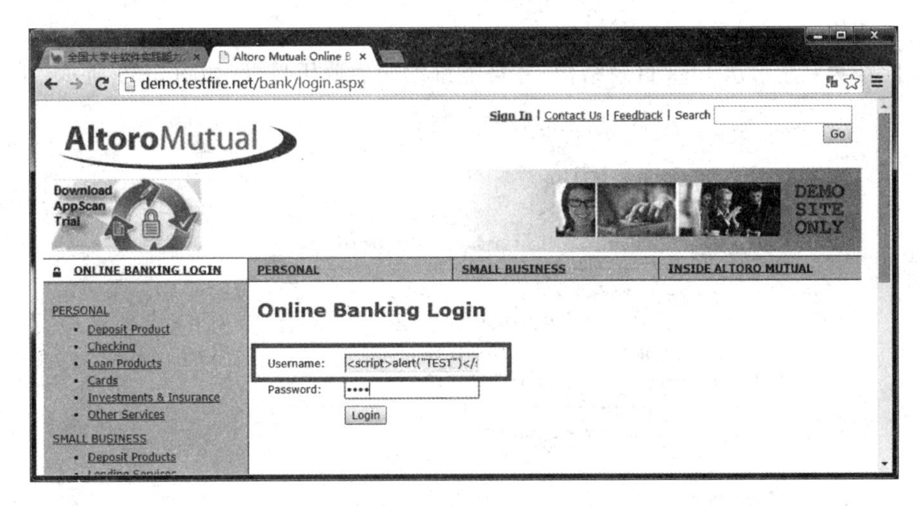

图 5-37　输入 XSS 代码

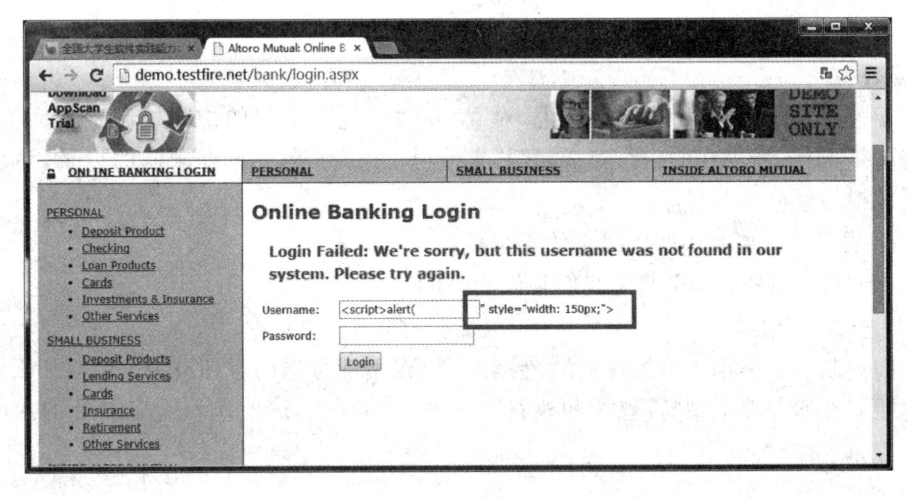

图 5-38　出现前端样式字符

[专家点评]：

XSS攻击有时会导致网页页面瘫痪，或导致页面出乱，显示源码。出现这样的情况都说明网站对特殊字符，没有进行输入有效验证，或输出时没有进行编码处理。一旦出现这样的情况，就可以说明网站缺少安全设计，各种各样的安全攻击就会随之而来。

5.25 Bug＃25：NBA网站能files目录遍历

缺陷标题：NBA英文网>files目录能被遍历。

测试平台与浏览器：Windows 7 ＋ Chrome 或 Firefox 浏览器。

测试步骤：

(1) 打开NBA英文网 http://www.nba.com。

(2) 在URL后面补上files，形如 http://www.nba.com/files。

期望结果：不会显示files目录结构。

实际结果：显示出files目录结构，并且能继续向后遍历目录，如图5-39所示。

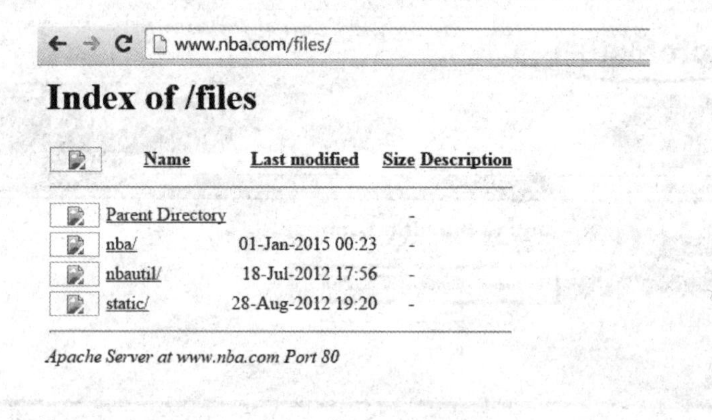

图5-39 files目录能被遍历

[专家点评]：

对于一个安全的Web服务器来说，对Web内容进行恰当的访问控制是极为关键的。目录遍历是Http所存在的一个安全漏洞，它使得攻击者能够访问受限制的目录，并在Web服务器的根目录以外执行命令。

Web服务器主要提供两个级别的安全机制：

(1) 访问控制列表——就是我们常说的ACL。

(2) 根目录访问。

访问控制列表是用于授权过程的，它是一个Web服务器的管理员用来说明什么用户或用户组能够在服务器上访问、修改和执行某些文件的列表，同时也包含了其他的一些访问权限内容。

根目录是服务器文件系统中一个特定目录，它往往是一个限制，用户无法访问位于这个目录之上的任何内容。

例如，在 Windows 的 IIS 其默认的根目录是 C:\Inetpub\wwwroot，那么用户一旦通过了 ACL 的检查，就可以访问 C:\Inetpub\wwwroot\news 目录以及其他位于这个根目录以下的所有目录和文件，但无法访问 C:\Windows 目录。

根目录的存在能够防止用户访问服务器上的一些关键性文件，譬如在 Windows 平台上的 cmd.exe 或是 Linux/UNIX 平台上的口令文件。

这个漏洞可能存在于 Web 服务器软件本身，也可能存在于 Web 应用程序的代码之中。

要执行一个目录遍历攻击，攻击者所需要的只是一个 Web 浏览器，并且有一些关于系统的默认文件和目录所存在的位置的知识即可。

如果你的站点存在这个漏洞，攻击者可以用它来做些什么？

利用这个漏洞，攻击者能够走出服务器的根目录，从而访问到文件系统的其他部分，譬如攻击者就能够看到一些受限制的文件，或者更危险的，攻击者能够执行一些造成整个系统崩溃的指令。

依赖于 Web 站点的访问是如何设置的，攻击者能够仿冒成站点的其他用户来执行操作，而这就依赖系统对 Web 站点的用户是如何授权的。

利用 Web 应用代码进行目录遍历攻击的实例：

在包含动态页面的 Web 应用中，输入往往是通过 GET 或是 POST 的请求方法从浏览器获得，以下是一个 GET 的 Http URL 请求示例：

http://test.webarticles.com/show.asp? view=oldarchive.html

利用这个 URL，浏览器向服务器发送了对动态页面 show.asp 的请求，并且伴有值为 oldarchive.html 的 view 参数，当请求在 Web 服务器端执行时，show.asp 会从服务器的文件系统中取得 oldarchive.html 文件，并将其返回给客户端的浏览器，那么攻击者就可以假定 show.asp 能够从文件系统中获取文件并编制如下的 URL：

http://test.XXX.com/show.asp? view=../../../../../Windows/system.ini

那么，这就能够从文件系统中获取 system.ini 文件并返回给用户，../的含义这里就不用多说了，相信大家都会明白。攻击者不得不去猜测需要往上多少层才能找到 Windows 目录，但可想而知，这其实并不困难，经过若干次的尝试后总会找到的。

利用 Web 服务器进行目录遍历攻击的实例：

除了 Web 应用的代码以外，Web 服务器本身也有可能无法抵御目录遍历攻击。这有可能存在于 Web 服务器软件或是一些存放在服务器上的示例脚本中。

在最近的 Web 服务器软件中，这个问题已经得到了解决，但是在网上的很多 Web 服务器仍然使用着老版本的 IIS 和 Apache，而它们则可能仍然无法抵御这类攻击。即使你使用了已经解决了这个漏洞的版本的 Web 服务器软件，仍然可能会有一些对黑客来说是很明显的存有敏感默认脚本的目录。

例如，下面的 URL 请求，它使用了 IIS 的脚本目录来移动目录并执行指令：http://server.com/scripts/..%5c../Windows/System32/cmd.exe? /c+dir+c:\

这个请求会返回 C:\目录下所有文件的列表，它使通过调用 cmd. exe 然后再用 dir c:\来实现的，%5c 是 Web 服务器的转换符，用来代表一些常见字符，这里表示的是“\”。

新版本的 Web 服务器软件会检查这些转换符并限制它们通过，但对于一些老版本的服务器软件仍然存在这个问题。

另外本例中是直接访问 files 目录，是因为对 Web 开发比较熟练，一般 Web 开发的目录结构都会有类似 images、photo、js、css、html 之类的目录，所有的目录结构都要做保护处理，不能让人直接访问到；否则网站源代码、一些隐私信息都有可能轻易泄露。

5.26　Bug＃26：oricity 网站 Cookie 设置无效

缺陷标题：城市空间网站>登录>选择即时 Cookie，该功能无效。

测试平台与浏览器：Windows 7 ＋ IE 11 或 Chrome 浏览器。

测试步骤：

(1) 打开城市空间网站 http://www. oricity. com/。

(2) 登录城市空间，并且选择 Cookie 有效期为“即时”单选按钮。

(3) 关闭浏览器再打开。

(4) 观察页面。

期望结果：重新登录要重新输入用户名、密码。

实际结果：旧 cookie 还生效，直接单击“登录”按钮即可登录，如图 5-40 所示。

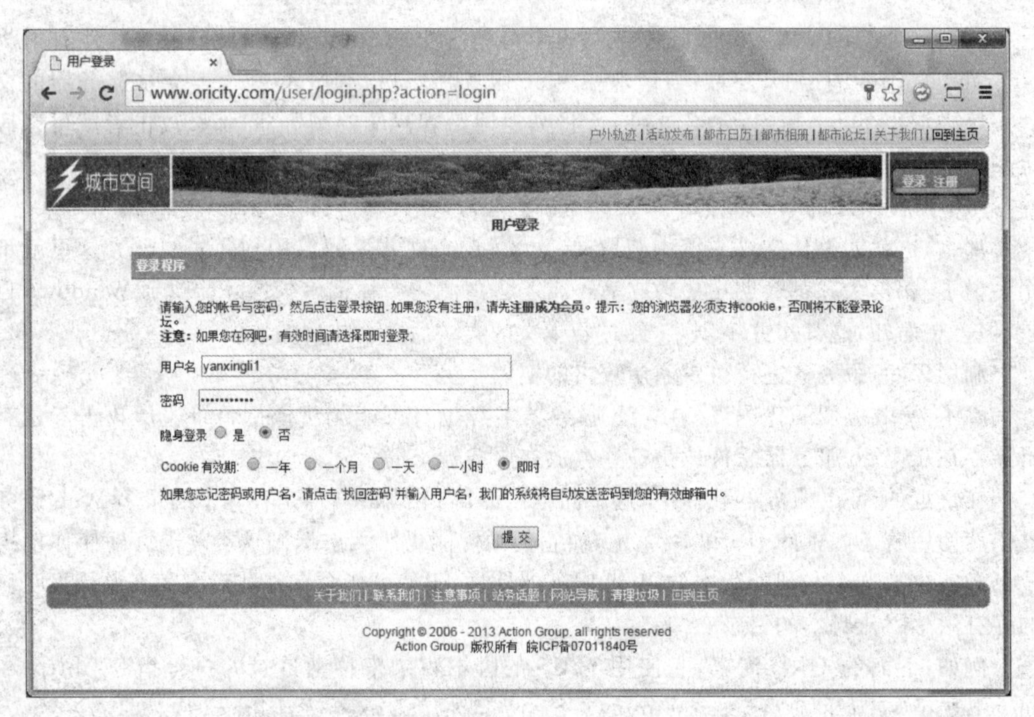

图 5-40　旧 Cookie 还生效，单击“登录”按钮

[专家点评]:

在 Web 应用中,Cookie 很容易成为安全问题的一部分。从经验来看,对 Cookie 在开发过程中的使用,很多开发团队并没有形成共识或者一定的规范,这也使得很多应用中的 Cookie 成为潜在的易受攻击点。在给 Web 应用做安全架构评审(Security architecture review)的时候,通常会问设计人员以下几个问题:

(1) 你的应用中,是否使用了 JavaScript 来操作客户端 Cookie 吗? 如果有那么是否必须使用 JavaScript 才能完成此应用场景? 如果没有,你的 Cookie 允许 JavaScript 来访问吗?

(2) 你的网站(可能包含多个 Web 应用)中,对于 Cookie 的域(Domain)和路径(Path)设置是如何制定策略的? 为何这样划分?

(3) 在有 SSL 的应用中,你的 Cookie 是否可以在 HTTP 请求和 HTTPS 请求中通用?

在实际的应用场景中,Cookie 被用来做得最多的一件事是保持身份认证的服务端状态。这种保持可能是基于会话(Session)的,也有可能是持久性的。不管哪一种,身份认证 Cookie 中包含的服务端票据(Ticket)一旦泄露,那么服务端将很难区分带有此票据的用户请求是来自于真实的用户还是来自恶意的攻击者。在实际案例中,造成 Cookie 泄露最多的途径,是通过跨站脚本(Cross Site Script,XSS)漏洞。攻击者可以通过一小段 JavaScript 代码,偷窃到代表用户身份的重要的 Cookie 标示。由于跨站脚本漏洞是如此的普遍(不要以为简单的 HTML Encode 就可以避免被跨站,跨站是一门很深的学问,以至于在业界衍生出一个专用的名词:跨站师),几乎每一个网站都无法避免,所以这种方式是实际攻防中被普遍使用的一种手段。

避免出现这种问题的首要秘诀就是尽所有的可能,给你的 Cookie 加上 HttpOnly 的标签。一个大家不太熟悉的事实是:HttpOnly 是由微软在 2000 年 IE6 Sp1 中率先发明并予以支持的。截至现在,HttpOnly 仍然只是一个厂商标准,但是在过去的十余年中,它得到了众多浏览器的广泛支持。

关于 Cookie 的第二个话题是域设置。

浏览器在选择发送哪些本地 Cookie 到本次请求的服务端时,有一系列的比较和甄别。这些甄别中最重要的部分是 Domain 和 Path 的吻合。Domain 形如. abc. com 的 Cookie,会被发送给所有 abc. com 在 80 端口上的子域请求。但是反之则不行,这就是 Cookie 的域匹配(domain match)原则。

在一个大型 Web 站点中,往往有多个应用,生存在不同的子域名或路径下。这些应用之间由于共享同一个域名,所以往往可能会彼此有操作对方应用 Cookie 的能力。在这种情况下,设计好 Cookie 的 Domain 和 Path 尤为重要。在实际设计工作中,最重要的一个安全原则就是:最小化授权。这意味着,你需要将自己的 Cookie 可被访问到的范围降至最低。应用之间传递数据和共享信息的解决方案非常多,而通过 Cookie 这种用户输入(User input)来共享数据,是最不安全的解决方案之一。

Cookie 另外一个不太常被使用的属性是 Secure。这个属性启用时,浏览器仅仅会在 HTTPS 请求中向服务端发送 Cookie 内容。如果应用中有一项非常敏感的业务,比如登录或者付款,需要使用 HTTPS 来保证内容的传输安全;而在用户成功获得授权之后,获得的客户端身份 Cookie 如果没有设置为 Secure，那么很有可能会被非 HTTPS 页面中拿到，从而造成重要的身份泄露。所以，在 Web 站点中，如果使用了 SSL，那么你需要仔细检查在 SSL 的请求中返回的 Cookie 值，是否指定了 Secure 属性。

除此之外，还值得特别指出的是，一些 Web 应用除了自己的程序代码中生成的 Cookie，往往还会从其他途径生成一些 Cookie。例如由 Web Server 或者应用容器自动生成的会话 Cookie，由第三方库或者框架生成的 Cookie 等等。这些都需要进行有针对性的加固处理。

几乎每个站点都难以离开 Cookie，但 Cookie 的使用因其貌似简单，而很容易被人轻视。重新审视应用中的 Cookie 代码，几乎只需要很小的代价就可以获得巨大的安全收益。

特别说明：此经典 Bug 已经修复，但由于此 Bug 非常具有代表性，故作为特例学习。

5.27 读书笔记

读书笔记 *Name*： *Date*：

励志名句：*Every man is the master of his own fortune.*

每个人都是自己命运的主宰者。

第二篇

设计测试用例

（Test Case Design）技术篇

CHAPTER 6

第 6 章

测试用例综述

[**学习目标**]：设计测试用例技术是每一位合格的软件测试工程师必须要会的基本技能，通过本章学习，读者要能掌握测试用例设计的基本原则与需要考虑的因素。站在前人的肩膀上去看测试用例经验分享，体会国内与国际软件测试工程师对软件测试用例设计的理解。

6.1 测试用例

测试用例(Test Case)是为某个特定测试目标而设计的，它是输入数据、操作过程序列、条件、期望结果及相关数据的一个特定的集合。因此，测试用例必须给出测试目标、测试对象、测试环境、前提条件、输入数据、测试步骤和预期结果。

(1) 测试目标：回答为什么测试？如测试软件的功能、性能、兼容性、安全性等；

(2) 测试对象：回答测什么？如对象、类、函数、接口等；

(3) 测试环境：测试用例运行时所处的环境，包括系统的软硬件配置和设定等要求；

(4) 测试前提：测试在满足什么条件下开始测试？也就是测试用例运行时所处的前提条件；

(5) 输入数据：运行测试时需要输入哪些测试数据？即在测试时，系统所接受的各种可变化的数据组；

(6) 操作步骤：运行测试用例的操作步骤序列，如先打开对话框，输入第一组测试数据，单击运行按钮等；

(7) 预期结果：按操作步骤序列运行测试用例时，被测软件的预期运行结果。

测试用例的设计和编制是软件测试活动中最重要的工作内容。测试用例是测试工作的指导，是软件测试必须遵守的准则，更是软件测试质量稳定的根本保障。

6.2 测试用例设计方法

测试用例设计就是将软件测试的行为做一个科学化的组织归纳。常用的测试用例设计技术有黑盒测试和白盒测试。黑盒测试技术中包括等价类划分法、边界值分析法、判定表、因果图、功能图法、场景法、错误推测法等。白盒测试技术中包括逻辑覆盖法、基路径测试法、数据流测试、程序插装、域测试、符号测试、程序变异测试等。

6.2.1 等价类划分法

等价类划分法是把所有可能的输入数据，即程序的输入域划分成若干部分(子集)，然后从每一个子集中选取少数具有代表性的数据作为测试用例。

使用等价类划分法设计测试用例时，要同时考虑有效等价类和无效等价类。因为用户在使用软件时，有意或无意输入一些非法的数据是常有的事情。软件不仅要能接受合理的数据，也要能经受意外的考验，这样的测试才能确保软件具有更高的可靠性。

有效等价类是指对于程序的规格说明来说是合理的、有意义的输入数据构成的集合。利用有效等价类可检验程序是否实现了规格说明中所规定的功能和性能。无效等价类与有效等价类的定义恰巧相反。无效等价类是指对于程序的规格说明是不合理的或无意义的输入数据所构成的集合。对于具体的问题，无效等价类至少应有一个，也可能有多个。

例 6-1 假定一台 ATM 机允许提取增量为 50 元，总金额从 100～2000 元(包含 2000 元)不等的金额，请等价类方法进行测试。

(1) 划分等价类，如表 6-1 所示。

表 6-1 例 6-1 的等价类

有效等价类	编号	无效等价类	编号
整数	1	浮点数	4
在 100～2000 之间	2	小于 100	5
		大于 2000	6
能被 50 整除	3	不能被 50 整除	7

(2) 根据上面划分等价类设计测试用例，如表 6-2 所示。

表 6-2 例 6-1 的测试用例

用例编号	输入数据	预期结果	覆盖的等价类
1	100	提取成功	1、2、3
2	100.5	提示：输入无效	4
3	50	提示：输入无效	5
4	2050	提示：输入无效	6
5	101	提示：输入无效	7

6.2.2 边界值分析法

对于软件缺陷，有个常识："缺陷遗漏在角落里，聚集在边界上。"边界值分析关注的是输入空间的边界。边界值测试背后的基本原理是：错误更可能出现在输入变量的极值附近。因此针对各种边界情况设计测试用例，可以查出更多的错误。

一般情况下，确定边界值应遵循以下几条原则：

(1) 如果输入条件规定了值的范围，则应取刚达到这个范围的边界的值，以及刚刚超越这个范围边界的值作为测试输入数据。

(2) 如果输入条件规定了值的个数，则用最大个数、最小个数、比最小个数少一、比最大个数多一的数作为测试数据。

(3) 如果程序的规格说明给出的输入域或输出域是有序集合，则应选取集合的第一个元素和最后一个元素作为测试数据。

(4) 如果程序中使用了一个内部数据结构，则应当选择这个内部数据结构的边界上的值作为测试数据。

(5) 分析规格说明，找出其他可能的边界条件。

例 6-2 有一个小程序，能够求出三个在 0～9999 的整数中的最大者，请用健壮性边界值测试方法设计测试用例。

(1) 各变量分别取略小于最小值、最小值、略大于最小值、正常值、略小于最大值、最大值和略大于最大值，所以 A、B、C 分别取值为－1、0、1、5000、9998、9999、10000。

(2) 设计测试用例，如表 6-3 所示。

表 6-3 例 6-2 的测试用例

测试用例	输入数据			预期输出
	A	B	C	
1	－1	5000	5000	A 超出[0,9999]
2	0	5000	5000	5000
3	1	5000	5000	5000
4	5000	5000	5000	5000
5	9998	5000	5000	9998
6	9999	5000	5000	9999
7	10000	5000	5000	A 超出[0,9999]
8	5000	－1	5000	B 超出[0,9999]
9	5000	0	5000	5000
10	5000	1	5000	5000
11	5000	9998	5000	9998
12	5000	9999	5000	9999
13	5000	10000	5000	B 超出[0,9999]
14	5000	5000	－1	C 超出[0,9999]
15	5000	5000	0	5000
16	5000	5000	1	5000
17	5000	5000	9998	9998
18	5000	5000	9999	9999
19	5000	5000	10000	C 超出[0,9999]

6.2.3 基于判定表的测试

判定表能够将复杂的问题按照各种可能的情况全部列举出来，简明并避免遗漏。因此，利用判定表能够设计出完整的测试用例集合。在所有功能性测试方法中，基于判定表的测试方法是最严格的。

判定表通常由四个部分组成，如表 6-4 所示。

表 6-4 判定表结构

桩	规则
条件桩	条件项
动作桩	动作项

(1) 条件桩：列出了问题的所有条件。通常认为列出的条件的次序无关紧要。

(2) 动作桩：列出了问题规定可能采取的操作。这些操作的排列顺序没有约束。

(3) 条件项：列出对应条件桩的取值。

(4) 动作项：列出在条件项的各种取值情况下应该采取的动作。

动作项和条件项紧密相关，它指出了在条件项的各组取值情况下应采取的动作。任何一个条件组合的特定取值及其相应要执行的操作称为规则。在判定表中贯穿条件项和动作项的一列就是一条规则。规则指示了在规则的各条件项指示的条件下要采取动作项中的行为。显然，判定表中列出多少组条件取值，也就有多少条规则，即条件项和动作项有多少列。

为了使用判定表标识测试用例，在这里把条件解释为程序的输入，把动作解释为程序的输出。在测试时，有时条件最终引用输入的等价类，动作引用被测程序的主要功能处理，这时规则就解释为测试用例。由于判定表的特点，可以保证我们能够取到输入条件的所有可能的条件组合值，因此可以做到测试用例的完整集合。

使用判定表进行测试时，首先需要根据软件规格说明建立判定表。判定表设计的步骤如下：

(1) 确定规则的个数。

假如有 n 个条件，每个条件有两个取值（“真”和“假”），则会产生 2^n 条规则。如果每个条件的取值有多个值，规则数等于各条件取值个数的积。

(2) 列出所有的条件桩和动作桩。

在测试中，条件桩一般对应着程序输入的各个条件项，而动作桩一般对应着程序的输出结果或要采取的操作。

(3) 填入条件项。

条件项就是每条规则中各个条件的取值。为了保证条件项取值的完备性和正确性，我们可以利用集合的笛卡儿积来计算。首先找出各条件项取值的集合，然后将各集合作笛卡儿积，最后将得到的集合的每一个元素填入规则的条件项中。

(4) 填入动作项，得到初始判定表。

在填入动作项时，必须根据程序的功能说明来填写。首先根据每条规则中各条件项的取值，来获得程序的输出结果或应该采取的行动，然后在对应的动作项中作标记。

(5) 简化判定表、合并相似规则(相同动作)。

若表中有两条以上规则具有相同的动作,并且在条件项之间存在极为相似的关系,便可以合并。合并后的条件项用符号"—"表示,说明执行的动作与该条件的取值无关,称为无关条件。

例 6-3 某程序规定:"对总成绩大于 450 分,且各科成绩均高于 85 分或者是优秀毕业生,应优先录取,其余情况作其他处理"。下面根据建立判定表的步骤来介绍如何为本例建立判定表。

(1) 根据问题描述的输入条件和输出结果,列出所有的条件桩和动作桩。

(2) 本例中输入有三个条件,每个条件的取值为"是"或"否",因此有 2×2×2=8 种规则。

(3) 每个条件取真假值,并进行相应的组合,得到条件项。

(4) 根据每一列中各条件的取值得到所要采取的行动,填入动作桩和动作项,便得到初始判定表,如表 6-5 所示。

表 6-5 判定表

		1	2	3	4	5	6	7	8
条件	总成绩大于 450 分吗?	Y	Y	Y	Y	N	N	N	N
	各科成绩均高于 85 分吗?	Y	Y	N	N	Y	Y	N	N
	优秀毕业生吗?	Y	N	Y	N	Y	N	Y	N
动作	优先录取	✓	✓	✓					
	作其他处理				✓	✓	✓	✓	✓

(5) 通过合并相似规则后得到简化的判定表,如表 6-6 所示。

表 6-6 简化后的判定表

		1	2	3	4
条件	总成绩大于 450 分吗?	Y	Y	Y	N
	各科成绩均高于 85 分吗?	Y	N	N	—
	优秀毕业生吗?	—	Y	N	—
动作	优先录取	✓	✓		
	作其他处理			✓	✓

6.2.4 因果图法

因果图中使用了简单的逻辑符号,以直线联接左右结点。左结点表示输入状态(或称原因),右结点表示输出状态(或称结果)。通常用 c_i 表示原因,一般置于图的左部; e_i 表示结果,通常在图的右部。c_i 和 e_i 均可取值 0 或 1,其中 0 表示某状态不出现,1 表示某状态出现。

因果图中包含四种关系,如图 6-1 所示。

(1) 恒等:若 c_1 是 1,则 e_1 也是 1;若 c_1 是 0,则 e_1 为 0。

(2) 非:若 c_1 是 1,则 e_1 是 0;若 c_1 是 0,则 e_1 是 1。

(3) 或:若 c_1 或 c_2 或 c_3 是 1,则 e_1 是 1;若 c_1、c_2 和 c_3 都是 0,则 e_1 为 0。"或"可有任意多个输入。

(4) 与：若 c_1 和 c_2 都是 1，则 e_i 为 1；否则 e_i 为 0。“与”也可有任意多个输入。

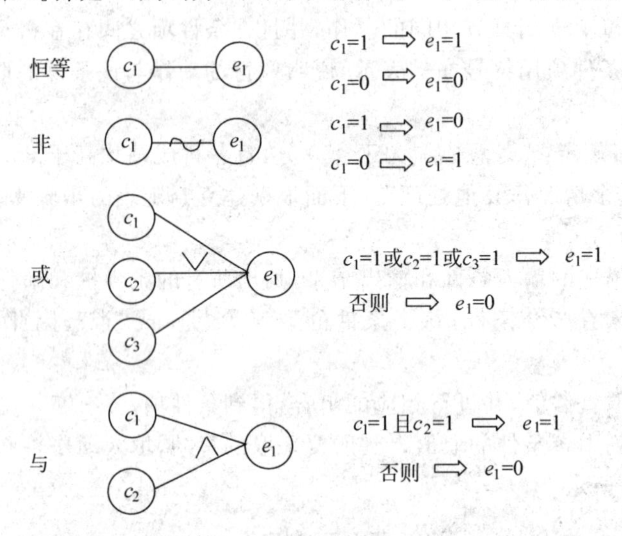

图 6-1 因果图基本符号

在实际问题中输入状态相互之间、输出状态相互之间可能存在某些依赖关系，称为“约束”。为了表示原因与原因之间，结果与结果之间可能存在的约束条件，在因果图中可以附加一些表示约束条件的符号。对于输入条件的约束有 E、I、O、R 四种约束，对于输出条件的约束只有 M 约束。输入输出约束图形符号如图 6-2 所示。

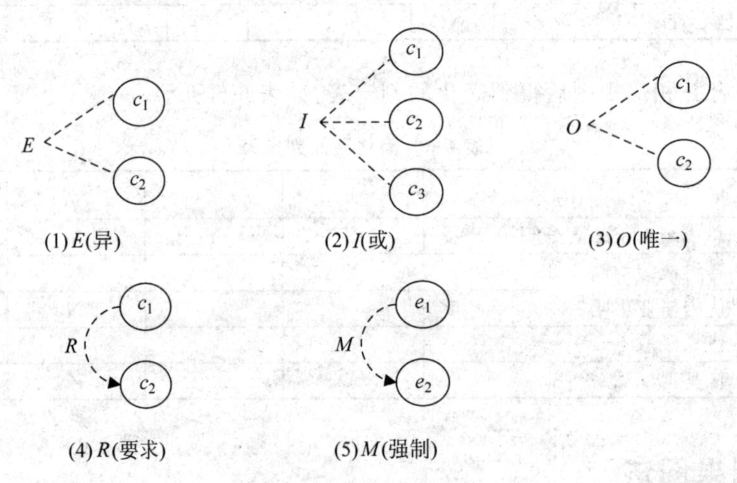

图 6-2 输入输出约束图形符号

为便于理解，这里设 c_1、c_2 和 c_3 表示不同的输入条件。

(1) E(异)：表示 c_1、c_2 中至多有一个可能为 1，即 c_1 和 c_2 不能同时为 1。

(2) I(或)：表示 c_1、c_2、c_3 中至少有一个是 1，即 c_1、c_2、c_3 不能同时为 0。

(3) O(唯一)：表示 c_1、c_2 中必须有一个且仅有一个为 1。

(4) R(要求)：表示 c_1 是 1 时，c_2 必须是 1，即不可能 c_1 是 1 时 c_2 是 0。

(5) M(强制)：表示如果结果 e_1 是 1 时，则结果 e_2 强制为 0。

因果图可以很清晰地描述各输入条件和输出结果的逻辑关系。如果在测试时必须考虑输入条件的各种组合，就可以利用因果图。因果图最终生成的是判定表。采用因果图设计测试用例的步骤如下：

(1) 分析软件规格说明描述中哪些是原因，哪些是结果。其中，原因常常是输入条件或是输入条件的等价类；结果常常是输出条件。然后给每个原因和结果赋予一个标识符。并且把原因和结果分别画出来，原因放在左边一列，结果放在右边一列。

(2) 分析软件规格说明描述中的语义，找出原因与结果之间，原因与原因之间对应的是什么关系？根据这些关系，将其表示成连接各个原因与各个结果的"因果图"。

(3) 由于语法或环境限制，有些原因与原因之间，原因与结果之间的组合情况不可能出现。为表明这些特殊情况，在因果图上用一些记号标明约束或限制条件。

(4) 把因果图转换成判定表。首先将因果图中的各原因作为判定表的条件项，因果图的各结果作为判定表的动作项。然后给每个原因分别取"真"和"假"两种状态，一般用 0 和 1 表示。最后根据各条件项的取值和因果图中表示的原因和结果之间的逻辑关系，确定相应的动作项的值，完成判定表的填写。

(5) 把判定表的每一列拿出来作为依据，设计测试用例。

例 6-4 某软件规格说明书要求：第一列字符必须是 A 或 B，第二列字符必须是一个数字，在此情况下进行文件的修改，但如果第一列字符不正确，则给出信息 L，如果第二列字符不是数字，则给出信息 M。下面介绍使用因果图法设计测试用例。

(1) 根据说明书分析出原因和结果。

原因：

1——第一列字符是 A

2——第一列字符是 B

3——第二列字符是一数字

结果：

21——修改文件

22——给出信息 L

23——给出信息 M

(2) 绘制因果图。

根据原因和结果绘制因果图。把原因和结果用前面的逻辑符号联接起来，画出因果图，如图 6-3(a)所示。考虑到原因 1 和原因 2 不可能同时为 1，因此在因果图上施加 E 约束。具有约束的因果图如图 6-3(b)所示。

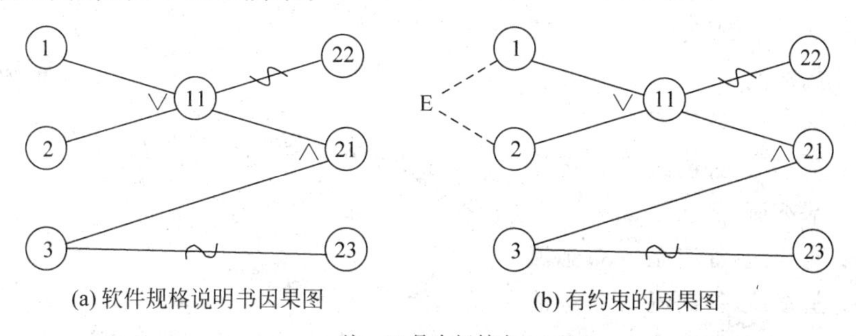

(a) 软件规格说明书因果图　　(b) 有约束的因果图

注：11 是中间结点

图 6-3 因果图

(3) 根据因果图所建立的判定表,如表 6-7 所示。

表 6-7　软件规格说明书的判定表

		1	2	3	4	5	6	7	8
条件	1	1	1	1	1	0	0	0	0
	2	1	1	0	0	1	1	0	0
	3	1	0	1	0	1	0	1	0
	11	—	—	1	1	1	1	0	0
动作	22	/	/	0	0	0	0	1	1
	21	/	/	1	0	1	0	0	0
	23	/	/	0	1	0	1	0	1

注意:表中 8 种情况的左面两列情况中,原因 1 和原因 2 同时为 1,这是不可能出现的,故应排除这两种情况。因此只需针对第 3～8 列设计测试用例。

6.2.5　场景法

现在的软件几乎都是用事件触发来控制流程的,事件触发时的情景便形成了场景,而同一事件不同的触发顺序和处理结果就形成事件流。这一系列的过程利用场景法可以清晰地描述。将这种方法引入到软件测试中,可以比较生动地描绘出事件触发时的情景,有利于测试设计者设计测试用例,同时使测试用例更容易理解和执行。通过运用场景来对系统的功能点或业务流程描述,从而提高测试效果。

场景一般包含基本流和备用流,从一个流程开始,经过遍历所有的基本流和备用流来完成整个场景。

对于基本流和备选流的理解可参见图 6-4 所示。图中经过用例的每条路径都反映了基本流和备选流,都用箭头来表示。中间的直线表示基本流,是经过用例的最简单的路径。备选流用曲线表示,一个备选流可能从基本流开始,在某个特定条件下执行,然后重新加入基本流中;也可能起源于另一个备选流,或者终止用例而不再重新加入到某个流。

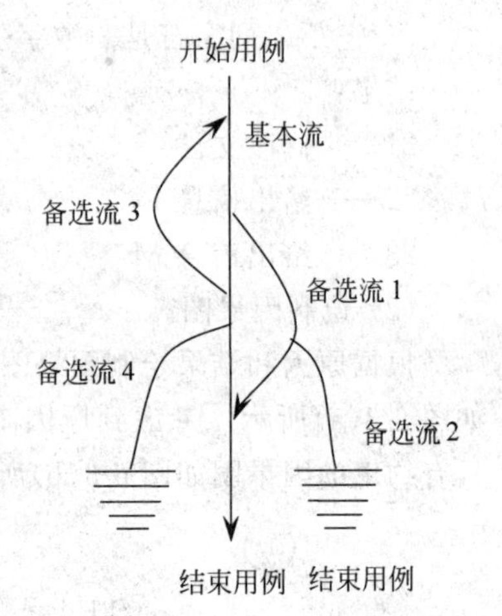

图 6-4　基本流和备选流

根据图中每条经过用例的可能路径,可以确定不同的用例场景。从基本流开始,再将基本流和备选流结合起来,可以确定以下用例场景:

场景 1:基本流

场景 2:基本流 备选流 1

场景 3:基本流 备选流 1 备选流 2

场景 4:基本流 备选流 3

场景 5:基本流 备选流 3 备选流 1

场景 6:基本流 备选流 3 备选流 1 备选流 2

场景 7:基本流 备选流 4

场景 8：基本流 备选流 3 备选流 4

注：为方便起见，场景 5、场景 6 和 场景 8 只描述了备选流 3 指示的循环执行一次的情况。

使用场景法设计测试用例的基本设计步骤如下：

(1) 根据说明，描述出程序的基本流及各项备选流；

(2) 根据基本流和各项备选流生成不同的场景；

(3) 对每一个场景生成相应的测试用例；

(4) 对生成的所有测试用例重新复审，去掉多余的测试用例，测试用例确定后，对每一个测试用例确定测试数据值。

6.2.6 错误推测法

错误推测法的基本思想是列举出程序中所有可能有的错误和容易发生错误的特殊情况，根据这些错误和特殊情况选择测试用例。

用错误推测法进行测试，首先需罗列出可能的错误或错误倾向，进而形成错误模型；然后设计测试用例以覆盖所有的错误模型。例如，对一个排序的程序进行测试，其可能出错的情况有：输入表为空的情况；输入表中只有一个数字；输入表中所有的数字都具有相同的值；输入表已经排好序等等。

6.2.7 逻辑覆盖法

逻辑覆盖测试是根据被测试程序的逻辑结构来设计测试用例。逻辑覆盖测试考察的重点是图中的判定框。因为这些判定若不是与选择结构有关，就是与循环结构有关，是决定程序结构的关键成分。

按照对被测程序所作测试的有效程度，逻辑覆盖测试可由弱到强区分为 6 种覆盖。

(1) 语句覆盖：是指设计若干个测试用例，运行被测试程序，使程序中的每条可执行语句至少执行一次。这里所谓"若干个"，当然是越少越好。

(2) 判定覆盖：又称为分支覆盖，其基本思想是设计若干测试用例，运行被测试程序，使得程序中每个判断取真分支和取假分支至少经历一次，即判断的真假值均曾被满足。

(3) 条件覆盖：是指设计若干测试用例，执行被测程序以后，要使每个判断中每个条件的可能取值至少满足一次，即每个条件至少有一次为真值，有一次为假值。

(4) 判定-条件覆盖：是将判定覆盖和条件覆盖结合起来，即设计足够的测试用例，使得判断条件中的每个条件的所有可能取值至少执行一次，并且每个判断本身的可能判定结果也至少执行一次。

(5) 条件组合覆盖：是指设计足够的测试用例，运行被测程序，使得所有可能的条件取值组合至少执行一次。

(6) 路径覆盖：是指设计足够多的测试用例，运行被测试程序，来覆盖程序中所有可能的路径。

例 6-5 请用逻辑覆盖法对下面的代码(Java)进行测试。

```
public char function(int x, int y) {
        char t;
        if ((x >= 90) && (y >= 90)) {
```

```
            t = 'A';
        } else {
            if ((x + y) >= 165) {
                t = 'B';
            } else {
                t = 'C';
            }
        }
        return t;
    }
```

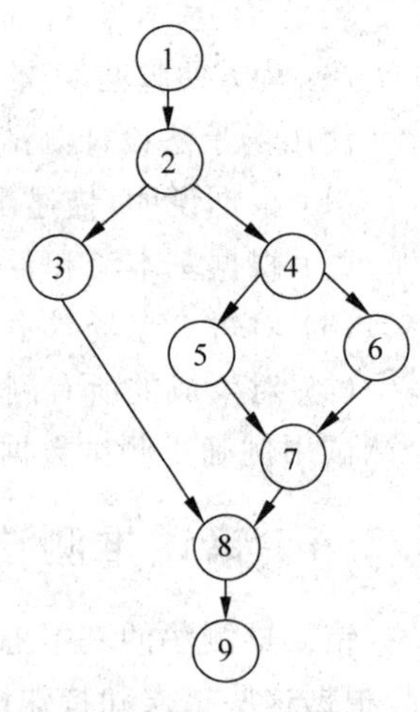

图 6-5　例 6-5 的控制流图

(1) 画出程序对应的控制流图,如图 6-5 所示。

为表达清晰,代码中各条件取值标记如下:

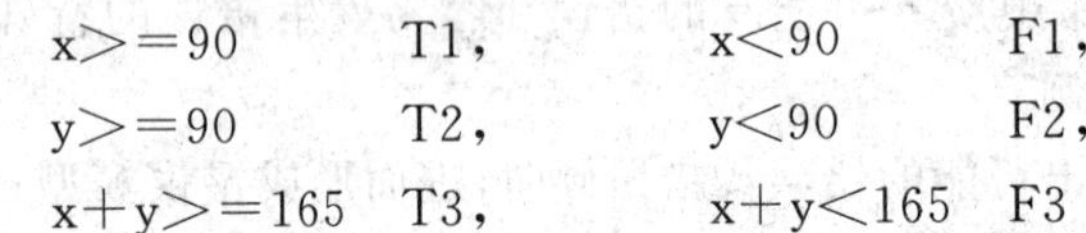

x>=90　T1,　x<90　F1,

y>=90　T2,　y<90　F2,

x+y>=165　T3,　x+y<165　F3

(2) 测试用例如表 6-8 所示。

表 6-8　例 6-5 的测试用例

覆盖类型	测试数据	覆盖条件	执行路径
语句覆盖	x=80,y=80	F1 F2 F3	1-2-4-6-7-8-9
	x=85,y=85	F1 F2 T3	1-2-4-5-7-8-9
	x=90,y=90	T1 T2 T3	1-2-3-8-9
判定覆盖	x=80,y=80	F1 F2 F3	1-2-4-6-7-8-9
	x=85,y=85	F1 F2 T3	1-2-4-5-7-8-9
	x=90,y=90	T1 T2 T3	1-2-3-8-9
条件覆盖	x=80,y=80	F1 F2 F3	1-2-4-6-7-8-9
	x=90,y=90	T1 T2 T3	1-2-3-8-9
判定条件覆盖	x=80,y=80	F1 F2 F3	1-2-4-6-7-8-9
	x=90,y=90	T1 T2 T3	1-2-3-8-9
	x=85,y=85	F1 F2 T3	1-2-4-5-7-8-9
条件组合覆盖	x=80,y=80	F1 F2 F3	1-2-4-6-7-8-9
	x=90,y=90	T1 T2 T3	1-2-3-8-9
	x=85,y=90	F1 T2 T3	1-2-4-5-7-8-9
	x=90,y=60	T1 F2 F3	1-2-4-6-7-8-9
路径覆盖	x=80,y=80	F1 F2 F3	1-2-4-6-7-8-9
	x=90,,y=90	T1 T2 T3	1-2-3-8-9
	x=85,y=90	F1 T2 T3	1-2-4-5-7-8-9

6.2.8　基路径测试法

基路径测试是在程序控制流图的基础上,通过分析控制构造的环路复杂性,导出基本可执行路径集合,从而设计测试用例的方法。进行基路径测试需要获得程序的环路复杂性,并找出独立路径。独立路径是指包括一组以前没有处理的语句或条件的一条路径。控制流图中所有独立路径的集合就构成了基本路径集。

基本路径测试法包括以下 5 个方面：

（1）根据详细设计或者程序源代码，绘制出程序的程序流程图。

（2）根据程序流程图，绘制出程序的控制流图。

（3）计算程序环路复杂性。环路复杂度是一种为程序逻辑复杂性提供定量测度的软件度量，将该度量用于计算程序的基本独立路径数目边。

（4）找出基本路径。通过程序的控制流图导出基本路径集。

（5）设计测试用例。根据程序结构和程序环路复杂性设计用例输入数据和预期结果，确保基本路径集中的每一条路径的执行。

例 6-6　请用基路径测试法测试下面的代码。

```
public void sort(int iRecordNum, int iType {
        int x = 0;
        int y = 0;
        while (iRecordNum > 0) {
            if (iType == 0) {
                x = y + 2;
            } else {
                if (iType == 1) {
                    x = y + 5;
                } else {
                    x = y + 10;
                }
            }
            iRecordNum --;
        }
    }
```

（1）根据代码画出对应的控制流图，如图 6-6 所示。

（2）通过公式：$V(G)=E\text{-}N+2$ 来计算控制流图的圈复杂度。E 是流图中边的数量，在本例中 $E=13$，N 是流图中结点的数量，在本例中，$N=11$，$V(G)=13\text{-}11+2=4$。

（3）独立路径必须包含一条在定义之前不曾用到的边。根据上面计算的圈复杂度，可得出四个独立的路径：

路径 1：1-2-3-4-5-10-3-11

路径 2：1-2-3-4-6-7-9-10-3-11

路径 3：1-2-3-4-6-8-9-10-3-11

路径 4：1-2-3-11

（4）导出测试用例。

为了确保基本路径集中的每一条路径的执行，根据判断结点给出的条件，选择适当的数据以保证某一条路径可以被测试到，满足上面例子基本路径集的测试用例如表 6-9 所示。

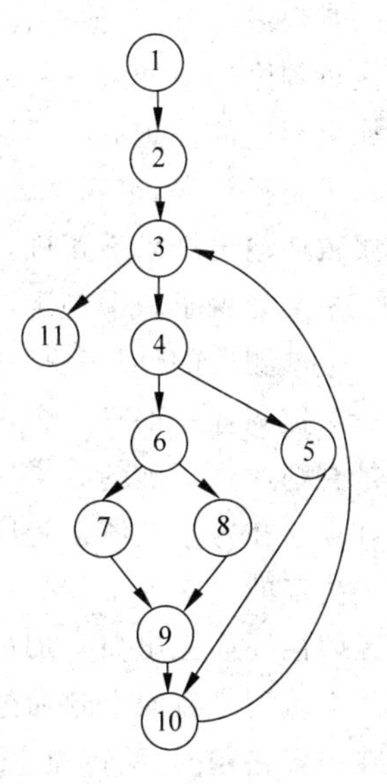

图 6-6　控制流图

表 6-9 测试用例

用例编号	路径	输入数据	预期输出
1	路径 1：1-2-3-4-5-10-3-11	iRecordNum =1,iType = 0	x=2
2	路径 2：1-2-3-4-6-7-9-10-3-11	iRecordNum =1,iType = 1	x=5
3	路径 3：1-2-3-4-6-8-9-10-3-11	iRecordNum=1,iType=3	x=10
4	路径 4：1-2-3-11	iRecordNum =0,iType=1	x=0

6.2.9 数据流测试

数据流测试是基于程序的控制流，从建立的数据目标状态的序列中发现异常的结构测试的方法。数据流测试使用程序中的数据流关系来指导测试者选取测试用例。其基本思想是：一个变量的定义，通过辗转的引用和定义，可以影响到另一个变量的值，或者影响到路径的选择等。进行数据流测试时，根据被测试程序中变量的定义和引用位置选择测试路径。因此，可以选择一定的测试数据，使程序按照一定的变量的定义-引用路径执行，并检查执行结果是否与预期的相符，从而发现代码的错误。

6.2.10 程序插装

程序插装(Program Instrumentation)概念是由 J. G. Huang 教授首次提出的。它使被测试程序在保持原有逻辑完整性的基础上，在程序中插入一些探针(又称为“探测仪”)，通过探针的执行并抛出程序的运行特征数据。基于这些特征数据分析，可以获得程序的控制流及数据流信息，进而得到逻辑覆盖等动态信息。

6.2.11 域测试

域测试(Domain Testing)是一种基于程序结构的测试方法。Howden 曾对程序中出现的错误进行分类，他将程序错误分为域错误、计算型错误和丢失路径错误三种。这是相对于执行程序的路径来说的。每条执行路径对应于输入域的一类情况，是程序的一个子计算。如果程序的控制流有错误，那么对于某一特定的输入可能执行的是一条错误路径，这种错误称为路径错误，也叫做域错误。如果对于特定输入执行的是正确路径，但由于赋值语句的错误致使输出结果不正确，则称此为计算型错误。另外一类错误是丢失路径错误，它是由于程序中某处少了一个判定谓词而引起的。域测试主要针对域错误进行的程序测试。

域测试的“域”是指程序的输入空间。域测试方法基于对输入空间的分析。自然，任何一个被测程序都有一个输入空间。测试的理想结果就是检验输入空间中的每一个输入元素是否都产生正确的结果。而输入空间又可分为不同的子空间，每一子空间对应一种不同的计算。在考察被测试程序的结构以后，就会发现，子空间的划分是由程序中分支语句中的谓词决定的。输入空间的一个元素，经过程序中某些特定语句的执行而结束(当然也可能出现无限循环而无出口)，那都是为了满足这些特定语句能被执行所要求的条件。

域测试有两个致命的弱点：一是为进行域测试对程序提出的限制过多，二是当程序存在很多路径时，测试点也就很多。

6.3 测试用例设计考虑因素

(1) 测试用例必须具有代表性,典型性。

(2) 测试用例设计时,要浓缩系统设计。

(3) 测试用例必须具有易读性、可维护性。

(4) 测试用例设计要考虑覆盖率。

6.4 测试用例设计的基本原则

(1) 尽量避免含糊的测试用例。

(2) 尽量将具有相类似功能的测试用例抽象并归类。

(3) 尽量避免冗长和复杂的测试用例。

6.5 测试用例设计技术经验分享一

6.5.1 测试用例八大要素

1. 用例编号

测试用例编号是由字母和数字组合而成的,用例的编号应该具有唯一性、易识别性,比如可以采用统一的约定,产品编号_ST_系统测试项名_系统测试子项名_编号。这样看到编号就可以知道是做的什么测试,测试的对象是什么,也方便维护。

2. 测试项目

测试用例所测试的项目名,也可以是测试用例所属的大类,被测需求,被测的模块,或者是被测的单元。例如,计算器加法功能。

3. 用例标题

测试标题是对测试用例的简单描述。用概括的语言描述该测试用例的测试点。每个测试用例的标题不能够重复,因为每个测试用例的测试点是不一样的。例如,用户在没有登录的情况下,将商品加入购物车。

4. 重要级别

重要级别分为高中低三等。

高:保证系统基本功能、重要特性、实际使用频率比较高的测试用例;

中:保证程度介于高和低之间的测试用例;

低:实际使用频率不高,对系统业务功能影响不大的模块或功能的测试用例。

注:一般情况下,一个测试子项里有且仅有一个重要级别为高的测试用例,大多数都是重要级别为中的测试用例。因为一般我们会进行一个系统测试预测试项,如果重要级别为高的太多,则就失去了预测试的实际意义。

5. 预置条件

预置条件就是执行当前测试用例的前提描述，如果不满足这些条件，则无法进行测试。

6. 测试输入

测试用例执行时，需要输入的外部信息。例如，某一个文件、数据记录等。

7. 操作步骤

执行当前测试用例所要经过的操作步骤，需要给出每一步的操作详情描述，测试人员根据测试用例操作步骤，完成测试用例的执行。

8. 预期结果

当前测试用例的预期输出结果，用来与实际结果比较，如果相同则该测试用例通过，否则该测试用例失败。

9. 其他

作者：谁写的。

创建日期：写用例的日期。

修改日期：最后一次修改用例的日期。

测试结果：执行用例后的结果 Pass、Fail、Block。

6.5.2 优秀的测试用例

测试工程师有一样很重要的工作就编写测试用例。测试用例是对需求的另一种描述，它能引导大家进一步加深对系统的理解和对特性的全面关注，从而帮助产品开发人员重新审核需求的合理性和一致性，所以应该是测试工程师最重要的一项产出。

一般的测试用例分为输入、行为和希望结果三个部分。这三个部分通常的测试用例都能满足，但是怎样的测试用例才能算得上优秀的测试用例呢？基于以往之测试经验，下面给出优秀测试用例的几个特点。

1. 正确性

毫无疑问，测试用例必须是需求的正确描述。但是我们往往忘记了多想一步：这是用户正确需要的吗？曾经有一个失败的测试用例，当一个条件输入异常的时候，系统返回-1给前端接口，然后前端返回错误信息，这是系统当前对异常的处理需求。可是如果多想一步，当一个条件异常的时候，难道我们不能返回满足部分条件的结果给用户，让用户的体验更加良好吗？

2. 完整性

就测试用例本身而言，是无穷尽的，只要是键盘的任意组合都可以算作测试用例。而一个优秀的测试工程师就是从无穷中找到最能保证质量，最能发现错误的测试用例，发现无穷的最小集，通常功能测试用例的找寻方法有很多，等价类和边界值是最简单的方法，建议结合使用，先划分等价类，再把等价类中的边界值找出来。用正交法组合出来的测试用例一般太多，所以需要测试工程师在正交法的结果中再做组合，建议结合错误定位法减少用例的执行。状态图在数据统计、结算中的使用概率最高。

每个状态和流程都需要一一考虑正常和异常的分支，正常的流程应当是一个开发人员能自己保证的，但是异常的分支很少有开发人员能够考虑清楚，这就是体现测试工程师价值的地方。但是完整性绝不仅仅是功能测试，除了功能测试之外，常见的还有性能测试、安全测试、兼容性测试、安装友好测试、地域语言测试和用户体验测试(usability)。

3. 输入具体

对于这个部分，我们都希望它是固定的、具体的，比如文本框的输入，我们可以写成具体“诺基亚”，但是不要写“正确的输入”，或者“中文的输入”，这些都会导致测试用例的不确定性。模糊的输入应该在具体输入的上一级结构，作为测试的思路和分类使用。

4. 用词无歧义

很多词在不同场景会有不同的含义，比如“价格”一词在不同的表中就代表不同的价格，甚至在同一表中也有原始价格和卖出价格，所以应该尽量具体地描述关键词的具体信息，如果能贴上专用的 id 和原始表中的 item 会对避免歧义有很大的帮助。

5. 用例细化

输入的一种组合，或者一条流程线对应一个测试用例，尽量不要在一个用例中融合多种情况，在自动化测试的脚本中为了提高效率我们会在一个自动化脚本中融入各种情况的输入，然后用一个动作，把所有的输出一次生成。针对这种情况，建议在脚本中对各种输入对应的案例一一备注说明，运行失败的时候也方便新人定位问题。

6. 判断点准确无歧义

我经常看到这样的检查点：“结果正确”、“速度合理”，这些检查点对其他人没有丝毫的帮助。所以应该尽量做出让机器也能识别的检查点，比如输出“8”或者“rt＜30m”。

7. 合理区分优先级

在 Bugfree 中有 4 个级别的优先级，从 1～4，1 表示最重要的测试用例，4 表示最不重要的测试用例。不同的缺陷管理平台对优先级的定义会有不同，但是都会有优先级的概念。在时间紧张的情况下，优先级的作用会特别大，我们会优先执行比较重要，对系统功能、用户体验影响大的测试用例，将级别比较低的测试用例留在后期或者指派给一些新人来执行。

6.5.3 让测试用例更完美

1. 用例自动化

自动化脚本的地址能够一一对应，许多大公司都能做到这点，比如淘宝的 Bugfree 就已经和自动化框架打通，通过测试用例可以直接链接到脚本，方便对用例的理解。

2. 记录每轮的测试结果

对于有些功能的测试用例，结果只是简单的通过，则不需要记录。但是对于性能测试这些结果不确定的测试用例，如果能保留每次测试的结果，对于之后的测试是很有帮助的。对于失败的部分用例，如果能和缺陷(Bug)产生一一对应关系，对之后的回归也产生很大的便利。

3. 对检查点进行逻辑说明

很多用例有了结果的检查点，但是为什么是这个结果，对于新人来说必须重新翻看需求或者设计文档才能理解。尤其对于算法的测试,理解需求和逻辑是一个比较痛苦的过程,如果能够对每个结果进行一些备注和逻辑上的说明,会方便自己今后的工作以及他人对用例的理解。

以上是对测试用例特性的一些总结,真正编写测试用例的时候,对系统越深入地了解越能写出完善的测试用例,很多开发人员错误地理解,测试工程师只需要知道需求就可以了,不需要对程序有代码级别的了解。但是无数的实践证明,测试工程师越了解系统的设计、编码的逻辑,越能发现潜在的错误和风险。

6.6 测试用例设计技术经验分享二

6.6.1 设计测试用例应注意事项

测试用例的编写是测试流程中不可缺少也极其重要的一环,但在编写用例时应该注意什么呢?首先,应该是对需求的总体把握。

1. 把握用户想要解决的问题

产品最终面向的是用户,不管是在产品开发设计阶段,还是在产品测试用例设计阶段,都必须以用户的需求为根本来设计产品。

要使最终用户对产品感到满意,最有力的举措就是对最终用户的期望加以明确阐述,以便对这些期望进行核实并确认其有效性。

2. 把握解决用户问题的途径和方法

测试用例反映了要核实的需求。然而,核实这些需求可能通过不同的方式并由不同的测试人员来实施。例如,执行软件以便验证它的功能和性能,这项操作可能由某个测试人员采用自动化测试技术来实现。计算机系统的关机步骤可通过手工测试和观察来完成。不过,市场占有率和销售数据(以及产品需求),只能通过评测产品和竞争销售数据来完成。

3. 把握解决用户问题的业务流程

软件测试,不单纯是基于功能的黑盒测试,还需要对软件的内部处理逻辑进行测试。为了不遗漏测试点,需要清楚地了解软件产品的业务流程。建议在做复杂的测试用例设计前,先画出软件的业务流程。如果设计文档中已经有业务流程设计,可以从测试角度对现有流程进行补充。如果无法从设计中得到业务流程,测试工程师应通过阅读设计文档,与开发人员交流,最终画出业务流程图。业务流程图可以帮助测试人员理解软件的处理逻辑和数据流向,从而指导测试用例的设计。

从业务流程上,应得到以下信息:

(1) 主流程是什么?

(2) 条件备选流程是什么?

(3) 数据流向是什么?

(4) 关键的判断条件是什么?

4. 对需求进行总体分析

从软件需求文档中,找出待测试软件/模块的需求,通过自己的分析、理解,整理成为测试需求，清楚被测试对象具有哪些功能。测试需求的特点是：包含软件需求，具有可测试性。

测试需求应该在软件需求基础上进行归纳、分类或细分，方便测试用例设计。测试用例中的测试集与测试需求的关系是多对一的关系，即一个或多个测试用例集对应一个测试需求。

分析时，应该主要从以下几方面考虑：

（1）用户想解决的问题从技术上是否是可行的？

（2）用户需求提到的解决问题的途径和方法是否合理？

（3）用户需求中是否存在相互矛盾的需求？

然后就是对需求中提到的功能进行分析，分析每个功能需要处理的本质工作。

分析被测软件的主要功能有哪些？每个功能处理的数据对象是什么？每个功能处理的数据对象的来源是什么？每个功能输入条件和对应的输出结果是什么？每个功能所需要的意外处理有哪些？

结合每个功能处理的数据对象实际情况，找出切合实际的验证方式，验证程序是否完整、其应处理的实质性工作是否完成，以免被假象所迷惑。

6.6.2 着手设计测试用例

完成了测试需求和软件流程分析后，开始着手设计测试用例。测试用例设计的类型包括功能测试、边界测试、异常测试、性能测试、压力测试等。在用例设计中，除了功能测试用例外，应尽量考虑边界、异常、性能的情况，以便发现更多的隐藏问题。

黑盒测试的测试用例设计方法有等价类划分、边界值划分、因果图分析和错误猜测。白盒测试的测试用例设计方法有语句覆盖、判定覆盖、条件覆盖、判定/条件覆盖、多重条件覆盖。在设计测试用例的时候可以使用软件测试用例设计方法，结合前面的需求分析和软件流程分析进行设计。

6.6.3 测试用例的评审与完善

测试用例设计完成后，为了确认测试过程和方法是否正确，是否有遗漏的测试点，需要进行测试用例的评审。

测试用例评审一般是由测试 Leader 安排，参加的人员包括测试用例设计者、测试组长、项目经理、开发工程师、其他相关开发测试工程师。测试用例评审完毕，测试工程师根据评审结果，对测试用例进行修改，并记录修改日志。

测试用例编写完成之后需要不断完善，软件产品新增功能或更新需求后，测试用例必须配套修改更新；在测试过程中发现设计测试用例时考虑不周，需要对测试用例进行修改完善；在软件交付使用后客户反馈的软件缺陷，而缺陷又是因测试用例存在漏洞造成，也需要对测试用例进行完善。一般小的修改完善可在原测试用例文档上修改，但文档要有更改记录。软件的版本升级更新，测试用例一般也应随之编制升级更新版本。测试用例是“活”的，在软件的生命周期中不断更新与完善。

6.7 国际 Test case 经验与技术总结

6.7.1 What's a 'test case'?

A test case describes an input, action, or event and an expected response, to determine if a feature of a software application is working correctly. A test case may contain particulars such as test case identifier, test case name, objective, test conditions/setup, input data requirements, steps, and expected results. The level of detail may vary significantly depending on the organization and project context.

Note that the process of developing test cases can help find problems in the requirements or design of an application, since it requires completely thinking through the operation of the application. For this reason, it's useful to prepare test cases early in the development cycle if possible.

6.7.2 Test Case Writing Best Practices

Details Required Before Writing Test Cases

-Read Specification and Requirements Carefully

-Be clear with the design and the implementation details

-Analyze and Identify all possible scenarios

-Identify the test environments and test types

-Should have detailed information related and affected areas of the requirement

-Should be clear of behavior under failure condition (invalid input, boundary values etc.)

Improving Testability (Easy to Test)—Language

-Use Active Case say Do This, Do That

-System Display this, Do That

-Simple Conversational Language

-Exact, consistent names of fields, not generic

-Don't explain windows basics

-10-15 steps or less. In case of integration test cases try to provide references instead of explaining the functionality again and again

-Always update your test case with the new build

-Follow Naming Convention—Naming Convention helps you to differentiate between function, control, dbname etc. It help in easy identification of different controls, functions, Labels , hyperlink etc.

Note: The naming conventions and practices may vary from project to project.

Naming Conventions

-The scenario/test case for different module should be mentioned in a single worksheet in a single file. The name of the excel file should be TypeofTesting _ModuleName

-Module names should be in Capitals and Bold

-Screen Names should be bold and have camel notation i. e. , the first word in capital letters and rest all in small letters.

-All the objects like textbox, listbox,Checkbox,radio buttons etc should be in italics and bold

-The link names should be mentioned in Italics, bold and underline below the word e. g. ,'Sign Out' link should be mentioned as 'Sign Out'

-Database table name should be in caps e. g. ,Emp_Details table name should be EMP _DETAILS

Test Case Attributes

-Test Case Id—Must be Unique across the application

-Test case description—The test case description must be very brief

-Test Case Priority—Priority of the test case

-Test case Type—To identify the type of test case

-Precondition—what should be present in the system, before the test can be executed

-Assumption or Dependencies—(Helps to identify related code or functionalities and features)

-Test Inputs —The test input is nothing but the test data that is prepared to be fed to the system

-Validation Input—step by step instructions on how to carry out the test

-Expected Result—How the system must react based on the test steps

-Actual Result—The actual output

-Post Conditions—State after the test case is executed

-Execution Result(Pass/Fail)—Your actual result based on expected and actual result

-Build Number—To keep track of results

General Guidelines

-Write test cases before implementation of requirement

-Test cases are written for all the requirements. Test case should map to current requirement and should not be an enhancement to the application.

-Follow a standard template for all test cases

-Use very simple English and general words

-Format followed (Alignment, Naming convention etc) by test cases should be uniform for the entire application

-All the scenario/Test Case should be easily understandable, clear and to the point

-Highlight important points by making text bold or assigning it a color or writing it in different font

-You may add sections to a group of test cases to make it more informative

-You may use double quotes for a particular display text

-Maintain the test cases in a flow so that execution order is maintained and time is saved. Whenever a new scenario/test case is been added between two existing one it should be named after the previous scenario/Test case Id with decimal places i. e., if we have added new scenario between ID ST-SA-BKG-0015, then new scenario ID will be ST-SA-BKG-0015.1

-Use bullet points for different steps

-Specify Test case type and priority which would help in determining whether to run the test case in specific scenario or not(Shortage of time etc.)

-The prerequisite for the scenario/test case should be mentioned before the test case

-Use a mix of both 'positive and negative' tests

-Provide test data(if possible)

-Write in details SQL Queries(it will save time while executing)

-Add reference to bugs or requirement as per your needs

-Defect ID of a Scenario/Test Case should match the Defect ID submitted against the defect in Defect Tracking System

-Add some notes in case you want to convey additional information or explain the test case with example in case the scenario is not much clear

-You can use build number next to your result to keep a track of results or determining defect density

Note: Test case should be such that any person going to execute it or read it gets a clear picture of what needs to be done without needing any explanations

6.7.3 What Makes a Good Test Case?

There are two parts to this question. The first part is why are you testing? The answer to that question helps answer the 'good' test case question. Remember that testing is only one element of QA and QA is verifying satisfaction of requirements both functional and non-functional. Some questions to ask are:

- What are the requirements that you are testing for?
- If you validate that a particular function exists, does that translate into quality?
- Is the test case 'good' because it can show that the function either works or does not work?

A 'good' test case is only a start toward accomplishing the overall objective of quality. For example, if we are testing an accounting application, and want to reconcile accounts, a test case that validates that two accounts have been reconciled correctly while validating that all downstream calculations are correct is a good test case. On the other hand, a test case written which validates the precise position of buttons, or number format may not be as useful (unless that is one of the objectives of the software). If that test case failed, what would be the action taken? Maybe nothing.

Another viewpoint is risk. What if a defect slipped through if a test case was not executed? What would be the consequence? Would anyone care? So before pounding out test cases, think; if the test case fails, will it warrant action? If not, it could be a waste of time. So with that in mind, we can turn to the contents or structure of a 'good' test case:

- Title: Short and according to a naming convention that enables you or your QA team to know generally what the test case covers.
- Purpose: The objective of the test case with explanation why it's important with type, i. e. regression, smoke, acceptance. Many test cases will only be included in full regression for instance.
- Steps: Clear steps to execute the test case for someone not familiar with the application. For instance, "Click on XX button, Enter date".
- Validation criteria: One or more sub-steps with validation criteria. For example: "Report has XXX number". The criteria should be yes or no.
- Prioritization: Getting back to "does anyone care", prioritize test cases appropriately. If this test case failed, what action would take place? Would there be a patch released to customers? Would it be fixed in the next version, or would it just be ignored along with many other defects? Test cases should be executed according to the priority given to the test case such that all the important bugs will be discovered as soon as possible. This puts a new light on priority. You want to think carefully about priority and order of execution. One possible categorization would be smoke, acceptance, and regression.
- Atomicity: Should you write detailed test cases for each minute function? As general guidance, any test case that fails should result in only one defect. For the accounting report example above, it may take some understanding of the application, so initial test cases may be at the wrong level where one test case results in multiple defects or many test cases result in the same defect, but hopefully over time, test cases will improve.

In summary, a 'good' test case is one that:

(1) Ensures or validates the required functionality.

(2) Is priority ranked so that it is executed in the proper relative importance to reduce risk.

(3) If executed and results in a defect, action occurs (i. e. fix or patch) and/or increases product quality significantly (depending on the QA objectives of the organization).

6.8 读书笔记

读书笔记　　　　Name:　　　　Date:

励志名句：*I might say that success is won by three things: first, effort; second, more effort; third, still more effort.*

成功之道唯三点：努力、努力、再努力。

CHAPTER 7

第 7 章

经典测试用例设计 (Test Case Design)

[学习目标]：本章测试用例选题精良，涉及到电子商务、手机应用、在线会议、在线游戏、搜索引擎、在线协作、电子书籍、回归测试用例等。读者要认真的研习，想一想如果自己来设计如何进行，体会书本中的设计优秀之处，努力提高自己设计测试用例的质量。

7.1 TC#1：电子商务（kiehls 护肤品）网站测试用例设计

在做软件测试项目的时候，一般都要求为项目提交测试用例。测试用例怎么写？从哪些方面写？写哪些内容？很多人可能比较迷茫。下面以一个真实的测试网站为例，介绍如何去写测试用例。下面是一个护肤品销售网站 http://www.kiehls.com，需要测试的是这个站点的所有功能，把测试中遇到的问题报告成错误，并且为这个站点写测试用例。访问站点如图 7-1 所示。

7.1.1 分析项目特征

访问 kiehls 化妆品网站，你就会在网站的主页面看到一些关键信息；用户可以注册成为该网站的成员，注册完登录网站，可以管理账户。每一个产品都有详细信息。支持快速地搜索产品。可以在线订购产品，进行账单管理。同时还能查看自己在该网站的相关情况（包括购物历史记录、支付方式、个人邮寄地址等）。因此测试的范围就可以描述为表 7-1 的样式。

图 7-1　kiehls 护肤品网站主页面

表 7-1　测试范围

测试范围	测 试 内 容
主页面	1. 检查主页面是否正常显示 2. 检查 ABOUT US 3. 检查 Privacy Policy 4. 检查 Contact Customer Service 5. 检查 Copyright
账号管理	1. 通过 Register 注册账号 2. 通过 Email 注册账号 3. 正常用户名和密码登录 4. 使用错误的用户名或密码登录 5. 忘记密码
产品信息	1. 产品分类信息 NEW/SKIN CARE/BODY/MEN/HAIR/GIFTS&MORE 2. 排序 3. 检查图片显示 4. 产品订购 5. 发送产品信息到朋友圈 6. 查看 Wish List 7. 打印产品信息页面 8. Bookmark & Share 9. Write Review 10. Read Review

续表

测试范围	测 试 内 容
搜索	1. 搜索存在的产品 2. 搜索不存在的产品 3. 在关键字中包含脚本语言
账单管理	1. 更改产品订购数量 2. 填写 SHIPPING 3. 填写 BILLING 4. 下订单
My Kiehl's	1. Personal Information 2. Addresses 3. Wish List 4. Payment Methods 5. Order History 6. My Favorites 7. Products I've sampled

7.1.2 设计测试用例

测试用例设计并不复杂。根据前面的测试范围分析，进一步地细化产生测试用例，如表 7-2 至表 7-7 所示。

表 7-2 主页面测试用例

序号	测试用例名称	测试用例描述
1	检查站点主页面内容显示	【测试步骤】 1. 打开主页面 2. 查看主页面内容显示 【期望结果】 主页面上图片和文字可以正常显示
2	检查页面上的链接是否有效	【测试步骤】 1. 打开主页面 2. 单击页面上所有的链接 【期望结果】 所有链接能被打开，而且内容显示正常
3	检查 About US 页面	【测试步骤】 1. 单击 About US 2. 检查页面内容显示 【期望结果】 1. About US 页面打开正常 2. 页面内容可以正常显示

续表

序号	测试用例名称	测试用例描述
4	检查 Privacy Policy 页面	【测试步骤】 1. 单击 Privacy Policy 2. 检查页面内容显示 【期望结果】 1. Privacy Policy 页面打开正常 2. 页面内容可以正常显示
5	检查 Contact Customer Service 页面	【测试步骤】 1. 单击 Contact Customer Service 2. 检查页面内容显示 【期望结果】 1. Service 页面打开正常 2. 服务条款按规则排序
6	检查 Copyright 信息	【测试步骤】 检查 Copyright 信息 【期望结果】 1. 格式显示正确 2. 版权是当前年份

表 7-3 账号管理

序号	测试用例名称	测试用例描述
1	通过注册页面注册账号	【测试步骤】 1. 打开 Register 页面 2. 输入用户名和密码 3. 注册账号 【期望结果】 账号注册成功
2	通过 Email 注册账号	【测试步骤】 1. 打开通过 Email 注册对话框 2. 输入 Email 地址 【期望结果】 账号注册成功
3	登录站点	【测试步骤】 1. 打开登录页面 2. 输入正确的用户名和密码 【期望结果】 登录成功
4	错误登录信息	【测试步骤】 1. 打开登录页面 2. 输入错误的用户名或者密码 【期望结果】 1. 登录不成功 2. 提示无效用户名和密码信息

续表

序号	测试用例名称	测试用例描述
5	忘记密码	【测试步骤】 1. 打开登录页面 2. 单击 Forgot Your Password 【期望结果】 1. 弹出 Password Recovery 对话框 2. 输入账号邮件地址,并且单击发送 3. 收到包含密码的邮件

表 7-4　产品信息

序号	测试用例名称	测试用例描述
1	检查分类产品内容	【测试步骤】 1. 单击页面分类产品 NEW/SKIN CARE/BODY/MEN/HAIR/GIFTS&MORE 2. 检查打开的产品内容 【期望结果】 1. 所有分类产品页面能被正常打开 2. 产品图片,文字内容,数量信息显示正常
2	产品排序	【测试步骤】 1. 打开某类产品,比如 New Product 2. 为列出的产品按以下方式排序: Price(High To Low) Price(Low To High) Alphabetically(A-Z) Alphabetically(Z-A) 【期望结果】 产品能够按规则排序
3	添加产品到 My Bag	【测试步骤】 1. 打开某个产品,比如 gloss d'armani 2. 为产品选择颜色、数量,然后添加到 My Bag 【期望结果】 1. 产品成功加入 My Bag 2. 产品的价格,数量显示正确
4	发送产品信息到朋友	【测试步骤】 1. 打开某个产品,比如 gloss d'armani 2. 单击 Send to Friend 【期望结果】 1. 邮箱可以收到邮件 2. 邮件中包含产品的介绍信息

续表

序号	测试用例名称	测试用例描述
5	查看 WishList 内容	【测试步骤】 1. 打开某个产品，比如 gloss d'armani 2. 单击 WishList 【期望结果】 1. 页面自动转化到 WishList 页面 2. 所有 Wish 信息能被显示
6	打印产品内容页面	【测试步骤】 1. 打开某个产品，比如 gloss d'armani 2. 单击 Print 【期望结果】 1. 弹出打印属性对话框 2. 产品信息可以打印到打印机或者转换到 PDF 文件
7	共享产品信息到第三方站点	【测试步骤】 1. 在某个产品的详细页面 2. 单击 Share 【期望结果】 1. 自动弹出 Bookmark & Share 窗口 2. 打开的页面可以共享到 "Facebook/Twitter/Blogger/Linkedln/Email…"
8	Write Review	【测试步骤】 1. 打开某个产品 2. 在产品图片的下方会显示 Write Review 3. 单击 Write Review 4. 输入信息为所有需要的字段 【期望结果】 1. 弹出 Write Your Review 页面 2. 如果必填字段为空，将出现相应的提示信息
9	Read Review	【测试步骤】 1. 打开某个产品 2. 在产品图片的下方会显示 Read Review 3. 单击 Read Review 【期望结果】 Review 信息页面能被展开

表 7-5　搜索

序号	测试用例名称	测试用例描述
1	在站点搜索指定产品	【测试步骤】 1. 在搜索文本框输入产品关键字，比如产品名称 2. 单击 Search 按钮或者直接按回车键 【期望结果】 在结果页面出现搜索产品信息

续表

序号	测试用例名称	测试用例描述
2	搜索无效的产品名称	【测试步骤】 1. 在搜索文本框中输入一个无效的产品名称，比如不存在的产品名称 2. 单击 Search 按钮或者直接按回车键 【期望结果】 在搜索页面提示产品名称不存在
3	关键字中包含脚本语言	【测试步骤】 在输入的关键字中包含脚本符号，比如＜script＞test＜/script＞ 【期望结果】 1. 在搜索页面提示产品名称不存在 2. 页面没有异常显示

表 7-6　账单管理

序号	测试用例名称	测试用例描述
1	修改订购的产品数量	【测试步骤】 1. 增加产品到 My Bag 2. 在 My Bag 页面修改产品的订购数量 【期望结果】 订购总价根据产品的数量自动变化
2	处理产品订单	【测试步骤】 1. 增加产品到 My Bag 2. 单击 Check out 3. 在 Shipping 页面填写邮寄地址和邮寄方式 4. 在 Billing 页面填写付款信息 5. 单击 Place Order 【期望结果】 产品订购成功

表 7-7　My Kiehl's

序号	测试用例名称	测试用例描述
1	修改账号信息和重置密码	【测试步骤】 1. 登录站点 2. 转换到 Personal Information 页面 【期望结果】 可以更改个人信息和账号密码
2	修改地址信息	【测试步骤】 1. 登录站点 2. 转换到 Addresses 页面 【期望结果】 可以建立个人的地址信息

续表

序号	测试用例名称	测试用例描述
3	填写信用卡支付信息	【测试步骤】 1. 登录站点 2. 转换到 Payment Methods 页面 【期望结果】 可以确定订购的支付方式，并填写信用卡信息，以便以后直接调用

[专家点评]：

电子商务是利用微电脑技术和网络通信技术进行的商务活动。各国政府、学者、企业界人士根据自己所处的地位和对电子商务参与的角度和程度的不同，给出了许多不同的定义。电子商务即使在各国或不同的领域有不同的定义，但其关键依然是依靠着电子设备和网络技术进行的商业模式。随着电子商务的高速发展，它已不仅仅包括在线购物环节，还应包括物流配送等附带服务。电子商务包括电子货币交换、供应链管理、电子交易市场、网络营销、在线事务处理、电子数据交换(EDI)、存货管理和自动数据收集系统。在此过程中，利用到的信息技术包括：互联网、外联网、电子邮件、数据库、电子目录和移动电话。

电子商务网站一般都有一个整洁美观的首页，在首页中有热门的商品展示，有联系我们、版权信息等；另外电子商务网站一定会有用户管理，用户注册登录后进行商品的购买；商品一定能排序，购买后能评价；网站还要能支持商品搜索，能尽快找到客户所需要的商品；对客户购买的商品一定要能给出一个账单；客户可以管理自己的账户，填写收货地址、信用卡信息等。

测试用例就是按这个流程来思考和设计的。当然，除了基本的流程、基本功能验证外，还要设计一些异常的案例。

7.2 TC#2：手机输入法测试用例设计

7.2.1 分析项目特征

手机应用变得越来越流行：在国际消费电子产品展览会上，微博网 Twitter 的首席执行官迪克-科斯特洛(Dick Costolo)称，约有 40%的推文(tweet)来自于移动设备。这证明移动设备对于社交媒体公司越来越重要了。在展览会期间，科斯特洛接受了美国科技博客 AllThingsD 的采访。在访谈中，他谈到了 Twitter 出席国际消费电子产品展览会的原因以及 Twitter 网站名人用户的影响力等等。

在访谈中，当科斯特洛被问及哪些设备和操作系统对 Twitter 网站的未来发展至关重要时，他回答说，现在 Twitter 网站上 40%的推文均产生于移动设备上，而在一年前，这个数字仅为 25%。

随着 Twitter 网站正式推出 iPhone、iPad、Android 和黑莓应用程序，访问 Twitter 网站的移动用户数量急剧增加。在这些应用程序中，SMS、iPhone 版 Twitter 和黑莓版 Twitter 最受用户欢迎。美国的今天可能就是中国的明天。

手机应用为什么会越来越普及并且越来越重要,主要原因包括如下两个方面。

1. 碎片时间利用

现在各大主流微博、网络在线应用都开始推出独立的手机客户端应用,以保持其高访问量和留住用户和培养未来用户的习惯。现在人们开始利用移动设备来消磨自己的零碎时间:在公交、地铁上,等待快餐,提前到达预约地点,等待会议人员进场,飞机晚点,会议过程短暂休息……

"碎片时间"很多人觉得不起眼,但积少成多,从 Twitter 40%的推文来看,就可以看出来这个碎片时间相对于主流来说已经是旗鼓相当了,而且未来人们的交叉更多,能够空闲的时间都是"碎片化的"。

2. 处理紧急和临时事件

譬如你在购物的时候突然希望能够获得准确的网络报价,以确定是否在现场购买某件物体,这时候你可以拿出你的移动设备进行网络查询。

如果你在一个城市预订了酒店,而在去往该地过程中中途改变行程或者取消计划,你可以方便地通过手机处理你的事情,更改酒店预订或者取消预订。

当然,还有更多的原因,此处不再赘述。

7.2.2 设计测试用例

在中国人使用的手机上,都会有汉字输入法,便于写短信、写便签等,如何对手机上的应用输入法进行有效的测试,设计测试用例,请看表 7-8。

表 7-8 手机输入法测试用例设计

测试选项	操作方法	观察与判断	结果
输入法测试	核对中文字库(GB2312)	依据中文字库,逐字进行输入核对;检查有无缺字、错字、候选字重复等现象	
笔画输入法	文本输入	1. 在文本输入界面选择笔画输入法输入汉字 2. 输入一个汉字的一笔后进行翻页查找 3. 顺序输入一个汉字的笔画;该汉字应出现在候选字首位 4. 选择该字,并确认;该字出现在文本编辑框中 5. 连续输入汉字	
	按键测试	1. 在笔画输入界面,对未定义笔画的按键进行测试 2. 逐一按住无效键	
拼音输入法	文本输入	1. 在文本输入界面选择拼音输入法输入汉字 2. 输入一个汉字的一个拼音字母后进行翻页查找 3. 顺序输入一个汉字的拼音;该汉字应出现在候选字中 4. 选择该字,并确认;该字出现在文本编辑框中 5. 连续输入汉字	
	按键测试	1. 在拼音输入界面,对未定义拼音字母的按键进行测试 2. 逐一按住无效键	

续表

测试选项	操作方法	观察与判断	结果
英文输入法	文本输入	1. 在文本输入界面选择英文输入法输入英文 2. 键入一个单词的一个字母 3. 顺序键入该单词的字母 4. 输入专用词；如大写的、省略的等 5. 连续输单词	
	按键测试	1. 在英文输入界面，对未定义字母的按键进行测试 2. 逐一按住无效键	
数字、标点符号、特殊字符输入	输入数字	1. 在文本输入界面选择数字输入法 2. 键入 0～9 数字 3. 重复、大量的键入数字	
	标点符号的输入	1. 快捷输入常用的标点符号；常用的标点符号，通常定义为按住 *、# 键等即可输入 2. 选择标点符号输入法进行输入 3. 分别在中文、英文界面输入标点符号	
输入法切换	快速切换输入法	1. 在中文输入法界面，按输入法切换键进行输入法切换成英文输入法输入英文 2. 在中文输入法界面切换输入法切换成标点符号输入法进行标点符号输入 3. 在英文输入法界面，按输入法切换键法切换成中文输入法输入中文 4. 在英文输入法界面切换输入法切换成标点符号输入法进行标点符号输入 5. 各种输入法之间进行快速切换	

[**专家点评**]：

手机输入法也是在做国际软件测试中经常遇到的测试，在国际软件测试市场，针对手机的测试目前主要分为三类：

(1) 手机自身的测试(这种对方一般会提供手机样机)，供测试人员进行测试。主要是针对手机硬件和出厂时预装软件的测试。

(2) 手机上应用软件 APP 的测试，这种是需要在测试者的手机上下载安装一个应用软件，然后对软件进行测试。

(3) 手机上直接测试网站应用，与在计算机上测试网站一样，只不过用手机浏览器访问网站，查看在手机上是否显示正常，功能是否能正常工作。

我们在测试过程中发现国外人做汉字输入法，经常会出现缺字、错字、候选字重复等现象；特别是一些固定的词组，在国外人设计的拼音输入法中，经常缺失。从而报了许多 Bug。

当然，我们在设计测试用例时，要考虑的周全，不仅仅考虑到输入法自身的测试，包括字库、词组等正常测试，还要有不同汉字输入法切换的测试、特殊字符的测试、中英文切换等。

7.3　TC# 3：手机闹钟设置测试用例设计

7.3.1　分析项目特征

闹钟是每个人生活中必备的东西，有了它，早上就不怕上班迟到，也能安心睡个好觉。现在智能手机的闹钟程序已经越来越复杂也更具有包装特色，而且越来越多人开始抛弃旧式的闹钟，使用手机闹钟APP。

随着智能手机的迅速发展，它一步步走进了普通人的生活，成为人们获取即时信息的主要设备。因此，手机的应用软件将会有非常大的发展空间，其中手机闹钟是人们日常生活必不可少的应用软件。

手机闹钟和旧式传统闹钟相比，手机闹钟时间上更精准，因为它可以随时获取网络时间；然后，手机闹钟携带更加方便，现在智能手机是人们不离手的东西，出差、旅游也不必专门为了早起而带上传统闹钟；最后，手机闹钟比传统闹钟的功能更丰富，铃声任选、提醒间隔分钟、闹铃音量等等。

7.3.2　设计测试用例

当今，智能手机的各种系统，都支持手机闹钟APP，很多系统已经自带了手机闹钟，对于这样的手机闹钟，如何进行有效的测试，设计测试用例，请见表7-9。

表7-9　手机闹钟测试用例设计

用例标题	前提条件	操作步骤	期望结果
闹铃响起-开机状态	1. 手机处于开机状态 2. 手机能正常运行 3. 设置闹铃时间为17:00	等待时间到达17:00	主界面显示闹钟界面，闹铃响起
闹铃响起-关机状态	1. 手机处于关机状态 2. 手机能正常运行 3. 设置闹铃时间为17:00	等待时间到达17:00	主界面显示闹钟界面，闹铃响起
闹铃响起-关闭闹铃	1. 手机处于开机状态 2. 手机能正常运行 3. 设置闹铃时间为17:00	1. 等待时间到达17:00 2. 关闭闹铃	1. 主界面显示闹钟界面，闹铃响起 2. 关闭闹铃后，铃声暂停，关闭闹钟界面，返回到手机主界面
闹铃响起-重复闹铃（不操作）	1. 手机处于开机状态 2. 手机能正常运行 3. 设置闹铃时间为17:00	1. 等待时间到达17:00 2. 不做任何操作	1. 主界面显示闹钟界面，闹铃响起 2. 闹铃会根据闹钟设置重复响起闹铃
设置闹钟-设置时间	1. 手机处于开机状态 2. 手机能正常运行	1. 新增闹钟，时间设置为17:00 2. 其他均为默认设置 3. 等待时间到达17:00	主界面显示闹钟界面，闹铃响起

续表

用例标题	前提条件	操作步骤	期望结果
设置闹钟-设置重复日	1. 手机处于开机状态 2. 手机能正常运行	1. 新增闹钟，时间设置为17:00 2. 重复日为每天 3. 其他均为默认设置 4. 等待每天的时间到达17:00	主界面显示闹钟界面，闹铃响起
设置闹钟-设置自定义铃声	1. 手机处于开机状态 2. 手机能正常运行	1. 新增闹钟，时间设置为17:00 2. 设置铃声为SD的某mp3文件 3. 其他均为默认设置 4. 等待时间到达17:00	主界面显示闹钟界面，闹铃响起，铃声为设置的SD卡中的铃音
设置闹钟-闹铃音量	1. 手机处于开机状态 2. 手机能正常运行	1. 设置音量为最大等待时间到达17:00 2. 设置音量为总音量的一半，等待时间到达17: 02	主界面显示闹钟界面，闹铃响起，可清晰辨识闹铃铃声的音量大小根据设置成正比关系
设置闹钟-振动	1. 手机处于开机状态 2. 手机能正常运行	设置闹钟响龄方式为振动，等待时间到达17:00	主界面显示闹钟界面，闹铃响起，闹铃响起的时候，手机是否振动和闹钟设置成正比关系
设置闹钟-闹钟提示语	1. 手机处于开机状态 2. 手机能正常运行	设置提示语为“起床啦”，等待时间到达17:00	主界面显示闹钟界面，闹铃响起，显示“起床啦”
设置闹钟-取消闹钟	1. 手机处于开机状态 2. 手机能正常运行	在闹钟设置界面，单击“取消”按钮	退出设置闹钟界面，取消【新增/修改】操作，返回到闹钟列表界面
设置闹钟-完成闹钟	1. 手机处于开机状态 2. 手机能正常运行	在闹钟设置界面，单击“完成”按钮	退出设置闹钟界面，完成(新增/修改)操作，返回到闹钟列表界面
闹钟通用设置-静音响起	1. 手机处于开机状态 2. 手机能正常运行 3. 手机处于静音/普通模式	1. 开启静音响起，等待时间到达17:00 2. 取消静音响起，等待时间到达17: 02	1. 到17: 00，主界面显示闹钟界面，闹铃响起 2. 到17: 02，界面没有任何变化
闹钟通用设置-自动停止闹钟	1. 手机处于开机状态 2. 手机能正常运行	等待时间到达17:00	主界面显示闹钟界面，闹铃响起，1分钟之后自动停止
闹钟通用设置-再响间隔时间	1. 手机处于开机状态 2. 手机能正常运行	设置间隔时间为3分钟，等待时间到达17:00	主界面显示闹钟界面，闹铃响起，1分钟之后自动停止，间隔3分钟后再次响起，如此重复3次，最终停止

续表

用例标题	前提条件	操作步骤	期望结果
闹钟通用设置-音量按钮作用	1. 手机处于开机状态 2. 手机能正常运行	1. 按键设定为无,等待时间到达 17:00 2. 按键设定为关闭,等待时间到达 17:01 3. 按键设定为稍后再响,等待时间到达 17:02 4. 每次闹钟响起之后,按下音量键	1. 17:00 主界面显示闹钟界面,闹铃响起,按下音量键之后界面不变 2. 17:01 主界面显示闹钟界面,闹铃响起,按下音量键之后闹钟关闭 3. 17:02 主界面显示闹钟界面,闹铃响起,按下音量键之后闹钟关闭,3 分钟后闹铃再次响起
闹钟列表设置-开启/关闭闹钟	1. 手机处于开机状态 2. 手机能正常运行 3. 设置闹铃时间为 17:00	1. 设置闹铃时间为 17:00,开启闹钟,等待时间到 17:00 2. 设置闹铃时间为 17:01,关闭闹钟,等待时间到 17:01	1. 到 17:00 时,主界面显示闹钟界面,闹铃响起 2. 到 17:01,没有任何变化
闹钟列表设置-修改闹钟	1. 手机处于开机状态 2. 手机能正常运行 3. 已经设置一个闹钟时间为 17:00,其他设置为默认的闹钟	单击闹钟中的条目	进入到闹钟设置编辑界面,可以自由编辑闹钟设置
闹钟列表设置-删除	1. 手机处于开机状态 2. 手机能正常运行 3. 已经设置一个闹钟时间为 17:00,其他设置为默认的闹钟	长按某个闹钟条目,弹出提示后,选择删除闹钟	返回到闹钟列表界面,刚刚删除的闹钟消失在闹钟列表
闹钟列表设置-批量删除	1. 手机处于开机状态 2. 手机能正常运行 3. 已经设置多个闹钟时间为 17:00,其他设置为默认的闹钟	单击菜单键,选择"删除"命令,进入闹钟列表选择模式,单击"全选"按钮,然后单击"删除"按钮	返回到闹钟列表界面,全部闹钟都删除了,闹钟列表为空
闹钟列表设置-手机通知栏	1. 手机处于开机状态 2. 手机能正常运行 3. 分别设置开启/关闭一个闹钟时间为 17:00,其他设置为默认的闹钟	1. 设置开启一个闹钟时间为 17:00,其他设置为默认的闹钟 2. 设置关闭所有闹钟	1. 开启闹钟时,手机的通知栏有闹钟的图标 2. 关闭闹钟时,手机的通知栏不会出现闹钟图标
压力测试-多个闹钟同时响起	1. 手机处于开机状态 2. 手机能正常运行 3. 已经设置 20 个闹钟时间为 17:00,其他设置为默认的闹钟	设置 20 个闹钟时间为 17:00,其他设置为默认的闹钟,等待 17:00 到达	主界面显示闹钟界面,闹铃响起

续表

用例标题	前提条件	操作步骤	期望结果
冲突测试-编辑短信中	1. 手机处于开机状态 2. 手机能正常运行 3. 已经设置一个闹钟时间为 17:00,其他设置为默认的闹钟 4. 正在编辑短信	1. 设置一个闹钟时间为 17:00,其他设置为默认的闹钟 2. 一直编写短信,等待 17:00 到达	主界面显示闹钟界面,闹铃响起。关闭闹钟之后,自动跳转回短信编辑界面
冲突测试-来短信	1. 手机处于开机状态 2. 手机能正常运行 3. 已经设置一个闹钟时间为 17:00,其他设置为默认的闹钟	1. 设置一个闹钟时间为 17:00,其他设置为默认的闹钟,等待 17:00 到达 2. 闹钟响起的时候来短信	1. 主界面显示闹钟界面,闹铃响起 2. 短信在通知栏提示,手机主界面保持闹钟界面
冲突测试-编辑彩信	1. 手机处于开机状态 2. 手机能正常运行 3. 已经设置一个闹钟时间为 17:00,其他设置为默认的闹钟	1. 设置一个闹钟时间为 17:00,其他设置为默认的闹钟 2. 一直编辑彩信,等待时间到达 17:00	主界面显示闹钟界面,闹铃响起。关闭闹钟之后,自动跳转回彩信编辑界面
冲突测试-来彩信	1. 手机处于开机状态 2. 手机能正常运行 3. 已经设置一个闹钟时间为 17:00,其他设置为默认的闹钟	1. 设置一个闹钟时间为 17:00,其他设置为默认的闹钟,等待 17:00 到达 2. 闹钟响起的时候来彩信	1. 主界面显示闹钟界面,闹铃响起 2.彩信在通知栏提示,手机主界面保持闹钟界面
冲突测试-通话中	1. 手机处于开机状态 2. 手机能正常运行 3. 已经设置一个闹钟时间为 17:00,其他设置为默认的闹钟 4. 正在通话状态	1. 设置一个闹钟时间为 17:00,其他设置为默认的闹钟 2. 正在通话状态,等待 17:00	主界面显示闹钟界面,闹铃响起,通话不影响,但是会有通话声音和闹钟的混响,关闭闹钟之后,只剩下通话声音
冲突测试-来电	1. 手机处于开机状态 2. 手机能正常运行 3. 已经设置一个闹钟时间为 17:00,其他设置为默认的闹钟	1. 设置一个闹钟时间为 17:00,其他设置为默认的闹钟,到达 17:00 2. 在 17:00 闹钟响起的时候来电	1. 主界面显示闹钟界面,闹铃响起 2. 来电之后,显示电话接听界面,接听后,闹钟铃声和通话声混响。直到关闭闹钟才恢复正常通话
冲突测试-浏览网页中	1. 手机处于开机状态 2. 手机能正常运行 3. 已经设置一个闹钟时间为 17:00,其他设置为默认的闹钟 4. 正在浏览网页	1. 设置一个闹钟时间为 17:00,其他设置为默认的闹钟 2. 一直浏览网页,等待 17:00 到达	主界面显示闹钟界面,闹铃响起。关闭闹钟之后,自动跳转回浏览器界面

续表

用例标题	前提条件	操作步骤	期望结果
冲突测试-插入耳机	1. 手机处于开机状态 2. 手机能正常运行 3. 已经设置一个闹钟时间为17:00,其他设置为默认的闹钟	1. 设置一个闹钟时间为17:00,其他设置为默认的闹钟,等待17:00到达 2. 闹钟响起的时候插入耳机	1. 主界面显示闹钟界面,闹铃响起 2. 手机通知栏提示插入耳机图标 3. 耳机和手机的扬声器同时响着闹铃
冲突测试-拔出耳机	1. 手机处于开机状态 2. 手机能正常运行 3. 已经设置一个闹钟时间为17:00,其他设置为默认的闹钟 4. 插着耳机	1. 设置一个闹钟时间为17:00,其他设置为默认的闹钟,等待17:00到达 2. 闹钟响起的时候拔出耳机	1. 主界面显示闹钟界面,闹铃响起 2. 手机通知栏的耳机图标会消失。闹钟正常通过手机扬声器响起

[专家点评]:

手机闹钟的测试用例在很多高校已经当成经典案例来讲解。对于手机闹钟的测试需要从不同角度、不同场景来测试。现在,随着移动端的广泛使用,对于手机APP的测试人员需求量越来越大,我们在测试和手机闹钟类似的手机APP时,需要注意的问题有以下几点:

(1) 安装卸载测试。iOS系统和Android系统使用的APP安装包下载和安装过程都是不一样的,我们需要注意项目的相关要求以及下载中的安装方式、安装过程,需要测试该App安装过程中遇到各种情况的处理方式,例如,安装时内存不足、死机等;

(2) 测试APP过程中,除了对每个功能点的测试外,还需要注意区分有网络和无网络两种情况下APP的处理方式;

(3) App的测试有个常见的问题就是应用程序崩溃(Crashes),对于这样的Bug,我们一般需要上传相应的日志文件(log);

(4) 兼容性测试,兼容性测试需要测试不同版本的操作系统和不同手机型号等。

7.4　TC#4:在线会议(Online Conference)测试用例设计

7.4.1　分析项目特征

随着互联网的高速发展,计算机技术为其他很多领域带来了新的契机和变革。传统的会议组织受到诸多条件的限制,比如寄送纸质稿件易丢、耗时、住宿问题等等,为解决这些问题,在线会议系统应运而生。随着信息化建设的不断发展,在线会议系统已经开始被广泛地应用在各个行业中。

在线会议又称为网络会议或是远程协同办公,用户利用互联网实现不同地点多个用户的数据共享,通过在线会议来实现在线销售、远程客户支持、IT技术支持、远程培训、在线市场活动等多项用途。在线会议系统可有效地提高对全球各地的客户、合作伙伴以及同事在线协同合作的效率,让产品演示、共享应用程序以及开展专案协作就如同近在咫尺那样方便。

7.4.2 设计测试用例

在线系统(Online Conference)的质量要求变得越来越高,下面是一个英文在线系统(Online Conference)的测试用例,是按照主要功能模块来设计的。如何设计可以做到有效的测试?请看各个功能模块测试用例表,如表 7-10 至表 7-12 所示。

表 7-10 Room Key - Manage Room Key Functions 测试用例设计

Room Key - Manage Room Key Functions			
Test to verify that a Host can manage meeting room settings	Pass/Fail	Comments	Bug ID
Test that the Host can edit the Room Key			
Test that the Host can leave the door to the meeting room open or closed			
Test that the Host review number of guests in the Room			
Test to verify that a Host can manage guests in the meeting room	Pass/Fail	Comments	Bug ID
Test that the Host can remove (dismiss) a Guest from the meeting room			
Test that the Host can remove (dismiss) all Guests from the meeting room			
Test to verify that a Host can manage notifications	Pass/Fail	Comments	Bug ID
Test that the Host can post notifications to all Guest in a meeting			
Test that the Host can post notifications not exceeding 140 characters			
Test to verify that a Host can update their profile	Pass/Fail	Comments	Bug ID
Email + Password			
Duration of notification			
Auto Alerts			
Launch Settings			
Auto update			

表 7-11 Screen Share 功能测试用例设计

SCREEN SHARE-Share Screen and other resources			
Test to verify that a Host can share a screen with guests during a conference	Pass/Fail	Comments	Bug ID
Test that a Host is notified when screen sharing mode is successfully set			
Test that Guests can see shared screen			

Test to verify that a Host can share others resources with guests during a conference	Pass/Fail	Comments	Bug ID
File			
Video			
Documents			

表 7-12 Must Pass-InviteGuests 功能测试用例设计

Must Pass - Invite Guests			
Test to verify that a Host can invite guests to a conference	Pass/Fail	Comments	Bug ID
via Telephone			
via Email			
via Contacts			
Test to verify that a guest receives invitation to a conference (if invited by Host)	Pass/Fail	Comments	Bug ID
via Telephone			
via Email			
via Contacts			
Must Pass - Connect Via Video and Audio			
Test to verify that a Host can connect with guests during a conference	Pass/Fail	Comments	Bug ID
via Web Cam			
via Audio			
Test to verify that a Guest can connect to the conference	Pass/Fail	Comments	Bug ID
via Web Cam			
via Audio			

[专家点评]:

在线会议系统的测试除了需要单个测试工程师在本机上进行每个功能的测试外，还需要进行一项集体性测试，模拟真实环境，每个测试工程师拥有不同权限来测试各个会议工程的功能。

例如，主讲人是否能对任何其他参会人进行相关的操作、其他参会人员举手问答功能是否正常、在主讲人关闭参会人员的语音权限时，参会人的声音是否还能在会议中听见等等。这些功能的测试需要大家共同完成，需要一定的时间。所以在测试计划中，这块的测试时间应该分配妥当。

本测试用例虽然短小，但基本上能把一个在线会议的核心功能展示出来：

Room Key—Manage Room Key Functions：在线会议的主持人能管理这个在线会议室，能设置会议室密码，可以审批哪些人可以参加会议等。

SCREEN SHARE—Share Screen and other resources：在线会议主持人可以共享自己的计算机屏幕给所有的与会者，并且可以共享其他的资源给与会者，让大家都能看到，拉进在线会议的现场距离感，大家好像都在一起。

Must Pass—Invite Guests：必须测试通过的功能——邀请客户参加会议，这是最基本功能，如果在线会议不能邀请其他人参加会议，就没有在线会议存在的意义。

Must Pass—Connect Via Video and Audio：必须测试通过的功能——会议的主持人与客户都能通过视频与语音进行交流，就像面对面一样。

如果上面的4点都能做到，基本上一个在线会议的核心功能就完成了，当然对于一个在线会议的核心测试也完成了。

7.5 TC#5：在线游戏(Online Games)测试用例设计

7.5.1 分析项目特征

在线游戏是指一些大型多人在线类网络游戏(MMORPG)或一些基于互联网平台的小游戏(如Flash小游戏等)的集群的统称，它们都是以互联网为平台的大大小小的网络游戏的综合称谓。

在线游戏是目前国内最大，拥有注册会员数量最多的公会系统，早期以2万个魔兽公会为基础，现在已聚集了9万个跨游戏的公会，活跃会员200万名。一个会长只要3分钟，便能拥有自己的公会系统，包括公会首页、公会论坛BBS、DKP系统、语音聊天、通信录等等。

7.5.2 设计测试用例

本例中的在线游戏是一个以古埃及为故事背景的在线游戏，其英文测试用例设计如表7-13所示。

表7-13 在线游戏测试用例

Section	Description	Actual Result
Start Screen configurations		
	Verify that the "Speaker" and the "Music Note" are always displayed in the toolbar on the Start Screen	
	Verify that the "Speaker" and the "Music Note" are always displayed in the in the toolbar on the "Options" page	
	Verify that the "Speaker" and the "Music Note" are always displayed in the toolbar on the "Help" page	
	Verify that a 1:00 minute timer is displayed when the 'Start Screen' is opened	
	Verify that after 1:00 minute, the game starts	

续表

Section	Description	Actual Result
	Verify that a different 'Did You Know?' text is displayed for every new game (for a maximum of 7 DYK)	
	Verify that there are no spelling mistakes in each 'Did You Know?' text	
	Verify that the 'Did You Know?' text is correctly centered	
	Verify that the 'Did You Know?' text is not truncated even when there are long words	
	Verify the functionality of the <Options> button	
	Verify that the slider can be dragged left and right for the 'Music'	
	Verify that the volume % is changed when moving the slider	
	Verify that any volume % can be selected	
	Verify that clicking on the music note draws a line across it and replaces the % by 'Mute'	
	Verify that clicking on the crossed music note removes the line and replaces the 'Mute' by the %	
	Verify that clicking on the music note does not move slider	
	Verify that the slider can be dragged left and right for the 'Sound FX'	
	Verify that the volume % is changed when moving the slider	
	Verify that any volume % can be selected	
	Verify that clicking on the red speaker draws a line across it and replaces the % by 'Mute'	
	Verify that clicking on the crossed out speaker removes the line and replaces the 'Mute' by the %	
	Verify that clicking on the speaker does not move slider	
	Verify that objects are not affected when dragging an object into an empty space	
	Verify that objects are not affected when dragging cursor onto an object from an empty space	
	Verify that objects are not affected when dragging an object onto another object	
	Verify that objects responds when clicking close to edges	
	Verify that there is no interaction with object when clicking outside edges	
	Verify the functionality of the <Close> button	
	Verify the functionality of the <Help> button	
	Verify that there are no spelling mistakes in the 'Help' page	
	Verify that buttons respond when clicking close to edges	
	Verify the functionality of the <Start> button	

续表

Section	Description	Actual Result
GAMEPLAY - configurations		
	Verify that user can smoothly play the game	
	Verify that user score points	
	Verify that user can win the game	
	Verify that when time runs out, the End screen is displayed	
	Verify that when the timer runs out in the End screen, the game closes	
	Verify the functionality of the 'Close' button in the End screen	
	Verify that creating a match removes the spheres from chain	
	Verify that causing three matches in a row generates a power-up	
	Verify that Scorpion power-up sends a small scorpion to destroy 10 spheres	
	Verify that Slow power-up reduces speed of all spheres on screen	
	Verify that Stop power-up stops all spheres for a few seconds	
	Verify that Reverse power-up reverses the direction of spheres for a few seconds	
	Verify that Color Bomb power-up Destroys all spheres of that color	
	Verify that Speed Shot power-up increases firing speed and adds a light beam for increased accuracy	
	Verify that Fireball power-up creates a Fireball sphere which Destroys all spheres in a small radius of impacted target	
	Verify that Lightning Bolt power-up creates a Lightning Bolt sphere witch once launch destroys all spheres touched in a straight line	
	Verify that Wild Ball power-up creates a match with 2 spheres of any color	
	Verify that clearing a chain creates a gem	
VISUALS -configurations		
	Verify that Board name is displayed on bottom left of game screen	
	Verify that the 'scarab' meter is displayed beside the score	
	Verify that timer is displayed on bottom right side of game screen	
	Verify that Score is displayed in the middle of the bottom bar of the game screen	
AUDIO- configurations		
	Verify that when the 'Music' slider is at 0% there is no music	
	Verify that when the 'Music' slider is at 50%, the music plays at 50% of its volume	
	Verify that when the 'Music' slider is at 100%, the music plays at 100% of its volume	
	Verify that when the 'Music' slider is set to any other percentage, the music level will represent this percentage	
	Verify that when the "Music Note" icon is pressed no music is played	

续表

Section	Description	Actual Result
	Verify that when the 'Sound FX' slider is at 0%, no sound effects are played	
	Verify that when the 'Sound FX' slider is at 50%, a sound effect is played at 50% of its volume	
	Verify that when the 'Sound FX' slider is at 100%, a sound effect is played at 100% of its volume	
	Verify that when the 'Sound FX' slider is set to any other percentage, the sound effect level will represent this percentage	
	Verify that when the "Speaker" icon is pressed no sound effect is played	
	Verify that music and sound effect previously setup in the "Options" menu will be correctly reflected in the game	
	Verify that when the "Music Note" is pressed the music stops and the "Music Note" icon becomes red	
	Verify that when the "Music Note" icon is pressed the music will start and the "Music Note" icon will becomes black	
	Verify that when the "Speaker" icon is pressed no sound effect is played and the "Speaker" icon becomes red	
	Verify that when the "Speaker" icon is pressed the "Sound Effect" will start and the "Speaker" icon will becomes black	
	Verify that the 'Luxor' music is played in the Start Screen	
	Verify that the music continues without stopping, restarting, or chopping when going to Options' page	
	Verify the music continues without stopping, restarting, or chopping when going to 'Help' page	
	Verify the 'bump' sound when spheres are hitting the chains	
	Verify the 'Explosion' sound when making a match with colored spheres	
	Verify the 'Awe' sound when creating a Slow power-up	
	Verify the 'Eagle screaming' sound when capturing a Color Bomb power-up	
	Verify the Speed Shot sound when capturing a Speed Shot power -up	
	Verify the Scorpion sound when capturing a Scorpion power-up	
	Verify the Stop sound when capturing a Stop power-up	
	Verify the Reverse sound when capturing a Reverse power-up	
	Verify the Fireball sound when capturing a Fireball power-up	
	Verify the Lightning Bolt sound when capturing a Lightning Bolt power-up	
	Verify the Wild Ball sound when capturing a Wild Ball power-up	
	Verify that the Scarab sound is heard when clearing the board of all chains and once more when the time bonus is counted	
	Verify the Heartbeat sound when the chain gets close to Pyramid	

续表

Section	Description	Actual Result
	Verify the ‘Warning’ sound when only 30 seconds remain in the game	
	Verify the ‘Time Is Up’ sound when no time remains	
	Verify that background music stops during the ‘Time Is Up’ sound	
	Verify that the ‘Sound FX’ can be turned off when an event (explosions or Special effect) is triggered	
	Verify that no error occurs when system audio and devices are disabled.	
SCORING		
	Verify that 100 points are given for each sphere destroyed	
	Verify that a 3x multiplier is given after 3 consecutive matches	
	Verify that a 4x multiplier is given after 4 consecutive matches	
	Verify that a 5x multiplier is given after 5 consecutive matches	
	100 points are received for each sphere destroyed by a Fireball	
	100 points are received for each sphere destroyed by a Lightning Bolt	
	100 points are received for each sphere destroyed by a Color Bomb	
	Verify that 5000 points are awarded for each (completed chain) gem caught	
	Verify that a distance bonus (100 points for each 1% of the total track remaining) is awarded when destoying the final chain	
	Verify that Player receives time bonus when destoying the final chain	
TIMER		
	Verify there is a timer of one minute in "Luxor" Start Screen.	
	Verify that the 1 minute timer goes down at correct speed	
	Verify that at zero the game starts	
	Verify that the time in the ‘Start Screen’ is independent of non web-based applications (changing focus to other applications does not pause timer)	
	Verify that the timer in the ‘Start Screen’ is independent of computer time (changing system time does not affect game timer)	
	Verify that the timer in the ‘Start Screen’ is not paused when minimizing the page	
	Verify that the timer in the ‘Start Screen’ is not paused when right-clicking in the window	
	Verify that the timer in the ‘Start Screen’ is not paused when holding the window title bar/dragging the browser window	
	Verify that countdown is at appropriate speed	
	Verify that game ends when the time is over	
	Verify that the time in the game is independent of non web-based applications	
	Verify that the time in the game is independent of other web-based applications	

续表

Section	Description	Actual Result
	Verify that the timer in the game is independent of computer time	
	Verify that the timer in the game is not paused when minimizing the page	
	Verify that the timer in the game is not paused when right-clicking in the window	
	Verify that the timer in the game is not paused when holding the window title bar	
	Verify there is a timer of one minute in "Luxor" End Screen	
	Verify that the 1 minute timer goes down at correct speed	
	Verify that at zero, the 'End' page closes	
ANIMATIONS		
	Verify that each sphere chain is pushed by a scarab	
	Verify that Destroying spheres creates a gaps created by matches are closed	
	Verify that power-up gems are spawned after 3 matches	
	Verify that Gems are spawned after each Scarab is "destroyed" (chain completed)	
	Verify that A lightning bolt effect is displayed when a Lightning Ball Sphere is shot	
	Verify that a Fireball effect is displayed when a Fireball sphere is shot	
	Verify that a Scorpion is displayed starting from Pyramid to first 10 spheres/or until scarab when a Scorpion power-up is captured	
	Verify that spheres rotate in reverse when a Reverse power-up is captured	
	Verify that spheres stop when a Stop power-up is captured	
	Verify that spheres slow down when a Slow power-up is captured	
	Verify that certain sphere of specific colors are destroyed when a Color Bomb power-up is captured	
	Verify that a swirling sphere is displayed when a Wild Ball Sphere power-up is captured	
	Verify that a light beam is displayed when a Speed Shot power-up is captured	
END SCREEN		
	Verify that when the game timer runs out, the "End" screen is displayed	
	Verify that 'End' screen is displayed when user closes (in-game 'X' button) the game during game play	
	Verify the 'End' screen displays the correct score	
	Verify that the 1 minute countdown starts in the 'End' screen	
	Verify that you are redirected to the Standings Page when the countdown reaches 0:00	

续表

Section	Description	Actual Result
	Verify that you are redirected to the Standings Page when user clicks on the <Close> button.	
	Verify that objects are not affected when dragging an object into an empty space	
	Verify that objects are not affected when dragging cursor onto an object from an empty space	
	Verify that objects are not affected when dragging an object onto another object	
	Verify that objects responds when clicking close to edges	
	Verify that there is no interaction with object when clicking outside edges	
KEYBOARD-configurations		
	Verify that pressing <Shift+M> turns music on and off	
	Verify that pressing <Shift+S> turns sound effects on and off	
	Verify that pressing < Ctrl > < Alt > < V > displays the version string	
	Verify that pressing keys a to z in lowercase does not trigger any action (sound, visual effect, etc.)	
	Verify that pressing keys A to Z in uppercase does not trigger any action (sound, visual effect, etc.)	
	Verify that pressing keys 1 through 0 across top of the keyboard does not trigger any action (sound, visual effect, etc.)	
	Verify that pressing keys ! through + across top of the keyboard does not trigger any action (sound, visual effect, etc.)	
	Verify that pressing keys [ ] \ ; ' , . / on the right side of the keyboard does not trigger any action (sound, visual effect, etc.)	
	Verify that pressing keys { } | : " < > ? on the right side of the keyboard does not trigger any action (sound, visual effect, etc.)	
	Verify that pressing keys <F1> through <F12> across top of the keyboard does not trigger any action (sound, visual effect, etc.) except normal Operating System actions	
	Verify that pressing <Ctrl> with right mouse click does not trigger any action (sound, visual effect, etc.)	
	Verify that pressing < Shift > with right mouse click does not trigger any action (sound, visual effect, etc.)	
	Verify that pressing <Alt> with right mouse click does not trigger any action (sound, visual effect, etc.)	
	Verify that the game is not paused when pop-up prompt appears, after pressing the page refresh keystroke (F5)on the keyboard.	

续表

Section	Description	Actual Result
MOUSE		
	Verify Right-clicking anywhere on the web page (within or outside of game screen) effectively swaps spheres in the launcher	
	Verify that launcher follows the mouse X position from anywhere within the browser window (both within and outside of game screen)	
	Verify left-click (launch) actions are not recognized when the laucher is out of bounds of the game screen	
	Verify left-click (launch) actions are recognized when cursor is anywhere within the browser window (both within and outside of game screen) - EXCEPT if launcher appears to be out of bounds	
OTHER		
Creative Testing - configurations	Verify that game cannot be manipulated with any cheat engines (or, if so, that final score is invalidated in the Standings page)	
Stress Testing - configurations	Verify that there are no errors when using rapid click tool app	
Stress Testing - configurations	Verify that there are no errors when using rapid click tool app in areas that are not typically clicked on	
Error Handling - configurations	Verify that game stops and an error message is prompted when the internet connection is lost	
Error Handling - configurations	Verify that game correctly handles errors	
Error Handling - configurations	Verify the < Close > button in the error screen redirects to competitions site	

[专家点评]:

本例中的测试用例看似很多很复杂,但实际上从大项上看,很直观地验证了在线游戏的常用功能:

Start Screen configurations:游戏启动画面的设置。

GAMEPLAY - configurations:游戏玩家的设置。

VISUALS -configurations:游戏视觉效果的设置。

AUDIO- configurations:游戏听觉效果的设置。

SCORING:游戏得分的规则。

TIMER:游戏计时器。

ANIMATIONS:游戏动画效果。

END SCREEN:游戏结束画面。

KEYBOARD-configurations:游戏键盘快捷键。

MOUSE:游戏中鼠标功能。

OTHER:其他一些压力或异常处理。

从设计上看,是基本功能点的验证。如果这个测试用例都能验证通过,就代表此在线游戏可以工作,世界各地的玩家都可以在上面尽情地玩游戏了。

7.6 TC＃6：搜索引擎(Search Engine)测试用例设计

7.6.1 分析项目特征

搜索引擎(Search Engine)是指根据一定的策略、运用特定的计算机程序从互联网上搜集信息，再对信息进行组织和处理后，为用户提供检索服务，将用户检索相关的信息展示给用户的系统。搜索引擎包括全文索引、目录索引、元搜索引擎、垂直搜索引擎等。

目前比较流行的搜索引擎有百度(www. baidu. com)、谷歌(www. google. com)、必应(www. bing. com)、SOSO(www. soso. com)、雅虎(www. yahoo. com)等。

搜索引擎的工作原理多种多样，并且算法都是比较复杂的。在测试上面也有一定的难度。一般搜索引擎的测试分为功能与性能的测试。功能测试一般要进行搜索引擎本身的功能测试和嵌套在前台应用中的功能测试。性能测试也包括直接对搜索引擎进行加压的性能测试和通过前台应用进行加压的性能测试。

7.6.2 设计测试用例

本例是对微软的必应搜索引擎进行基本功能的测试，其测试基本要求如表 7-14 所示。

INSTRUCTIONS:

1. Open your browser.

2. Go to http://www. bing. com.

3. Set the Bing Worldwide country/region to People's Republic of China in Bing settings. The video shows you how to do this.

4. Type each query into the Bing search text box and test that the type ahead is working properly as you type. DO NOT CUT AND PASTE.

5. Click the Search button, this will take you to the Search Engine Results Page (SERP) which is the page we are testing.

6. Fill out your observations below for each query. Each query, or row, is estimated to take you 3 minutes to test. Since this is the first time executing these tests the first ones may take longer than estimated until you are familiar with what to look for. Total time to complete this spreadsheet is estimated to take 5-6 hours.

7. All columns are required, you must provide a value/answer for each column.

8. If the your find something major is broken, before reporting a bug, please do a few similar queries in the same category and identify the pattern, if possible.

9. Each tester should test 100 key words in Bing search engine

表 7-14 **Search Engine Test Case**

Bing Search Engine

TestAuto Suggestion Function	Pass/Fail	Comments	Bug ID
a. Type the query into the Bing Search box, are you happy with the suggestions shown in the drop down box as you type?		If No, please explain why not.	
b. Did you choose the query from the suggestions?			
c. Did you type the entire query?			
d. How useful were the suggestions: Excellent, Good (suggestions displayed after first few letters of the term were entered), Fair (suggestions displayed after most of the term was entered), Irrelevant			
CheckSearch Results	**Pass/Fail**	**Comments**	**Bug ID**
a. Were the first 4 results what your query intended?		If No, please explain why not.	
b. Did the first 4 results have duplicates? (if yes, log a bug)			
c. Check for broken links in the first 4 results. Are there any? (if yes, log a bug)			
d. If your search result was not in the top 4, was the result on the page and at what position?			
e. Rate the first 4 results: Excellent, Good, Fair, or Irrelevant			
f. If ads are shown for the query, are the ads relevant?			
Check Page Layout	**Pass/Fail**	**Comments**	**Bug ID**
a. Does anything look broken in the page layout? For example: wrapping, truncation, missing images, etc.		If yes, please explain why (if it is a major issue log a bug)	
b. Rate the page layout: Excellent, Good, Fair, Irrelevant			
Check Adult Content	**Pass/Fail**	**Comments**	**Bug ID**
a. Did you get lot of adult content for the query?			
b. Rate the adult content filtering: Excellent, Good, Fair, Irrelevant			

续表

Check Related Search	Pass/Fail	Comments	Bug ID
a. Was the related search for the query relevant and did it highlight what was wrong?		If No, please explain why not.	
b. Rate the Related Search: Excellent, Good, Fair, Irrelevant			
TestHeader Links (Exclude the "More" link. Also exclude the "BingAPP" link if the OS is Windows 8)	Pass/Fail	Comments	Bug ID
a. After you get the search results, try out all the header links (Web, Images, Videos, Maps, News) and spot check each linked page. Are they in context with your original search?		If No, please briefly explain including which link or links you had an issue with and why (if it is a major issue log a bug).	
b. Rate the Header Links: Excellent, Good, Fair, Irrelevant			

[专家点评]:

搜索引擎的测试难点:

(1) 衡量搜索引擎系统功能质量方面有两大指标:查询率、查准率。

(2) 性能方面从吞吐率、响应时间、系统资源消耗等多方面综合考虑。

2011年搜索引擎漏洞测试:全球最大的软件测试公司uTest宣布了最新搜索引擎漏洞测试结果。测试发现,漏洞最少的是雅虎,其次是谷歌,百度排名最后。uTest还按照搜索准确性、页面下载速度、实时相关性和有效性对搜索引擎进行了综合排名,谷歌位列第一,其次百度,雅虎排名第三。

本例中对搜索引擎的测试用例包括:

Test Auto Suggestion Function。测试搜索引擎自动填充能力,比如你想进行"大学英语四六级查分",你是否只需要输入部分内容,比如"大学英语"后面就自动推荐填充上了,方便用户操作。

Check Search Results。检查查询结果,这是比较搜索引擎的优劣的关键因素,本测试用例重点关注搜索结果的前4条返回,一定不能有重复,并且要是最为相关,同时不能出现点击前4个搜索结果链接找不到页的情况。

Check Page Layout。检查搜索结果页面的排列,要整齐美观,不能杂乱无章。

Check Adult Content。检查是否过滤成人内容,有些内容不适合展示,需要过滤掉。

Check Related Search。检查相关性搜索，右边的图片展示与推荐是否与搜索主题相关。

Test Header Links。检查搜索后，最上面一行导航栏情况。

7.7 TC#7：在线协作(Worksnaps)系统测试用例设计

7.7.1 分析项目特征

下面是一个在线协作系统 www.worksnaps.com，一个基于分布式的平台。

跨地域合作项目在线跟踪系统 worksnaps，让世界各地的人都可以方便地进行远程工作。据估计，到 2015 年，35%的所有知识工作将在远程位置完成。随着越来越多的"虚拟办公室"，远程办公的出现，迫切需要有一个系统，无论员工身在何处，都可以跟踪其时间和生产力。大部分的考勤系统是基于自我报告，这意味着，工人报告自己的工作时间是通过自己的手工输入，例如，在一家工厂工作的工人使用考勤卡来汇报他们的出席。但如果人们进行远程工作，这样的手工输入方式就会没有效果。现在有了这样的解决方案：提供了一个可验证时间和考勤跟踪的系统，使工人不只是输入工作时间，当他们来到网上，系统实时记录着他们的工作，并完成"工作日记"，利用先进的算法使工作小时可以准确地评估。由于劳动力的分散性，使系统具有高度分散的特点，使人们可以在世界各地检查和跟踪员工的实时工作。

7.7.2 设计测试用例

目前使用这种系统的人员越来越多，并且来自世界不同地区。那么对于这样的系统质量的要求也越来要高，对于这样的系统如何进行有效的测试，设计测试用例如表 7-15 所示。

表 7-15 在线协作 Worksnaps 测试用例

Title Name	Steps	Expect Results
Login worksnaps site with correct account	1. Open worksnaps test site on Browser 2. Click the Log In button 3. Input Login or Email Address/Password 4. Click the Log In button	Log in successfully
Login worksnaps site with incorrect account	1. Open worksnaps test site on Browser 2. Click the Log In button 3. Input Login or Email Address/Password (error info) 4. Click the Log In button	Can't login successfully and prompt "Incorrect login or password "

续表

Title Name	Steps	Expect Results
Reset the password with a registered email	1. Open worksnaps test site on Browser 2. Click the Log In button 3. Click "click here" link 4. Input Email address and click the " Send me reset instructions" button 5. Read the mail with the subject of "Reset your password" and click link in the mail to reset your password 6. Input your new password and click the Submit button	1. The mail should be sent successfully after step 4 2. Password should be reset successfully
Reset the password with a unregistered email or illegal email	1. Open worksnaps test site on Browser 2. Click the Log In button 3. Click "click here" link 4. Input Email address and click the "Send me reset instructions" button	1. If you submit with unregistered and legal Email address , system will show the message of "There is no user with the email" 2. If the Email address is illegal, system should show the message of " Please enter a valid email address "
Download -Worksnaps Client Download	1. Open worksnaps test site on Browser 2. Click the Download button 3. Click "Download here" link 4. Click " Download " or " Cancel" on "Create new download task" dialog box	1. Click the Download button, you can download the Worksnaps Client installing file corresponding with the operating system to the specified directory 2. Click the Cancel button, cancel the download operation
Sign up - The validation of Login	1. Open worksnaps test site on Browser 2. Click the Sign up button 3. Fill out the form with data listed in [Input Data] Respectively 4. Click the "Sign Up" button	1. Sign up successfully with [Input Data] 1 2. Fail to Sign up with [Input Data] 2, and Show the message of 'The field " Login" should contain only alphanumeric characters, "." (period) or "_" (underscore) ' 3. Fail to Sign up with [Input Data] 3, and Show the message of " Login ... already exists, please choose a different login name"

续表

Title Name	Steps	Expect Results
Sign up - The validation of Email addresses	1. Open worksnaps test site on Browser 2. Click the Sign up button 3. Fill out the form with data listed in [Input Data] Respectively 4. Click the "Sign Up" button	1. Sign up successfully with [Input Data] 1 2. Fail to Sign up with [Input Data] 2, and show the message of 'The Email format is incorrect' 3. Fail to Sign up with [Input Data] 3, and show the message of 'Email ... already exists in the system, please use a different email or go to "Manage Users-> Invite New User" page to invite the user by the mail. '
Sign up - The validation of the password length	1. Open worksnaps test site on Browser 2. Click the Sign up button 3. Fill out the form with data listed in [Input Data] Respectively 4. Click the "Sign Up" button	1. Sign up successfully with [Input Data] 1 and [Input Data] 2 2. Fail to Sign up with [Input Data] 3, and show the error message
Profile & Settings: User Information - XSS attack in {First name, Last name, Login}	1. Log in worksnaps test site on Browser 2. Click the Profile & Settings button 3. Each time you can only modify any one field in {First name, Last name, Login} with [Input Data], valid data in other fields 4. Click the Save Changes button	System should not show alert box with message "Test"
Profile & Settings: User Information -The validation of the Hourly rate	1. Log in worksnaps test site on Browser 2. Click the Profile & Settings button 3. modify the Hourly rate like "−1.00" 4. Click the Save Changes button	Fail to save and prompt " the Hourly rate can not be less than zero"
Profile & Settings: User Information - The validation of the image format	1. Log in worksnaps test site on Browser 2. Click the Profile & Settings button 3. Click the "Change Portrait" link 4. Click the "Browse" button to select the file that is not image format	1. Upload image successfully with [Input Data] 1 2. Fail to upload and prompt " File type isn't allowed"

续表

Title Name	Steps	Expect Results
Profile & Settings: 3rd Party Integration - Test Connection	1. Log in worksnaps test site on Browser 2. Click the Profile & Settings -> 3rd Party Integration button 3. Click on any label 4. Choose Basecamp (classic) Integration to "Yes" 5. Input Basecamp (classic) URL and Basecamp (classic) Token 6. Click the Test Connection button	Webpage pop up a test confirmation box, if click the Start Test button, it will start to test Connection; if click the Cancel button, it will cancel the operation
Profile & Settings: 3rd Party Integration - Test Connection - Input an illegal Basecamp (classic) URL	1. Log in worksnaps test site on Browser 2. Click the Profile & Settings -> 3rd Party Integration button 3. Click on any label 4. Choose Basecamp (classic) Integration to "Yes" 5. Input Basecamp (classic) URL and Basecamp (classic) Token 6. Click the Test Connection button	Webpage pop up a Warning box which said " The Basecamp (classic) URL is illegal"
Profile & Settings: Privacy	1. Log in worksnaps test site on Browser 2. Click the Profile & Settings -> Privacy button 3. Choose Filter Screenshot to "Yes" 4. Input Filter Words 5. Click the Save Changes button	The operations is successfully and prompt "The privacy settings have been updated"
Manage Projects: Create Project -The validation of the Project Name	1. Log in worksnaps test site on Browser 2. Click the Manage -> Manage Projects button 3. Click the Create Project button 4. Input a blank project name or an exsisted project name 5. Click the "Submit" button	1. If input a blank project name, submit failed and prompt "Please input project name. " 2. If input an exsisted project name, submit failed and prompt " The project name have exsisted. "

续表

Title Name	Steps	Expect Results
Manage Projects: Create Project	1. Log in worksnaps test site on Browser 2. Click the Manage -> Manage Projects button 3. Click the Create Project button 4. Input Project Name and Description 5. Click the "Submit" button	Create project successfully
Manage Projects: Create Project - The validation of the characters Description	1. Log in worksnaps test site on Browser 2. Click the Manage -> Manage Projects button 3. Click the Create Project button 4. Input Project Name and more than 240 characters 5. Click the "Submit" button	Create project Failed and prompt "The Description's length limit exceeded"
Manage Projects: Edit projects	1. Log in worksnaps test site on Browser 2. Click the Manage -> Manage Projects button 3. Click the Edit button 4. Modify the Project Name and Description 5. Click the Save Changes button or the Cancel button	1. If click the Save Changes button, The modify operation success and the project information has been changed 2. If click the Cancel button, The modify operation canceled
Manage Projects: Delete projects	1. Log in worksnaps test site on Browser 2. Click the Manage -> Manage Projects button 3. Click the Delete button 4. Click the Confirm to Delete button or the Cancel button	1. If click the Confirm to Delete button, The delete operation success and prompt "The project has been deleted successfully" 2. If click the Cancel button, The delete operation canceled
Manage Projects: Archive projects	1. Log in worksnaps test site on Browser 2. Click the Manage -> Manage Projects button 3. Click the Archive button 4. Click the Confirm to Archive button or the Cancel button	1. If click the Confirm to Archive button, The Archive operation success and prompt "The project has been archived successfully". The archived project can not be operated and you can click the "Go to my archived projects" link to manage your archived projects 2. If click the Cancel button, The archive operation canceled

续表

Title Name	Steps	Expect Results
Manage Projects: Re-activate projects	1. Log in worksnaps test site on Browser 2. Click the Manage -> Manage Projects button 3. Click the Go to my archives projects link 4. Click the Re-activate button 5. Click the Confirm to Re-activate button or the Cancel button	1. If click the Confirm to Re-activate button, The Archive operation success and prompt " The project has been archived successfully ". The archived project can not be operated and you can click the " Go to my archived projects" link to manage your archived projects 2. If click the Cancel button, The archive operation canceled
Manage Users: Edit User	1. Log in worksnaps test site on Browser 2. Click the Manage -> Manage Users button 3. Click the Edit button 4. Click the Project tab 5. Select project for the user 6. Click the Save Changes button or the Cancel button	1. If click the Save Changes button, The modify operation success and the project information has been changed 2. If click the Cancel button, The modify operation canceled
Manage Users: Create New User	1. Log in worksnaps test site on Browser 2. Click the Manage -> Manage Users button 3. Click the Create New User button 4. Input the Login, First name, Last name, Email address, Message 5. Choose Timezone, Project and Role 6. Click the "Submit" button	1. If your subscription plan is free, it can not to create new user 2. If your subscription plan is the other, it will create new user successfully
Manage Users: Create New User - Remaining user quota is 0	1. Log in worksnaps test site on Browser 2. Click the Manage -> Manage Users button 3. Click the Create New User button 4. Input the Login, First name, Last name, Email address, Message 5. Choose Timezone, Project and Role 6. Click the "Submit" button	It will pop-up warning box which said " Your subscription plan allows 1 users. You currently have 1 users"

续表

Title Name	Steps	Expect Results
Manage Users: Invite New User	1. Log in worksnaps test site on Browser 2. Click the Manage -> Manage Users button 3. Click the Invite New User button 4. Input the First name, Last name, Email address, Message 5. Choose Project and Role 6. Click the " Invite the User" button	1. If your subscription plan is free, it can not to create new user 2. If your subscription plan is the other, it will create new user successfully
Manage Users: Invite New User - The user has not signed up	1. Log in worksnaps test site on Browser 2. Click the Manage -> Manage Users button 3. Click the Invite New User button 4. Input the First name, Last name, Email address, Message 5. Choose Project and Role 6. Click the "Invite the User" button	Invited failed and prompt " The user you have invited does not exist"
Manage Users: Invite New User - The validation of the characters Message	1. Log in worksnaps test site on Browser 2. Click the Manage -> Manage Users button 3. Click the Invite New User button 4. Input more than 2000 characters Message, other required input legitimate value 5. Click the "Invite the User" button	Invited failed and prompt " The Message's length limit exceeded "
Manage Templates: Create New Task Template	1. Log in worksnaps test site on Browser 2. Click the Manage -> Manage Templates button 3. Click the Create New Task Template button 4. Input the Task Template Name and Description 5. Click the "Submit" button	Create New Task Template Successfully

续表

Title Name	Steps	Expect Results
Manage Templates：Create New Task Template - Add Task	1. Log in worksnaps test site on Browser 2. Click the Manage -> Manage Templates button 3. Click the Task List button 4. Click the Add Task button 5. Input the Task Name and Description 6. Click the "Save" or "Save and Add More" button	1. If click the Save button, it only can add one task 2. If click the Save and Add More button, it not only can add one task, you also can add another task either
Manage Templates： Edit Templates	1. Log in worksnaps test site on Browser 2. Click the Manage -> Manage Templates button 3. Click the Edit button 4. Input Task Template Name and Description 5. Click the Save Changes button or the Cancel button	1. If click the Save Changes button, The modify operation success and the template information has been changed 2. If click the Cancel button, The modify operation canceled
Manage Templates： Delete Templates	1. Log in worksnaps test site on Browser 2. Click the Manage -> Manage Templates button 3. Click the Delete button 4. Click the Confirm to Delete button or the Cancel button	1. If click the Confirm to Delete button, The delete operation success and prompt " The template has been deleted successfully" 2. If click the Cancel button, The delete operation canceled
Report： Quick Report - Update Report	1. Log in worksnaps test site on Browser 2. Click the Report -> Quick Report button 3. Click the Show more options Telescopic button 4. Choose Projects and Users, Offline Time 5. Click the "Update Report" button	Update report succcessfully and prompt " The report has been updated"

续表

Title Name	Steps	Expect Results
Report: Saved Reports - Create New Report	1. Log in worksnaps test site on Browser 2. Click the Report -> Saved Reports button 3. Click the Create New Report button 4. Choose Time Frame, Timezone, Display Option, Group By and Online vs. Offline Time 5. Input the Projects, Users, Task Filter and Save As (i. e., Report Name) 6. Click the "Submit" button	Create new report succcessfully
Report: Invoices - Create New Invoice	1. Log in worksnaps test site on Browser 2. Click the Report button 3. Click the Invoices button 4. Click the Create New Invoice button 5. Choose Select Biller, Select Customer, Select Report and Extra Fields 6. Input the Invoice Name and Notes for this invoice 7. Click the "Submit" button.	Create new invoice succcessfully
Logout worksnaps site	1. Open worksnaps test site on Browser 2. Click the Log In button 3. Input Login or Email Address/Password with the [Input Data] 4. Click the Log In button 5. Click the Logout button	Logout worksnaps site Successfully
Tour:API Document	1. Open worksnaps test site on Browser 2. Click the Tour ->API button 3. Click Worksnaps API Document link	Open the Worksnaps API Document on Another Webpage

[专家点评]：

Worksnaps 系统是一个目前市场比较紧缺的，有一定负责度的系统。详细的测试用例也要根据每个功能的实际需求，通过不同的设计方法来设计各种用例。通过项目中功能的紧急程度、测试重点来确定用例的优先级。

作为一个测试人员，测试用例的设计与编写是一项必须掌握的能力。若想写出有效的测试用例需要多方面的技术知识。如何设计测试用例需要从如下几个因素出发：

(1) 复用率，随着产品不断升级，需要设计得更详细，可一劳永逸；如果仅适用一次，没必要写得太仔细。

(2) 项目进度，时间允许可详尽，时间紧能执行即可。

(3) 使用对象，如果供多人使用，尤其需要让后参与测试的工程师来执行，则需要设计得更加详细些。

(4) 关注有效功能，在大多数情况下，我们不太可能在一个测试用例中包含全部的测试要求，因为众多的功能及不同路径组合将使测试用例步骤繁多，操作复杂，或者完全不具可操作性。所以并不是意味着需求中定义的每个功能和特性，都需要编写一个或者多个测试用例，只要把握好适度即可。

(5) 做好需求分析，这里的需求包含显性和隐性需求，根据需求文档将不同的需求来源划分成一个个需求点，针对每个小点进行测试分析，界定测试范围，并且运用多种测试用例设计方法产生测试结点。

(6) 注重测试用例评审。评审会以检验功能是否覆盖完全，评审内容包括产品、开发、测试以及专家评审。

在看 Worksnaps 测试用例的时候可以发现，这个案例写的是比较简洁的，这样的案例是用于那些功能多、测试时间紧的系统，为了能保证快速执行而写的。若时间充足、要求严格，则编写测试用例要按照测试用例的规范来写，按模块按功能区分。

7.8 TC#8：书籍(books.roqisoft.com)网站测试用例设计

7.8.1 分析项目特征

http://books.roqisoft.com/ 网站主要是介绍言若金叶研究中心的各种书籍。对于这样的网站除了要进行功能测试、性能测试，还需要对内容介绍进行相关的测试。

表 7-16 是对书籍网站编写的测试用例。这种测试用例格式是在参与国际测试项目时，经常遇到的。遇到这样的项目，完成步骤一般为：

(1) 按要求申请(Claim)一个测试用例(Test Case)，有的项目可以在不同测试环境申请多个。

(2) 阅读理解项目介绍。

(3) 到申请的测试用例中下载用例文件，一般都是 Excel 文件。

(4) 打开文件，一般格式就和下面案例格式类似，大致浏览一遍所有用例。

(5) 按照用例要求执行用例。

(6) 标记一下测试结果,Pass 为实际结果和期望结果一样,用例通过;Fail 为实际结果和期望结果不一致,用例执行失败。

(7) 对于 Fail 的用例,需要提交一个缺陷(Bug),并且将 Bug ID 标记在 Fail 的用例中。

7.8.2 设计测试用例

这样的测试用例都是非常简单的,一般用户也可以执行测试,提交测试结果。那么如何编写这样的测试用例,设计有效的测试用例,请见表 7-16。

表 7-16 书籍网站测试用例

测试用例标题	操作步骤	期望结果	实际测试(Pass/Fail)
主页-作品链接	1. 浏览器打开言若金叶精品软件著作展示网 http://books.roqisoft.com 2. 单击滚动的任一作品图片 3. 检查响应的页面	1. 链接到和步骤 2 所单击的作品对应的主页面 2. 响应页面上的元素正确并且排版规范	
主页-作品展示流动图片	1. 浏览器打开言若金叶精品软件著作展示网 http://books.roqisoft.com 2. 鼠标悬停在流动的展示作品图片上	流动的展示作品图片随着鼠标的悬停变为静止	
主页-页底“安全联盟站长平台”按钮	1. 浏览器打开言若金叶精品软件著作展示网 http://books.roqisoft.com 2. 单击页底“安全联盟站长平台”按钮 3. 检查响应的页面	1. 链接到和步骤 2 所单击的内容对应的主页面 2. 响应页面上的元素正确并且排版规范	
作品封面-“单击进入书籍配套资源下载与电子书籍免费试读”链接	1. 浏览器打开言若金叶精品软件著作展示网 http://books.roqisoft.com 2. 单击任一作品,进入作品首页 3. 单击“单击进入书籍配套资源下载与电子书籍免费试读”链接 4. 检查响应的页面	1. 链接到和步骤 3 所单击的作品对应的主页面 2. 响应页面上的元素正确并且排版规范	
书籍配套资源下载-书籍图片链接	1. 浏览器打开言若金叶精品软件著作展示网 http://books.roqisoft.com 2. 单击任一作品,进入作品首页 3. 单击“单击进入书籍配套资源下载与电子书籍免费试读”链接 4. 单击书籍图片	页面跳转到书籍官网	
书籍配套资源下载-“书籍官网”链接	1. 浏览器打开言若金叶精品软件著作展示网 http://books.roqisoft.com 2. 单击任一作品,进入作品首页 3. 单击“单击进入书籍配套资源下载与电子书籍免费试读”链接 4. 单击书籍官网链接	页面跳转到书籍官网	

续表

测试用例标题	操作步骤	期望结果	实际测试(Pass/Fail)
书籍配套资源下载-“教学PPT下载”链接	1. 浏览器打开言若金叶精品软件著作展示网 http://books.roqisoft.com 2. 单击任一作品,进入作品首页 3. 单击“单击进入书籍配套资源下载与电子书籍免费试读”链接 4. 单击教学PPT下载链接	页面弹出文件下载提示框,若单击“下载”按钮,则进行下载操作;若单击“取消”按钮,下载提示框取消	
书籍配套资源下载-导航“软件测试书籍”-“大学学籍管理系统源码下载”链接	1. 浏览器打开言若金叶精品软件著作展示网 http://books.roqisoft.com 2. 单击任一作品,进入作品首页 3. 单击“单击进入书籍配套资源下载与电子书籍免费试读”链接 4. 单击导航“软件测试书籍” 5. 单击“大学学籍管理系统源码下载”链接	页面弹出源码压缩包下载提示框,若单击“下载”按钮,则进行下载操作;若单击“取消”按钮,下载提示框取消	
书籍配套资源下载-导航“软件开发书籍”-书籍目录结构链接	1. 浏览器打开言若金叶精品软件著作展示网 http://books.roqisoft.com 2. 单击任一作品,进入作品首页 3. 单击“单击进入书籍配套资源下载与电子书籍免费试读”链接 4. 单击导航“软件开发书籍” 5. 单击查看书籍目录结构链接 6. 检查响应的页面	1. 链接到和步骤5所单击的作品对应的主页面 2. 响应页面上的元素正确并且排版规范	
书籍配套资源下载-导航“软件项目管理书籍”-“书籍大学学籍管理系统安装软件下载”链接	1. 浏览器打开言若金叶精品软件著作展示网 http://books.roqisoft.com 2. 单击任一作品,进入作品首页 3. 单击“单击进入书籍配套资源下载与电子书籍免费试读”链接 4. 单击导航“软件项目管理书籍” 5. 单击“书籍大学学籍管理系统安装软件下载”链接	页面弹出软件下载提示框,若单击“下载”按钮,则进行下载操作;若单击“取消”按钮,下载提示框取消	
书籍配套资源下载-导航“中英双语励志书籍”-书籍电子版在线试读链接	1. 浏览器打开言若金叶精品软件著作展示网 http://books.roqisoft.com 2. 单击任一作品,进入作品首页 3. 单击“单击进入书籍配套资源下载与电子书籍免费试读”链接 4. 单击导航“中英双语励志书籍” 5. 单击书籍电子版在线试读链接	浏览器打开该电子书的在线试读页面	
作品封面-【分享到】插件	1. 浏览器打开言若金叶精品软件著作展示网 http://books.roqisoft.com 2. 单击任一作品,进入作品首页 3. 鼠标悬停页面右边“分享到”按钮	页面弹出分享到各大网站的链接框	

续表

测试用例标题	操作步骤	期望结果	实际测试(Pass/Fail)
作品封面-"分享到"插件-关闭按钮	1. 浏览器打开言若金叶精品软件著作展示网 http://books.roqisoft.com 2. 单击任一作品,进入作品首页 3. 鼠标悬停页面右边"分享到"按钮 4. 单击关闭按钮	弹出关闭分享按钮的确认框,若单击"确定"按钮,则关闭分享按钮;若单击"取消"按钮,则取消关闭操作	
作品封面-"分享到"插件-"JiaThis"链接	1. 浏览器打开言若金叶精品软件著作展示网 http://books.roqisoft.com 2. 单击任一作品,进入作品首页 3. 鼠标悬停页面右边"分享到"按钮 4. 单击"JiaThis"链接	页面打开 JiaThis 首页	
作品封面-"分享到"插件-任意网址链接	1. 浏览器打开言若金叶精品软件著作展示网 http://books.roqisoft.com 2. 单击任一作品,进入作品首页 3. 鼠标悬停页面右边"分享到"按钮 4. 单击任意网址看链接是否有效	弹出所选中网址的分享网页	
作品封面-"分享到"插件-搜索框中输入非法字符或不存在的网址	1. 浏览器打开言若金叶精品软件著作展示网 http://books.roqisoft.com 2. 单击任一作品,进入作品首页 3. 鼠标悬停页面右边"分享到"按钮,单击"查看更多"按钮 4. 在搜索框中输入非法字符或不存在的网址,如"@efe.$#$"	搜索结果为空	
作品封面-"分享到"插件-搜索框中输入存在网址的首字母或关键字	1. 浏览器打开言若金叶精品软件著作展示网 http://books.roqisoft.com 2. 单击任一作品,进入作品首页 3. 鼠标悬停页面右边"分享到"按钮,单击"查看更多"按钮 4. 在搜索框中输入存在网址的首字母或关键字,如"BD"	筛选出各大网址中包含 BD 首字母的网址	
作品封面-导航"前言"链接是否有效	1. 浏览器打开言若金叶精品软件著作展示网 http://books.roqisoft.com 2. 单击任一作品,进入作品首页 3. 单击导航"前言"链接 4. 检查响应的页面	1. 链接到和步骤 3 所单击的作品对应的主页面 2. 响应页面上的元素正确并且排版规范	
作品封面-导航"封底"链接是否有效	1. 浏览器打开言若金叶精品软件著作展示网 http://books.roqisoft.com 2. 单击任一作品,进入作品首页 3. 单击导航"封底"链接 4. 检查响应的页面	1. 链接到和步骤 3 所单击的作品对应的主页面 2. 响应页面上的元素正确并且排版规范	

续表

测试用例标题	操作步骤	期望结果	实际测试(Pass/Fail)
作品封面-导航“出版原因”链接是否有效	1. 浏览器打开言若金叶精品软件著作展示网 http://books.roqisoft.com 2. 单击任一作品,进入作品首页 3. 单击导航“出版原因”链接 4. 检查响应的页面	1. 链接到和步骤3所单击的作品对应的主页面 2. 响应页面上的元素正确并且排版规范	
作品封面-导航“目录结构”链接是否有效	1. 浏览器打开言若金叶精品软件著作展示网 http://books.roqisoft.com 2. 单击任一作品,进入作品首页 3. 单击导航“目录结构”链接 4. 检查响应的页面	1. 链接到和步骤3所单击的作品对应的主页面 2. 响应页面上的元素正确并且排版规范	
作品封面-导航“读者推荐”链接是否有效	1. 浏览器打开言若金叶精品软件著作展示网 http://books.roqisoft.com 2. 单击任一作品,进入作品首页 3. 单击导航“读者推荐”链接 4. 检查响应的页面	1. 链接到和步骤3所单击的作品对应的主页面 2. 响应页面上的元素正确并且排版规范	
作品封面-导航“获奖名单”链接是否有效	1. 浏览器打开言若金叶精品软件著作展示网 http://books.roqisoft.com 2. 单击任一作品,进入作品首页 3. 单击导航“获奖名单”链接 4. 检查响应的页面	1. 链接到和步骤3所单击的作品对应的主页面 2. 响应页面上的元素正确并且排版规范	
作品封面-导航“网上购买”链接是否有效	1. 浏览器打开言若金叶精品软件著作展示网 http://books.roqisoft.com 2. 单击任一作品,进入作品首页 3. 单击导航“网上购买”链接 4. 检查响应的页面	1. 链接到和步骤3所单击的作品对应的主页面 2. 响应页面上的元素正确并且排版规范	
作品封面-导航“网上购买”页面中任一购买网址的链接	1. 浏览器打开言若金叶精品软件著作展示网 http://books.roqisoft.com 2. 单击任一作品,进入作品首页 3. 单击导航“网上购买”按钮 4. 单击任一购买网址	链接到步骤3所单击的购买网址的页面	
作品封面-导航“联系我们”链接是否有效	1. 浏览器打开言若金叶精品软件著作展示网 http://books.roqisoft.com 2. 单击任一作品,进入作品首页 3. 单击导航“联系我们”链接 4. 检查响应的页面	1. 链接到和步骤3所单击的作品对应的主页面 2. 响应页面上的元素正确并且排版规范	
作品封面-“联系我们”页面中任一联系网址的链接是否有效	1. 浏览器打开言若金叶精品软件著作展示网 http://books.roqisoft.com 2. 单击任一作品,进入作品首页 3. 单击导航“联系我们”按钮 4. 单击任一联系网址	链接到步骤3所单击的联系网址的页面	

续表

测试用例标题	操作步骤	期望结果	实际测试(Pass/Fail)
作品封面-"联系我们"页面中任一附件网址的链接是否有效	1. 浏览器打开言若金叶精品软件著作展示网 http://books.roqisoft.com 2. 单击任一作品，进入作品首页 3. 单击导航"联系我们"按钮 4. 单击任一附件网址	链接到步骤3所单击的网址的页面	
作品封面-导航"相关书籍"链接是否有效	1. 浏览器打开言若金叶精品软件著作展示网 http://books.roqisoft.com 2. 单击任一作品，进入作品首页 3. 单击导航"相关书籍"链接	链接到言若金叶精品软件著作展示网首页	

[专家点评]：

对于这样的测试用例，一般使用系统的用户也可以参与执行测试用例。在设计和编写的时候就需要注意，描述步骤要清晰明了并且简单，让人一看就知道如何操作，期望结果要详细准确，写出来的用例可以直接拿给完全不熟悉系统的人员或者公司新入职员工执行。

7.9 TC＃9：欧特克(AutoDesk Regression)回归测试用例设计

7.9.1 分析项目特征

回归(Regression)测试是指修改了旧代码后，重新进行测试以确认修改没有引入新的错误或导致其他代码产生错误。自动回归测试将大幅降低系统测试、维护升级等阶段的成本。回归测试作为软件生命周期的一个组成部分，在整个软件测试过程中占有很大的工作量比重，软件开发的各个阶段都会进行多次回归测试。在渐进和快速迭代开发中，新版本的连续发布使回归测试进行得更加频繁，而在极端编程方法中，更是要求每天都进行若干次回归测试。因此，通过选择正确的回归测试策略来提高回归测试的效率和有效性是非常有意义的。

7.9.2 设计测试用例

详细回归测试用例设计，请见表7-17。

表7-17 AutoDesk Regression Test Case

Feature	What To Test	What NOT to Test	Pass/Fail
Store Selection	All stores but the two listed in Column C	Autodesk 3dsMax	
		Autodesk Maya	
Quick Links	Link is functional	Correctness of link name	

续表

Feature	What To Test	What NOT to Test	Pass/Fail
	Link directs user to the right page	Spelling	
	Link shows the right number of applications		
Best Sellers	Link is functional	Correctness of link name	
	Link directs user to the right page	Spelling	
	Link shows the right number of applications		
Search	Is functional		
	Search result are correct		
	Show All link		
Application - Selection	Application is clickable	Correctness of Thumbnail	
	Link is functional	Correctness of application name	
		Correctness of description	
Application	Free Application can be downloaded	Reviews display on page after entering—all reviews need to be review and accepted by appstore managers before they are listed on the site	
	Trial Application can be downloaded	Correctness of application data—all these application are ONLY testing application. Please concentrate on functionality.	
	Write a Review when signed	Download applications that required payment	
	Number of reviews listed = Number of reviews mentioned on application details		
	Download Details: all seven fields are listed: Download Size, Language, Release Date, Company, Website, Cust Support, Compatible With. NO MANDATORY fields can be empty.		

续表

Feature	What To Test	What NOT to Test	Pass/Fail
	Download Details: link are functional and work as expected		
Application - Publisher Workflow	New Applications can be created		
	New Applications can be preview it		
Filters			
	Link is functional	Correctness of link name	
	Link directs user to the right page	Spelling	
	Link shows the right number of applications		
Sign In	Sign In is functional	Sign In Dialog: UI alignments	
		Account Settings	
My Uploads	Unpublished applications are listed		
	Application display information entered when they were created		
	Applications can be deleted		
	Applications can be edited		
My Downloads	Downloaded applications are listed		
	(more) (less) links are functional		
Subscribe entitlement	Subscriber only app only can be downloaded by subscriber user		
	Subscriber free apps are free-downloaded for subscriber user		
	Subscriber free apps are non-free downloaded for non-subscriber user		
	Subscriber only app can NOT be downloaded by non-subscriber user		

[专家点评]:

选择回归测试策略应该兼顾效率和有效性两个方面。常用的回归测试的方式包括如下几种:

1. 再测试全部用例

选择基线测试用例库中的全部测试用例组成回归测试包,这是一种比较安全的方法。再测试全部用例中具有最低的遗漏回归错误风险的,但测试成本最高的用例。全部再测试几乎可以应用到任何情况下,基本上不需要进行分析和重新开发,但是,随着开发工作的进展,测试用例不断增多,重复原先所有的测试将带来很大的工作量,往往超出了我们的预算和进度。

2. 基于风险选择测试

可以基于一定的风险标准来从基线测试用例库中选择回归测试包。首先运行最重要的、关键的和可疑的测试用例,而跳过那些非关键的、优先级别低的或者高稳定的测试用例,因为这些用例即便可能测试到缺陷,缺陷的严重性也仅有三级或四级。一般而言,测试从主要特征到次要特征。

3. 基于操作剖面选择测试

如果基线测试用例库的测试用例是基于软件操作剖面开发的,测试用例的分布情况反映了系统的实际使用情况。回归测试所使用的测试用例个数可以由测试预算确定,回归测试可以优先选择那些针对最重要或最频繁使用功能的测试用例,释放和缓解最高级别的风险,有助于尽早发现那些对可靠性有最大影响的故障。这种方法可以在一个给定的预算下最有效地提高系统可靠性,但实施起来有一定的难度。

4. 再测试修改的部分

当测试者对修改的局部化有足够的信心时,可以通过相依性分析识别软件的修改情况并分析修改的影响,将回归测试局限于被改变的模块和它的接口上。通常,一个回归错误一定涉及一个新的、修改的或删除的代码段。在允许的条件下,回归测试尽可能覆盖受到影响的部分。

再测试全部用例的策略是最安全的策略,但已经运行过许多次的回归测试不太可能出现新的错误,而且很多时候,由于时间、人员、设备和经费的原因,不允许选择再测试全部用例的回归测试策略,此时,可以依据适当的策略进行缩减的回归测试。

本例中的回归测试用例的选择,仅选择了与代码修改相关的模块与功能的测试。并且在哪些不用测试(What NOT to Test)中指出了哪些模块或功能与代码的修改没有任何关系,可以不需要再进行测试。

7.10　读书笔记

读书笔记　　　　*Name*：　　　　*Date*：

励志名句：*I succeeded because I willed it; I never hesitated.*

我成功是因为有决心，从不犹豫。

第三篇

使用测试工具

（Test Tool Usage）技术篇

CHAPTER 8

第 8 章 测试工具综述

[学习目标]：每一位软件测试工程师都会使用几个得心应手的测试工具，方便在不同的场合测试不同的项目应用。通过本章的学习，读者要能了解常用的测试工具及其应用领域，以及对测试工具的优点与局限性有一定的认识，理解国内与国际软件测试工程师对测试工具的知识分享。

8.1 软件测试工具

8.1.1 白盒测试工具

白盒测试工具一般是针对代码进行的测试，测试所发现的缺陷可以定位到代码级。由于白盒测试通常用在单元测试中，因此又叫单元测试工具。根据测试工具工作原理的不同，白盒测试工具可分为静态测试工具和动态测试工具。

静态测试工具是在不执行程序的情况下，分析软件的特性。静态测试工具一般是对代码进行语法扫描，找出不符合编码规范的地方，根据某种质量模型评价代码的质量，生成系统的调用关系图等。

动态测试工具与静态测试工具不同，动态测试工具的一般采用"插桩"的方式，向代码生成的可执行文件中插入一些监测代码，用来统计程序运行时的数据。其与静态测试工具最大的不同就是动态测试工具要求被测系统实际运行。

常用的白盒测试工具有：Parasoft 公司的 Jtest、C++ Test、. test、CodeWizard 等，Compuware 公司的 DevPartner、BoundsChecker、TrueTime 等，IBM 公司的 Rational PurifyPlus、PureCoverage 等，Telelogic 公司的 Logiscope，开源测试工具 JUnit 等。

8.1.2 黑盒测试工具

黑盒测试工具是在明确软件产品应具有的功能的条件下，完全不考虑被测程序的内部结构和内部特性，通过测试来检验软件是否按照软件需求规格的说明正常工作。

黑盒测试工具的一般原理是利用脚本的录制/回放，模拟用户的操作，然后将被测系统的输出记录下来同预先给定的预期结果进行比较。黑盒测试工具可以大大减轻黑盒测试的工作量，在迭代开发的过程中，能够很好地进行回归测试。

按照完成的职能不同，黑盒测试工具可以进一步分为：

(1) 功能测试工具——用于检测程序能否达到预期的功能要求并正常运行。

(2) 性能测试工具——用于确定软件和系统的性能。

(3) 安全测试工具——用于发现软件的安全漏洞。

功能测试工具：通过自动录制、检测和回放用户的应用操作，将被测系统的输出记录同预先给定的标准结果比较，功能测试工具能够有效地帮助测试人员对复杂的企业级应用的不同发布版本的功能进行测试，提高测试人员的工作效率和质量。其主要目的是检测应用程序是否能够达到预期的功能并正常运行。

常用的功能测试工具有 HP 公司的 WinRunner 和 QuickTest Professional、IBM 公司的 Rational Robot、Segue 公司的 SilkTest、Compuware 公司的 QA Run 等。

性能测试工具：通常指用来支持压力、负载测试，能够录制和生成脚本、设置和部署场景、产生并发用户和向系统施加持续压力的工具。性能测试工具通过实时性能监测来确认和查找问题，并针对所发现问题对系统性能进行优化，确保应用计划的成功部署。性能测试工具能够对整个企业架构进行测试，通过这些测试，企业能最大限度地缩短测试时间，优化性能和加速应用系统的发布周期。

常用的性能测试工具有 HP 公司的 LoadRunner、Microsoft 公司的 Web Application Stress(WAS)、Compuware 公司的 QALoad、RadView 公司的 WebLoad、Borland 公司的 SilkPerformer、Apache 的 Jmeter 等。

常用的安全测试工具有 HP 公司的 WebInspect、IBM 公司的 Rational® AppScan、Google 公司的 Skipfish、Acunetix 公司的 Acunetix Web Vunlnerability Scanner 等。还有一些免费或开源的安全测试工具，如 Nikto、WebScarab、ZAP、Websecurify、Firebug、Netsparker、Wapiti 等。

8.1.3 测试管理工具

一般而言，测试管理工具对测试需求、测试计划、测试用例、测试实施进行管理，并且测试管理工具还包括对缺陷的跟踪管理。测试管理工具能让测试人员、开发人员或其他的 IT 人员通过一个中央数据仓库，在不同地方就能交互信息。

一般情况，测试管理工具应包括以下内容：

(1) 测试用例管理；

(2) 缺陷跟踪管理(问题跟踪管理)；

(3) 配置管理。

常用的测试管理工具有：IBM 公司 TestManager、ClearQuest，HP 公司的 Quality Center、TestDirector，Compureware 公司的 TrackRecord，Atlassian 公司的 JIRA，开源的 Bugzilla、TestLink、Mantis、BugFree 等。

8.1.4　专用测试工具

除了上述的自动化测试工具外，还有一些专用的自动化测试工具，例如，针对数据库测试的 TestBytes，数据生成器 DataFactory，对 Web 系统中的链接进行测试的工具 Xenu Link Sleuth 等。

8.2　软件自动化测试

软件自动化测试就是使用自动化测试工具来代替手工进行的一系列测试动作，验证软件是否满足需求，它包括测试活动的管理与实施。自动化测试主要是通过所开发的软件测试工具、脚本等来实现的，其目的是减轻手工测试的工作量，以达到节约资源（包括人力、物力等），保证软件质量，缩短测试周期，提高测试效率的目的。

8.2.1　软件自动化测试的优点

自动化测试以其高效率、重用性和一致性成为软件测试的一个主流。正确实施软件自动化测试并严格遵守测试计划和测试流程，可以达到比手工测试更有效、更经济的效果。相比手工测试，自动化测试具有如下优点：

（1）程序的回归测试更方便；

（2）可以运行更多、更烦琐的测试；

（3）执行手工测试很难或不可能进行的测试；

（4）充分利用资源；

（5）测试具有一致性和可重复性；

（6）让产品更快面向市场；

（7）增加软件信任度。

8.2.2　软件自动化测试的局限性

当然，自动化测试也并非万能，有一些人对自动化测试的理解也存在许多误区，认为自动化测试能完成一切工作，从测试计划到测试执行，都不需要人工干预。其实自动化测试所完成的测试功能也是有限的。自动化测试存在下列局限性：

（1）不能完全取代手工测试；

（2）不能期望自动化测试发现大量新缺陷；

（3）软件自动化测试可能会制约软件开发；

（4）自动化测试软件本身没有想象力；

（5）自动化测试实施的难度较大；

（6）测试工具与其他软件的交互操作性问题。

综上所述，软件自动化测试的优点是显而易见的，但同时它也并非万能，只有对其进行合理的设计和正确的实施才能从中获益。

8.3 常见功能测试工具

8.3.1 Rational Robot

IBM Rational Robot 是业界最顶尖的功能测试工具，它甚至可以在测试人员学习高级脚本技术之前帮助其进行成功的测试。它集成在测试人员的桌面 IBM Rational TestManager 上，在这里测试人员可以计划、组织、执行、管理和报告所有测试活动，包括手动测试报告。这种测试和管理的双重功能是自动化测试的理想开始。

Rational Robot 是一种可扩展、灵活的功能测试工具，它是 Rational Suites 下的一个组件，对于比较熟悉它的测试人员可以修改测试脚本，改进测试的深度。Rational Robot 为菜单、列表、字母数字字符及位图等对象提供了测试用例。

Rational Robot 可开发三种测试脚本：用于功能测试的 GUI 脚本、用于性能测试的 VU 以及 VB 脚本。

Rational Robot 的功能包括：

(1) 执行完整的功能测试。记录和回放遍历应用程序的脚本，以及测试在查证点(verification points)处的对象状态。

(2) 执行完整的性能测试。Robot 和 Test Manager 协作可以记录和回放脚本，这些脚本有助于你断定多客户系统在不同负载情况下是否能够按照用户定义标准运行。

(3) 在 SQA Basic、VB、VU 环境下创建并编辑脚本。Robot 编辑器提供有色代码命令，并且在强大的集成脚本开发阶段提供键盘帮助。

(4) 测试 IDE 下 Visual Basic、Oracle Forms、Power Builder、HTML、Java 开发的应用程序。甚至可测试用户界面上不可见对象。

(5) 脚本回放阶段收集应用程序诊断信息，Robot 同 Rational Purify、Quantify、Pure Coverage 集成，可以通过诊断工具回放脚本，在日志中查看结果。

Robot 使用面向对象记录技术：记录对象内部名称，而非屏幕坐标。若对象改变位置或者窗口文本发生变化，Robot 仍然可以找到对象并回放。

网站地址 http://www-01.ibm.com/software/cn/rational/。

8.3.2 QuickTest Professional

QuickTest Professional 是一个功能测试自动化工具，主要应用在回归测试中。QuickTest 针对的是 GUI 应用程序，包括传统的 Windows 应用程序，以及现在越来越流行的 Web 应用。它可以覆盖绝大多数的软件开发技术，简单高效，并具备测试用例可重用的特点。其中包括：创建测试、插入检查点、检验数据、增强测试、运行测试、分析结果和维护测试等方面。

QTP11.5 发布，改名 UFT(Unified Functional Testing)，支持多脚本编辑调试、PDF 检查点、持续集成系统、手机测试等。

网站地址 http://www.hp.com。

8.3.3 SilkTest

SilkTest 是 Borland 公司所提出软件质量管理解决方案的套件之一。SilkTest 是业界领先的、用于对企业级应用进行功能测试的产品，可用于测试 Web、Java 或是传统的 C/S 结构。SilkTest 提供了许多功能，使用户能够高效率地进行软件自动化测试，这些功能包括：测试的计划和管理；直接的数据库访问及校验；灵活、强大的 4Test 脚本语言，内置的恢复系统(Recovery System)；以及具有使用同一套脚本进行跨平台、跨浏览器和技术进行测试的能力。

网站地址 http://www.segue.com。

8.3.4 QARun

QARun 的测试实现方式是通过鼠标移动、键盘单击操作被测应用，得到相应的测试脚本，对该脚本可以进行编辑和调试。在记录的过程中可针对被测应用中所包含的功能点进行基线值的建立，换句话说，就是在插入检查点的同时建立期望值。在这里检查点是目标系统的一个特殊方面在一特定点的期望状态。通常，检查点在 QA Run 提示目标系统执行一系列事件之后被执行。检查点用于确定实际结果与期望结果是否相同。

网站地址 http://www.compuware.com。

8.3.5 QTester

QTester 简称 QT，是一种自动化测试工具，主要针对网络应用程序进行自动化测试。它可以模拟出几乎所有的针对浏览器的动作，旨在用机器来代替人工重复性的输入和操作，从而达到测试的目的。QTester 功能全面，可支持测试场景录制、自动生成脚本，也支持测试人员手写的更为复杂的脚本、运行脚本并对程序进行调试和结果分析。这是一款简洁实用的自动化测试软件，测试者可轻松上手。

高效实用：对人工测试来说，QTester 测试要快得多，并且精准可靠，可重复；相对于昂贵的大型测试软件来说，QTester 更简洁、实用，易于上手。

可编程：QTester 支持各种脚本语言(JavaScript、PHP、Ruby、ASP 等)，测试者可自己手动编写脚本。通过复杂的脚本，往往能找到隐藏在程序深处的错误。脚本支持断点，单步执行等常用调试方式。

可积累：每个软件由于各自独特的应用场景需要自己开发测试用例。通本脚本的积累，可以形成针对某类应用程序的测试脚本用例库，从而在长期的使用 QTester 软件的过程中形成自己的知识库，进一步节省时间，提高效率，并且使操作规范化，利于公司的知识管理。

强大的支持：QTester 内部集成了大量方法用以模拟鼠标，键盘对浏览器的操作。这些支持使得使用 QTester 进行自动化操作和手动测试并没有差别。

丰富的资料和实例：QTester 在研发和使用的过程中，积累了大量的相关资料和使用实例。这些实例一方面让您更容易上手；另一方面从中也可学习到不少测试的经验。所有的这些资料和实例都可以在 QTester 软件官方网站上免费获得。

网站地址 http://www.qtester.net/Default.html。

8.4 常见性能测试工具

8.4.1 HP LoadRunner

HP LoadRunner 是一种预测系统行为和性能的负载测试工具，可通过检测瓶颈来预防问题，并在开始使用前获得准确的端到端系统性能。

LoadRunner 通过模拟上千万用户实施并发负载及实时性能监测的方式来确认和查找问题，LoadRunner 能够对整个企业架构进行测试。通过使用 LoadRunner，企业能最大限度地缩短测试时间、优化性能和缩短应用系统的发布周期。LoadRunner 是一种适用于各种体系架构的自动负载测试工具，它能预测系统行为并优化系统性能。LoadRunner 的测试对象是整个企业的系统，它通过模拟实际用户的操作行为和实行实时性能监测，有助更快地查找和发现问题。

LoadRunner 极具灵活性，适用于各种规模的组织和项目，支持广泛的协议和技术，可测试一系列应用，其中包括移动应用、Ajax、Flex、HTML 5、. NET、Java、GWT、Silverlight、SOAP、Citrix、ERP 等。

LoadRunner 的组件很多，其核心的组件包括：

(1) Vuser Generator(VuGen)用于捕获最终用户业务流程和创建自动性能测试脚本。

(2) Controller 用于组织、驱动、管理和监控负载测试。

(3) Load Generator 负载生成器用于通过运行虚拟用户生成负载。

(4) Analysis 有助于查看、分析和比较性能结果。

LoadRunner 的使用请参考 LoadRunner 使用指南。

网站地址 http://www8. hp. com/us/en/software-solutions/loadrunner-load-testing/index. html?。

8.4.2 IBM Performance Tester

IBM® Rational® Performance Tester 是一种用来验证 Web 和服务器应用程序可扩展性的性能测试解决方案。Rational Performance Tester 识别出系统性能瓶颈和其存在的原因，并能降低负载测试的复杂性。

Rational Performance Tester 可以快速执行性能测试，分析负载对应用程序的影响。它具有下列特点：

1. 无代码测试

能够不通过编程就可创建测试脚本，节省时间并降低测试复杂性。通过访问测试编辑器，查看测试和事务信息的高级别详细视图。查看在类似浏览器窗口中显示并且与测试编辑器集成的测试结果，编辑器列出测试中访问的网页。

2. 原因分析工具

原因分析工具可以识别导致瓶颈发生的源代码和物理应用层。时序图可跟踪出现瓶颈之前发生的所有活动。可以从被测试的系统的任何一层查看多资源统计信息，发现与硬件有关的导致性能低下的瓶颈。

3. 实时报表

实时生成性能和吞吐量报表，在测试的任何时间都可及时了解性能问题。提供多个可以在测试运行之前、期间和之后设置的过滤和配置选项。显示从一次构建到另一次构建的性能趋势。系统性能度量有助于制定关键应用程序发布决策。在测试结束时，根据针对响应时间百分比分布等项目的报表执行更深入的分析。

4. 测试数据

提供不同用户群体的灵活建模和仿真，同时把内存和处理器占用降到最低。提供电子表格界面以输入独特的数据，或者可以从任何基于文本的源导入预先存在的数据。允许在执行测试中插入定制 Java 代码，以便执行高级数据分析和请求语法分析等活动。

5. 载入测试

支持针对大范围应用程序(如 HTTP、SAP、Siebel、SIP、TCP Socket 和 Citrix)进行负载测试。支持从远程机器使用执行代理测试用户负载。提供灵活的图形化测试调度程序，可以按用户组比例来指定负载。支持自动数据关系管理来识别和维护用于精确负载模拟的应用程序数据关系。

网站地址 http://www-03.ibm.com/software/products/zh/performance。

8.4.3 Radview WebLOAD

WebLOAD 是 Radview 公司推出的一个性能测试和分析工具，通过模拟真实用户的操作，生成压力负载来测试 web 的性能。它可被用来测试性能和伸缩性，也可被用于正确性验证。

WebLOAD 可以同时模拟多个终端用户的行为，对 Web 站点、中间件、应用程序以及后台数据库进行测试。WebLOAD 在模拟用户行为时，不仅仅可以复现用户鼠标单击、键盘输入等动作，还可以对动态 Web 页面根据用户行为而显示的不同内容进行验证，达到交互式测试的目的。执行测试后，WebLOAD 可以提供数据详尽的测试结果分析报告，有助于判定 Web 应用的性能并诊断测试过程遇到的问题。

WebLOAD 的测试脚本是用 Javascript(和集成的 COM/Java 对象)编写的，并支持多种协议，如 Web、SOAP/XML 及其他可从脚本调用的协议如 FTP、SMTP 等，因而可从所有层面对应用程序进行测试。

网站地址 http://www.radview.com/product/Product.aspx。

8.4.4 Borland Silk Performer

Borland Silk Performer 是业界领先的企业级负载测试工具。它通过模仿成千上万的用户在多协议和多计算的环境下工作，对系统整体性能进行测试，提供符合 SLA 协议的系统整体性能的完整描述。

Silk Performer 提供了在广泛的、多样的状况下对电子商务应用进行弹性负载测试的能力，通过 True Scale 技术，Silk Performer 可以从一台单独的计算机上模拟成千上万的并发用户，在使用最小限度的硬件资源的情况下，提供所需的可视化结果确认的功能。在独立的负载测试中，Silk Performer 允许用户在多协议多计算环境下工作，并可以精确地模拟浏览器与 Web 应用的交互作用。Silk Performer 的 True Log 技术提供了完全可视化的原因分析技术。通过这种技术可以对测试过程中用户产生和接收的数据进行可视化处理，包括全部嵌入的对象和协议头信息，从而进行可视化分析，甚至在应用出现错误时都可以进行问题定位与分析。

Silk Performer 主要具有如下特点：

(1) 精确的负载模拟特性。为准确进行性能测试提供保障。

(2) 功能强大。强大的功能保障了对复杂应用环境的支持。

(3) 简单易用。可以加快测试周期，降低生成测试脚本错误的概率，而不影响测试的精确度。

(4) 根本原因分析。有利于对复杂环境下的性能下降问题进行深入分析。

(5) 单点控制。有利于进行分布式测试。

(6) 可靠性与稳定性。从工具本身的稳定性方面保证对企业级大型应用的测试顺利进行。

(7) 团队测试。保证对大型测试项目的顺利进行。

(8) 与其他产品紧密集成。同其他产品集成，增强 Silk Performer 的功能扩展。

Silk Performer 提供了简便的操作向导，通过 9 步操作，即可完成负载测试。包括：

(1) Project out Line。对负载测试项目进行基本设置，如项目信息、通信类别等。

(2) Test script creation。通过录制的方式产生脚本文件，用于日后进行虚拟测试。

(3) Test script try-out。对录制产生的脚本文件进行试运行，并配合使用 True Log 进行脚本纠错，确保能够准确再现客户端与服务器端的交互。

(4) Test script customization。为测试脚本分配测试数据。确保在实际测试过程中测试数据的正确使用，同时可配合使用 True Log，在脚本中加入 Session 控制和内容校验的功能。

(5) Test baseline establishment。确定被测应用在单用户下的理想性能基准线。这些基准将作为全负载下，产生并发用户数和时间计数器阈值的计算基础。在确定 baseline 的同时，也是对上一步修改的脚本文件进行运行验证。

(6) Test baseline confirmation。对 baseline 建立过程中产生的报告进行检查，确认所定义的 baseline 确实反映了所希望的性能。

(7) Load test workload specification。指定负载产生方式。

(8) Load test execution。在全负载方式下，使用全部 agent，进行真实的负载测试。

(9) Test result exploration。测试结果分析。

网站地址 http://www.borland.com/products/silkperformer/。

8.4.5 QALoad

QALoad 是 Compuware 公司性能测试工具套件中的压力负载工具。QALoad 是客户/服务器系统、企业资源配置(ERP)和电子商务应用的自动化负载测试工具。QALoad 通过可重复的、真实的测试，能够完全地度量应用的可扩展性和性能。它可以模拟成百上千的用户并发执行关键业务而完成对应用程序的测试，并针对所发现问题对系统性能进行优化，确保应用的成功部署。QALoad 可预测系统性能，通过重复测试寻找瓶颈问题，从控制中心管理全局负载测试，验证应用的可扩展性，快速创建仿真的负载测试。

QALoad 支持的范围广，测试的内容多，可以帮助软件测试人员，开发人员和系统管理人员对于分布式的应用执行有效的负载测试。QALoad 支持的协议包括 ODBC、DB2、ADO、Oracle、Sybase、MS SQL Server、QARun、SAP、Tuxedo、Uniface、Java、WinSock、IIOP、WWW、WAP、Net Load、Telnet 等。

QALoad 从产品组成来说，分为 4 个部分：Scrip Development Workbench、Conductor、Player、Analyze。

(1) Scrip Development Workbench 可以看作是录制，编辑脚本的 IDE。录制的动作序列最终可以转换为一个. cpp 文件。

(2) Conductor 控制所有的测试行为，如设置 session 描述文件，初始化并且监测测试，生成报告并且分析测试结果。

(3) Player 是一个 Agent，一个运行测试的 agent，可以部属在网络上的多台机器上。

(4) Analyze 是测试结果的分析器。它可以把测试结果的各个方面展现出来。

网站地址 http://www.empirix.com。

8.4.6 Web Application Stress

Microsoft Web Application Stress(简称 WAS)是由微软的网站测试人员所开发，专门用来进行实际网站压力测试的一套工具。通过 WAS，可以使用少量的客户端计算机模拟大量并发用户同时访问服务器，以获取服务器的承受能力，及时发现服务器能承受多大压力负载，以便及时采取相应的措施防范。

WAS 的优点是简单易用。WAS 可以用不同的方式创建测试脚本：

(1) 通过记录浏览器的活动来录制脚本；

(2) 通过导入 IIS 日志；

(3) 通过把 WAS 指向 Web 网站的内容；

(4) 手工地输入 URL 来创建一个新的测试脚本。

除易用性外，WAS 还有很多有用的特性，包括：

(1) 对于需要署名登录的网站，允许创建用户账号；

(2) 允许为每个用户存储 cookies 和 Active Server Pages (ASP) 的 session 信息；

(3) 支持随机的或顺序的数据集，以用在特定的键值对；

(4) 支持带宽调节和随机延迟以更真实地模拟显示情形；

(5) 支持 Secure Sockets Layer (SSL)协议；

(6) 允许 URL 分组和对每组的点击率的说明；

(7) 提供一个对象模型，可以通过 Microsoft Visual Basic? Scripting Edition (VBScript)处理或者通过定制编程来达到开启、结束和配置测试脚本的效果。

8.4.7 Apache JMeter

Apache JMeter 是 Apache 组织的开放源代码项目，是一个 100%纯 Java 桌面应用，用于压力测试和性能测量。JMeter 可以用于测试静态或者动态资源的性能，例如文件、Servlet、Perl 脚本、Java 对象、数据库和查询、FTP 服务器等。JMeter 可以用于对服务器、网络或对象模拟巨大的负载，在不同压力类别下测试它们的强度和分析整体性能。另外，JMeter能够对应用程序做功能/回归测试，通过创建带有断言的脚本来验证你的程序返回了你期望的结果。为了最大限度的灵活性，JMeter允许使用正则表达式创建断言。

JMeter的功能特性：

(1) 能够对HTTP和FTP服务器进行压力和性能测试，也可以对任何数据库进行同样的测试。

(2) 完全的可移植性和100%基于Java的应用。

(3) 完全Swing和轻量组件支持(预编译的JAR使用javax.swing.*)包。

(4) 完全多线程框架允许通过多个线程并发取样和通过单独的线程组对不同的功能同时取样。

(5) 精心的GUI设计允许快速操作和更精确的计时。

(6) 缓存和离线分析/回放测试结果。

网站地址http://jakarta.apache.org/jmeter/usermanual/index.html。

8.4.8 OpenSTA

OpenSTA是专用于B/S结构的、免费的性能测试工具。它的优点除了免费、源代码开放外，还能对录制的测试脚本按指定的语法进行编辑。测试工程师在录制完测试脚本后，只需要了解该脚本语言的特定语法知识，就可以对测试脚本进行编辑，以便于再次执行性能测试时获得所需要的参数，之后进行特定的性能指标分析。

OpenSTA是基于Common Object Request Broker Architecture (CORBA)的结构体系。它是通过虚拟一个代理服务器(proxy)，使用其专用的脚本控制语言，记录通过代理服务器的一切HTTP/S流量。

OpenSTA以最简单的方式让大家对性能测试的原理有较深的了解，其较为丰富的图形化测试结果大大提高了测试报告的可阅读性。测试工程师通过分析OpenSTA的性能指标收集器收集的各项性能指标，以及HTTP数据，对被测试系统的性能进行分析。

使用OpenSTA进行测试，包括3个方面的内容：首先录制测试脚本，然后定制性能采集器，最后把测试脚本和性能采集器组合起来，组成一个测试案例，通过运行该测试案例，获取该测试内容的相关数据。

网站地址http://www.opensta.org/download.html。

8.5 常见Web安全测试工具

常用的安全测试工具有HP公司的WebInspect、IBM公司的Rational AppScan、Google公司的Skipfish、Acunetix公司的Acunetix Web Vunlnerability Scanner等。还有一些免费或开源的安全测试工具，如WebScarab、Websecurify、Firebug、Netsparker、Wapiti等。

8.5.1 Weblnspect

HP Weblnspect软件，是建立在Web 2.0技术基础上，可以对Web应用程序进行网络应用安全测试和评估。Weblnspect 提供了快速扫描功能，并能进行广泛的安全评估，给出准确的 Web 应用安全扫描结果。它可以识别很多传统扫描程序检测不到的安全漏洞。利用创新的评估技术，例如同步扫描和审核（Simultaneous Crawl and Audit, SCA）及并发应用程序扫描，可以快速而准确地自动执行 Web 应用程序安全测试和 Web 服务安全测试。

Weblnspect 的主要功能包括：

(1) 利用创新的评估技术检查 Web 服务及 Web 应用程序的安全；

(2) 自动执行 Web 应用程序安全测试和评估；

(3) 在整个生命周期中执行应用程序安全测试和协作；

(4) 通过最先进的用户界面轻松运行交互式扫描；

(5) 利用高级工具(如 HP Security Toolkit)执行渗透测试。

8.5.2 AppScan

Rational AppScan 是 IBM 公司出的一款 Web 应用安全测试工具，是对 Web 应用和 Web Services 进行自动化安全扫描的黑盒工具。它不但可以简化企业发现和修复 Web 应用安全隐患的过程，还可以根据发现的安全隐患，提出有针对性的修复建议，并能形成多种符合法规、行业标准的报告，方便相关人员全面了解企业应用的安全状况。

RationalAppScan 采用黑盒测试的方式，可以扫描常见的 web 应用安全漏洞，如 SQL 注入、跨站点脚本攻击、缓冲区溢出等安全漏洞的扫描。Rational AppScan 还提供了灵活报表功能。在扫描结果中，不仅能够看到扫描的漏洞，还提供了详尽的漏洞原理、修改建议、手动验证等功能。AppScan 支持对扫描结果进行统计分析，支持对规范法规遵循的分析，并提供 Delta AppScan 帮助建立企业级的测试策略库比较报告，以比较两次检测的结果，从而作为质量检验的基础数据。

网站地址 http://www.ibm.com/developerworks/cn/downloads/r/appscan/learn.html。

8.5.3 Acunetix Web Vulnerability Scanner

Acunetix Web Vulnerability Scanner 是一个网站及服务器漏洞扫描软件，它包含有收费和免费两种版本。Acunetix Web Vulnerability Scanner 的功能如下：

(1) 自动的客户端脚本分析器，允许对 Ajax 和 Web 2.0 应用程序进行安全性测试。

(2) 先进且深入的 SQL 注入和跨站脚本测试。

(3) 高级渗透测试工具，例如 HTTP Editor 和 HTTP Fuzzer。

(4) 可视化宏记录器，可帮助用户轻松测试 Web 表格和受密码保护的区域。

(5) 支持含有 CAPTHCA 的页面，单个开始指令和 Two Factor(双因素)验证机制。

(6) 丰富的报告功能，包括 VISA PCI 依从性报告。

(7) 高速的多线程扫描器轻松检索成千上万个页面。

(8) 智能爬行程序检测 Web 服务器类型和应用程序语言。

(9) Acunetix 检索并分析网站，包括 Flash 内容、SOAP 和 AJAX。

(10) 端口扫描 Web 服务器并对在服务器上运行的网络服务执行安全检查。

网站地址 http://www.acunetix.com/。

8.5.4 Nikto

Nikto是一款开源的(GPL)Web服务器扫描器。它可以对Web服务器进行全面的多种扫描,包含超过3300种有潜在危险的文件CGIs、超过625种服务器版本以及超过230种特定服务器问题。

网站地址 http://www.cirt.net/nikto2。

8.5.5 WebScarab

WebScarab是由开放式Web应用安全项目(OWASP)组开发的,用于测试Web应用安全的工具。

WebScarab利用代理机制,可以截获web浏览器的通信过程,获得客户端提交至服务器的所有http请求消息,还原http请求消息(分析http请求信息)并以图形化界面显示其内容,并支持对http请求信息进行编辑修改。

网站地址 https://www.owasp.org/index.php/Category:OWASP_WebScarab_Project。

8.5.6 Websecurify

Websecurify是一款开源的跨平台网站安全检查工具,能够精确地检测Web应用程序安全问题。

WebSecurify可以用来查找Web应用中存在的漏洞,如SQL注入、本地和远程文件包含、跨站脚本攻击、跨站请求伪造、信息泄露、会话安全等。

网站地址 http://www.websecurify.com/。

8.5.7 Wapiti

Wapiti是一个开源的安全测试工具,可用于Web应用程序漏洞扫描和安全检测。Wapiti是用Python编写的脚本,它需要Python的支持。Wapiti采用黑盒方式执行扫描,而不需要扫描Web应用程序的源代码。Wapiti通过扫描网页的脚本和表单,查找可以注入数据的地方。Wapiti能检测以下漏洞:文件处理错误;数据库注入(包括PHP/JSP/ASP SQL注入和XPath注入);跨站脚本注入(XSS注入);LDAP注入;命令执行检测(如eval()、system()、passtru()等);CRLF注入等。

Wapiti被称为轻量级安全测试工具,因为它的安全检测过程不需要依赖漏洞数据库,因此执行的速度会更快些。

网站地址 http://sourceforge.net/projects/wapiti/。

8.5.8 Firebug

Firebug是浏览器Mozilla Firefox下的一款插件,它集HTML查看和编辑、JavaScript控制台、网络状况监视器于一体,是开发JavaScript、CSS、HTML和Ajax的得力助手。Firebug如同一把精巧的瑞士军刀,从各个不同的角度剖析Web页面内部的细节层面,给Web开发者带来很大的便利。Firebug也是一个除错工具,用户可以利用它除错、编辑,甚至删改任何网站的 CSS、HTML、DOM 以及 JavaScript 代码。

8.6 测试工具使用心得

目前测试工具的种类很多,但大致可以分成两种:一种为自动化或者辅助测试工具,主要有大家熟悉的 Winrunner、Loadrunner 等;另一种就是测试管理工具,主要是对测试用例的管理以及错误的追踪。

8.6.1 测试工具与软件测试工作之间关系

软件测试就是为了发现程序中的错误而执行程序的过程,所以测试的目的是证明程序的错误。为了达到此目的,在软件测试工作中测试人员使用了各种测试方法,而测试工具因此产生。目前国内大部分软件企业还是以黑盒测试为主,黑盒测试的局限性在于需要花大量的时间和人力,进行重复性的操作,无法保证对程序的完全覆盖,同时黑盒测试无法保证测试人员能在测试中发现每个细小的错误,以及很难对偶发的问题进行重现、追踪。而测试工具的使用就克服了这些黑盒测试的缺陷,可见测试工具对软件测试起到了重要作用。

测试工具固然对软件测试工作有重要作用,但是不代表学会了使用测试工具就能成为一个好的软件测试工程师。既然是一种软件工具,那学会使用它就不是一件困难的事,因为软件工具也是软件,软件的特点就是用最简单的方式让使用者能很快上手,所以一般工具有丰富的快捷按键设置。就像 Word,我相信很多人通过自己摸索,只看了些初级教程就能应用自如,同时在使用中不断发现其更加实用好用的功能。软件测试工具也是这样,如果你工作中需要用它,那么掌握与学会它很容易。如果没有使用环境,仅看工具使用手册,就可能觉得云里雾里,很高深的样子。但实际用到时,并不会这样。

8.6.2 资深软件测试工程师与测试工具

测试工具的范围很广,优秀的测试工程师会根据项目,制定测试计划,使用需要的测试工具。正如之前所说测试工具是为了提高测试的效率,那所有用于实现此目的的、与测试相关的辅助工具都可以称为测试工具。测试人员拿到产品开发书后应该思考如何进行完整测试,哪些测试工具的使用可以提高测试效率,甚至还可以思考如何开发一个适合自己公司项目的测试工具来帮助完成测试。

在软件测试业逐步走向成熟的今天,测试工具的使用将对于企业保证产品品质,提高测试水平起到决定性的作用。作为一位测试人员,我们应该时刻思考如何将测试工具在工作中更好地运用起来。

8.7 国际 Test Tool 经验与技术总结

8.7.1 Why Automated Testing?

Every software development group tests its products, yet delivered software always has defects. Test engineers strive to catch them before the product is released but they always creep in and they often reappear, even with the best manual testing processes. Automated software testing is the best way to increase the effectiveness, efficiency and coverage of your software testing.

Manual software testing is performed by a human sitting in front of a computer carefully going through application screens, trying various usage and input combinations, comparing the results to the expected behavior and recording their observations. Manual tests are repeated often during development cycles for source code changes and other situations like multiple operating environments and hardware configurations. An automated testing tool is able to playback pre-recorded and predefined actions, compare the results to the expected behavior and report the success or failure of these manual tests to a test engineer. Once automated tests are created they can easily be repeated and they can be extended to perform tasks impossible with manual testing. Because of this, savvy managers have found that automated software testing is an essential component of successful development projects.

1. Automated Software Testing Saves Time and Money

Software tests have to be repeated often during development cycles to ensure quality. Every time source code is modified software tests should be repeated. For each release of the software it may be tested on all supported operating systems and hardware configurations. Manually repeating these tests is costly and time consuming. Once created, automated tests can be run over and over again at no additional cost and they are much faster than manual tests. Automated software testing can reduce the time to run repetitive tests from days to hours. A time savings that translates directly into cost savings.

2. Testing Improves Accuracy

Even the most conscientious tester will make mistakes during monotonous manual testing. Automated tests perform the same steps precisely every time they are executed and never forget to record detailed results.

3. Increase Test Coverage

Automated software testing can increase the depth and scope of tests to help improve software quality. Lengthy tests that are often avoided during manual testing can be run unattended. They can even be run on multiple computers with different configurations. Automated software testing can look inside an application and see memory contents, data tables, file contents, and internal program states to determine if the product is behaving as expected. Automated software tests can easily execute thousands of different complex test cases during every test run providing coverage that is impossible with manual tests. Testers freed from repetitive manual tests have more time to create new automated software tests and deal with complex features.

4. Automation Does What Manual Testing Cannot

Even the largest software departments cannot perform a controlled web application test with thousands of users. Automated testing can simulate tens, hundreds or thousands of virtual users interacting with network or web software and applications.

5. Automated QA Testing Helps Developers and Testers

Shared automated tests can be used by developers to catch problems quickly before sending to QA. Tests can run automatically whenever source code changes are checked in and notify the team or the developer if they fail. Features like these save developers time and increase their confidence.

6. Team Morale Improves

This is hard to measure but we've experienced it first hand, automated software testing can improve team morale. Automating repetitive tasks with automated software testing gives your team time to spend on more challenging and rewarding projects. Team members improve their skill sets and confidence and, in turn, pass those gains on to their organization.

8.7.2 Top 15 free tools which make tester's life easier

I've been working as a tester for more than 6 six years. During this period much has changed in QA practices, and I've always tried to keep up with times. As I have quite a decent experience in software product testing, from time to time my colleagues ask me of some advices concerning various tools that simplify performing their routine tasks. This finally brought me to the idea, the result of which is in this post.

So, I've decided to make a list of tools, which I often use in my work and which make my life as a tester easier. They are all used for different tasks, on different platforms and in different cases. This list contains only free and open-source tools which are useful for testing any software products (perhaps, I'll make another one for paid tools).

1. Xenu's Link Sleuth

Xenu's link Sleuth is a great tool for checking links. It was named the fastest link-checking software by industry authorities. Apart from checking for broken links, the tool provides a much broader functionality, which is useful primarily for website optimization. For instance, Xenu provides the site map, detects and reports redirected URLs, finds non-unique page titles, finds images with missing 'alt' attribute, etc.

Testers can use one more Xenu's feature, which is searching for pages with long response. Of course, this does not in any way replace load and performance testing, but can provide some useful information about the response optimization. I like Xenu for a simple and accurate interface as well.

2. Clip2net

Clip2net is a must-have tool for everyone, and testers are no exception. It allows quick and easy capturing, storing and sharing screenshots. I often use it during Skype calls. The simple image editor with arrows and notes is really essential when you need to highlight some points. Available for Android and iPad. Lite and Pro versions provide greater possibilities, such as bigger storage space, longer storage time and others.

3. PicPick

PicPick is a multifunction tool that allows capturing screenshots, editing images, picking colors, and provides a broad range of graphic design accessories. I use PicPick mostly when I have tasks related to redesign. It allows for quick checking pixel color instead of applying to code and digging in . css file. But the tool is actually much more than that.

4. Firebug

This well-known web development tool integrates to Mozilla Firefox. You all know its great debugging, editing and many other possibilities. I'd just like to add that it is especially helpful for beginners, who want to look through the code, to see what the server returns. When writing test cases, Firebug can be used to name an element, to know its id, to describe bugs and elements.

5. Android SDK: DDMS (Dalvik Debug Monitor Server)

This is a powerful tool for Android debugging. DDMS is integrated to Android SDK and ships in the tools/ directory of the SDK. Designed primarily for programmers, this tool is useful for us, testers, for collecting logs and capturing screenshots on Android devices.

6. Selenium IDE

I use this tool to generate locators of web elements quickly and easily. This powerful Firefox extension is really helpful in test automation. You can use this tool also for finding and testing already generated locators, which you use in your automated tests, for checking XPath existence on the page, testing the work of Selenium methods with them.

7. Sikuli

Sikuli is an image-based automation tool, which takes a visual approach to elements on your desktop. You show it how a button, shortcut or link looks like, and the tool recognizes it and captures some part of screen for active area. Sikuli is great for desktop automation when you cannot easily access GUI's source code.

8. Apache JMeter

JMeter is a load testing tool designed initially for web applications. It allows measuring software performance both on static and dynamic resources. Apart from its intended application, I used its source code for writing scripts for continuous integration.

9. Jenkins

Jenkins is a perfect tool for continuous integration. We use it all the time: when some build is released, the tests start running automatically. What I like about Jenkins is an active community support and a great amount of plugins to support development and testing process.

10. Appium

We've chosen Appium among several analogs for mobile automation. It supports both iOS and Android native and hybrid apps. The thing I appreciate the most is its dynamic development. New features appear frequently, bugs are quickly fixed, etc.

11. Robotium

Another tool for mobile automation Robotium is targeting Android only. It is a simple and stable framework, which requires minimal time and knowledge. Its smooth integration with Maven, Gradle or Ant allows to run tests as part of continuous integration.

12. Testlink

The tool is designed for test documentation management, such as test cases and test suits. It provides a big detailed report data, which can be managed easily. You can sort the reports by sections, which is really useful on big projects, when it's hard to keep an eye on everything.

13. iTools

This is a great analog to iTunes, which simplifies the work with iOS devices significantly. It has a simple interface and all the necessary features to make the work with iOS devices easy.

14. Github

This is a public cloud repository, which provides convenient management of your code. Multiple users can make changes to the code, comment on lines, report bugs. When you have a big team, Girthub is great for work optimization, integration and synchronization.

15. Maven

Maven is a project management tool which makes it easy to work with Java projects. Maven has its own repository where the libraries are stored. It decreases the project size significantly when developers pass it to testers and vice versa. The libraries are downloaded locally and you don't need to look for new versions through Internet to update them.

These are my top 15 free tools for testers. Which would you add or remove? I'd be glad to hear your thoughts in comments.

8.8 读书笔记

读书笔记　　　　Name:　　　　Date:

励志名句：*It is not helps, but obstaceles, not facilities but difficulties, that make men.*

造就人的，不是帮助，而是磨难，不是方便，而是困难。

第 9 章

链接测试工具Xenu's Link Sleuth

［**学习目标**］：本章通过链接测试工具 Xenu's Link Sleuth 对言若金叶软件研究中心—软件工程师成长之路系列丛书官网 http://books.roqisoft.com 进行扫描，查看有没有死链接，最终发现网站有6个死链接。读者可以动手实验自己想测试的站点，看看有多少空链接，体会 Xenu's Link Sleuth 的使用方法。

9.1 工具介绍

9.1.1 Xenu 简介

链接测试工具 Xenu's Link Sleuth，这个工具最大的特点就是操作简单，便于使用，功能很强大，而且只有几百 KB，非常的小。它可以检测网页中文字、图片、插件、脚本等几乎所有的链接，还可以将结果存储成 Excel 文件和.xen 文件。

Xenu's Link Sleuth 是一款检查网站死链接的软件。可以通过它打开一个本地网页文件来检查它的链接，也可以输入任何网址来检查。它可以分别列出网站的活链接以及死链接，连转向链接它都分析得一清二楚；支持多线程，可以把检查结果存储成文本文件或网页文件。

所谓死链接，就是无效链接，在测试 Web 页面时，可能出现 404 错误，这就是一个典型的死链接。死链接产生的原因可能有以下几种：

(1) 网站程序不完整，一般个人站点的程序都是网络下载的，其程序的完整性无法保障，自然就会出现一些天生的死链接；

(2) 某个文件或网页移动了位置，导致指向它的链接变成死链接；

(3) 长期的网站运营过程中积累下来的，肯定会或多或少地产生一些死链接；

(4) 动态改成静态，静态变更为伪静态之后，原来的链接就会无法访问，自然就会出现大量的死链接；

（5）网站改版造成的：一般的死链接批量产生的源头就是网站改版，改版之后原来的链接肯定是无法访问的；

（6）网站服务器设置错误：也就是说，看似一个正常的网页链接，但点击后不能打开相对应的网页页面，这样的链接多见于长时间没有维护的网站页面上。

9.1.2 Xenu 下载与安装

Xenu's Link Sleuth 是一款体积精巧、功能强大并且可以免费下载的网站死链接检查工具。下载地址 http://xenus-link-sleuth.en.softonic.com/download。

下载后，解压 Xenu.zip 文件，然后双击 Setup.exe 来安装 Xenu，双击后出现安装 Xenu's Link Sleuth 欢迎界面，如图 9-1 所示。

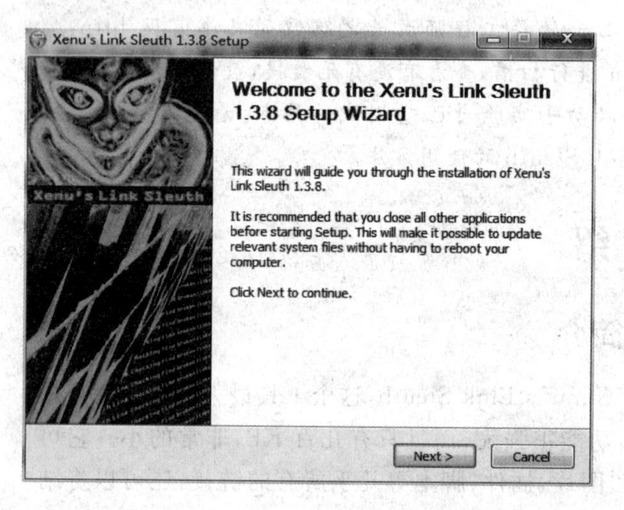

图 9-1 Xenu 安装欢迎界面

单击 Next 按钮，进入 License Agreement 页面，单击 I Agree 按钮，如图 9-2 所示。

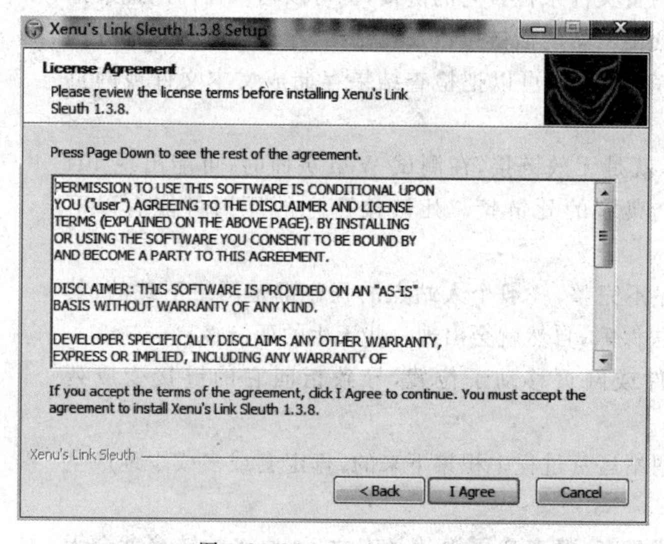

图 9-2 License Agreement

同意协议内容之后，在 Choose Components 界面可以选择是否创建桌面图标（Desktop Icon），默认是选中状态，如图 9-3 所示。

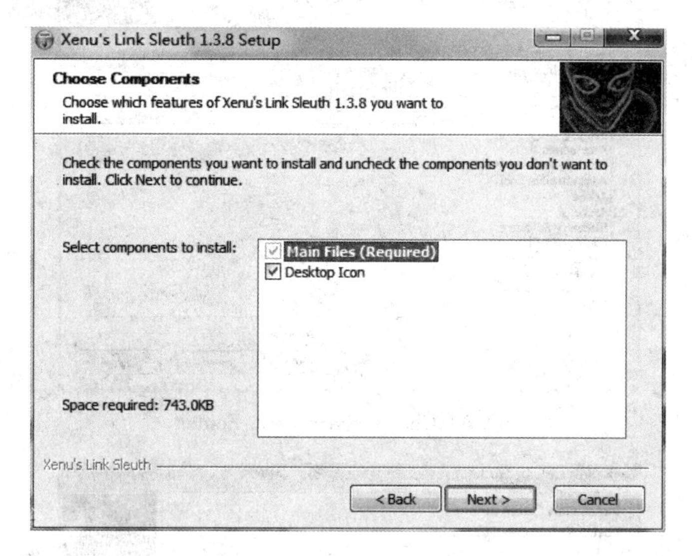

图 9-3　Choose Components

单击 Next 按钮，在 Choose Install Location 界面中，单击 Browse 按钮，选择安装路径，不选择将会使用默认路径，如图 9-4 所示。

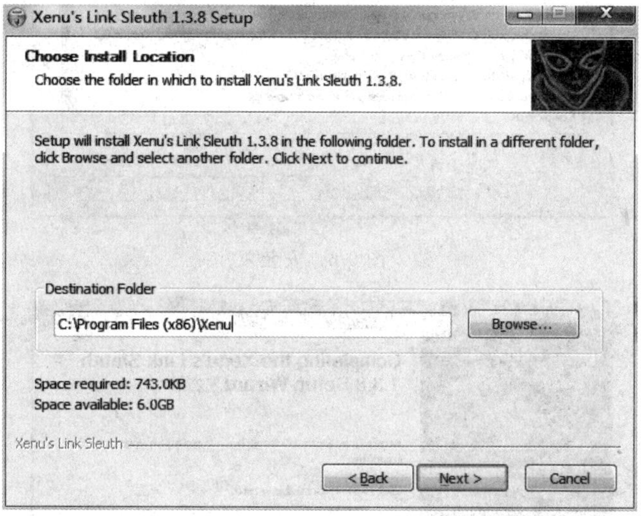

图 9-4　选择安装路径

单击 Next 按钮，选择开始文件夹，如图 9-5 所示。

选择好了之后，单击 Install 按钮，开始安装，如图 9-6 所示。

安装完成出现如图 9-7 所示的界面，可以选择运行 Xenu 和打开 Readme 文件，最后单击 Finish 按钮完成安装。

打开 Xenu，可以看到主界面非常简单，一般用户也可以很快上手，如图 9-8 所示。

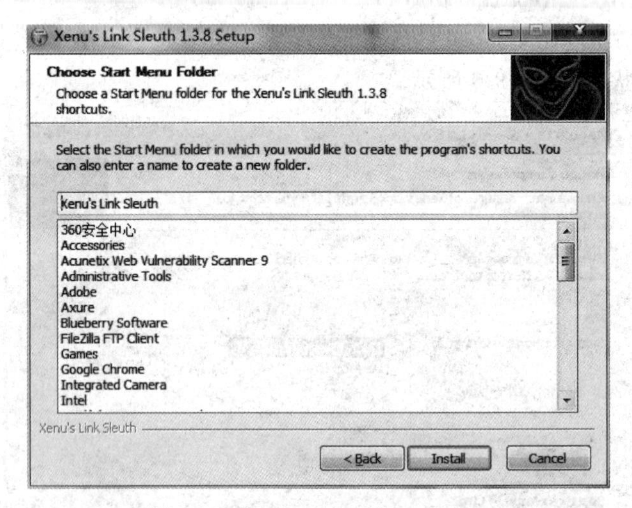

图 9-5 Choose Start Menu Folder

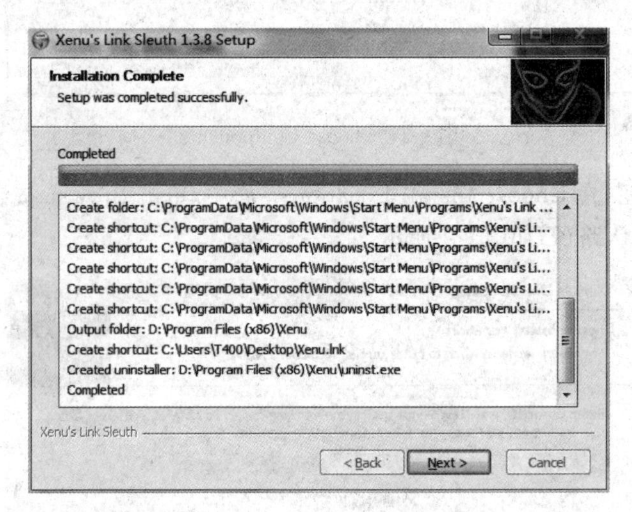

图 9-6 安装

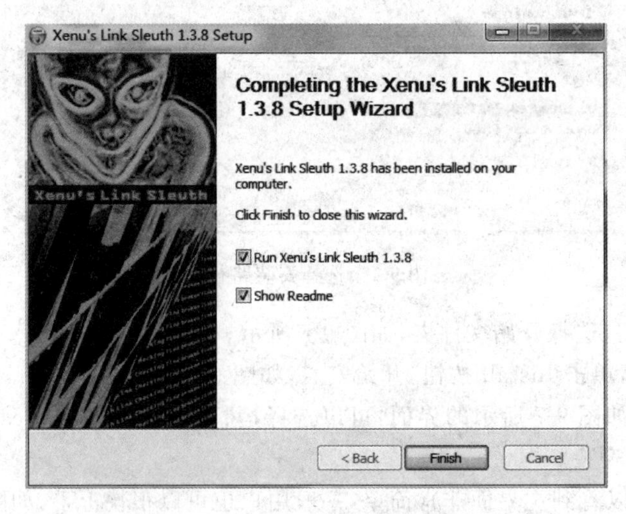

图 9-7 安装完成

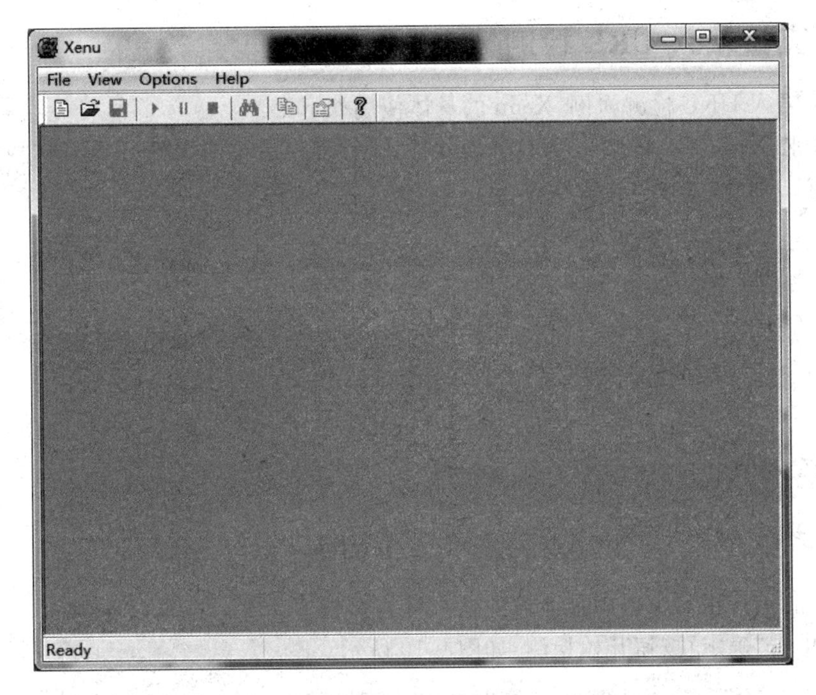

图 9-8 Xenu 主界面

9.1.3 Xenu 主要功能

用于检测网站链接有效性的绿色软件，使用简单，最大支持 100 线程(Parallel thread)，检测速度非常快。在对某网站的 6 层 100 630 个链接进行检测时，使用默认的 100 线程耗仅费了 1 小时 40 分钟，当然耗费的网络资源比较多。

它具有以下功能特点：

- 它是免费的；
- 它有易学的用户界面；
- 很好的错误报告；
- 可以一键即查看所有“失败链接报表”；
- 有重新检查失败链接的功能“Recheck Broken”。

9.2 使用方法

通过 Xenu 可以有效地检测出网站中无效的页面，发现和链接相关的错误。可以用以下三种方式输入要检测的网站：

(1) 直接输入 URL 检测。

(2) 打开本地网页文件。

(3) 同时检测多个 URL。

9.2.1 直接输入 URL 检测

以直接输入 URL 检测为例，Xenu 的具体使用如下：

正确安装 Xenu 后，单击图标，打开该软件，运行程序后单击文件(File)，选择检查 URL (Check URL)命令，如图 9-9 所示。

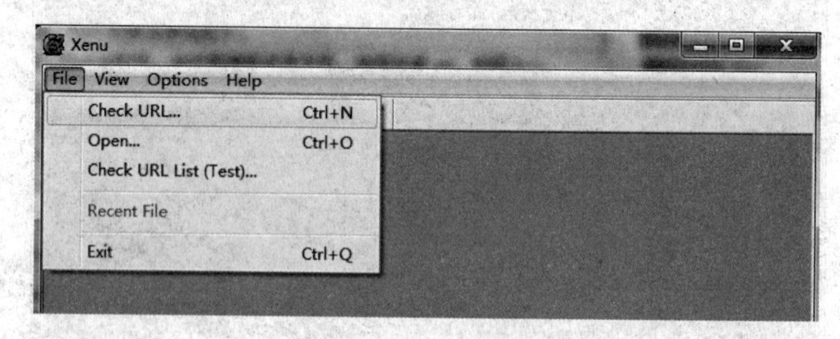

图 9-9 打开软件

在弹出的运行指示窗口中最上方的输入框直接输入 URL，这里以 books. roqisoft. com 为例输入，单击“确定”按钮开始检测，如图 9-10 所示。

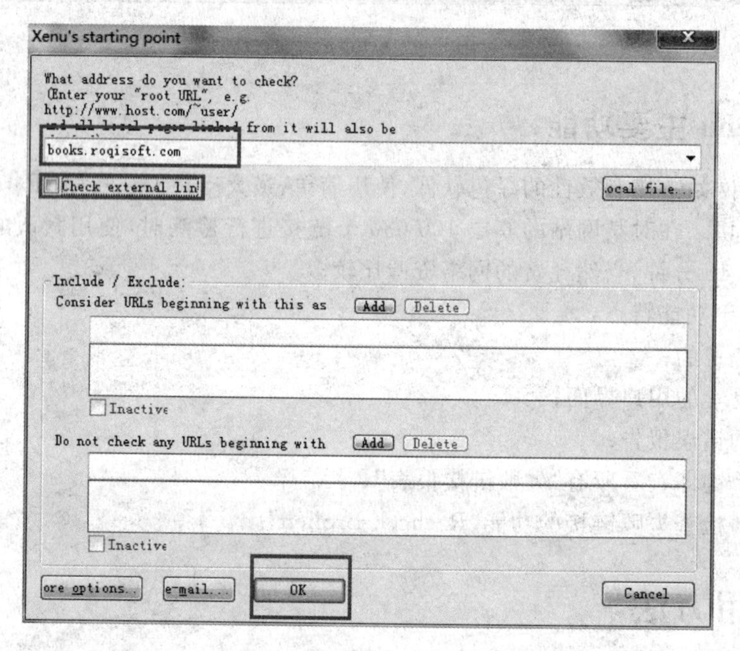

图 9-10 输入 URL，单击 OK 按钮开始检测

9.2.2 打开本地网页文件

先将需要测试的页面保存在本地计算机上，然后在运行指示窗口中单击 Local file 按钮，选择本地 html 的网页文件，单击“打开”按钮后，再确定就可以开始检测，如图 9-11 所示。

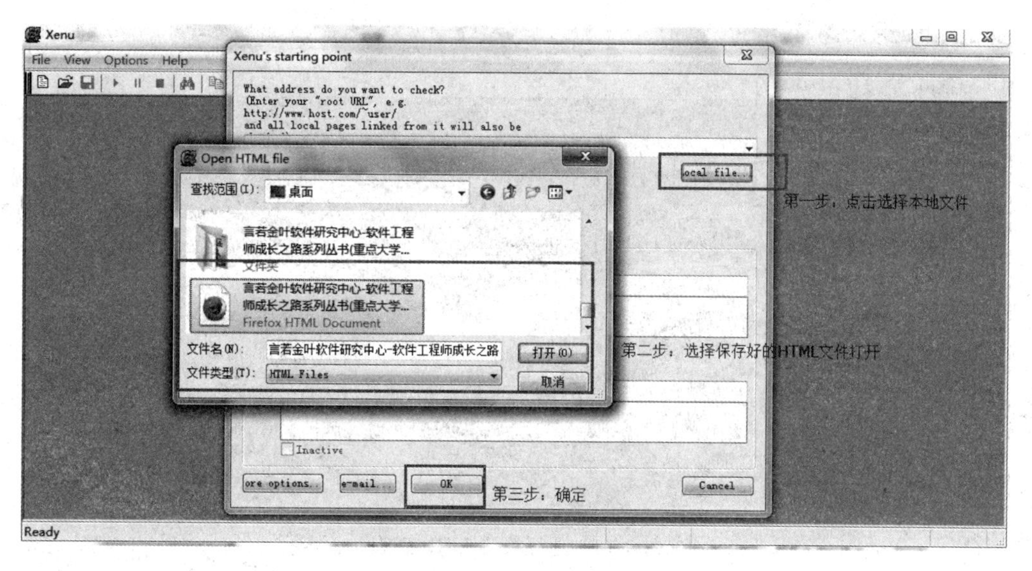

图 9-11　打开本地网页文件步骤

9.2.3　同时检测多个 URL

当需要检测多个网站时，可以将这些网站的 URL 列在一个.txt 的文档中（见图 9-12），需要注意的是，这个文档中的 URL 必须是完整的地址，也就是要包括“http://”这个部分，像 www.books.roqisoft.com 这样的 URL 是检测不了的。

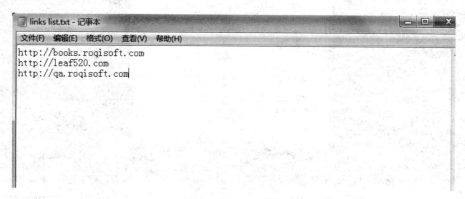

图 9-12　URL 列表

有了这个文档后就可以在 Xenu 工具中，单击 File 菜单，选择 Check URL List 命令检查 URL 列表（测试），选择准备好的.txt 文档，单击“确定”按钮，就可以同时开始测试多个网站了，如图 9-13 所示。

设置检查的链接层次：可以通过单击运行指示窗口的 Options 菜单来设置检测链接的层次，也就是链接深度，这里的默认值是 999，其实是不需要这么大的，一般两三层就可以了。

设置并列线程数：默认情况下，会并行启动 30 个线程来对站点进行爬网检测，也可以根据实际情况将并行的线程数调整成 1～100 之间。

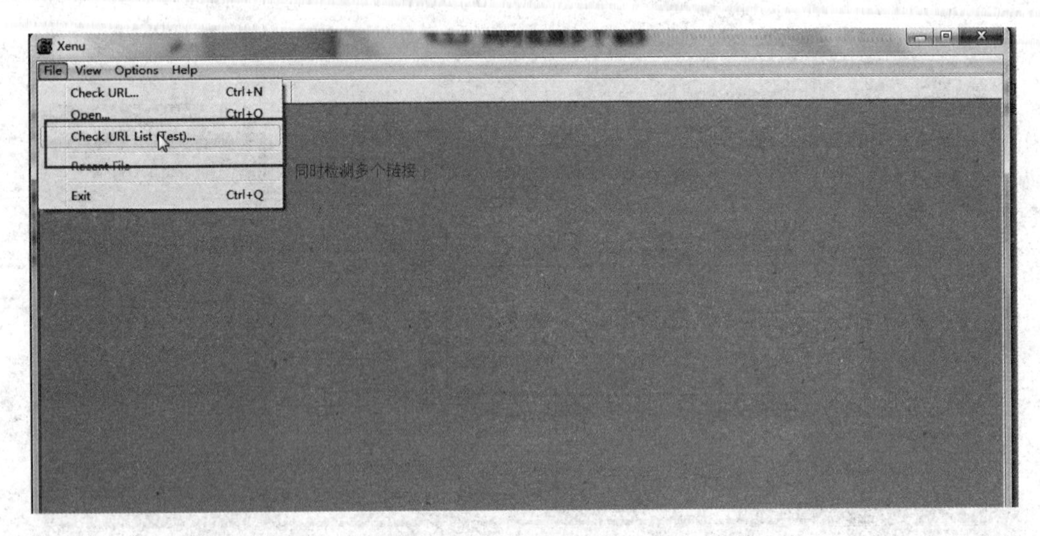

图 9-13 选择检测 URL 列表

检查外部链接：选中则检测页面中的所有链接，不区分域名。不选择就只是检测当前域名下的链接，其他链接会自动跳过，如图 9-14 所示。

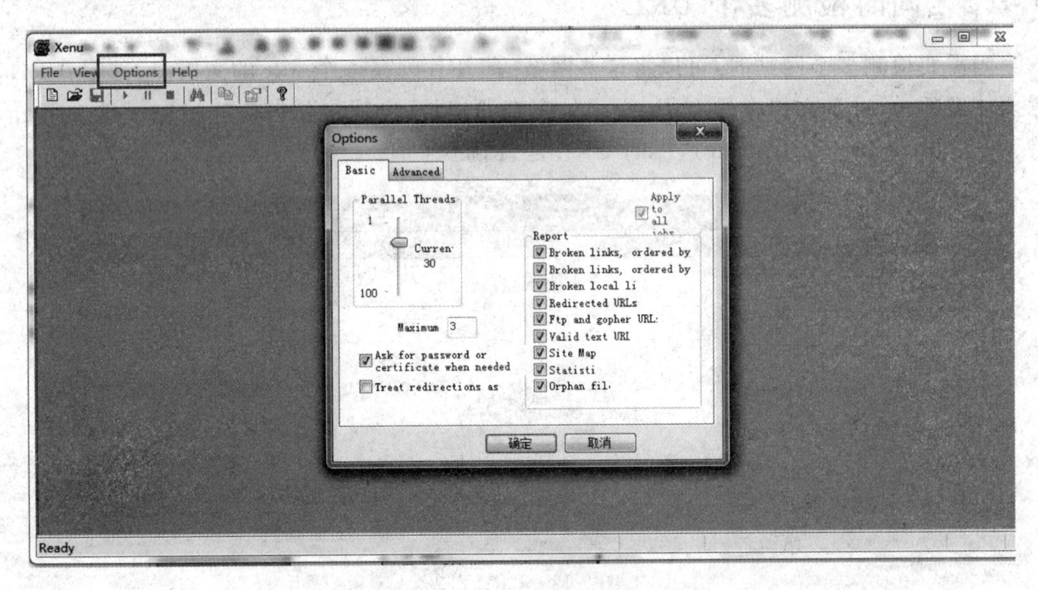

图 9-14 多链接检测设置

此为 Xenu 的三种使用方式，具体选择哪一种需根据测试人员所测项目的需求不同，方法也不相同，但检测结果都是一样的。

使用 Xenu 检测链接需要注意以下几点：

(1) 若不需要检查外部链接(Check external link)，该项不需要选中。比如测试 www.books.roqisoft.com，该网站有个外部链接 www.baidu.com，若选中了外部链接，也会检查 www.baidu.com，这显然不是我们测试的目标，因此不需要选中检查外部链接；

(2) 更多选项设置(more options)，可最多设置 100 个并列线程。最大层次建议在 6 以内，否则会有很多链接。报告(Report)可全选，比较关心的是中断链接、中断内部链接、统计、有效文字链接。

(3) 若链接太多，生成报告时可能停止，打不开报告。解决方法如下：

① 扫描完成后，在提示"是否生成报告"的提示界面上，单击"否"按钮；

② 进入账号的 Temp 目录，删除临时文件。这个目录默认是隐藏的，一般在 C:\Documents and Settings\Administrator\Local Settings\Temp 里面，其中 Administrator 为你的账号。删除临时文件可能需要很长时间，建议直接将 Temp 目录删除，然后重新建立个目录即可。此前需要将 xenu 之外的所有程序关闭，防止 Temp 目录被使用导致无法删除。如果该目录提示不能删除，则需要进入该目录，手工删除几万个临时文件，仅显示出来就需要很多时间，所以需要耐心，但是请相信这是值得的；

③ 删除完成后，返回 Xenu 界面，通过"选项"→"偏好设置"命令进行配置，只选择中断链接和统计。在"文件"菜单，单击"报告"命令，稍微等待一会就可以生成报告。

9.3　工具使用实例

9.3.1　检测结果分析

在检测结果中最重要的属性就是"状态"，通过状态值可以判断出链接是活链接、死链接或者暂时性无效链接。检测结果是以彩色字体来显示，其中：

绿色字体——状态是 OK，这类的链接表示是正常的活链接。

蓝色字体——状态是 skip external，这类一般是 JS 脚本，也没有什么问题。

红色字体——状态是 timeout、not found、invalid response(无响应)、no connection(没有链接)等等，这类就是有问题的链接了，是需要我们发现的，出现问题的原因也比较多，其中一部分可能是因为链接超时或临时性的错误导致，这就需要重新检测以排除这些暂时性无效的链接。可以在"文件"菜单中选择"重试断开的链接"命令，程序会自动重新检测所有失败的链接，一般重试一次即可排除暂时性无效的链接，如图 9-15 所示。

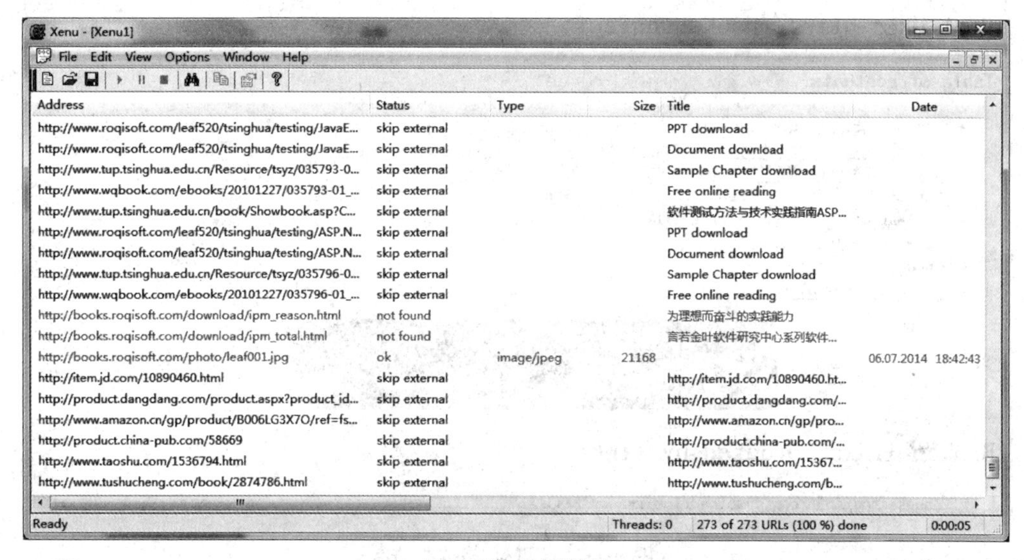

图 9-15　检测结果

另外，在 URL 的右键快捷菜单中，也可以选择 Retry broken links 命令来单独重新检测链接，如图 9-16 所示。

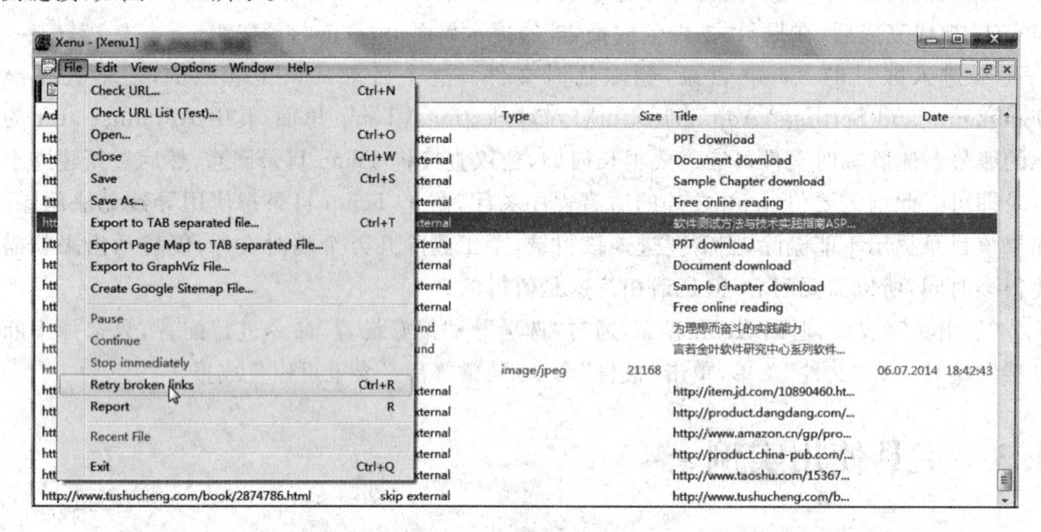

图 9-16 重新检测无效链接

最后生成的是一个非常全面的报告，在 HTML 格式具有如图 9-17 所示的内容。

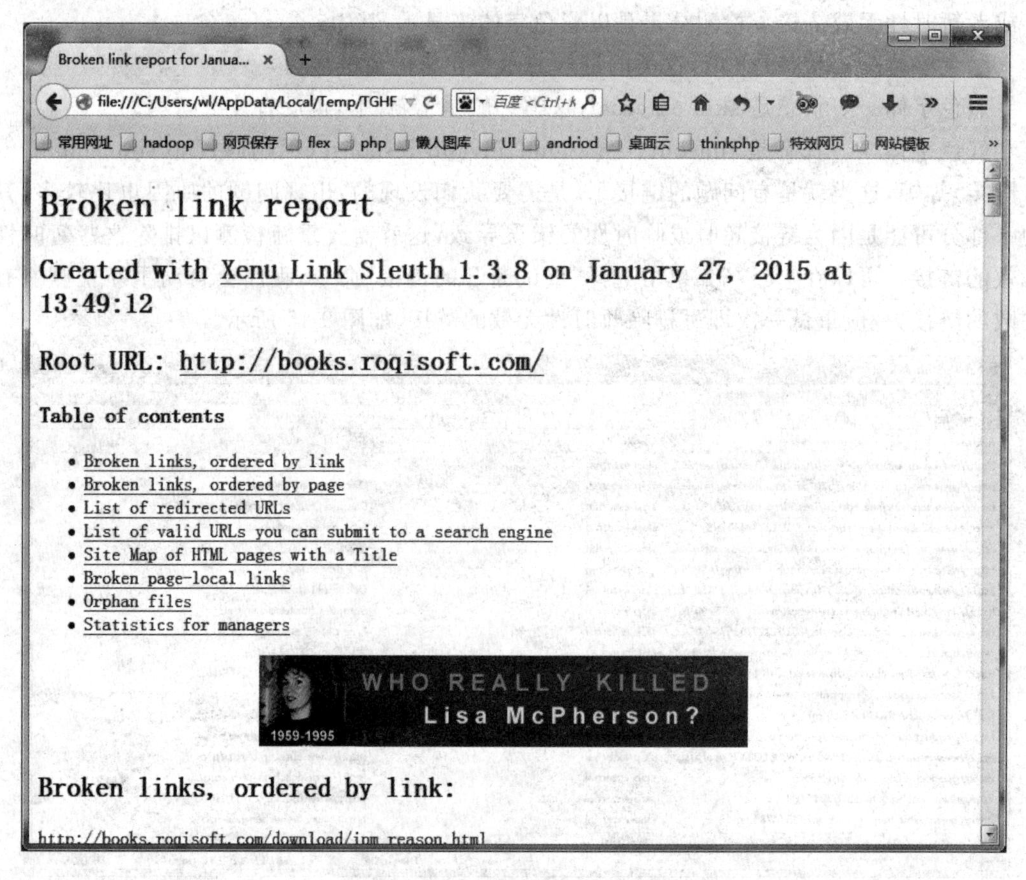

图 9-17 HTML 格式报告

* Broken links, ordered by link * 损坏的链接,按链接排序。

* Broken links, ordered by page * 损坏的链接,按网页排序。

* List of redirected URLs * 重定向的网址清单。

* List of valid URLs you can submit to a search engine * 可提交到搜索引擎的有效链接清单。

* Site Map of HTML pages with a Title * 包含一个标题的网页地图。

* Broken page-local links * 中断本地链接。

* Orphan files * 孤立文件。

* Statistics for managers * 管理统计。

单击第一项 Broken links, ordered by link,即可看到已损坏的链接,如图 9-18 所示。

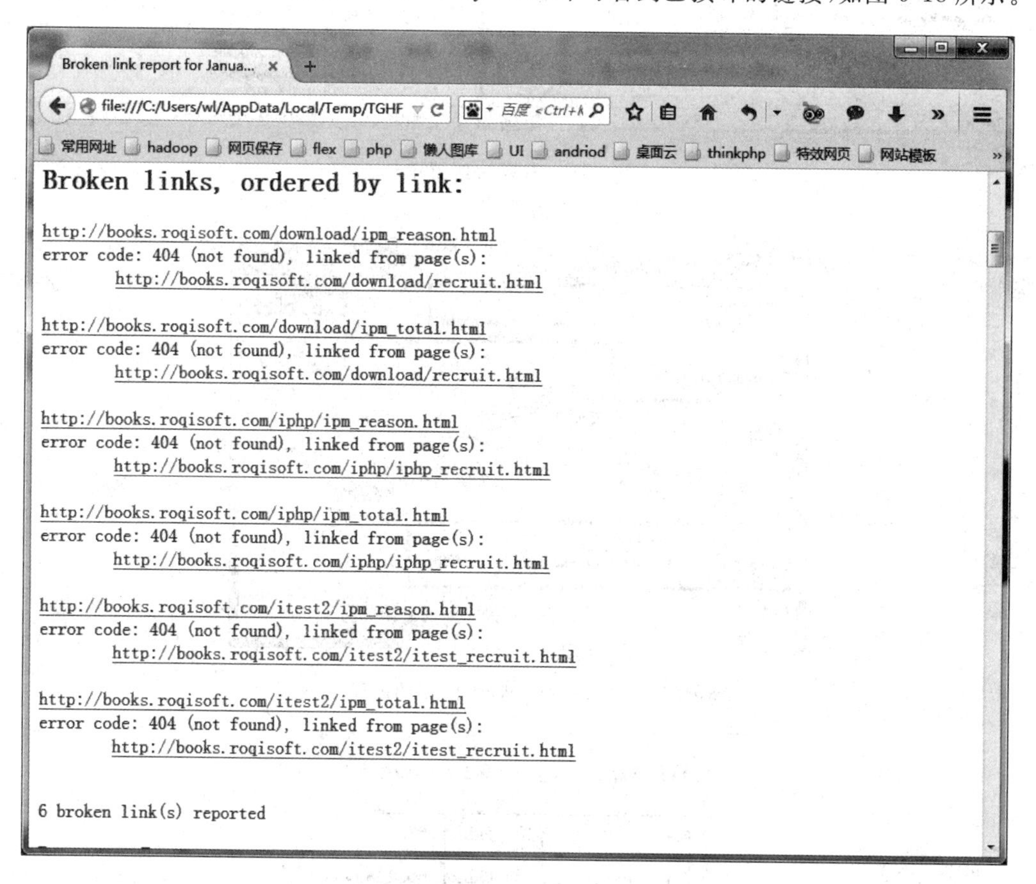

图 9-18 books.roqisoft 网站中存在的无效链接

检测完成,如何去分析检测结果呢,分析如下:

选择标红的错误链接(标红的 URL 表明都是有问题的页面,如检测结果没有标红的 URL,表明检测通过,无死链接存在),右击鼠标,在快捷菜单中选择属性命令,如图 9-19 所示。

根据错误链接的网址、标题和链接文本,对错误网页进行查找和修改。其相关信息如图 9-20 所示。

将此报告页面滚动到底部,可以看到整个网站的汇总结果,如图 9-21 所示。

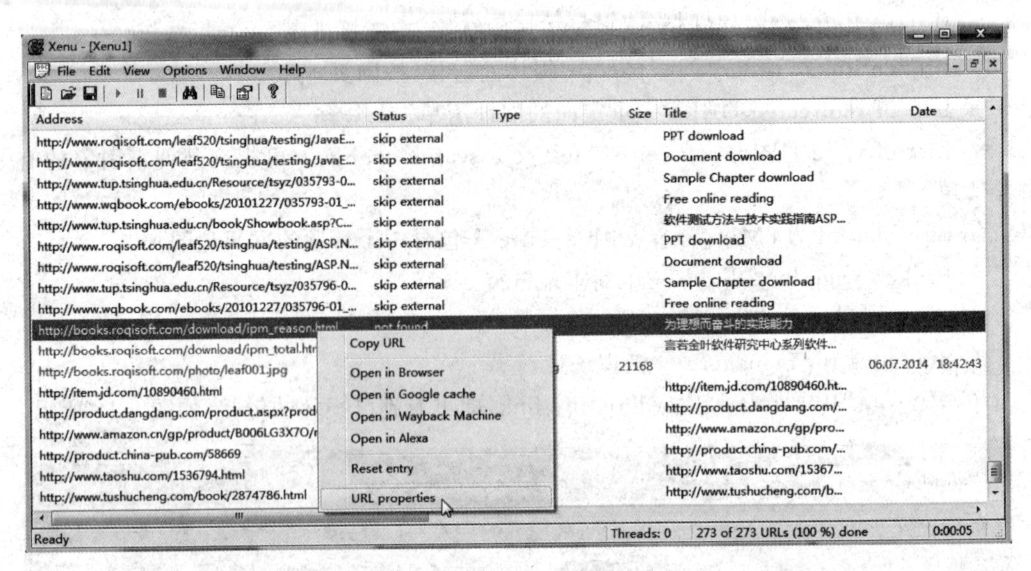

图 9-19　右键快捷菜单

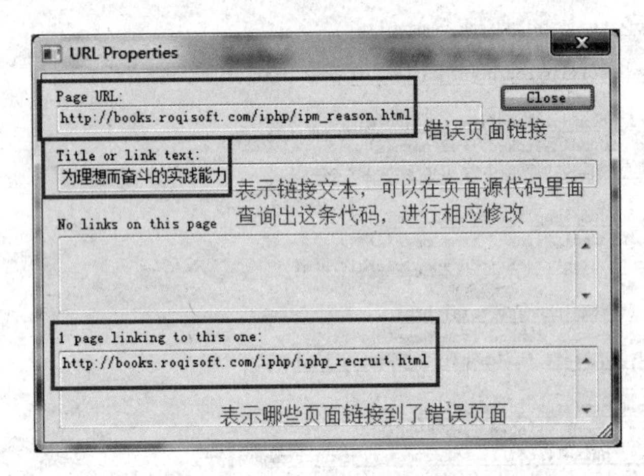

图 9-20　错误链接的网址、标题和链接文本

All pages, by result type:

ok	102 URLs	37.36%
skip external	165 URLs	60.44%
not found	6 URLs	2.20%
Total	273 URLs	100.00%

图 9-21　books.roqisoft 网站汇总结果

从这个报告中可以看出，此网站 273 个链接，有 6 个网站链接找不到，失效率达到 2.20%。测试人员能做的就到此步，把测试结果提交给开发人员，由开发人员修复失效的链接。

在此之前，测试人员最好能手工验证一下失效的链接，如图 9-22 所示。

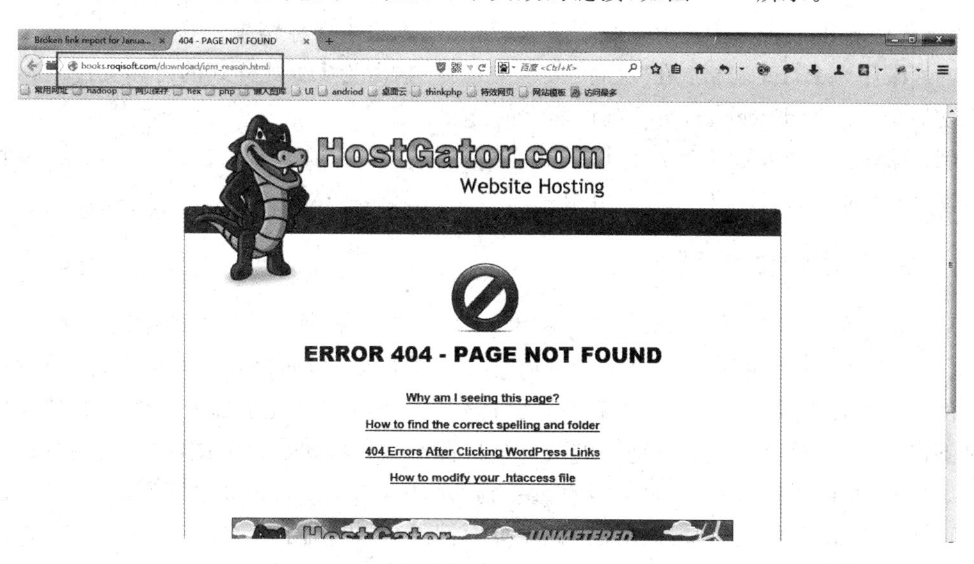

图 9-22　手工验证失效链接，出现 404 错误

经验证，此网站中失效的 6 个链接全部出现 404 错误，与 Xenu 检测结果一致，将这样的结果交给开发人员，更有说服力。

9.3.2　检测结果保存

在检测结束后会提示已完成是否需要报告，报告默认保存为 HTML 格式，如图 9-23 所示。

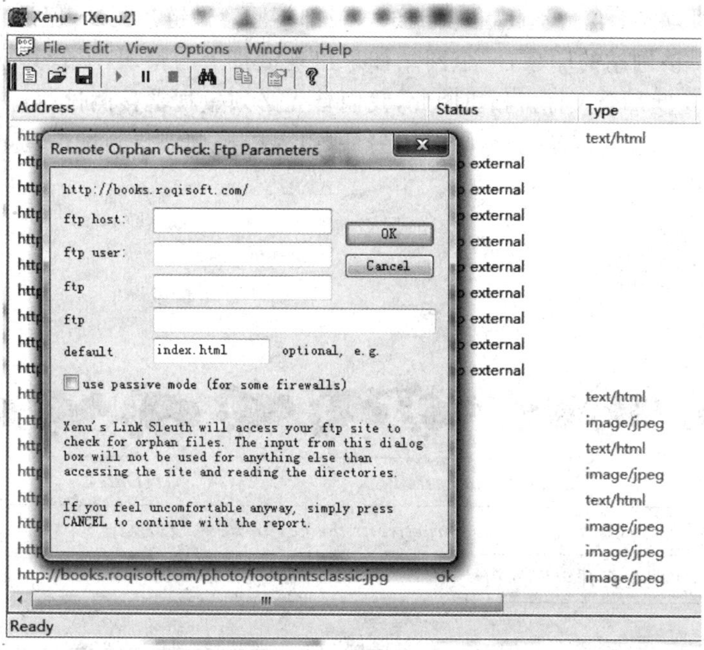

图 9-23　保存报告

这里导出报告需要填一些 ftp 的参数，你可能没有自己的 FTP 服务器，不知道如何配置，所以无法导出报告。不过没关系，还可以用其他方法来保存结果。

(1) 保存为 Excel 表格：在“文件”菜单中选择“输出为 Excel 样式的可读文件”命令，保存成功后生成一个 Excel 表，便于统计非常的方便。

(2) 保存为.XEN 的文件：单击“文件”菜单中的“保存”命令，将文件保存为.XEN 程序的可读文件，通过 XENU 程序来打开显示。

9.3.3 工具测试原理

从待测网站的根目录开始搜索所有的网页文件，对所有网页文件中的超级链接、图片文件、包含文件、CSS 文件、页面内部链接等所有链接进行读取，如果是网站内文件不存在、指定文件链接不存在或者指定页面不存在，则将该链接和该链接处于哪个文件中的具体位置记录下来，一直到该网站所有页面中的所有链接都测试完后才结束测试，并输出测试报告。

如果发现被测网站内有页面既没有链接到其他资源，也没有被其他资源链接，则可以判定该页面为孤立页面，将该页面添加到孤立页面记录，并提示用户。

9.3.4 工具存在问题分析

虽然测试链接目标是否存在和是否有孤立页面，都可以通过程序自动完成，但是程序却不能判断目标页面的内容正是用户所需要看到的。例如将公司介绍链接到产品介绍，则 Xenu 无法进行判断，因此链接页面的正确性需要人工进行判断。

所以 Xenu 的测试具有局限性：

(1) 只能测试链接存不存在，但无法验证链接的正确性；

(2) 若输入 https://的地址，则无法测试。

链接测试因为技术含量不高，很多测试人员都不愿意做链接测试，但是链接的正确性却直接影响用户对该网站的印象，一个网站如果出现链接上的错误，不管其页面做得如何漂亮，用户对其信任度都会大打折扣。因此，我们首先必须重视链接测试，虽然其需要耗费很多的时间，但是可以提高网站的整体质量，另外，引入链接自动化测试工具可以加快链接测试进行的速度。

9.4 读书笔记

读书笔记　　　　*Name*：　　　　*Date*：

励志名句：*Knowledge is a treasure, but practice is the key to it.*

知识是一座宝库，实践是打开宝库的钥匙。

CHAPTER 10

第 10 章

ZAP Web安全测试工具

[**学习目标**]：本章通过 Web 安全漏洞扫描工具 ZAP 的使用方法，展示特定工具在某领域的强大功能，如果手工去验证可能会遗漏许多。读者可以自己练习用 ZAP 工具去扫描待测试的站点，看看有没有 Web 安全方面的漏洞，体会工具的使用方法。

10.1 介绍

10.1.1 ZAP 简介

OWASP Zed Attack Proxy (ZAP)一个易于使用交互式的用于 Web 应用程序漏洞挖掘的渗透测试工具，即可以用于安全专家、开发人员、功能测试人员，甚至是渗透测试入门人员，它除了提供自动扫描工具还提供了一些用于手动挖掘安全漏洞的工具。

ZAP 是一个很好的安全测试工具在持续性整合环境里面，可以很快发现安全漏洞，当代码被提交后，配置好代理，用 Selenium 做功能 regression test(回归测试)，同时 ZAP 将会出一份安全报告。

10.1.2 ZAP 的特点

- 免费，开源。
- 跨平台。
- 易用。
- 容易安装。
- 国际化，支持多国语言。
- 文档全面。

10.1.3 ZAP 的主要功能

- 主动扫描。
- 加载项。
- 警报。

- 抗 CSRF 令牌。
- API。
- 身份验证。
- 上下文。
- 筛选器。
- Http 会话。
- 拦截代理。
- 模式。
- 备注。
- 被动扫描。
- 范围。
- 会话管理。
- 爬虫。
- 标签。
- 用户。

10.2 安装 ZAP

本书只介绍 ZAP 2.3.1 Windows 标准版的相关内容。

10.2.1 环境需求

ZAP 2.3.1 Windows 版本需要 Java 7 的系统环境，所以首先安装 Java 7 JDK 或者 JRE 到系统中，然后安装 ZAP，才可以正常启动，否则将报错误但也有可以安装成功的时候，但是安装成功后，启动 ZAP 时，会提示需要 Java 环境，如图 10-1 所示。

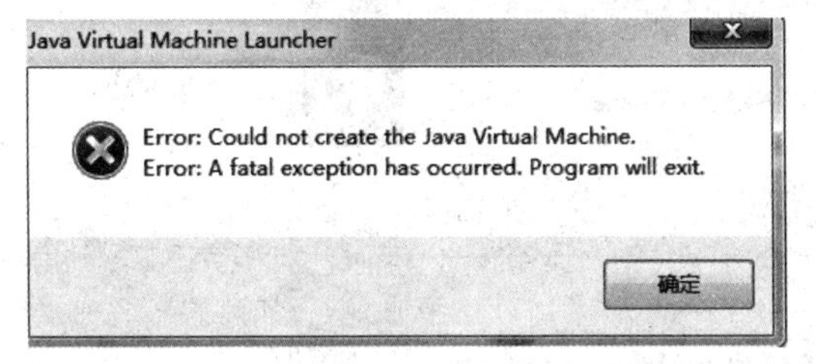

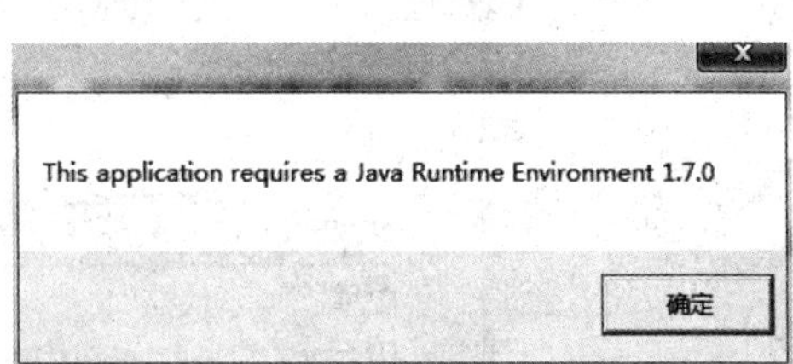

图 10-1 Java 环境错误

10.2.2 安装步骤（Windows）

下面介绍整个安装过程。

(1) 首先到以下地址下载安装包 Zap_2.3.1_Windows.exe。

① 下载地址 https://www.owasp.org/index.php/ZAP。

② 下载文件，如图 10-2 所示。

也可以到本书配套资料下载页面 http://books.roqisoft.com/download 下载 ZAP 软件。

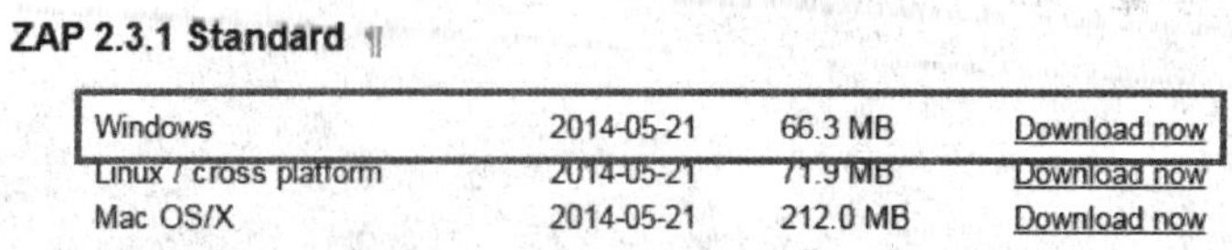

ZAP 2.3.1 Standard

Windows	2014-05-21	66.3 MB	Download now
Linux / cross platform	2014-05-21	71.9 MB	Download now
Mac OS/X	2014-05-21	212.0 MB	Download now

图 10-2　安装文件

（2）双击 Zap_2. 3. 1_Windows. exe 开始安装，首先打开欢迎界面，单击 Next 按钮，如图 10-3 所示。

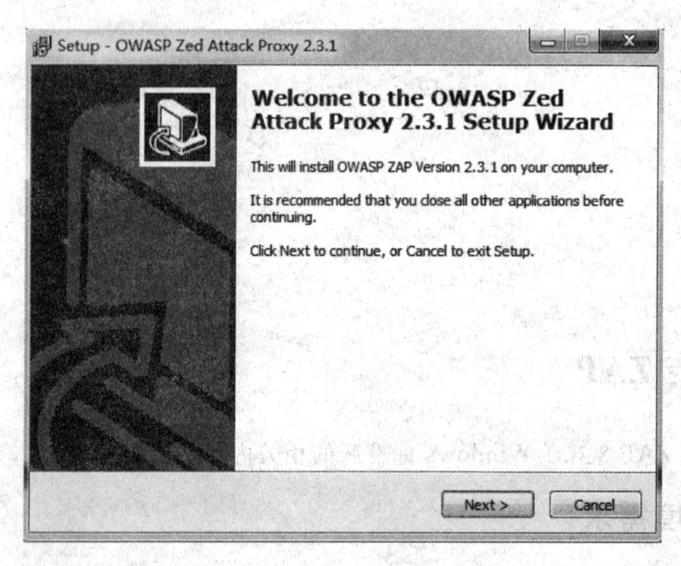

图 10-3　欢迎界面

进入接受协议界面，选中我接受协议选项，然后单击 Next 按钮，如图 10-4 所示。

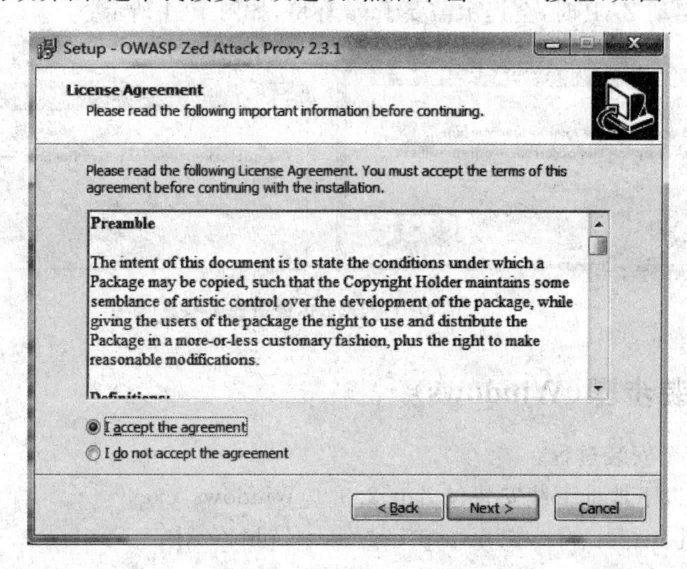

图 10-4　协议界面

进入选择安装目录界面，可以单击 Browser 按钮，自定义安装目录，单击 Next 按钮进入下一步，也可以用默认目录直接单击 Next 按钮进入下一步，如图 10-5 所示。

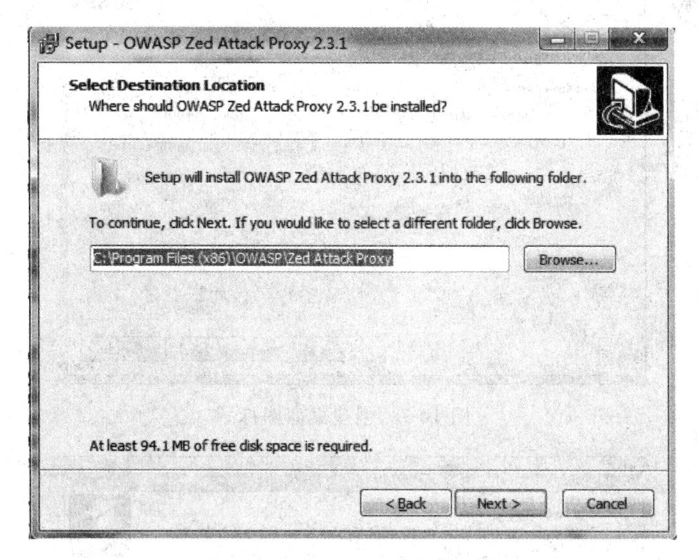

图 10-5 选择安装路径

可以单击 Browser 按钮选择开始菜单安装目录，也可以用默认目录，直接单击 Next 按钮进入下一步，如图 10-6 所示。

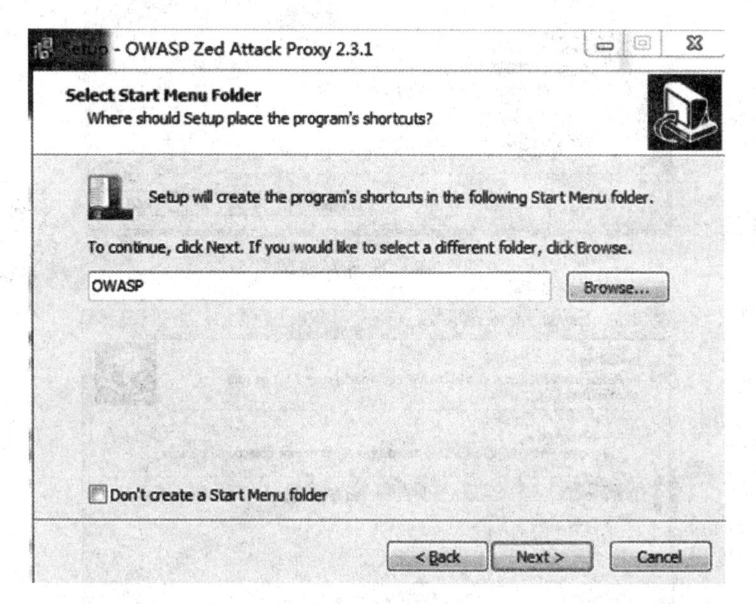

图 10-6 选择开始菜单目录

在这一步，可以选择 Create a desktop icon 复选框创建一个桌面图标，选择 Create a Quick Launch icon 复选框创建一个快捷菜单图标，当然也可以两者都不选，那么桌面图标和快捷菜单图标将不被创建，如图 10-7 所示。

确认一下所有安装选项，如图 10-8 所示，单击 Intall 按钮开始安装，如图 10-9 所示安装正在进行中。

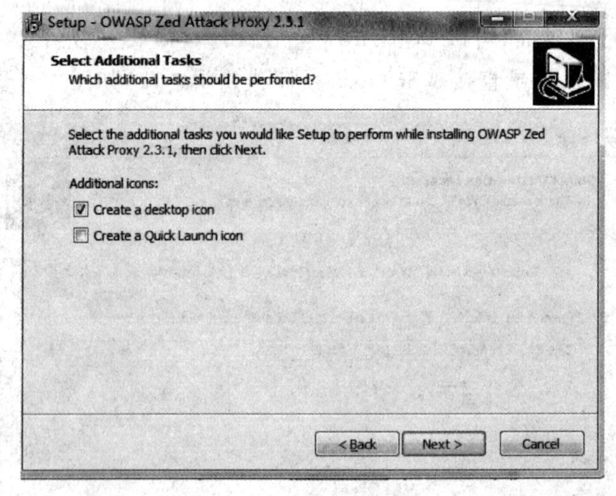

图 10-7 创建桌面图标

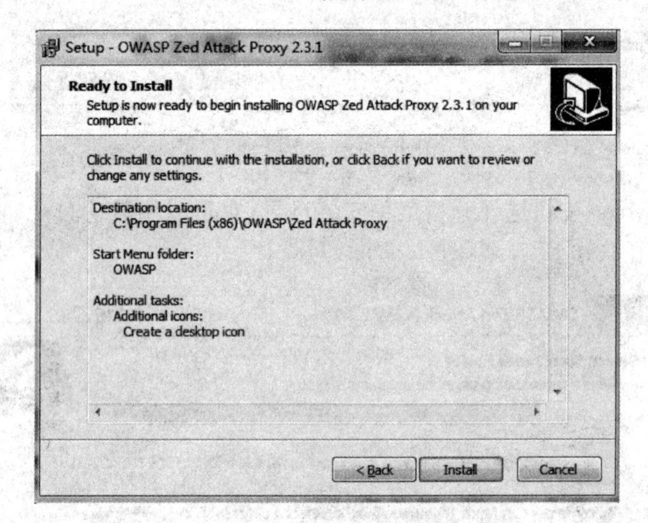

图 10-8 准备好安装

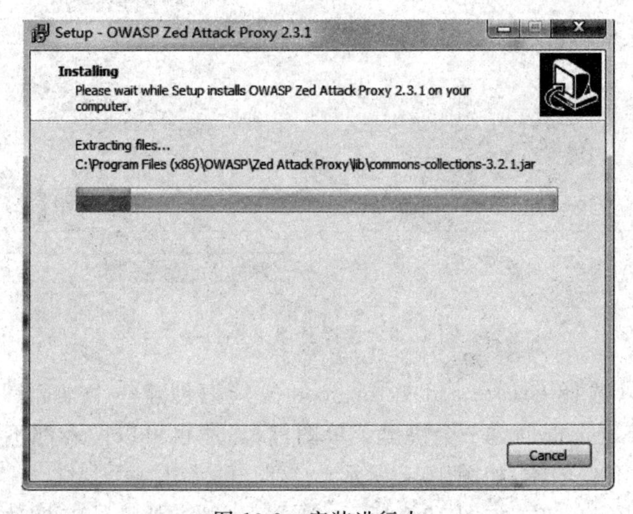

图 10-9 安装进行中

等待安装完成后，将进入如图10-10所示的安装完成界面，单击Finish按钮，将完成安装，退出安装程序。

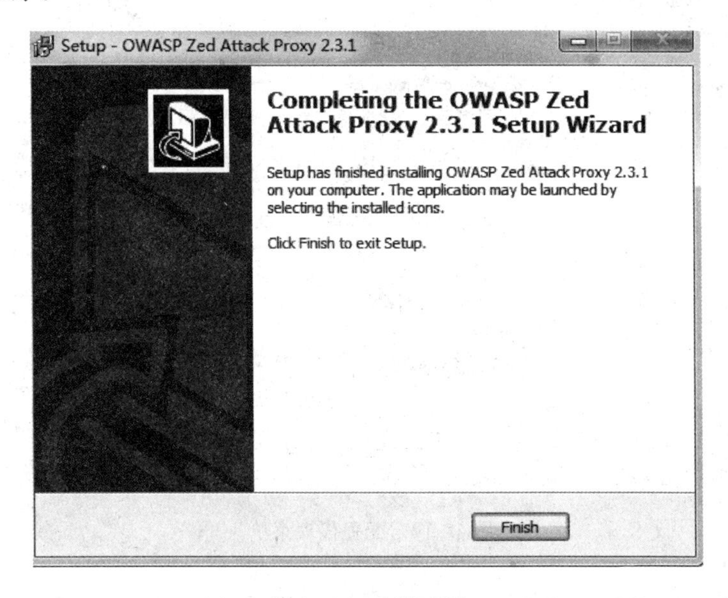

图10-10 安装完成

10.3 基本原则

ZAP是使用代理的方式来拦截网站，可以通过ZAP看到所有的请求和响应，还可以查看调用的所有AJAX，而且还可以设置断点修改任何一个请求，查看响应，如图10-11所示。

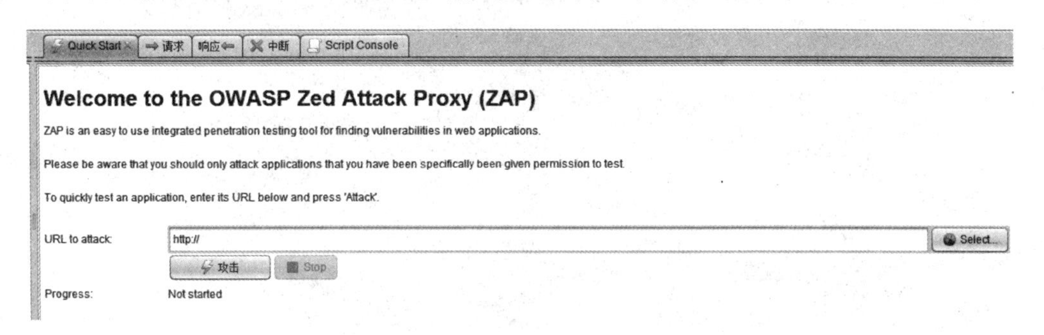

图10-11 查看请求和响应

10.3.1 配置代理

在开始扫描之前，需要配置ZAP作为代理。

在Tool中配置代理，选择“工具”→“选项”命令，如图10-12所示。

选择“本地代理”选项，默认是已经配置好的，如果端口有冲突可以修改端口，如图10-13所示。

在Windows的Google Chrome上配置代理，步骤如下：

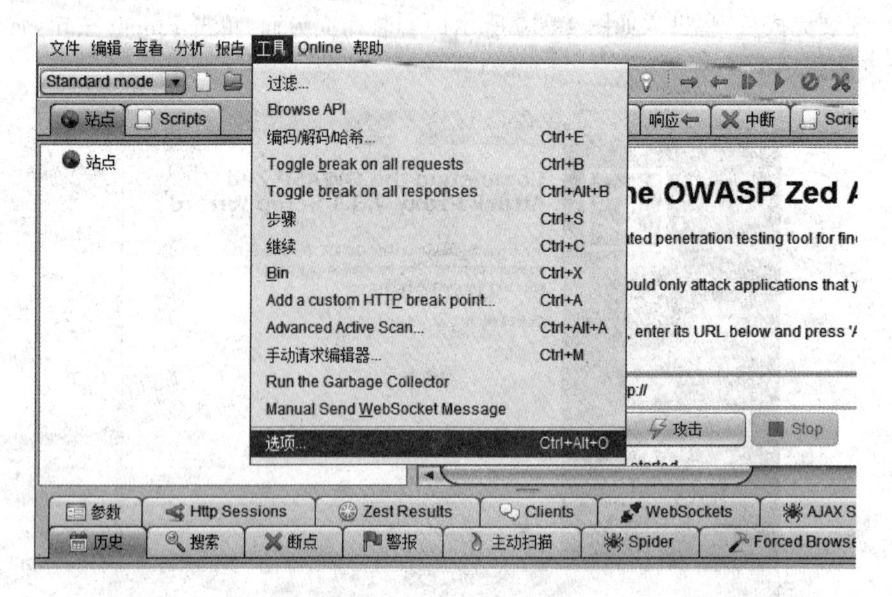

图 10-12 配置代理菜单

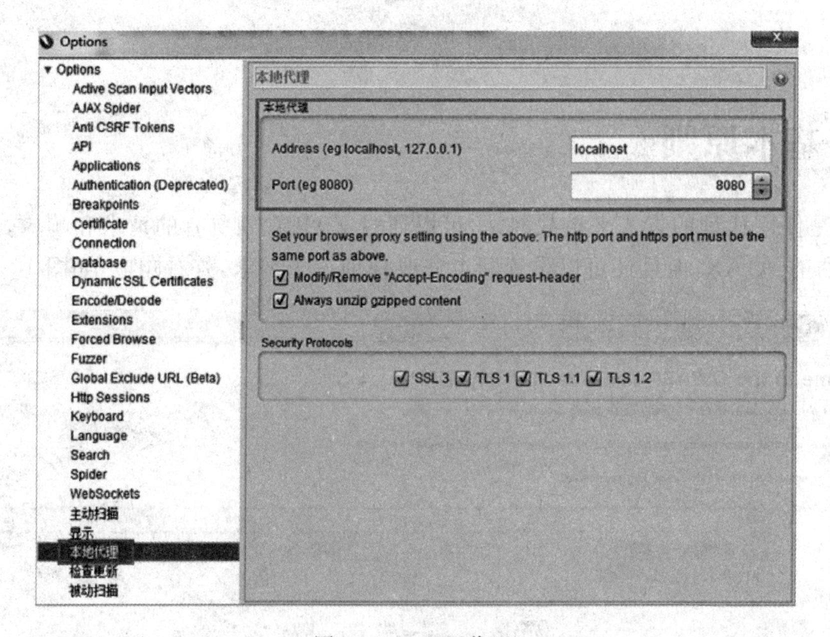

图 10-13 配置代理

单击右上角的≡按钮，选择 Settings 命令，如图 10-14 所示。

然后单击 Change proxy settings 按钮修改代理，如图 10-15 所示。

选择“为 LAN 使用代理服务器”，输入 localhost 作为地址，8080 作为端口，单击“确定”按钮完成代理配置，如图 10-16 所示。

在 Windows 的 FireFox 上配置代理：按住 Alt 键，会显示菜单，打开 Tools→Options 命令，如图 10-17 所示。

弹出选项窗口，选择 Advanced→Network→Settings 按钮，如图 10-18 所示。

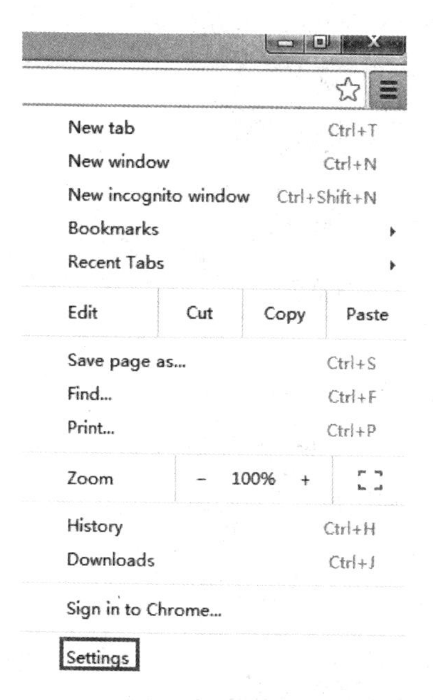

图 10-14　Chrome 配置代理菜单

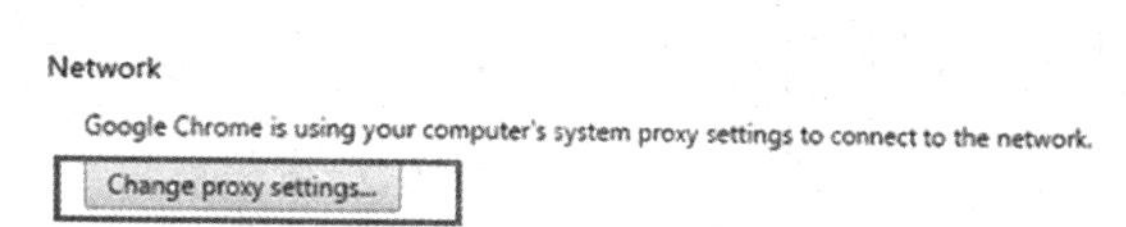

图 10-15　Chrome 配置代理

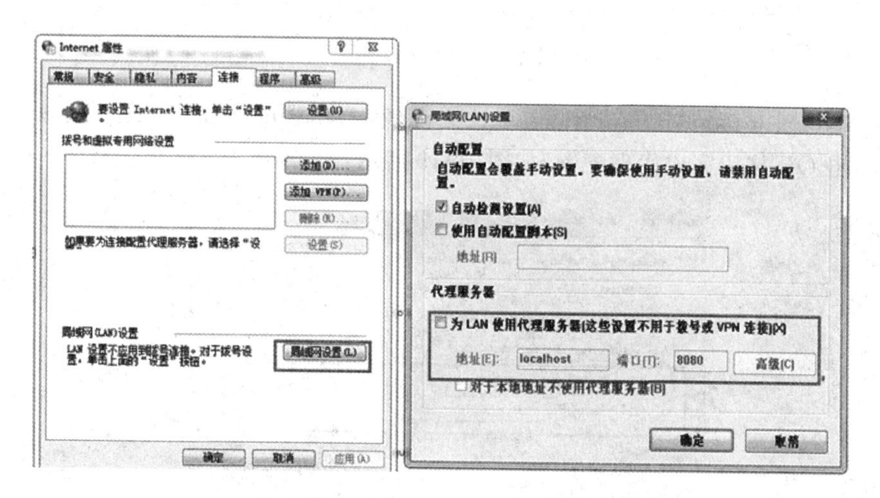

图 10-16　Chrome 配置代理

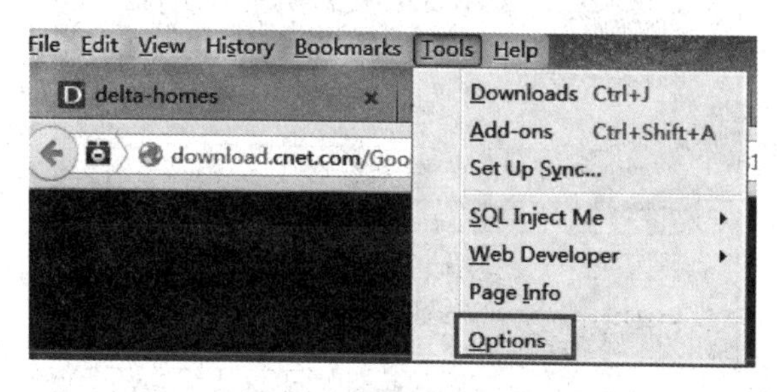

图 10-17　FireFox 菜单

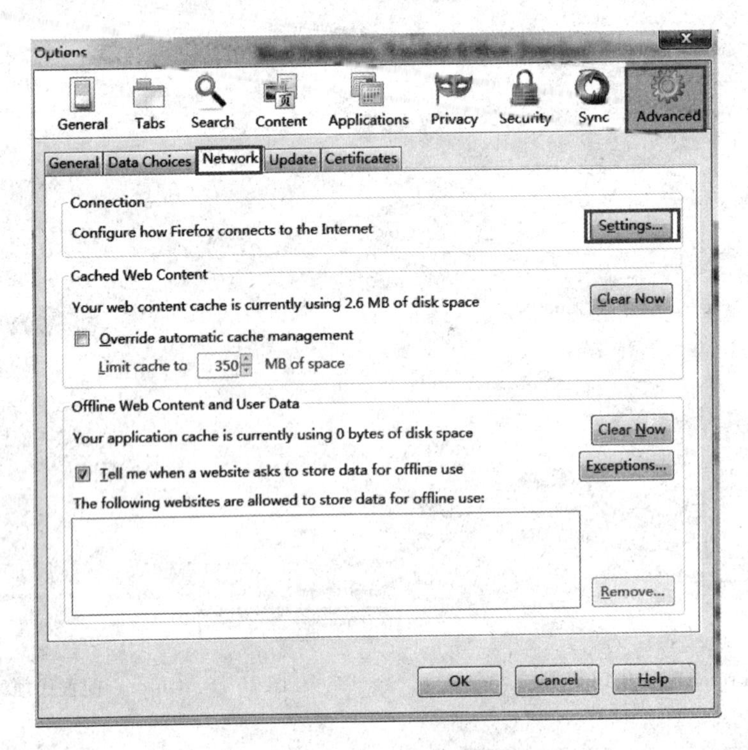

图 10-18 FireFox 选项窗口

选中 Manual proxy configurations 单选按钮，输入 localhost 作为 Http Proxy，8080 作为 Port，单击 OK 按钮完成代理配置，如图 10-19 所示。

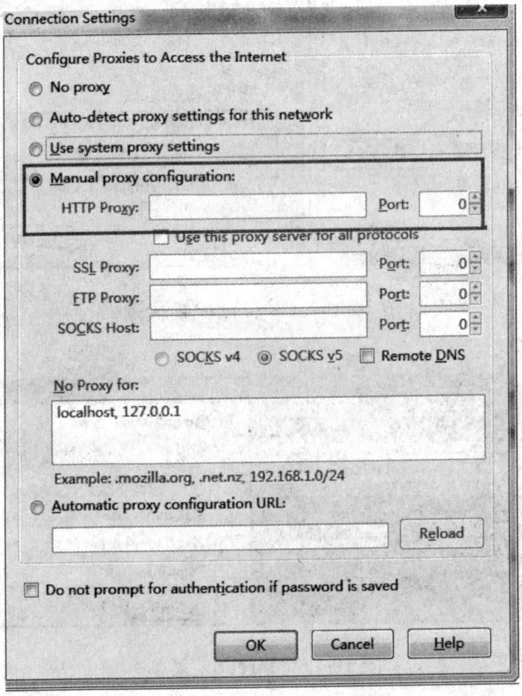

图 10-19 FireFox 配置代理

在 Windows 的 IE 上配置代理：按住“Alt”键，会显示菜单，打开“工具”→“Internet 选项”命令，将弹出“Internet 选项”窗口，在该窗口中选择“连接”→“局域网设置”按钮，如图 10-20 所示，将弹出“局域网设置”窗口。

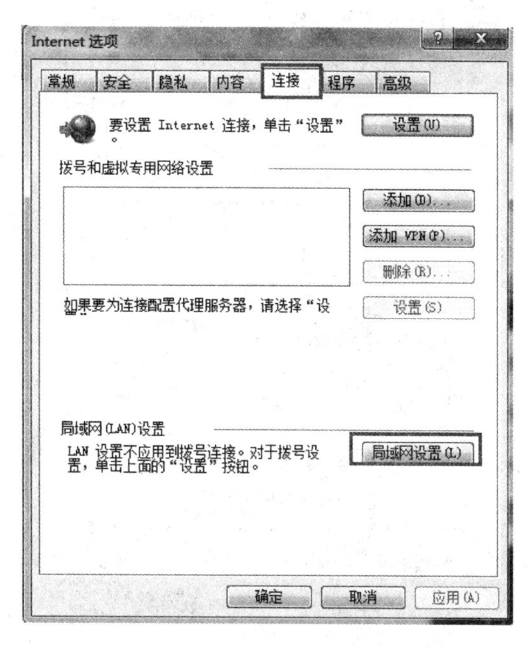

图 10-20 IE 局域网设置

在弹出的“局域网设置”窗口中，选择为 LAN 使用代理服务器，配置地址和端口完成代理配置，如图 10-21 所示。

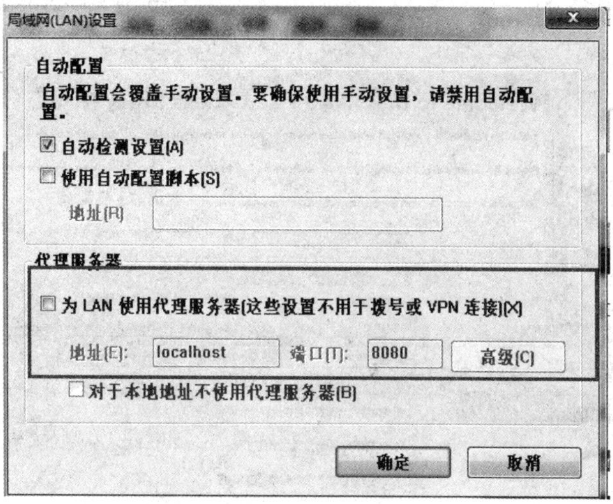

图 10-21 IE 配置代理

10.3.2 ZAP 的整体框架

ZAP 工作的整体框架，如图 10-22 所示。

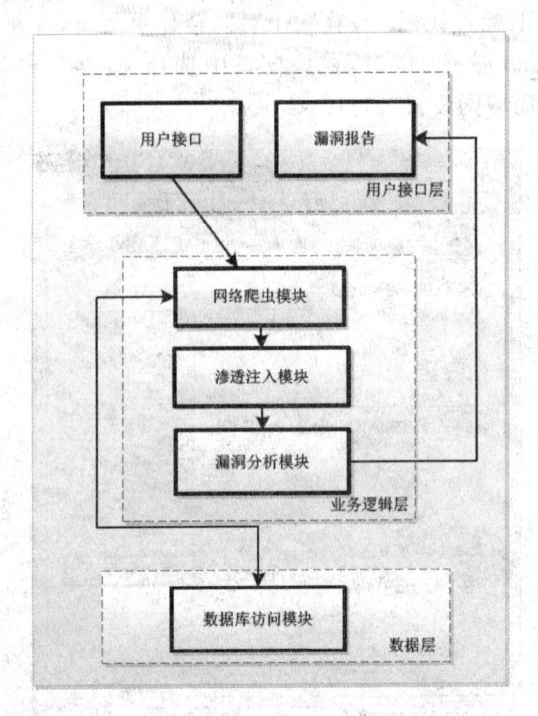

图 10-22 整体框架图

10.3.3 用户界面

如图 10-23 所示是一个主窗口。

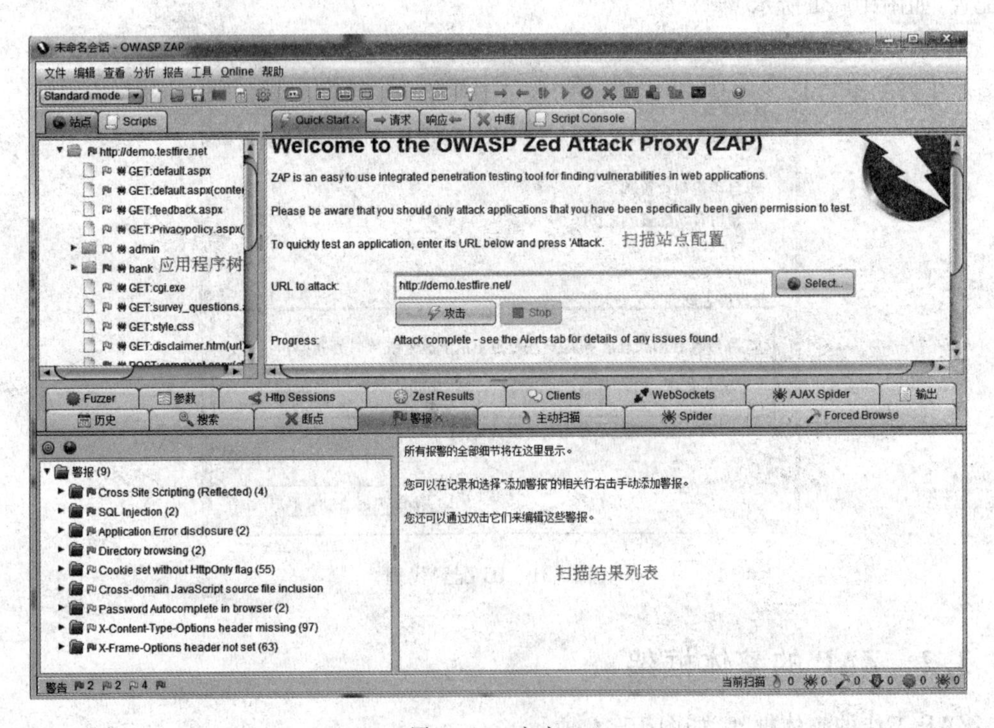

图 10-23 主窗口

(1) 利用菜单可以访问所有自动化和手工测试的工具。

(2) 工具栏是一些通用功能的按钮。

(3) 树窗口在主窗口的左边,显示站点树和脚本树。

(4) 工作区窗口在右上方,可以显示,修改请求,响应和脚本。

(5) 工作区有一个信息窗口,在工作区下方,显示详细的自动化和手工的测试的工具。

(6) 最底部显示发现的警告数量和测试状态。

注意:为了界面简洁,很多功能都在右键快捷菜单里面。

主窗口包含菜单栏、工具栏、应用程序树、扫描配置列表、结果列表、状态栏。

10.3.4 基本设置

菜单栏里面包含所有常用命令,如图 10-24 所示。

(1) 从"文件"菜单中选择"新建会话"命令,如果没有保存当前会话,就会显示如图 10-25 所示的警告框;否则就会和默认界面一样,要求输入攻击 URL。

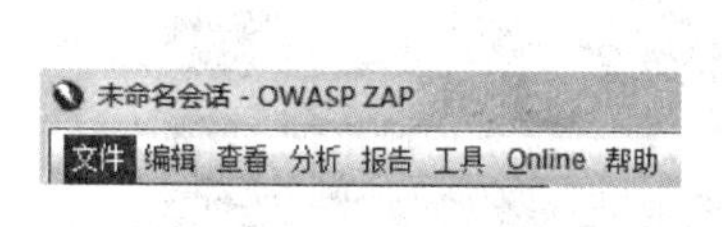

图 10-24 菜单栏

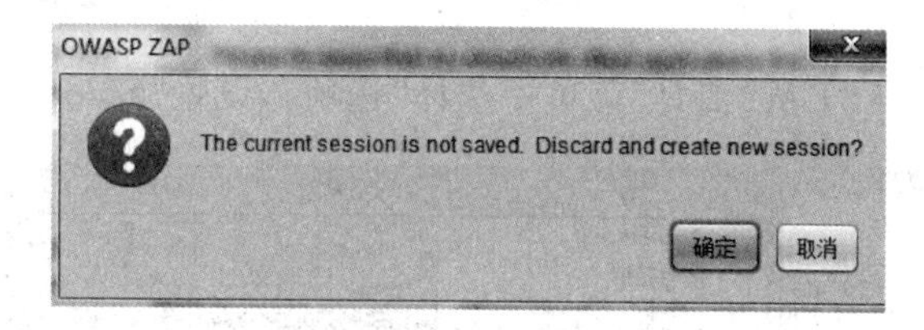

图 10-25 提示警告框

(2) 从"文件"菜单中选择"打开会话"命令,选择一个之前已经保存的会话,将会被打开,如果打开之前不保存当前会话,将会丢掉所有数据。

(3) 从"工具"菜单中选择"选项"命令,设置"本地代理",如图 10-26 所示。

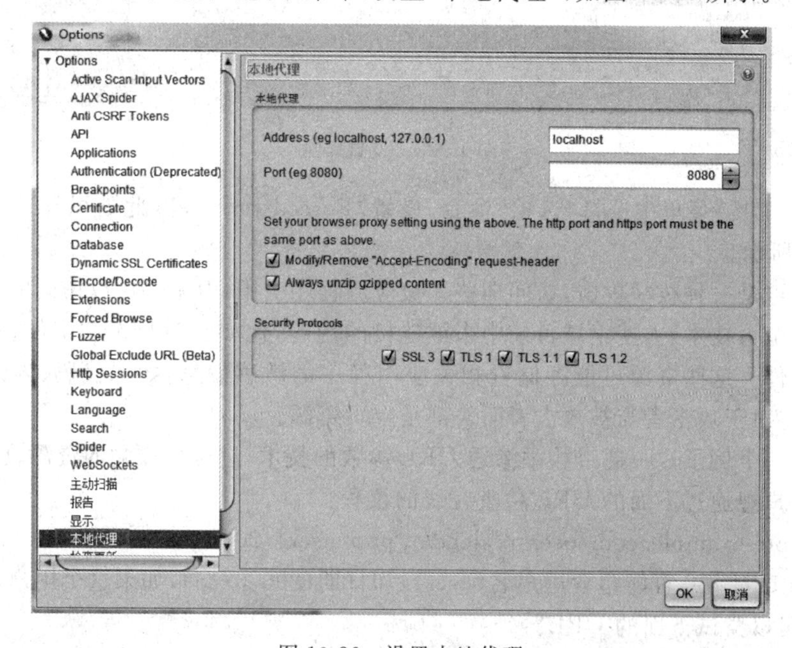

图 10-26 设置本地代理

(4) 从“工具”菜单中选择“选项”命令，设置 Connection(设置 timeout 时间以及网络代理，认证方式等)，如图 10-27 所示。

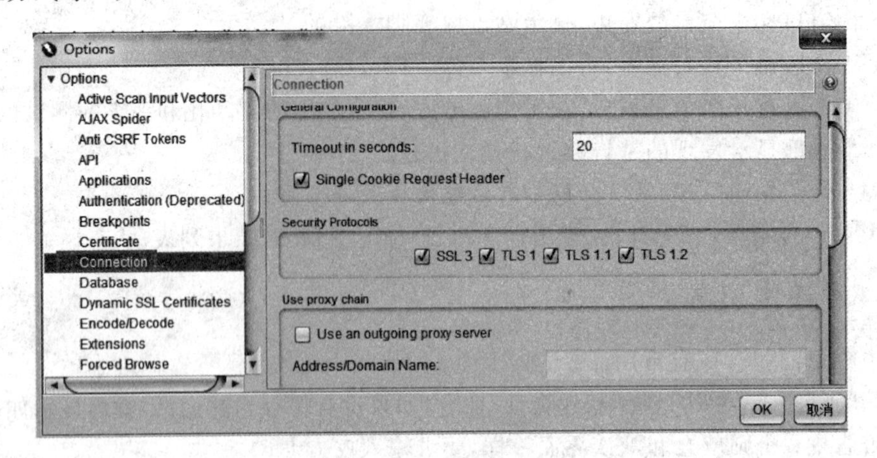

图 10-27 设置连接

(5) 从“工具”菜单中选择“选项”，设置“Spider”(设置连接的线程等)，如图 10-28 所示。

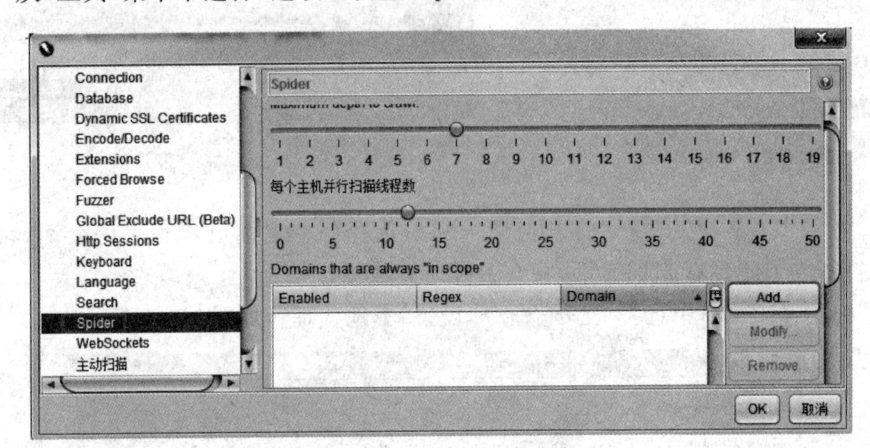

图 10-28 设置爬虫

(6) 从“工具”菜单中选择“选项”命令，设置“Forced Browse”(此处可导入字典文件)，如图 10-29 所示。

强制浏览是一种枚举攻击，访问那些未被应用程序引用，但是仍可以访问的资源。攻击者可以使用蛮力技术，去搜索域目录中未被链接的内容，比如临时目录和文件、一些老的备份和配置文件。这些资源可能存储着相关应用程序的敏感信息，如源代码、内部网络寻址等，所有这些对于攻击者与被攻击者而言都是宝贵资源。

下面举一个例子——通过枚举渗透 URL 参数的技术，进行可预测的资源攻击。

这个用户想通过下面的 URL 检查在线的议程：

www. site-example. com/users/calendar. php/user1/20070715

在这个 URL 中，可能包含用户名(user1)和日期(20070715)，如果这个用户企图去暴力浏览攻击，可以尝试下面的 URL：

www. site-example. com/users/calendar. php/user6/20070716

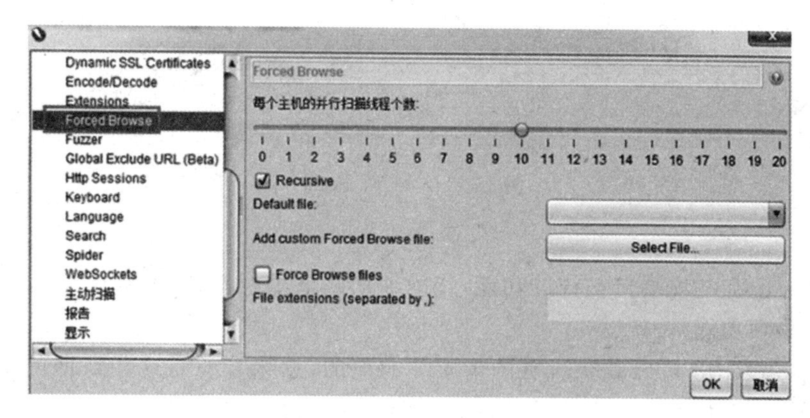

图 10-29 强制浏览

如果访问成功，则可以进一步攻击。

(7) 从“分析”菜单中选择“扫描策略”命令(设置扫描策略)，如图 10-30 所示。

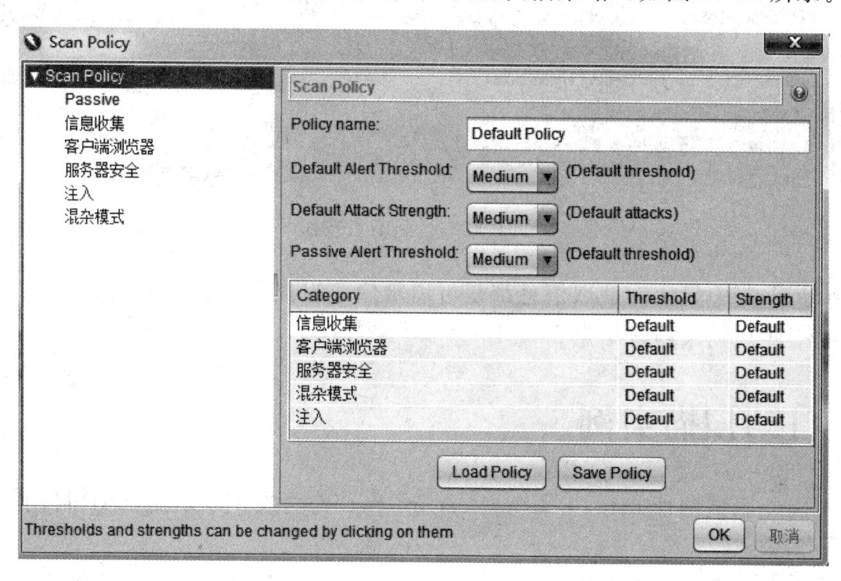

图 10-30 扫描策略

10.3.5 工作流程

(1) 探索：使用浏览器来探索所有的应用程序提供的功能，打开各个 URL，单击所有按钮，填写并提交一切表单类别。如果应用程序支持多个用户，那么将每一个用户保存在不同的文件，然后使用下一个用户的时候，启动一个新的会话。

(2) 爬虫：使用蜘蛛找到所有网址。爬虫爬得非常快，但对于 AJAX 应用程序不是很有效，在这种情况下用 AJAX Spider 更好，只是 AJAX Spider 爬行速度会慢很多，如图 10-31 所示。

(3) 暴力扫描：使用暴力扫描仪找到未被引用的文件和目录。

(4) 主动扫描：使用主动扫描器找到基本的漏洞。

(5) 手动测试：上述步骤或许找到基本的漏洞，为了找到更多的漏洞，需要手动测试应

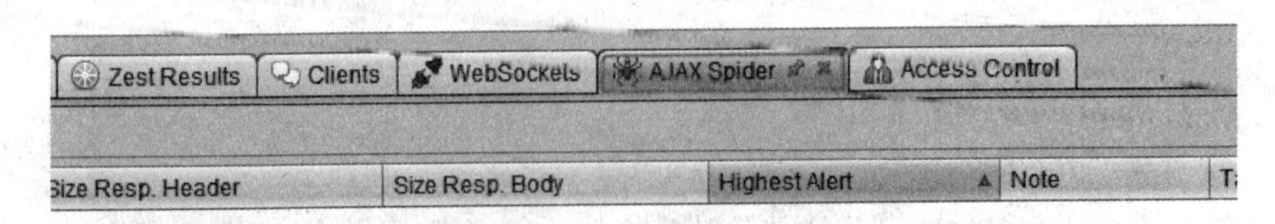

图 10-31 AJAX Spider

用程序。

(6) 另外还有一项端口扫描的功能，作为辅助测试用(和安装配置环境相关，有的安装后可能没有该项功能)。

(7) 由于 ZAP 是可以截获所有的请求和响应的，意味着所有这些数据可以通过 ZAP 被修改，包括 HTTP、HTTPS、WebSockets and Post 信息。如图 10-32 所示，这些工具栏上的按钮是用来控制断点的。

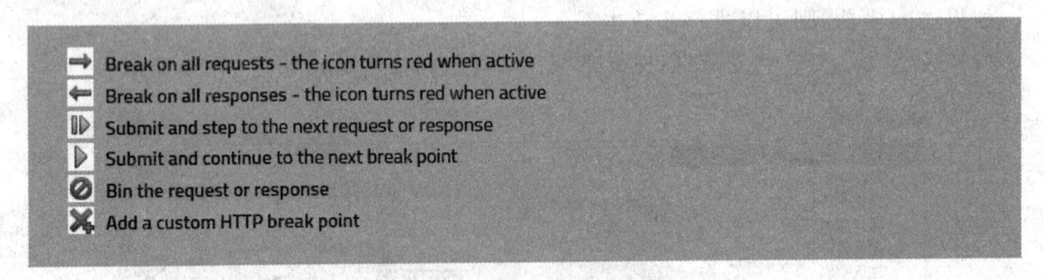

图 10-32 控制断点按钮

在 Break Tab 中显示的截取信息都是可以被修改再提交的。自定义的断点可以根据使用者定义的一些规则来截取信息。

10.4 自动扫描实例

下面用国外测试网址 http://demo.testfire.net/作为实例来讲解 ZAP 自动扫描。

10.4.1 扫描配置

(1) 从“工具”菜单中选择“选项”命令，设置“本地代理”，如图 10-33 所示。

(2) 选择扫描模式，如图 10-34 所示。

(3) 配置扫描策略，如图 10-35 所示。

10.4.2 扫描步骤

(1) 输入你要攻击的网站的 URL，如图 10-36 所示。

(2) 单击 Attack(攻击)按钮，ZAP 将会自动爬取这个网站的所有 URL，并进行主动扫描。

(3) 等待攻击结束，你将看到，如图 10-37 所示界面。

(4) 单击 Active Scan 按钮，可以看到完成 100%，如图 10-38 所示。

(5) 单击 Spider 按钮，可以看到也完成 100%，如图 10-39 所示。

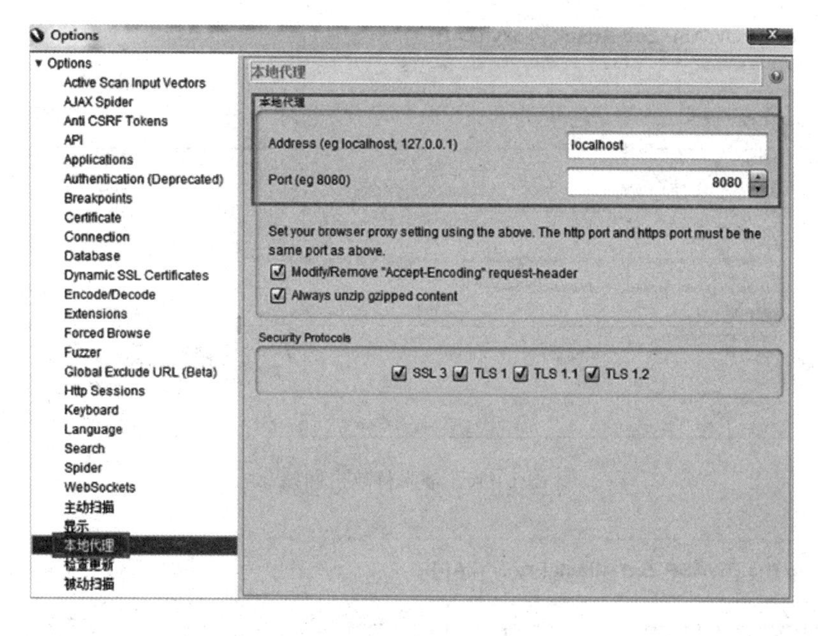

图 10-33 配置代理

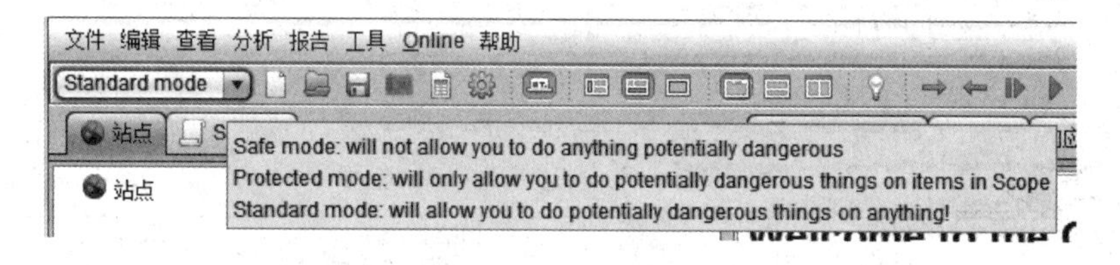

图 10-34 扫描模式

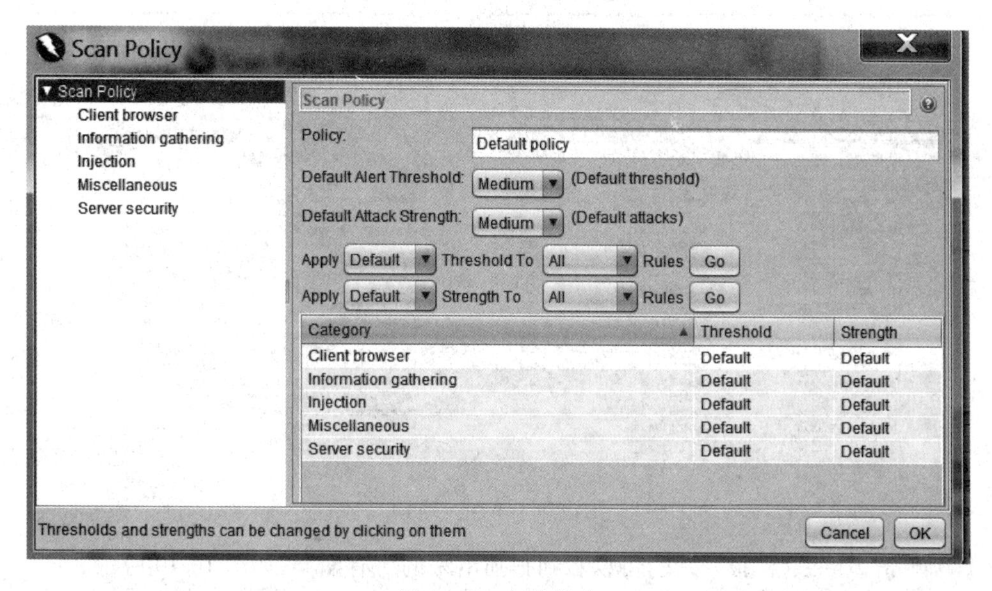

图 10-35 扫描策略

Welcome to the OWASP Zed Attack Proxy (ZAP)

ZAP is an easy to use integrated penetration testing tool for finding vulnerabilities in web applications.

Please be aware that you should only attack applications that you have been specifically been given permission to test.

To quickly test an application, enter its URL below and press 'Attack'.

URL to attack: http://demo.testfire.net Select...

Attack Stop

Progress: Attack complete - see the Alerts tab for details of any issues found

For a more in depth test you should explore your application using your browser or automated regression tests while proxying through ZAP.

If you are using Firefox 24.0 or later you can use 'Plug-n-Hack' to configure your browser:

Configure your browser: Plug-n-Hack

Or point your browser at: http://localhost:8080/pnh/

图 10-36　输入待攻击网站

Welcome to the OWASP Zed Attack Proxy (ZAP)

ZAP is an easy to use integrated penetration testing tool for finding vulnerabilities in web applications.

Please be aware that you should only attack applications that you have been specifically been given permission to test.

To quickly test an application, enter its URL below and press 'Attack'.

URL to attack: http://demo.testfire.net Select...

Attack Stop

Progress: Attack complete - see the Alerts tab for details of any issues found

For a more in depth test you should explore your application using your browser or automated regression tests while proxying through ZAP.

If you are using Firefox 24.0 or later you can use 'Plug-n-Hack' to configure your browser:

Configure your browser: Plug-n-Hack

Or point your browser at: http://localhost:8080/pnh/

图 10-37　攻击完毕

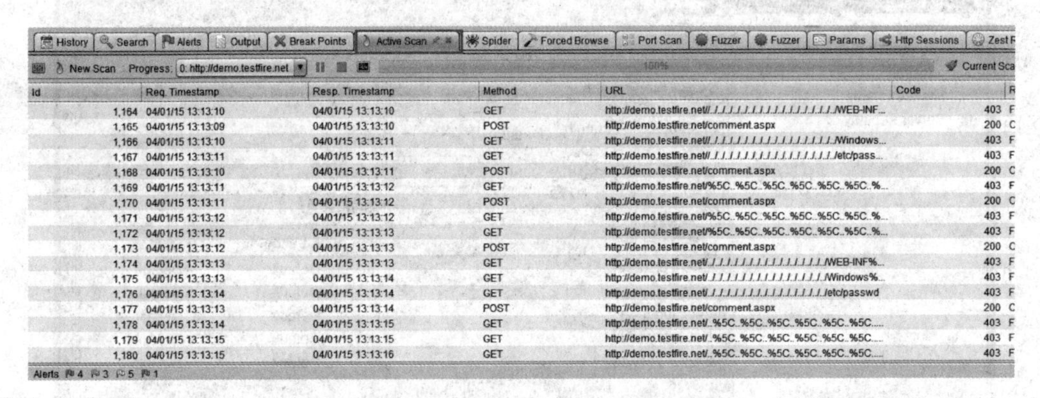

Id	Req. Timestamp	Resp. Timestamp	Method	URL	Code	R
1,164	04/01/15 13:13:10	04/01/15 13:13:10	GET	http://demo.testfire.net//../../../../../../../../../../WEB-INF...	403	F
1,165	04/01/15 13:13:09	04/01/15 13:13:10	POST	http://demo.testfire.net/comment.aspx	200	C
1,166	04/01/15 13:13:10	04/01/15 13:13:11	GET	http://demo.testfire.net//../../../../../../../../../../Windows...	403	F
1,167	04/01/15 13:13:11	04/01/15 13:13:11	GET	http://demo.testfire.net//../../../../../../../../../../etc/pass...	403	F
1,168	04/01/15 13:13:10	04/01/15 13:13:11	POST	http://demo.testfire.net/comment.aspx	200	C
1,169	04/01/15 13:13:11	04/01/15 13:13:12	GET	http://demo.testfire.net/%5C..%5C..%5C..%5C..%5C..%5C..%...	403	F
1,170	04/01/15 13:13:11	04/01/15 13:13:12	POST	http://demo.testfire.net/comment.aspx	200	C
1,171	04/01/15 13:13:12	04/01/15 13:13:12	GET	http://demo.testfire.net/%5C..%5C..%5C..%5C..%5C..%5C..%...	403	F
1,172	04/01/15 13:13:12	04/01/15 13:13:13	GET	http://demo.testfire.net/%5C..%5C..%5C..%5C..%5C..%5C..%...	403	F
1,173	04/01/15 13:13:12	04/01/15 13:13:13	POST	http://demo.testfire.net/comment.aspx	200	C
1,174	04/01/15 13:13:13	04/01/15 13:13:13	GET	http://demo.testfire.net/../../../../../../../../../../WEB-INF%...	403	F
1,175	04/01/15 13:13:13	04/01/15 13:13:14	GET	http://demo.testfire.net/../../../../../../../../../../Windows%...	403	F
1,176	04/01/15 13:13:14	04/01/15 13:13:14	GET	http://demo.testfire.net/../../../../../../../../../../etc/passwd	403	F
1,177	04/01/15 13:13:13	04/01/15 13:13:14	POST	http://demo.testfire.net/comment.aspx	200	C
1,178	04/01/15 13:13:14	04/01/15 13:13:15	GET	http://demo.testfire.net/..%5C..%5C..%5C..%5C..%5C..%5C....	403	F
1,179	04/01/15 13:13:15	04/01/15 13:13:15	GET	http://demo.testfire.net/..%5C..%5C..%5C..%5C..%5C..%5C....	403	F
1,180	04/01/15 13:13:15	04/01/15 13:13:16	GET	http://demo.testfire.net/..%5C..%5C..%5C..%5C..%5C..%5C....	403	F

图 10-38　Active Scan

(6) 单击 Alerts(警报)按钮，可以看到扫描出来的所有漏洞，如图 10-40 所示。

双击每一个漏洞可以看到测试数据，如图为 XSS 漏洞测试，并且可以根据手工盘查结果修改各个选项，如图 10-41 所示。

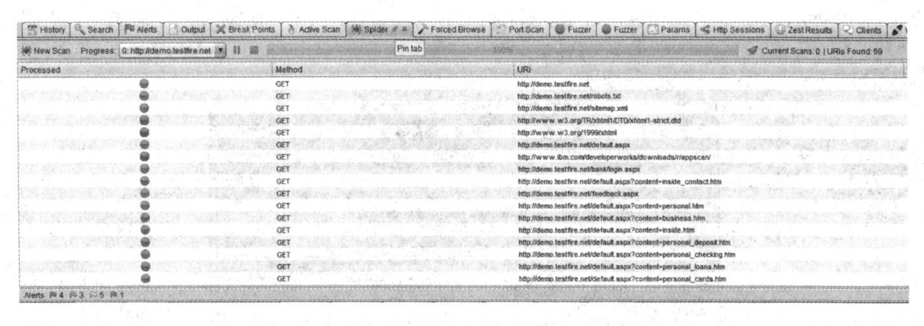

图 10-39 Spider

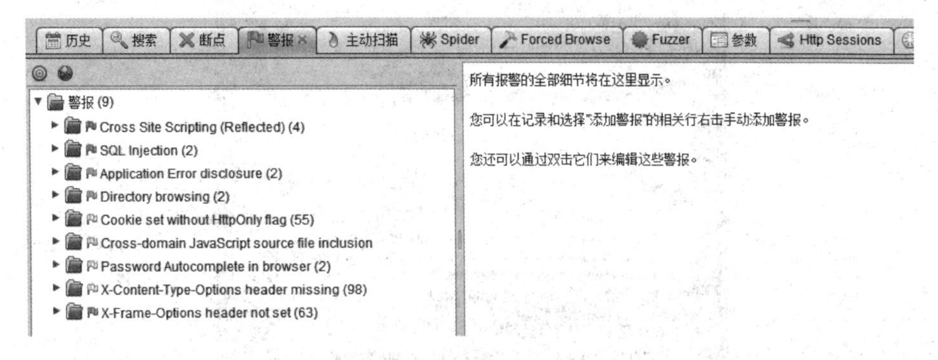

图 10-40 Alerts(扫描结果)

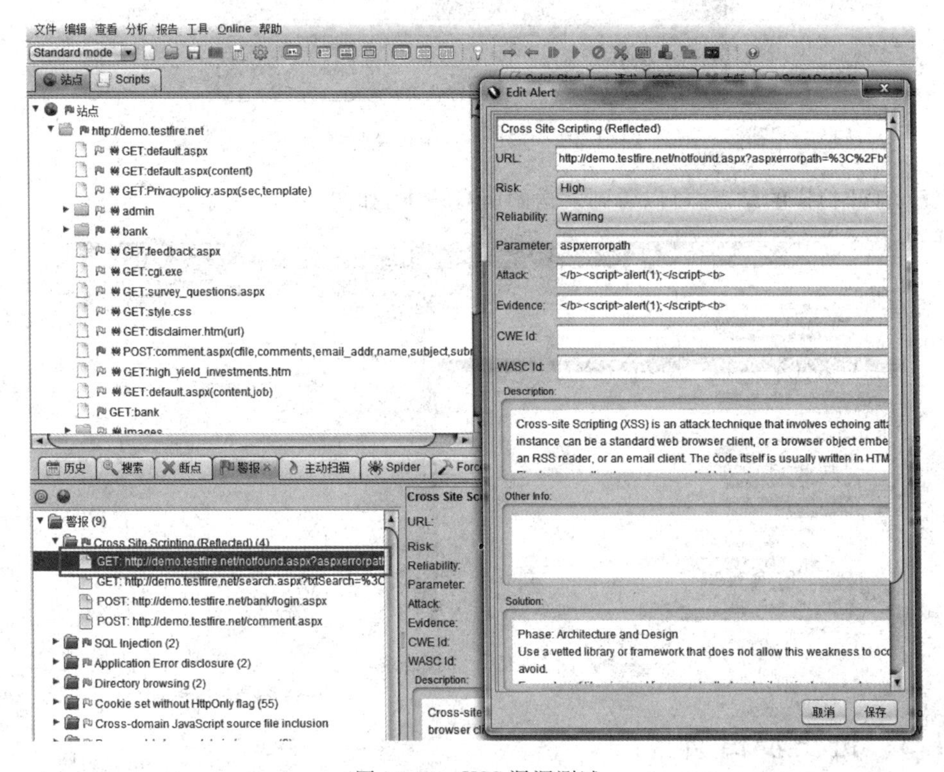

图 10-41 XSS 漏洞测试

图 10-42 所示，是 SQL injection 漏洞测试数据，并且可以根据手工盘查结果修改各个选项。

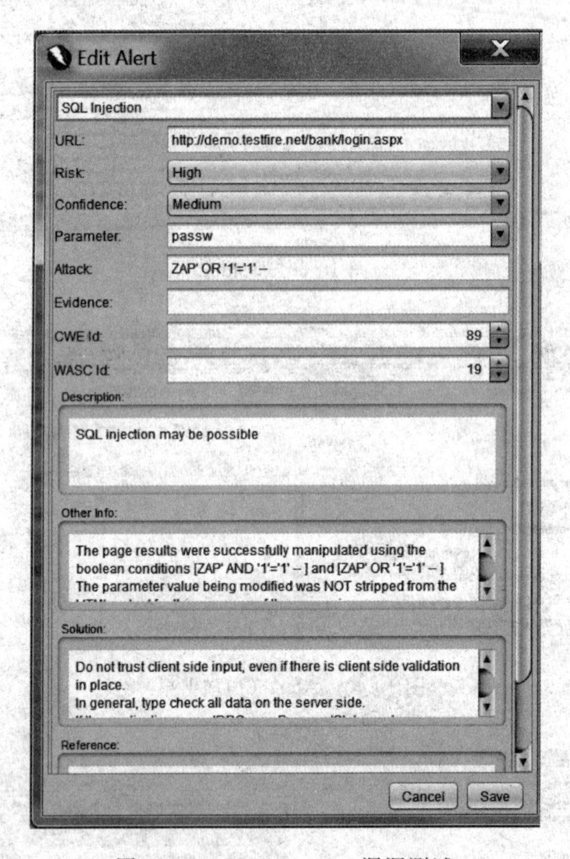

图 10-42　SQL injection 漏洞测试

(7) 打开扫描的站点，可以看到发送的所有请求，如图 10-43 所示。

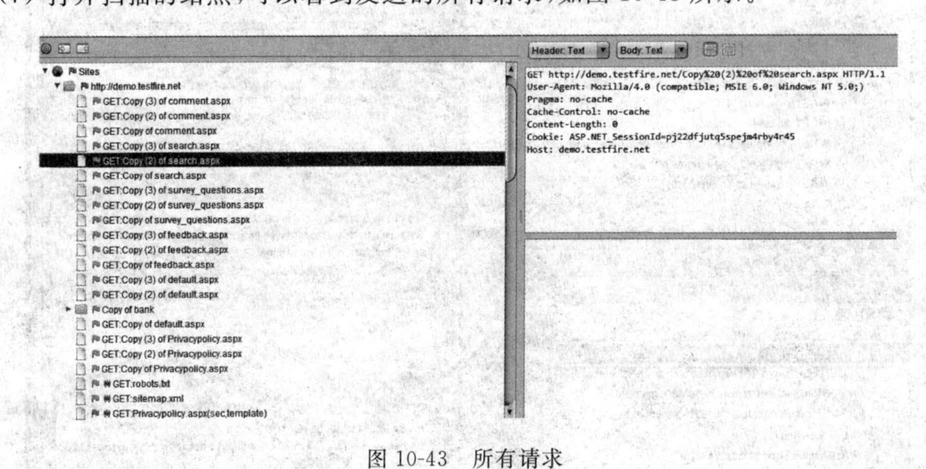

图 10-43　所有请求

10.4.3　进一步扫描

(1) 接下来你可以继续对网站进行强制浏览，通过从“工具”菜单中选择“选项”命令，设置“Force Browse”：

这里的站点列表包含的是浏览器打开的网站，所以要先用浏览器打开 http://demo.testfire.net/，才能在站点列表里选择 demo.testfire.net:80，然后从 List 里面选择一个文件，单击 Start Force Browse 开始，如图 10-44 所示。

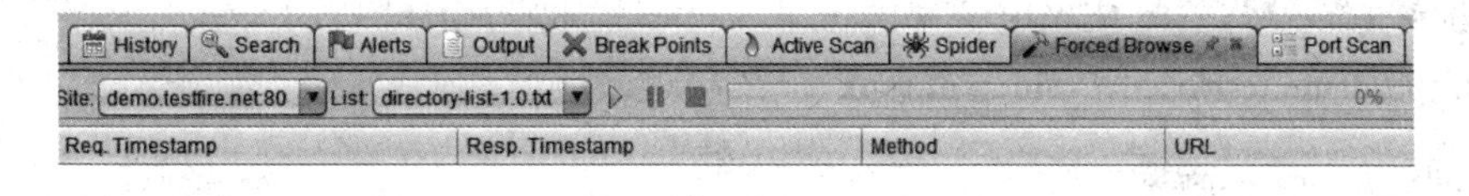

图 10-44　Force Browse

（2）从左边的树中查看截取的请求，并选择“Generate anti CSRF test FORM”选项，如图 10-45 所示。

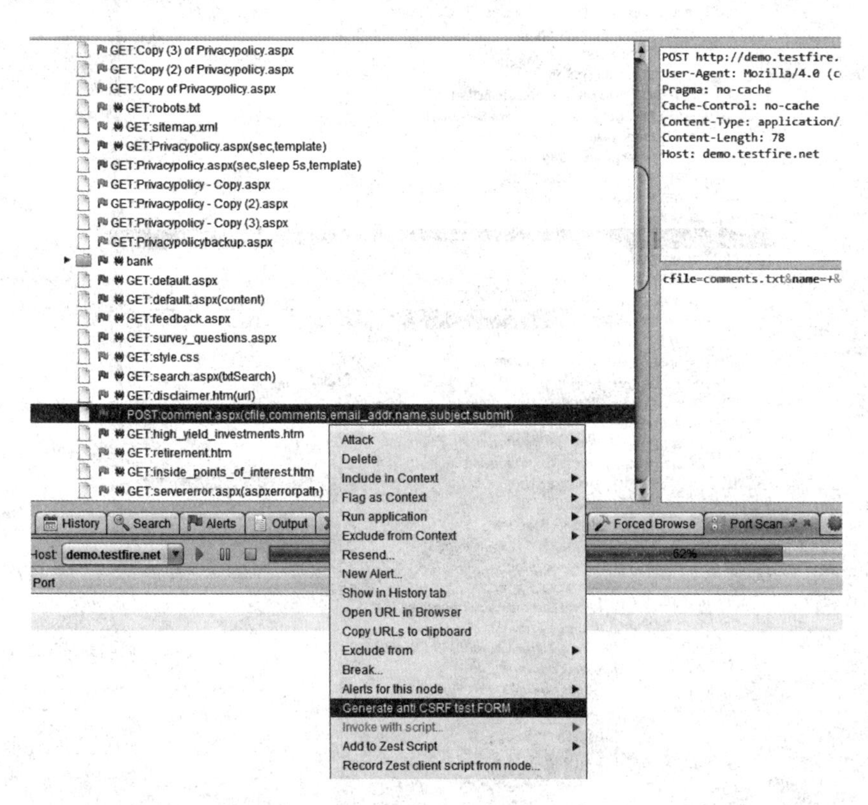

图 10-45　Generate anti CSRF test FORM

(3) 将打开一个新的选项卡 CSRF proof of concept。它包含 POST 请求的参数和值。攻击者可以调整值，如图 10-46 所示。

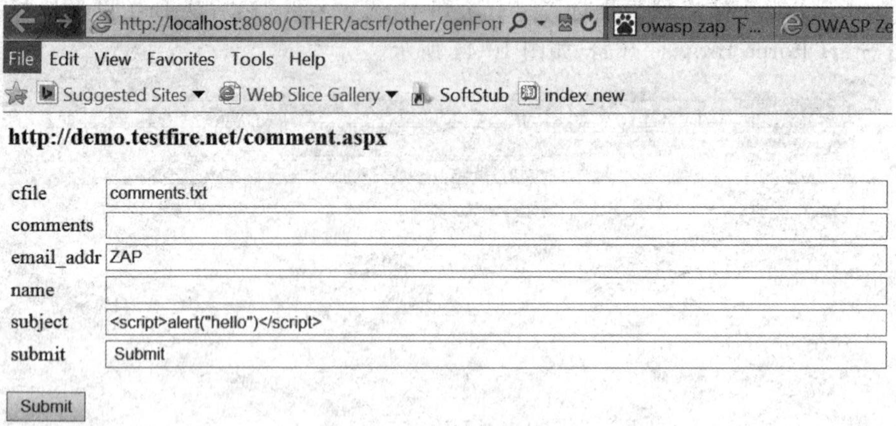

http://localhost:8080/OTHER/acsrf/other/genForr | owasp zap 下... | OWASP Ze

File Edit View Favorites Tools Help

Suggested Sites ▾ Web Slice Gallery ▾ SoftStub index_new

http://demo.testfire.net/comment.aspx

cfile	comments.txt
comments	
email_addr	ZAP
name	
subject	<script>alert("hello")</script>
submit	Submit

Submit

图 10-46 伪造请求

(4) 对于某个请求可以登录后重新发送测试，如图 10-47 所示，等待扫描结束后，查看 Alerts Tab，生成 Report。发给开发人员，开发人员将根据扫描出的漏洞去修改代码，修补漏洞。

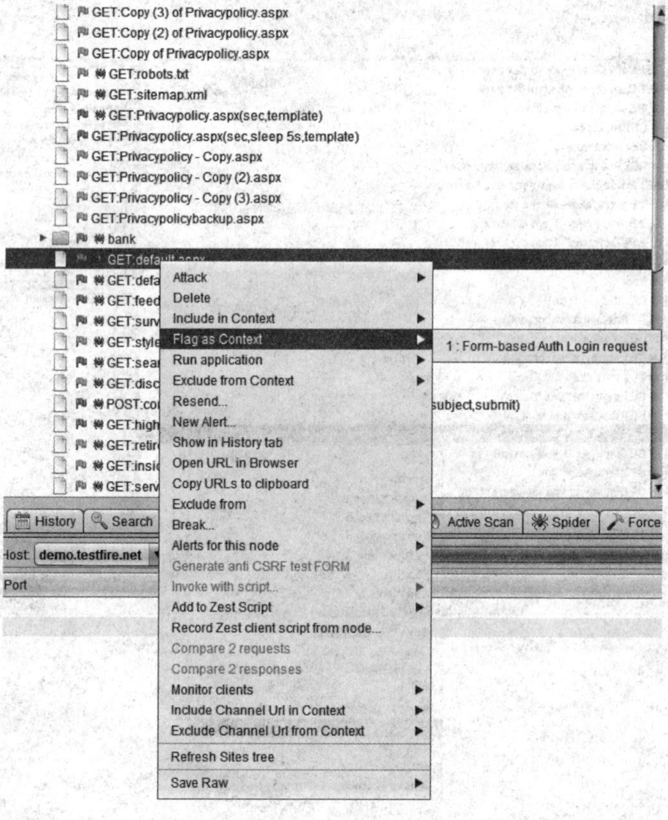

GET:Copy (3) of Privacypolicy.aspx
GET:Copy (2) of Privacypolicy.aspx
GET:Copy of Privacypolicy.aspx
GET:robots.txt
GET:sitemap.xml
GET:Privacypolicy.aspx(sec,template)
GET:Privacypolicy.aspx(sec,sleep 5s,template)
GET:Privacypolicy - Copy.aspx
GET:Privacypolicy - Copy (2).aspx
GET:Privacypolicy - Copy (3).aspx
GET:Privacypolicybackup.aspx
bank
GET:default.aspx
GET:defa
GET:feed
GET:surv
GET:style
GET:sear
GET:disc
POST:co ... subject,submit)
GET:high
GET:retir
GET:insic
GET:serv

Attack
Delete
Include in Context
Flag as Context — 1 : Form-based Auth Login request
Run application
Exclude from Context
Resend...
New Alert...
Show in History tab
Open URL in Browser
Copy URLs to clipboard
Exclude from
Break...
Alerts for this node
Generate anti CSRF test FORM
Invoke with script...
Add to Zest Script
Record Zest client script from node...
Compare 2 requests
Compare 2 responses
Monitor clients
Include Channel Url in Context
Exclude Channel Url from Context
Refresh Sites tree
Save Raw

History Search ... Active Scan Spider Force

Host: demo.testfire.net

Port

图 10-47 Logon

10.4.4 扫描结果

等到所有扫描都结束,单击警报(Alert Tab)查看最终测试结果,如图10-48所示。

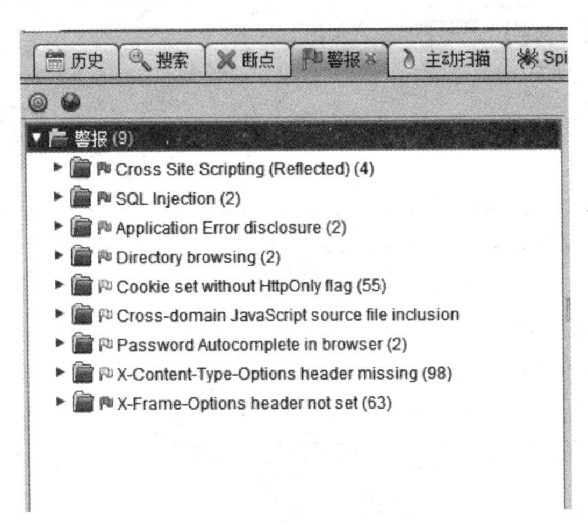

图10-48 扫描结果

最后生成测试报告,提交给开发人员,开发人员根据报告进行修补漏洞。

10.5 手动扫描实例

10.5.1 扫描配置

根据以上介绍的配置代理的方式,选择你喜欢的浏览器,为浏览器配置代理。

现在以FireFox为例:按住Alt键,会显示菜单,打开Tools菜单,选择Options命令,如图10-49所示。

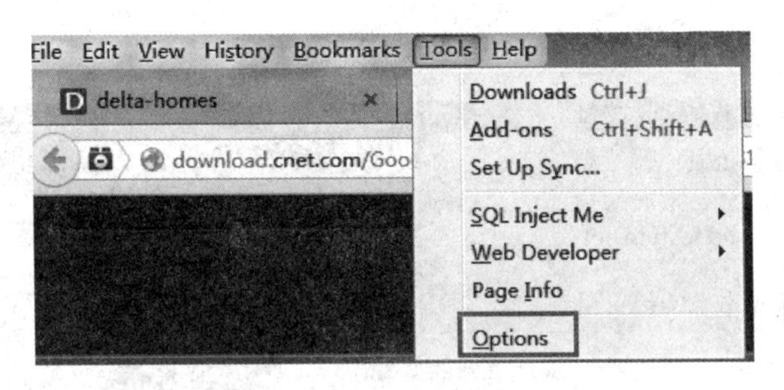

图10-49 FireFox菜单

弹出选项窗口,选择Advanced→Network→Settings(高级→网络→设置)命令,如图10-50所示。

选择Manual proxy configurations选项,输入localhost作为Http Proxy,8080作为Port,单击OK按钮完成代理配置。

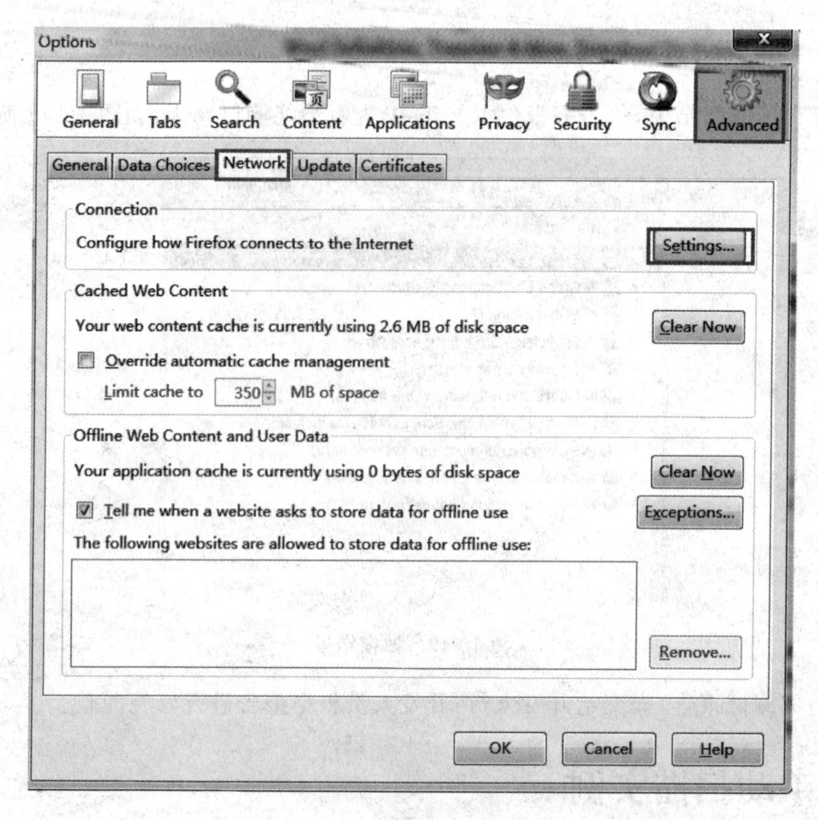

图 10-50　FireFox 选项窗口

10.5.2　扫描步骤

(1) 启动 ZAP。

(2) 在 FireFox 浏览器里输入你要扫描的网址 http://demo. testfine. net，回车，如图 10-51 所示。

图 10-51　在 FireFox 中访问网站

(3) 现在从 ZAP 里面的站点位置就可以看到刚刚访问的网站,如图 10-52 所示。

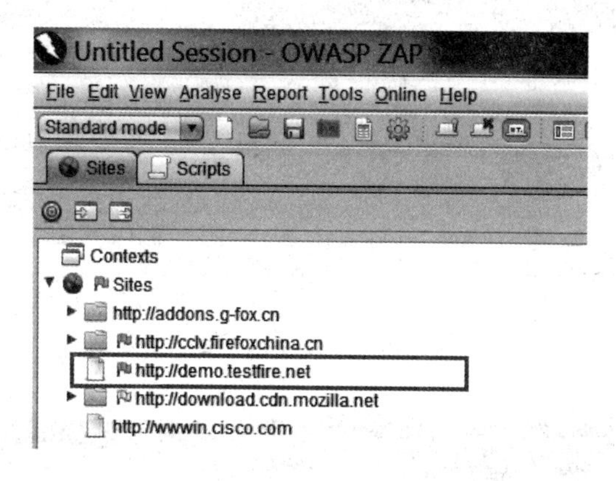

图 10-52 IDE 中站点树

(4) 爬行。

右击站点,选择 Spider 命令,就会开始爬行该站点。爬行时间根据网站大小,现在我们等待爬行完成,如图 10-53 所示。

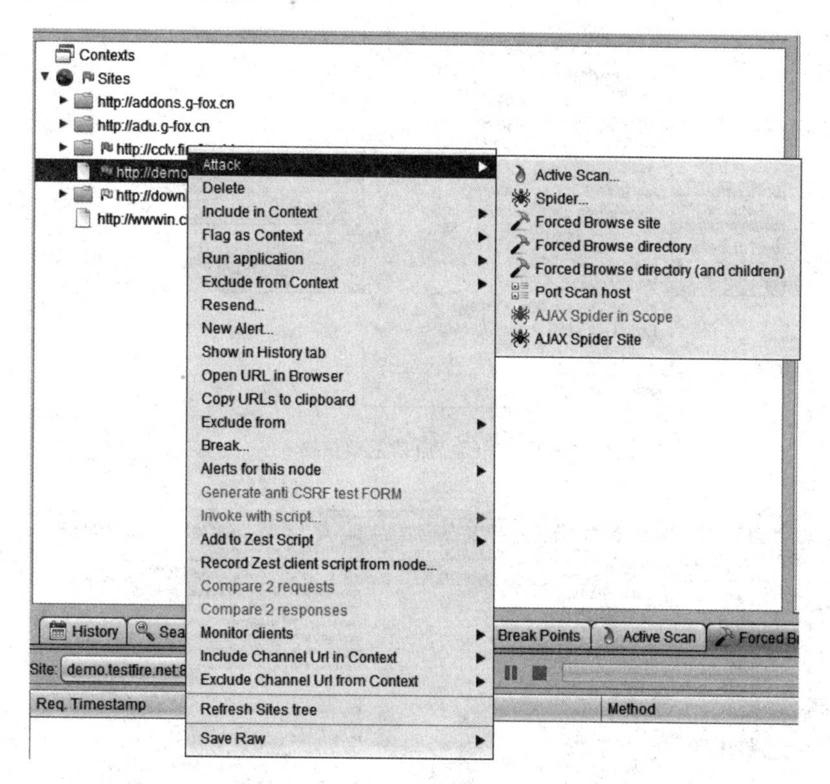

图 10-53 爬行站点

我们测试的网站较小,所以爬行很快,如图 10-54 所示。

(5) 主动扫描。

现在可以进行主动扫描站点,选择 Active Scan 开始主动扫描,如图 10-55 和图 10-56 所示。

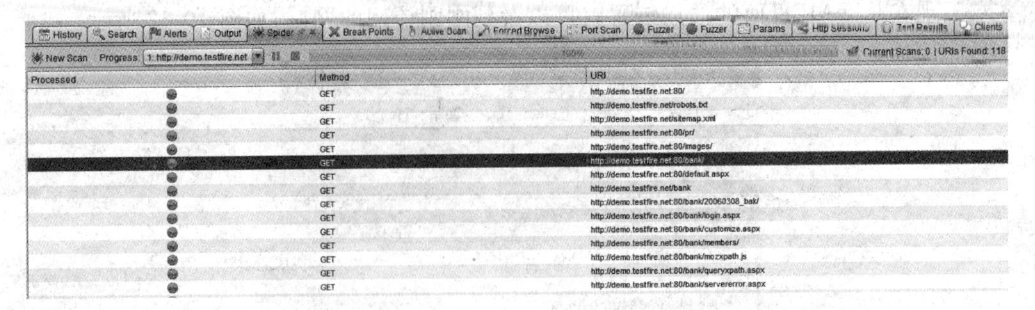

图 10-54　爬出的 URL

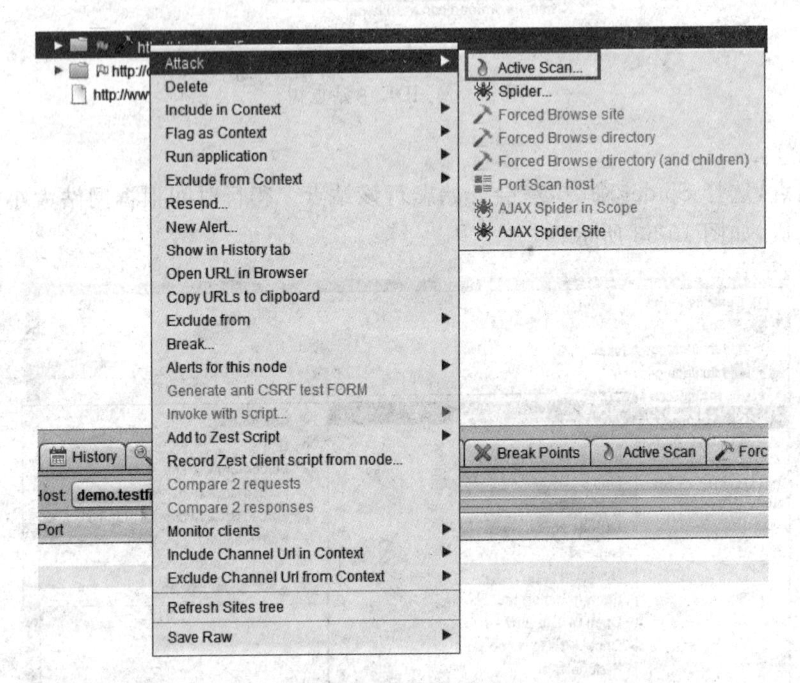

图 10-55　启动主动扫描

History　Search　Alerts　Output　Spider　Break Points　Active Scan　Forced Browse　Port Scan　Fuzzer　Fuzzer　Params　Http Sessions　Zest Results

New Scan　Progress: 0: http://demo.testfire.net　0%　Current Scans: 1 | N

Id	Req. Timestamp	Resp. Timestamp	Method	URL	Code	Reason
524	05/01/15 12:44:09	05/01/15 12:44:13	GET	http://demo.testfire.net:80/(cwfyrsrad5l2zzedhfxwqm45)/../../..	403	Forbidden
525	05/01/15 12:44:13	05/01/15 12:44:14	GET	http://demo.testfire.net:80/(cwfyrsrad5l2zzedhfxwqm45)/%5C...	403	Forbidden
526	05/01/15 12:44:13	05/01/15 12:44:14	GET	http://demo.testfire.net:80/c:%5CWindows%5Csystem.ini/def...	400	Bad Reque
527	05/01/15 12:44:14	05/01/15 12:44:16	GET	http://demo.testfire.net:80/c:%5Cetc/passwd/default.aspx	400	Bad Reque
528	05/01/15 12:44:16	05/01/15 12:44:16	GET	http://demo.testfire.net:80/c:/WEB-INF%5Cweb.xml/default.as...	400	Bad Reque
529	05/01/15 12:44:16	05/01/15 12:44:17	GET	http://demo.testfire.net:80/c:/Windows%5Csystem.ini/default...	400	Bad Reque
530	05/01/15 12:44:14	05/01/15 12:44:17	GET	http://demo.testfire.net:80/(cwfyrsrad5l2zzedhfxwqm45)/%5C...	403	Forbidden
531	05/01/15 12:44:17	05/01/15 12:44:19	GET	http://demo.testfire.net:80/c:/etc/passwd/default.aspx	400	Bad Reque
532	05/01/15 12:44:19	05/01/15 12:44:19	GET	http://demo.testfire.net:80/../../../../../../../../../../../../../WEB-I...	403	Forbidden
533	05/01/15 12:44:17	05/01/15 12:44:19	GET	http://demo.testfire.net:80/(cwfyrsrad5l2zzedhfxwqm45)/%5C...	403	Forbidden
534	05/01/15 12:44:19	05/01/15 12:44:20	GET	http://demo.testfire.net:80/../../../../../../../../../../../../../Windo...	403	Forbidden
535	05/01/15 12:44:20	05/01/15 12:44:24	GET	http://demo.testfire.net:80/../../../../../../../../../../../../../etc/pa...	403	Forbidden
536	05/01/15 12:44:24	05/01/15 12:44:25	GET	http://demo.testfire.net:80/%5C..%5C..%5C..%5C..%5C..%5C...	403	Forbidden
537	05/01/15 12:44:25	05/01/15 12:44:26	GET	http://demo.testfire.net:80/%5C..%5C..%5C..%5C..%5C..%5C...	403	Forbidden
538	05/01/15 12:44:19	05/01/15 12:44:29	GET	http://demo.testfire.net:80/(cwfyrsrad5l2zzedhfxwqm45)/../../...	403	Forbidden
539	05/01/15 12:44:29	05/01/15 12:44:30	GET	http://demo.testfire.net:80/(cwfyrsrad5l2zzedhfxwqm45)/../../...	403	Forbidden
540	05/01/15 12:44:26	05/01/15 12:44:32	GET	http://demo.testfire.net:80/%5C..%5C..%5C..%5C..%5C..%5C...	403	Forbidden

图 10-56　主动扫描中

10.5.3 扫描结果

等到扫描结束，查看 Alerts Tab，可以看到所有扫描出的漏洞，导出 Report，把 Report 发给开发人员，开发人员将根据扫描结果列表去修改漏洞，如图 10-57 所示。

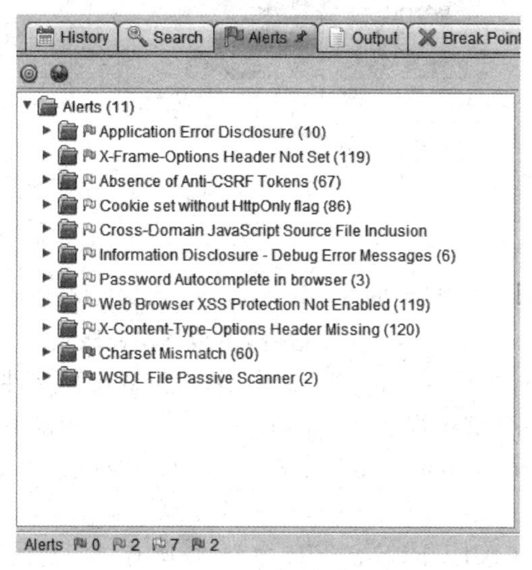

图 10-57 扫描结果

也可以所有扫描都是手工爬行，用手单击每一个页面，填写提交每一个页面，单击每一个按钮，IDE 里面会列出所有手工操作所到达的页面。

10.6 扫描报告

10.6.1 IDE 中的 Alerts

IDE 界面里面的报告如图 10-58 所示。

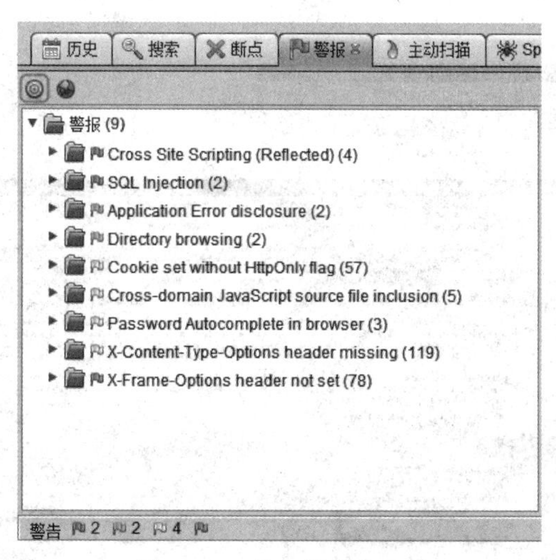

图 10-58 执行结果 Alerts

10.6.2 生成 Report

还可以从菜单里面导致 Report，如图 10-59 所示。

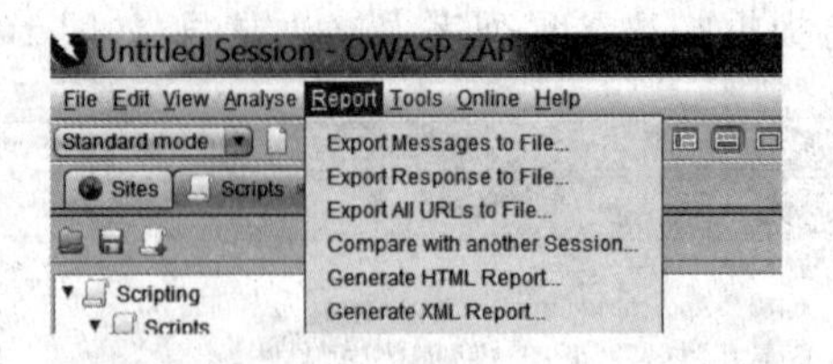

图 10-59 生成 Report

下面介绍 Report 中各个菜单命令：

菜单 Report→Generate HTML Report 命令，生成 HTML 格式的包含所有 Alerts 的报告。

菜单 Report→Generate XML Report 命令，生成 XML 格式的包含所有 Alerts 的报告。

菜单 Report→Export Message to File 命令，将信息导出到文件中。从 History Tab 选择要存的信息，可以用 shift 键选择多个 Message。

菜单 Report→Export Response to File 命令，导出响应信息到文件中。从 History Tab 里选择特定信息。

菜单 Report→Export All URLS to File 命令，将所有访问过的 URLs 导出到文件。

菜单 Report→Compare with another Session 命令，与其他会话比较，这个菜单基于你保存了以前的 session。

10.6.3 安全扫描 Report 分析

例如，点击 Report→Generate HTML Report 命令，导出后查看如图 10-60 所示，报告中统计了 Alerts，并且对每个 Alerts 给出了详细描述、发生的 URL、参数、攻击输入的脚本，同时给出来 Solution(解决方案)，这不仅可以让测试工程师学习到很多知识，并且开发工程师在修改的时候也不用太费时，多看 report 就会有许多收获，不仅知道有哪些常见的漏洞，还知道攻击者是如何利用这些漏洞进行攻击的，开发工程师如何能修复这些漏洞。

ZAP Scanning Report

Summary of Alerts

Risk Level	Number of Alerts
High	6
Medium	4
Low	155
Informational	62

Alert Detail

High (Warning)	Cross Site Scripting (Reflected)
Description	Cross-site Scripting (XSS) is an attack technique that involves echoing attacker-supplied code into a user's browser instance. A browser instance can b browser object embedded in a software product such as the browser within WinAmp, an RSS reader, or an email client. The code itself is usually writte extend to VBScript, ActiveX, Java, Flash, or any other browser-supported technology. When an attacker gets a user's browser to execute his/her code, the code will run within the security context (or zone) of the hosting web site. With this lev to read, modify and transmit any sensitive data accessible by the browser. A Cross-site Scripted user could have his/her account hijacked (cookie theft location, or possibly shown fraudulent content delivered by the web site they are visiting. Cross-site Scripting attacks essentially compromise the trust rel site. Applications utilizing browser object instances which load content from the file system may execute code under the local machine zone allowing for sy There are three types of Cross-site Scripting attacks: non-persistent, persistent and DOM-based. Non-persistent attacks and DOM-based attacks require a user to either visit a specially crafted link laced with malicious code, or visit a malicious web pag posted to the vulnerable site, will mount the attack. Using a malicious form will oftentimes take place when the vulnerable resource only accepts HTTP PO can be submitted automatically, without the victim's knowledge (e.g. by using JavaScript). Upon clicking on the malicious link or submitting the malicious f back and will get interpreted by the user's browser and execute. Another technique to send almost arbitrary requests (GET and POST) is by using an embe Persistent attacks occur when the malicious code is submitted to a web site where it's stored for a period of time. Examples of an attacker's favorite target web mail messages, and web chat software. The unsuspecting user is not required to interact with any additional site/link (e.g. an attacker site or a mali view the web page containing the code.
URL	http://demo.testfire.net/bank/login.aspx
Parameter	uid
Attack	"><script>alert(1);</script>
Solution	Phase: Architecture and Design Use a vetted library or framework that does not allow this weakness to occur or provides constructs that make this weakness easier to avoid. Examples of libraries and frameworks that make it easier to generate properly encoded output include Microsoft's Anti-XSS library, the OWASP ESAPI Enc

图 10-60 查看 Report

10.7 读书笔记

读书笔记　　Name：　　Date：

励志名句：*Our greatest glory consists not in never falling, but in rising every time we fall.*

我们最大的光荣并不在于永不跌倒，而在于每次跌倒后还能起来。

参考文献

[1] 王顺等.软件测试工程师成长之路——掌握软件测试九大技术主题.北京：电子工业出版社,2014.

[2] 王顺等.软件测试工程师成长之路——软件测试方法与技术实践指南 Java EE 篇(第 3 版).北京：清华大学出版社,2014.

[3] 王顺等.软件测试工程师成长之路——软件测试方法与技术实践指南 ASP.NET 篇(第 3 版).北京：清华大学出版社,2014.

[4] 王顺等.软件开发工程师成长之路——PHP 网站开发实践指南基础篇,北京：清华大学出版社,2012.

[5] 王顺等.软件测试工程师成长之路——软件测试方法与技术实践指南 Java EE 篇(第 2 版).北京：清华大学出版社,2012.

[6] 王顺等.软件测试工程师成长之路——软件测试方法与技术实践指南 ASP.NET 篇(第 2 版).北京：清华大学出版社,2012.

[7] 王顺等.软件项目管理师成长之路——软件工程导论实践指南 Java EE 版.北京：清华大学出版社,2012.

[8] 王顺等.软件项目管理师成长之路——软件工程导论实践指南 ASP.NET 版.北京：清华大学出版社,2012.

[9] 言若金叶软件研究中心——全国大学生软件实践与创新能力大赛[EB/OL]. http://collegecontest.roqisoft.com.

[10] 言若金叶软件研究中心——软件测试工程师|软件开发工程师认证[EB/OL]. http://certificate.roqisoft.com.

[11] 诺颀软件论坛——言若金叶软件研究中心.软件测试工程师认证与相关技术[EB/OL]. http://leaf520.roqisoft.com/bbs/viewforum.php?f=53.